国家电网公司
电力科技著作出版项目

电动汽车与配电系统
协同规划

向　月　刘俊勇　著

中国电力出版社
CHINA ELECTRIC POWER PRESS

内 容 提 要

本书主要介绍了"双碳"目标下电动汽车与智能电网互动协同的规划模型与方法。全书分为七章，第 1 章介绍了电动汽车接入配电系统的融合发展与协同规划需求及全书章节逻辑；第 2 章介绍了基于系统动力学与多代理建模的电动汽车规模推演方法；第 3 章介绍了多场景电动汽车充电负荷时空建模方法；第 4 章介绍了电动汽车个体—集群—充电服务网多维评估模型与方法；第 5 章介绍了电动汽车与低碳能源系统互动技术；第 6 章介绍了考虑供电范围、站点排队时间、全寿命周期、配电安全、电力交通耦合、可靠性提升等多角度下的充电基础设施规划方法；第 7 章介绍了考虑电动汽车充电模式、交通电力深度耦合、源荷不确定性、电能市场交易融合等情况下的配电系统协同规划模型与方法。

本书可供电力规划、电力调度、电动汽车入网、交通能源、负荷建模、车网互动、市场运营、节能减排、能源优化等相关领域专业科技人员和管理人员，以及高等院校相关专业教师、研究生和高年级本科生阅读参考，也可以作为新型电力系统相关专业的教材。

图书在版编目（CIP）数据

电动汽车与配电系统协同规划/向月，刘俊勇著 . -- 北京：中国电力出版社，2024. 10. -- ISBN 978 - 7 - 5198 - 8562 - 5

Ⅰ. U469.72

中国国家版本馆 CIP 数据核字第 2024CL4634 号

出版发行：中国电力出版社

地　　址：北京市东城区北京站西街 19 号（邮政编码 100005）

网　　址：http://www.cepp.sgcc.com.cn

责任编辑：罗晓莉（010 - 63412547）

责任校对：黄　蓓　常燕昆

装帧设计：郝晓燕

责任印制：吴　迪

印　　刷：北京锦鸿盛世印刷科技有限公司

版　　次：2024 年 10 月第一版

印　　次：2024 年 10 月北京第一次印刷

开　　本：787 毫米×1092 毫米　16 开本

印　　张：16.75

字　　数：364 千字

定　　价：118.00 元

序　言

在这个充满挑战与机遇的时代，我们置身于电动汽车与电力系统深刻变革的前沿。储能、新型材料、数智化等设备技术进步迎来了电动汽车与智能电网的深度互联。电动汽车已经不再只是代步工具，而将成为能源转换和储存的重要节点，是电力系统灵活性资源的重要实现。同时，电力系统也在向更加智能、高效、清洁化的方向发展。如何最大限度地发挥电动汽车与配电系统协同作用，实现电力资源的最优配置与利用，最高效地满足用户对出行和电力供给的需求，是亟待解决的重大问题。通过深入分析电动汽车与智能配网的互动关系，可以为我们探索出一条可持续发展的车网融合发展道路，以应对未来能源需求的挑战。

《电动汽车与配电系统协同规划》一书的出版，正是应对这一变革挑战的有力之举。我们将跟随作者的思路，深入了解电动汽车技术、智能电网以及它们之间的相互影响和互动。该书总结融合了向月教授、刘俊勇教授在交通电气化与低碳电力系统领域的多年研究成果。这本学术专著探讨了电动汽车和配电系统协同规划的关键性议题，从用户出行建模、电动汽车规模推演、电动汽车负荷建模、车网互动、站点－配网协同规划等多个研究领域展开了基础性创新工作。书中的理论、模型、算法、案例为增强电力系统灵活性，探讨车－网互动，深入融合电动汽车，提供了综合的、科学的理论基础。

无论是从事相关行业的专业人士，还是对清洁能源、智能交通感兴趣的普通读者，本书都将为您打开一扇通往电力与交通领域前沿的大门。本书将为我们提供全面而深入的视角，帮助我们理解并参与到这个引人注目的领域中，为我们带来全新的启示。

希望本书能够成为电动汽车与配电系统协同规划领域的重要参考，为推动清洁能源发展、智能交通建设贡献一份力量。让我们携手共建绿色、智能、可持续的未来！

英国巴斯大学教授

李芙蓉

前　言

在日趋严峻的环境污染与能源危机的双重压力下，各国对节能降耗与减碳提出了更高诉求。社会基础耗能系统中，交通行业消耗了全球 40% 的石油，碳排放占全球总量的 25%，并且是燃料消耗与碳排放增长最快的行业。相较于传统燃油汽车，电动汽车（Electric Vehicle，EV）在节能排放和保障能源安全等方面具有重要意义，大力推动电动汽车发展是国家交通能源战略绿色可持续转型、建设低碳新型电力系统的重要发展方向与突破点。随着电动汽车的普及与大规模并网，具有交通-电力双重属性的电动汽车充电负荷入网在显著改变配电系统运行特征的同时也带来了电能运行风险与安全挑战，现有配电系统难以支撑规模化电动汽车接入下随机充电行为"冲击"，亟需充电基础设施与新型配电系统电力基础设施可适应性协同规划。

电动汽车接入城市配电系统，当前国家低碳战略需求与政策上的支撑势必促进规模化发展，如何估计区域规模（保有量）缺乏有效工具与方法；不同于一般电力负荷，电动汽车入网兼具交通与电力双重属性，充电负荷的"时-空-量"分布特征受到交通网与配电网多维不确定性因素影响，电动汽车接入对电网具有随机双向功率交互的影响，市场/价格机制亦对其需求响应行为有一定激励作用，电动汽车个体"时间-空间-行为"高维随机性下集群在配电系统或交通网的性能与效益缺乏系统评价指标体系与模型；电动汽车规模化入网带来的多维复杂不确定性将深度影响配电系统供需侧运行特性，传统的配电系统规划方法难以有效适应、匹配电动汽车高度渗透下的耦合系统经济性、多网可靠性、交通出行、碳减排等需求，如何设计充电基础设施规划模型及其低碳配电系统适应性扩展规划方法与优化求解技术，是电动汽车与配电系统低碳融合发展的难点。

针对以上问题，以电动汽车接入与配电系统为研究对象，较为系统地研究并提出了电动汽车规模推演、多场景负荷建模、多维评估及车网互动模型与方法，有效处理"交通-电力-信息"耦合下电动汽车充（放）电"时-空-量-价"多维不确定性与复杂性，实现充电基础设施与配电系统适应性协同规划。本书面向国家双碳目标，以电动汽车与配电系统协同规划理论研究为核心，涵盖电动汽车规模估计、充电需求建模、充电服务网络评估、低碳能源网络互动、充电基础设施规划、配电系统协同扩展规划等内容，为国家碳中和、交通能源绿色可持续发展提供理论基础。

本书是作者课题组近年来在电动汽车与智能电网融合发展方面科学工作的成果总结，期间得到了国家自然科学基金（51377111、51807127、52211530067）、四川省科技计划项目（2019YFH0171、2024YFHZ0312）、新能源电力系统国家重点实验室开放基金（LPS20011）、四川大学"从0到1"创新研究项目（2023SCUH0002）、四川大学引进人才科研启动经费项目等的资助，特此致谢。在电动汽车接入智能电网领域，作者课题组培养了一批研究生，正是他们辛勤的创造性工作，深化了车网互动基础理论，科学地发展了运营与规划方法，开发了实用化系统，并将研究成果在实际工程中加以验证。本书内容参考了课题组相关研究生的学术论文，在这里对为本书做出贡献的杨威、薛平、郗子瑞、王晏亮、周健树、陈鹏、姚昊天、周映宇等研究生表示衷心的感谢，同时特别感谢宋永华教授、冯凯教授级高工、李芙蓉教授、顾承红副教授等专家学者对本书研究工作的指导和支持。

　　希望本书能够起到抛砖引玉的作用，为"双碳"目标下电动汽车科学发展与智能配电系统经济高效融合协同规划提供一些参考。尽管本书在撰写过程中已经对体系安排、素材选取与文字叙述竭尽全力、精益求精，但是由于作者水平有限、时间仓促，写作过程中难免存在遗漏和错误，我们真诚地期待读者对本书进行批评指正。

作者

2024年1月于四川大学

目　　录

第1章 概　　述

1.1　"双碳"目标下电动汽车发展背景

通过构建低碳经济模式，推进"经济－能源－环境"相协调的可持续发展已然成为世界各国的普遍共识。2020年9月，我国宣布将努力争取2030年前实现"碳达峰"，2060年前实现"碳中和"，这被认为是《巴黎协定》签订以来国际社会收到的最强有力的信号。为积极响应号召，石油、煤炭、电力、交通等行业及大型国企，陆续宣布了各自碳达峰和碳中和的意愿、目标或路线，碳减排目标正在逐渐变为具体行动。2021年3月，中央财经委员会第九次会议提出了要构建清洁低碳安全高效的能源体系，控制化石能源总量，着力提高利用效能，实施可再生能源替代行动，深化电力体制改革，构建以新能源为主体的新型电力系统，进一步将减碳提到了新的高度。

据不完全统计，交通运输领域的碳排量占到了整个经济社会碳排放总量的30%左右，而75%的温室气体和90%以上的大气污染物排放都是来自城市内的活动。据世界银行对我国17座城市的研究显示，北京、上海、广州等地城市交通每年有害气体排放增长率为4%～6%，北京约有70%的CO和NO化合物排放由交通产生，这也直接造成了近年来雾霾灾害。因此交通运输领域的节能减排、打造电动清洁的城市出行方案对于实现2030碳达峰、2060碳中和的目标具有重要意义。

我国自1998年提出清洁汽车行动开始，在财政、能源、税费以及法律法规等方面都对电动汽车的研发和推广给予了一系列扶持政策。据中国汽车工程协会预测，2030年我国电动汽车保有量将达到8000万辆，电动汽车可能成为未来电网中数量最多的负荷之一。此外，2020年气候雄心峰会提出到2030年，中国单位国内生产总值二氧化碳排放将比2005年下降65%以上，非化石能源占一次能源消费比重将达到25%左右，森林蓄积量将比2005年增加60亿m^3，风电、太阳能发电总装机容量将达到12亿kW以上。这些政策无不加速了电动汽车以及分布式电源的发展，交通行业的转型升级和传统能源消耗方式的改变势在必行。

以电动汽车为代表的新能源汽车较之于常规燃油汽车具备良好的节能环保特征，结合能源结构调整及其能源互联网的建设，交通电气化是解决能源危机和环境问题最有前景的措施之一。为了加快培育和发展节能汽车与新能源汽车，中共中央、国务院等部门先后出台《电动汽车充电基础设施发展指南（2015—2020年）》等政策指出要进一步优化交通能源结构，推广新能源汽车，加强包括新能源汽车充电桩在内的新型基础设施建设，这也是我国"2060 碳中和"目标实现的重要能源资源发展基础。在"十五"期间，科技部通过《电动汽车重大科研专项》拨款 8.8 亿元资助企业、高校和科研机构的技术研发，并确定了以混合动力汽车、纯电动汽车和燃料电池汽车为"三纵"，驱动电机及其控制系统、多能源动力总成控制系统和动力蓄电池及其管理系统为"三横"的"三纵三横"技术研发布局。"十一五"期间，又设立了"国家 863 新能源汽车与节能重大科技项目"，投入 11.6 亿元用于新能源汽车的整车产品和关键零部件技术的研发，并成功开展了"北京奥运""上海世博""深圳大运会"和"十城千辆"等示范推广工程。2012 年 3 月通过制定《电动汽车科技发展"十二五"专项规划》明确了电动汽车发展的技术路线。2015 年年底，国务院办公厅发布了《关于加快电动汽车充电基础设施建设的指导意见》。2021 年，我国又颁布了新能源汽车产业发展的第二个规划《新能源汽车产业发展规划（2021—2035 年）》，明确 2025 年新能源汽车新车销量占比达到 20％左右，2035 年成为市场主流的发展目标。各国政府也将推动电动汽车发展视为国家战略举措，纷纷出台相关政策推动电动汽车产业的发展，并积极开展了大量车网协同规划试点项目，如美国夏威夷 Jump Smart Maui 电网项目以构建智能电网系统为目标，应对电动汽车渗透率的增长，从而稳定电力供应并通过对电动汽车进行合理调控实现可再生能源的消纳。此外，我国也在珠海市开展了公交巴士充电基础设施业扩配套工程，在华北地区首次将车网互动（Vehicle to Grid，V2G）充电桩资源正式纳入华北电力调峰辅助服务市场并正式结算，为车网双向互动的可能性提供了重要参考作用。

在国家重点扶持的大环境下，各地方政府和汽车企业也在电动汽车上投入了大量财力物力，随着电动汽车技术的不断进步，我国的电动汽车产业发展迅速，已经在公交车、出租车等领域大量投入运行，初步形成了集新能源汽车研发、示范运营、产业化三位一体的汽车产业链。截至 2023 年 9 月底，全国新能源汽车保有量达到 1821 万辆，其中纯电动汽车保有量达 1401 万辆。根据中国汽车技术研究中心有限公司数据资源中心预测，在基准情景下，2050 年中国电动汽车保有量将达到 2.3 亿辆。

1.2　电动汽车接入配电系统的融合发展与规划协同需求

中国电动汽车规模的快速增长，是未来用电负荷增长的重要助推力之一。但大规模电动汽车接入配电系统，正带来前所未有的严峻挑战。

截至 2023 年 11 月，中国充电联盟内成员单位总计上报公共充电桩 262.6 万台，全国充电基础设施累计数量为 826.4 万台，充电基础设施与新能源汽车继续快速增长，桩车增量比为 1:27，充电基础设施建设总体上看能够基本满足新能源汽车的快速发展的需求。但充电设施布局相对集中和区域缺失的不合理问题仍大面积存在，由于目前电动汽车保有量处于较低水平，公共充电站利用率存在极大的分化现象，部分热点地区排队充电，部分区域充电桩长时间闲置，部分地区无桩可充。另外，土地、电力、物管、行政审批等问题持续困扰充电桩的建设发展,而大功率快充桩功率的不断提高又为变压器容量带来巨大的运行压力,因此在消除消费者里程焦虑的前提下达到资源的优化配置是一个亟待解决的问题。

除了直观的电动汽车充电桩布局不合理局面外,潜藏的大规模电动汽车无序充电行为将增加全网的峰值负荷,使得负荷峰谷差加剧。2021 年全国负荷峰值达 11.92 亿 kW,比上年增长 10.8%。根据国网能源研究院有限公司与自然资源保护协会指出,电动汽车无序充电将导致 2030 年全国的峰值负荷增加 1.53 亿 kW,相当于区域峰值负荷的 13.1%。另外,电动汽车无序充电行为可能造成输电阻塞,降低区域送电能力。一些建设年代较早的老城区配变容量一般较小,难以适应电动汽车充电负荷的快速增长,例如 2020 年广东省中山市石岐区 30 条配电网普查线路中有 13 条需要升级改造。根据北京市交通委员会预测,在 2035 年北京市 300 万辆新能源汽车的规模下,城市不仅要增容局部配电网,也要新建主干网。但城市输配电网的增容不仅面临高昂的投资成本,同时也受到用地空间的约束。

不同于传统电力负荷,电动汽车具有移动性,过于集中的充电负荷给局部配电网带来的冲击不容小觑,使得配电网区域负荷分布差异明显,给配电网的安全稳定运行造成威胁。随着电动汽车充电技术的不断发展,单辆汽车充电功率不断攀升,此现象将更为显著。这就要求未来配电网的规划建设必须将电动汽车的规模发展纳入考虑之中,对充电站选址定容进行合理评估,建立稳健坚强的网架结构,以适应电动汽车大规模普及,满足充电需求和电网的安全运行。2022 年 1 月,国家发改委发布《国家发展改革委等部门关于进一步提升电动汽车充电基础设施服务保障能力的实施意见》(后文简称《意见》),重点提出做好充电基础设施的配套电网建设与供电服务,要求电网企业要做好电网规划与充电设施规划的衔接,加大配套电网建设投入,合理预留高压、大功率充电保障能力。各地方政府也将纷纷发布相关政策要求做好充电设施规划与当地电网规划的衔接协调工作,如内蒙古自治区发文明确提出将充电基础设施配套电网建设与改造项目纳入配电网专项规划中。可见,在现实环境和政策的双重驱使下,未来电网规划建设将无法脱离对电动汽车充电负荷规模和充电基础设施的考虑。此外,《意见》还强调了要加强车网互动等新技术的研发应用,推进车网互动技术创新与试点示范。随着 V2G 相关技术逐渐成熟,电动汽车通过放电成为电源的可能性已得到工程实验验证,电动汽车也可以看作具有可调节能力的移动储能灵活资源。风光等高比例间歇性清洁能源的接入给配电系统带来了更大的不确定性,促使电力系统的运行特征发生重大变化,随之而来的清洁能源消纳压力显著增大,构建低碳配电系统与清洁能源高水平消纳的需求不断增强。清洁能源大规模高比例发展需要负荷侧的协同支撑,深入挖掘需求响应潜力,提高负荷侧对清洁能源的调节能力。利用电动汽车的储能潜力协助清洁能源的消纳是一种新的途径,可以为提升清洁能源消纳水平提供技术支撑具备充放电可调节能力的充电基础设施的配置问题也将影响低碳配电系统规划和运行。电动汽车电能补给是电动汽车产业发展的主要基础,充电站作为电能补给的重要基础设施,科学的选址规划,合理的参数配置,运行调控具有一定的投资效益，是电动汽车发展的关键。同时，充电站作为配电系统增供终端推动负荷增长，在可靠性、电能质量、充电容量等方面受制于配电系统，充电站的建设必须得到配电系统的坚强支撑，而配电系统由于自身技术水平、物理约束可能制约充电站的发展。如果将充电站视为互不关联的个体，则缺少对其网络综合特性的深入挖掘，将其视为传统负荷终端落点，又缺少对电动汽车负荷高度流动性的考虑，而充电站布点与其复杂的电力电量特性，在电力电量平衡、瞬时负荷、可靠性要求等诸多方面又可能对配电网造成重大影响，这就使得充电站和配电网二者的规划相互影响和制约，需要在规划阶段考虑协同建模。然而，充电站和配电系统的协同规划研究存在着以下几点显著物理特征：充电负荷的复杂不确定性和关联性、整体发展缺乏历史数据和经验支撑、协同规划缺乏科学理论支撑以及涉及因素众多，模型、算法均较为复杂。针对客观存在的协同规划过程中的关键特点和理论需求，需要进行多个相互交织影响的科学问题研究。

当电动汽车及其充电站接入配电系统形成增供负荷后，除了配电系统规划中传统的目标函数和约束条件，还应当引入包括电动汽车本身特点的一些目标和约束条件，如充电服务效用水平、充电站配置下的交通流捕获水平、充电站冗余参数约束等。然而依据传统规划方法，目前主要将电动汽车的充电或充电站看作静态负荷融入配网规划中，如此便忽视了电动汽车本身的流动特性所带来的"动态"效应；若将传统变电站规划方法直接应用于充电站规划，由于二者的服务特性不同，就容易造成服务区域划分不合理和充电站负载率难控制的问题，因为充电站的规划还需要考虑城市交通网和充电负荷的流动性。故电动汽车和配电系统的协同规划需要将充电负荷的随机性、波动性和局部聚集效应等科学融合到配电系统规划中来，同时与交通流、物流等信息充分融合，实现"协同"的深层概念。

1.3　本　书　内　容

随着各项电动汽车相关政策的落地实施，电动汽车保有量及其配套充电设施建设量逐年攀升，尽管车桩比不断下降，但目前仍存在着规划建设不平衡、信息统计不完善、运营平台不联通等问题，制约充电基础设施建设的难点和堵点仍未得到有效解决。为此，需要在确保电力供应安全的前提下，统筹充电设施和电力系统规划、建设和运行的高效协同问题，着力解决规模化电动汽车与接入配电系统规划中客观存在的理论技术难题。因此，为对规模化电动汽车接入配电系统进行分析，针对传统配电系统规划方法不适用的问题，本书将从电动汽车规模推演、电动汽车充电负荷建模、充电服务网分析与评估、低碳能源网络互动、充电基础设施规划、配电系统协同规划等几个方面展开论述，构建一套电动汽车与配电系统协同规划理论体系。

本书章节结构如下：

第2章深入分析电动汽车规模演化内外部机理，探究电动汽车保有量及对区域碳排放轨迹发展问题，提出系统动力学、多代理模型进行推演分析。

第3章介绍适应多类场景的电动汽车充电负荷建模方法，根据不同数据来源（出行行为数据、充电功率数据等）的多个场景（城镇出行、机场服务等），提出基于蒙特卡洛模拟、元胞自动机、非侵入式辨识等方法的负荷建模技术。

第4章提出了多参数电动汽车个体—集群—充电服务网多维评估模型、体系与方法，从车网可靠性、电网承载能力、电压稳定性等多维多角度探究。

第5章提出了电动汽车与低碳能源系统互动策略，从电动汽车V2G经济价值、充换电配送模式、主动管理策略、机器学习自治计算等层面深入挖掘车网互动途径与技术。

第6章面向充电基础设施规划问题，主要提出了考虑充电服务、电力交通耦合、经济成本、配电安全、可靠性提升等多角度的规划方法。

第7章针对电动汽车规模接入的配电系统适应性规划问题，提出了配电容量适应性升级、交通电力深度耦合、多维不确定性融合、多主体聚合交易下的规模模型与方法。

本书框架如图1-1所示。

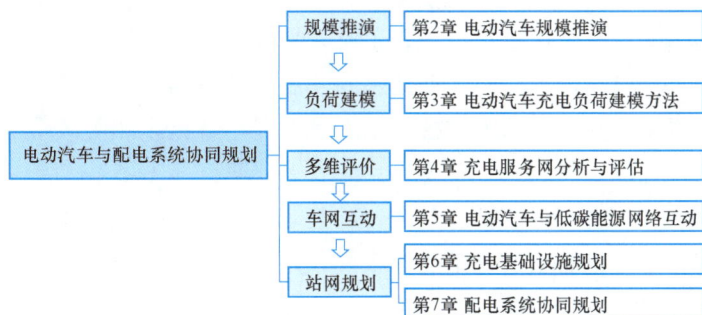

图1-1　全书框架

第 2 章　电动汽车规模推演

电动汽车规模化接入电力系统带来机遇的同时，势必给电力系统的各环节带来巨大挑战，即使在渗透率不大的情况下，由于充电负荷的集聚特性也可能造成配电系统的局部压力。因此，分析不同发展阶段下的电动汽车充电需求特性显得尤为重要，是量化电动汽车接入对电网的影响以及指导充换电设施规划建设的基础。在此之前，首要工作应是科学合理地对电动汽车规模进行推演，了解未来各个发展阶段的电动汽车保有量及分布情况。另一方面，电动汽车车网互动技术的发展以及清洁能源的渗透率稳步提升进一步为碳减排目标提供了保障，深入挖掘电动汽车发展趋势以及相关政策等多因素影响对推动碳减排具有深远的意义。

本章将从微观、宏观两个建模的角度，对电动汽车规模发展趋势进行初步探索，进而作为城市电动汽车充电需求的基础支撑条件，并进一步探讨对区域碳排的影响。本章节框架如图 2-1 所示。

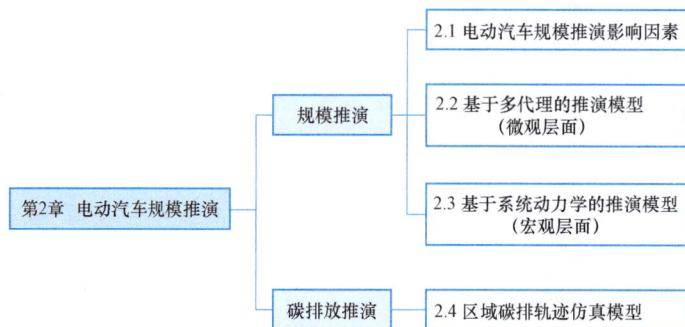

图 2-1　第 2 章章节框架

2.1　电动汽车规模推演影响因素

影响消费者购买电动汽车的因素纷繁复杂，本书主要从产品属性、用户属性、政策环境与配套设施以及社会影响等方面进行分类梳理，具体见表 2-1。

表 2 - 1　　　　　　　　　　　　　影响因素分类信息

分类	因素集
产品属性	售价、动力类型、续航里程、充电时长、燃油效率、耗电效率、可靠性、安全性、舒适性等
用户属性	收入水平、教育水平、社会地位、驾驶距离、偏好、价格敏感度，创新态度、社会易敏感度、环保态度等
政策环境与配套设施	燃料价格、补贴、税收、排放标准、家用充电桩安装难易、公共充电设施、车辆生产供应能力等
社会影响	产品市场占有率、口碑、相关群体的购买情况、产品广告覆盖度、环保理念宣传力度等

（1）产品属性，指与汽车产品直接相关的本质属性，如汽车售价、动力类型、续航里程、充电耗时，能耗效率以及产品性能等。产品属性是影响消费者购买决策的关键评估指标。电动汽车销售价格居高不下、动力电池容量限制引起的里程焦虑都是制约电动汽车快速推广的重要原因。

（2）用户属性，指影响用户购买行为模式及偏好的消费者相关信息。用户属性决定了用户对产品的不同需求，如用户的可支配收入决定着能否发生购买行为以及商品的种类和档次，用户偏好决定了对产品不同属性的倾向程度，用户对新产品的态度、环保意识都将影响其对电动汽车产品的评价，从而影响最终的购买决策。

（3）政策环境与配套设施，泛指与汽车的购买、使用密切相关的政府税收政策、补贴机制、燃油价格、充电服务费用以及充换电设施的配置情况等。针对电动汽车的购置税减免和补贴等激励政策，能在发展初期显著增强电动汽车的吸引力。随着油价的上涨以及充换电设施的建设，电动汽车的经济性和便捷性也会增强。此外，电动汽车的生产供应能力也是限制用户选择的重要因素。

（4）社会影响。指影响用户购买决策的社会因素，包括产品市场占有率、口碑相关群体的购买情况以及广告宣传等市场行为。由于电动汽车推广应用阶段时的市场占有率低，消费者会犹豫是否为这类不熟悉的新技术买单。媒体宣传能提高用户对产品的认知度，也能在一定程度上改变用户决策的偏好，如加大环保宣传力度能增强用户环保意识，从而提高电动汽车环保价位。邻居、朋友、同事等相关群体的汽车购买行为也会影响用户的购买决策。

2.2　基于多代理的推演模型

在部分地区电动汽车尚处于推广阶段，缺乏足够的产业发展相关历史数据，且电动汽车规模发展的影响因素复杂，给电动汽车规模演化分析带来巨大挑战。本节以上节的电动汽车规模化影响因素分析为基础，基于消费者行为学理论构建了用户的购车行为模型，不仅考虑了用户购车行为的异质性，也体现了相关群体用户决策之间的交互影响，并利用多代理技术从微观个体的角度出发研究电动汽车的规模演化趋势。

2.2.1 多代理规模演化模型

电动汽车规模（保有量）的基础在于用户购车决策，属于演化过程从个体微观层面可以通过构造多代理模型采用自底向上的建模方式，将目标市场用一系列模拟异质个体用户的智能代理之间的交互关系的虚拟市场来描述，各智能代理基于感知的目标产品属性、市场外部环境以及产品的渗透情况，根据相应行为规则进行购买决策，并通过聚合所有个体用户代理的决策结果观测市场宏观动态过程。故而本书提出基于消费者行为学的多代理演化方法来推演电动汽车规模。

消费者行为是感知、认知、行为以及环境因素动态互动的结果，是与购买决策相关的心理活动与实体活动。用户的购车决策模型框架如图 2-2 所示，用户基于其属性倾向特征和外部环境，全面评估产品效用，并综合考虑产品在相关群体中的渗透情况，进行最终的购买决策，即电动汽车的市场演化由用户的个体购车决策行为以及用户之间的交互影响共同驱动。因此，通过模拟目标区域中个体用户逐年的微观购车行为，并聚合所有用户的购买结果，从而观测该区域汽车市场的宏观动态演化过程。

根据消费者行为学理论，可以将用户购车行为过程分成如图 2-3 所示的 5 个阶段。

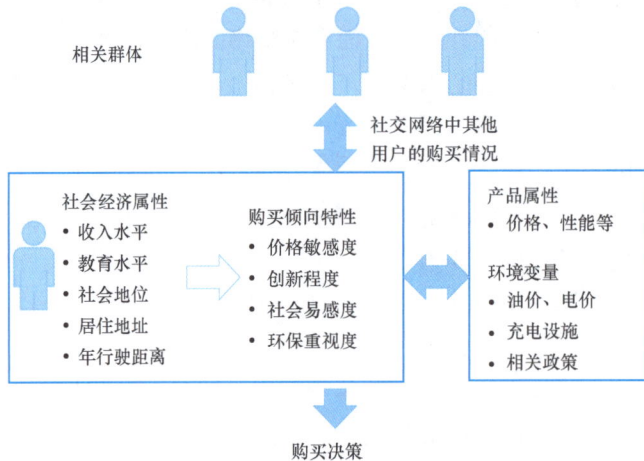

图 2-2　用户购车决策模型框架

图 2-3　用户购车行为过程

首先通过感知自身状态，确认当前购车需求；然后收集影响购车决策的相关信息，包括产品属性、环境变量以及产品在社交网络中的渗透情况等；其次，根据用户偏好和相应评价标准对可供选择的方案进行综合评价，并做出购买决策；最后进行购买后行为，评价产品并形成口碑。此外，消费需求由现实状态与理想状态之间的差距产生，为简化分析，将汽车需求分为新增用户的初次购买需求和老用户的换车需求两类：

①如果该用户为新增用户，则有购车需求；

②如果该用户是老用户，判断用户当前拥有的车辆是否需要更换：若汽车车龄小于汽车寿命，则今年无购车需求；若汽车车龄大于等于汽车寿命，则需要执行汽车购买行为。

最后，在新产品发展初期，大多数用户倾向于采取观望态度，直到该产品渗透率达到某个心理阈值，这也是新产品在发展初期扩散速度较慢的原因之一，即所谓的"市场惯性"。随着电动汽车市场渗透率提高，用户选择该产品面临的风险将逐渐降低，不管是技术风险、金融风险还是充电服务风险。因此，用户在选购汽车时会感知电动汽车的市场渗透率，若没有达到其心理阈值，将不会考虑购买电动汽车，由此电动汽车市场感知渗透率为：

$$\lambda_{EV} = N_{EV}/N_V \tag{2-1}$$

式中，N_V 为用户感知区域内汽车数量，N_{EV} 为该区域内电动汽车数量。

由于用户具有互异的社会经济属性，对风险的承受度以及对新产品的倾向程度呈现显著差异。经典创新扩散理论根据用户的社会经济属性将消费者分成如表 2-2 所示的五类。创新者和早期使用者倾向于尝试新鲜事物，较容易被新技术所吸引，该阈值较小；而对于大众用户及滞后者则更倾向于经过市场检验的成熟产品，该阈值较大。

表 2-2　　　　　　　　　　　　消费者信息分布

类型	比例	心理阈值	支付意愿（WTPM）
创新者	2.5%	$U(0, 0.5)$	20%
早期使用者	13.5%	$U(0.05, 0.15)$	10%
大众用户	68%	$U(0.15, 0.3)$	5%
滞后者	16%	$U(0.3, 0.5)$	1%

1. 用户效用评估模型

提出综合考虑经济性、技术成熟度、社会效益以及环境效益的用户综合效用模型，用以评估不同车型给用户带来的效用值：

$$U = \alpha U^C + \beta U^T + \gamma U^S + \delta U^E \tag{2-2}$$

式中，U^C，U^T，U^S，U^E 分别为购买某产品给用户带来的经济效用、技术成熟度效用、社会效用值和环保效用；α，β，γ，δ 分别为用户对各属性的倾向程度，不同用户拥有互异的属性参数，且 $\alpha + \beta + \gamma + \delta = 1$。

2. 经济效用评估模型

经济性是影响用户购车决策最重要的指标之一，可采用汽车年拥有成本 C_{aTCO} 来衡量经济性，其主要包括汽车购买成本等年值 C_{pur} 和汽车年使用成本 C_{ope} 两个部分：

$$C_{aTCO} = C_{pur} + C_{ope} \qquad (2-3)$$

$$C_{pur} = p\,\frac{(P_{veh} + T_{pur} - S_{sub}) \cdot (1+p)^T - R_{sale}}{(1+p)^T - 1} \qquad (2-4)$$

$$R_{sale} = (1 - r_{dep})^T P_{veh} \qquad (2-5)$$

$$C_{ope} = r_e P_e D_{veh} + C_m + T_{use} + C_{is} \qquad (2-6)$$

式中，P_{veh} 为汽车售价，T_{pur} 为购置税，S_{sub} 为政府补贴，p 为贴现率，T 为汽车使用寿命，R_{sale} 为汽车残值，r_{dep} 为汽车折旧率，r_e 为汽车能耗率（L/100km 或 kWh/100km），P_e 为能源价格（元/L 或元/kWh），D_{veh} 为用户年行驶距离，C_m 为维护成本，T_{use} 为车辆使用税，根据排放水平收取，C_{is} 为保险费。

根据相关参考文献，令区域保险费用 C_{is} 为：

$$C_{is} = 0.01kP_{veh} + 950 + 1480k \qquad (2-7)$$

式中，k 为商业保险折扣因子。

将汽车对于用户的经济效用值定义为：

$$U_{i-j} = 1 - \frac{C_{aTCO}^j - C_{aTCO-min}^i}{C_{aTCO-min}^i} \qquad (2-8)$$

式中，C_{aTCO}^j 是车型 j 的年拥有成本，$C_{aTCO-min}^i$ 是用户 i 在购车任一可选车型的最小年拥有成本。

3. 技术成熟度效用

除经济性之外，汽车性能也是影响用户决策的重要因素，但由于其涉及动力性、操控性、平顺性、舒适性以及可靠性等多个方面，且当前电动汽车还处于发展初期，很难逐个进行具体评估，因此，这是利用技术成熟度作为综合指标去衡量汽车性能。因常规燃油汽车已经历长时间的考验，各项技术已趋成熟，取其技术成熟度效用为 1。作为新兴产品电动汽车的性能也将随着技术革新不断改善，受限于化学和物理规律，越接近极限，改进速度所需时间越长，这里采用逻辑增长曲线模型描述电动汽车技术成熟度的演化规律：

$$U^T = \frac{1}{1 + a\mathrm{e}^{-bt}} \qquad (2-9)$$

式中，a 和 b 为模型参数，共同决定了汽车技术的演化模式。

4. 社会效用

根据社会学原理，用户通过社会网络与同事、亲朋和邻居等相关群体紧密联系，用户的决策行为不仅受自身经济效益的激励，也会受到与之相连的具有相同社会地位的其他社会成员的行为及其结果的影响，即用户行为存在"同群效应"，该效应会显著影响产品的市场演化过程。本节用产品在用户相关群体中的渗透率刻画其社会效用：

$$U^m = \frac{1}{K_m} \sum_{k=1}^N A_{mn} x_n \qquad (2-10)$$

其中，K_m 为社交网络中与用户 m 相连的用户数，$\boldsymbol{A}$ 为用户之间的连接矩阵，如果 m 和 n

相连，则 $A_{mn}=1$；否则 $A_{mn}=0$；x_n 表示用户是否拥有目标产品，若拥有，则 $x_n=1$；否则 $x_n=0$。N 为同类群体中已具备目标产品的用户总个数。

5. 环保效用

常规燃油汽车的污染物排放是加剧城市雾霾天气的重要推手，而电动汽车作为一种安静、环保的创新产品，相较于常规汽车拥有显著的非货币价值优势。研究发现，随着环境问题日益严重以及用户环保意识的提高，人们更愿意为环保型产品支付一定高于常规产品的溢价比（Willingness To Pay More，WTPM）。设置溢价比如表 2-2 所示。因电动汽车在使用过程中不排放尾气，因此其环保效用取为 1；对于常规汽车，根据用户的环保意愿，可刻画其环保效用：

$$U^E = 1 - \text{WTPM} \tag{2-11}$$

式中，WTPM 为用户意愿为环保类型产品支付一定高于常规产品的溢价比。

6. 用户购车行为概率模型

能量的补给方式是燃油汽车与电动汽车的本质区别之一，充电设施的配套不完善以及相对较低的续航里程是制约电动汽车发展的重要因素。基于相关文献，本节构造式充电便利度指标 r，并将其纳入用户的购车选择模型，该指标主要取决于家用充电设施安装难度、公共充电设施的配置情况、用户日均驾驶距离以及电动汽车续航里程等参数。则充电便利度指标为：

$$r = 1 - \frac{d}{L} \cdot e^{-\varepsilon(h+c)} \tag{2-12}$$

式中，d 为用户日行驶距离，L 为电动汽车续航里程，d/L 决定了用户对充电设施的依赖程度，h 为家用充电设施安装难度因子，$-1<h<0$，c 为公共充电设施覆盖度，$0<c<1$，用电动汽车渗透率近似代替，ε 为调节因子。

最后，通过改进离散选择 logit 模型，综合考虑汽车产品各方面的效用值及其充电方便程度，得到用户购买电动汽车的概率行为模型为：

$$P_{EV} = \frac{r \cdot e^{U_{EV}}}{r \cdot e^{U_{EV}} + e^{U_{CV}}} \tag{2-13}$$

式中，U_{EV} 和 U_{CV} 分别为该用户根据式（2-2）计算得到的电动汽车和常规汽车效用值。

基于多代理技术的电动汽车市场规模演化仿真流程如图 2-4 所示，基本流程描述如下：

第一阶段：根据输入数据集随机生成、抽取市场演化模型所需参数（用户收入水平、购车偏好、创新态度、当前车辆情况、年驾驶距离等），设置不同环境参数（技术发展情况、燃料价格、补贴情况等），编制电动汽车演化模拟多代理系统，创建仿真起始年的汽车用户代理。

第二阶段：各用户代理模拟执行当年的购车行为，包括需求确认、信息收集、备选产品评估、购买决策以及购后行为等 5 个阶段。首先，对于有购车需求的新用户和需更换车辆的老用户，收集购车决策相关信息，包括汽车价格、性能、燃料价格、充电基础

11

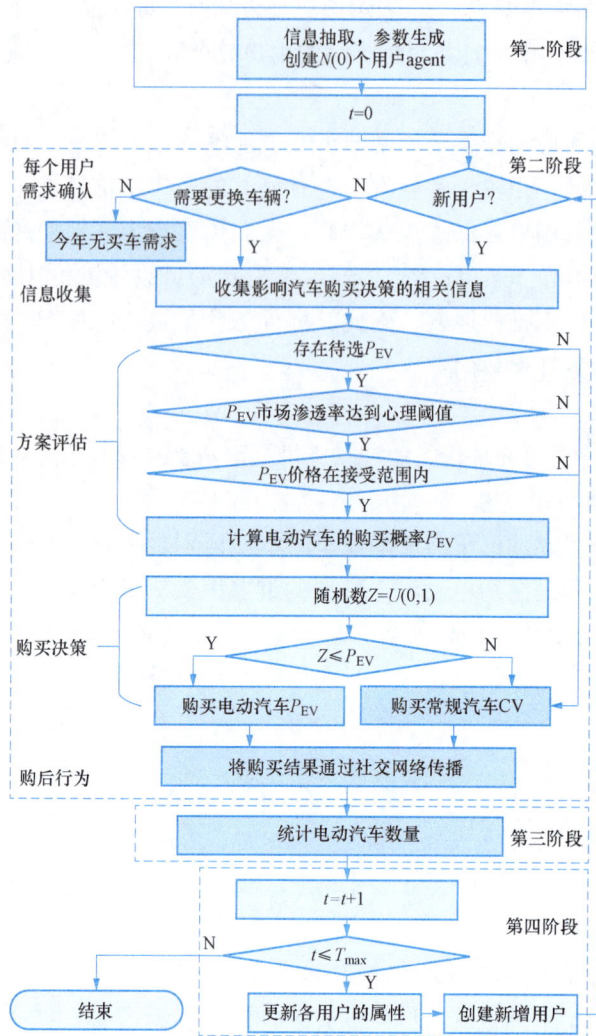

图 2-4　电动汽车市场规模演化仿真流程

设施覆盖率以及口碑等，然后，如果因电动汽车供应能力不足，暂无制造商提供目标车型对应的电动汽车选项、感知的电动汽车市场渗透率未达到用户的心理阈值或者电动汽车年拥有成本超过用户的承受范围，则该用户直接购买常规汽车；否则，根据 2.1 节所提模型分别计算该用户选择不同车型带来的效用值及相应的购买概率；最后，根据随机选择理论进行购买行为，并将购买结果通过社会网络告知其他用户。

第三阶段：统计研究区域内电动汽车市场规模扩散情况。

第四阶段：检测是否达到程序终止判据，若已达到仿真结束年，则市场演化仿真程序终止，否则，继续下一年的模拟。更新所有用户代理的相关属性参数（如车龄、购买行为倾向的演变等）及其相关环境变量（如汽车价格、燃油价格、政策激励等），创建本年度新增汽车用户代理。

2.2.2　算例分析

1. 参数设置

本节采用某城市区域为例进行模型验证，推演该地区 20 年的电动汽车规模发展趋势，并对影响电动汽车规模演化的相关因素进行分析，根据该地区统计年及其相关统计数据，参数设置如下：某年末该地区有 87726 户居民，户均可支配入为 8.7 万元，拥有 52635 辆私家汽车，其中常规燃油汽车和电动汽车分别占 99% 和 1%，由于电动汽车市场尚未饱和，私家车保有量按增长率 $\lambda = 0.15 - 0.0121t$ 逐年增长至饱和状态。汽车折旧率取 20%，贴现率为 6%，用户年行驶里程服从正态分布 $N(12000, 3000^2)$。假设汽车寿命为 10 年，汽车年龄分布如表 2-3 所示。

表 2-3　　　　　　　　　　　　某年汽车年龄分布情况

年龄（年）	1	2	3	4	5	6	7	8	9	10
占比（%）	20	15	13	12	10	8	7	5	5	5

根据国家分类标准，结合汽车使用税政策情况，常规汽车的分类信息如表 2-4 所示。

表 2-4　　　　　　　　　　　　常规汽车分类信息

汽车等级	排量（L）	使用税（元/年）	售价（万元）	油耗（L/100km）	占比（%）
微型车	1L 以下	180	4～6	5～7	3.07
小型车	1.0～1.6	360	6～10	6～10	20.81
紧凑型	1.6～2.0	420	10～15	7～12	37.43
中型车	2.0～2.5	720	15～40	8～15	26.97
中大型	2.5～3.0	1800	40～80	9～18	10.06
大型车	3.0 以上	3000	80～200	12～20	1.66

通过查询市场上已有电动汽车的相关信息，统计得到分类信息如表 2-5 所示。

表 2-5　　　　　　　　　　　　电动汽车分类信息

汽车分级	微型	小型	紧凑	中型	中大	大型
续航里程（100km）	1.2～1.5	1.5～2	2～2.5	2.5～3	3～4	4～6
电池容量（kWh）	10～16	16～30	30～35	35～45	45～60	60～100

根据消费者分类情况进行用户倾向参数差异化设置。根据当前调研情况，由于电池技术限制，导致电动汽车售价为同等级常规汽车的 2 倍左右，随着技术瓶颈的突破以及规模效应，该售价差将逐渐缩小。但因电动汽车机械结构相对简单，每 5000km 燃油汽车将比电动汽车多消费 320 元左右的维护保养费用。常规燃油汽车的购置税为售价的 1/11.7，电动汽车免购置税。设置电动汽车充电价格为 0.8 元/kWh，汽油价格为 6 元/

L。根据相关补贴政策，电动汽车可获得的补贴情况如表2-6所示。

表 2-6　　　　　　　　　　　　　　电动汽车补贴情况

续航里程 R（km）	$100{<}R{<}150$	$150{<}R{<}250$	$R{>}250$
中央补贴（万元）	2.5	4.5	5.5
地方补贴（万元）	2.5	4.5	5.5

仿真过程中，在不影响结果准确性的前提下，可以将情况相似的用户聚类以降低仿真复杂度。

2. 电动汽车规模演化分析

（1）场景设置。

场景1：即"乐观场景"，假设油价按6%的年增长率升高，电动汽车与常规汽车的价差每年减少10%，电动汽车补贴按初值的10%逐年退坡。

场景2：即"普通场景"，假设油价按3%的年增长率升高，电动汽车与常规汽车的价差每年减少8%，电动汽车补贴按初值的15%逐年退坡。

场景3：即"悲观场景"，假设油价格按1%的年增长率升高，电动汽车与常规汽车的价差每年减小5%，电动汽车补贴按初值的20%逐年退坡。

（2）不同场景下的规模分析。

三种场景下的汽车规模推演结果分别如图2-5、图2-6和图2-7所示。由图2-5可以看出，电动汽车规模演化过程呈S型曲线，服从新兴产品市场的一般发展规律，在一定程度上说明了模型设置的合理性。通过对比三种推演结果，不难发现各种场景下汽车规模发展趋势大体一致。具体而言，随着时间的推移，由于油价上涨、电动汽车技术日趋成熟以及电动汽车与常规汽车的价差逐渐缩小，电动汽车市场竞争力越来越强，电动汽车规模整体呈上升的发展态势，常规燃油汽车则呈现出"先升后降"的趋势。

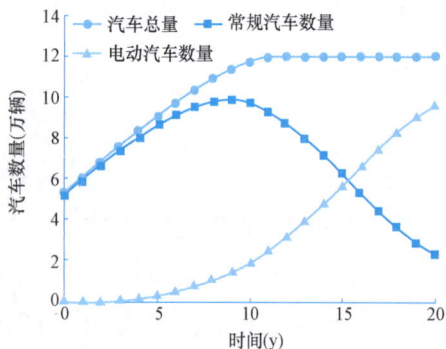

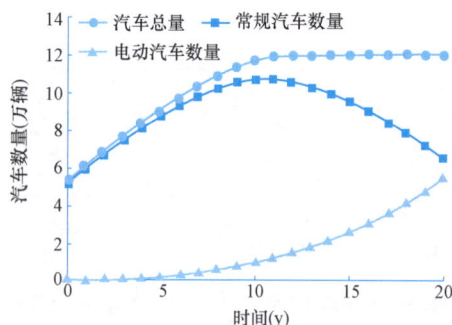

图 2-5　乐观场景下的电动汽车规模演化趋势　　图 2-6　普通场景下的电动汽车规模演化趋势

然而，不同场景下的具体演化形态则呈现出较大差异。对于乐观场景，第5年以前，

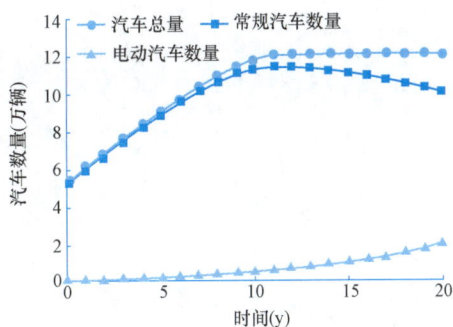

图 2-7　悲观场景下的电动汽车规模
演化趋势

在政府补贴以及电动汽车免税的有利环境下，电动汽车在经济性上的短板已不十分突出，电动汽车增速却依然缓慢，主要是由于这个阶段电动汽车渗透率较低，用户对这类新兴产品的技术水平缺乏信心，电动汽车带给用户的社会效用较低以及不完善的充电设施都是制约其快速发展的因素。第 5 年之后，电动汽车规模增长率明显加快，其内在驱动力在于：随着油价持续升高以及电动汽车的价格逐渐降低，在有利政策支持的条件下，电动汽车的经济性优势逐渐凸显，电动汽车受到部分用户的青睐，而电动汽车的渗透率越高，电动汽车社会效用以及充电基础设施越完善，从而吸引更多用户购买电动汽车，由此形成了一个良性的闭环系统。从第 9 年开始，常规燃油汽车规模开始萎缩，并于第 15 年左右被电动汽车赶超，到第 20 年时电动汽车渗透率已达 80.3%。在常规场景下，第 7 年之后电动汽车规模发展才开始明显增速常规汽车的规模从第 11 年开始逐渐减小，到第 20 年的时候电动汽车渗透率为 45.1%。而在最不利于电动汽车发展的悲观场景下，电动汽车规模从第 10 年才开始快速增长，到第 20 年电动汽车渗透率也才达到 16.6%。

（3）影响因素分析。

首先，分析政策环境对电动汽车推广应用的影响。在场景 2 的基础上，分别在政府对电动汽车无任何优惠措施和政府补贴不退坡两种情形下进行仿真，结果如图 2-8 所示。

从图 2-8 可以看出，在不同的政策环境下电动汽车的规模演化趋势呈现较大差异。在有利于电动汽车发展的常规场景和补贴不退坡情景下，电动汽车分别在第 7 年和第 5 年进入快速发展阶段，且在第 20 年的时候渗透率分别达到了 45.1% 和 55.1%。而在无政策激励的环境下，电动汽车发展较慢，直到第 14 年左右渗透率才迅速增加。可见，在产品发展初期，政策支持对培育新兴市场至关重要，早期用户群是产品后续快速发展的基石，并且只要能够促使产品渗透率发展到一定水平后，即使补贴措施完全退出，产品市场也能维持较快的成长速度，比如常规场景下第 7 年时补贴政策已经完全退出，但电动汽车却进入了快速发展阶段，后面继续对电动汽车进行高补贴不仅增加政府财政压力，对电动汽车的推动效果也十分有限。

然后，分析社会因素和充换电设施配置情况对电动汽车规模演化的影响。在场景 2 的基础上，分别在不考虑社会影响（即将所有用户的心理阈值取为 0，且不计社会效用）和不考虑充电约束（即充电方便度取为 1）两种情形下的仿真结果如图 2-9 所示。

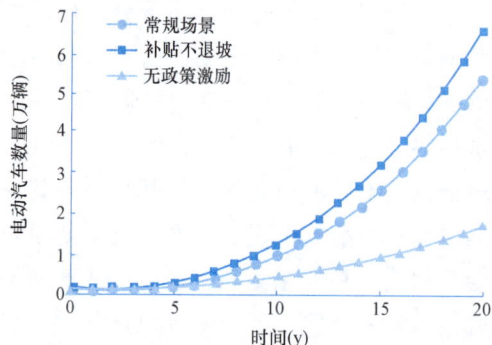

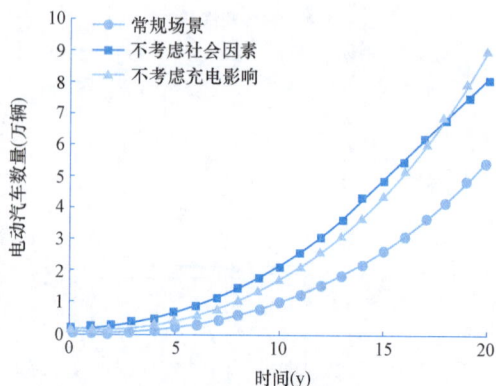

图 2-8 不同政策环境对电动汽车规模演化趋势　　图 2-9 不同场景下电动汽车规模演化趋势

通过比较常规场景与不考虑充电影响下的仿真结果，不难发现：充换电设施的配置情况是影响电动汽车推广的重要因素，在不考虑充电对用户购买行为的影响时，电动汽车扩散速度明显快于常规场景。此外，通过比较常规场景和不考虑社会影响的电动汽车规模演化趋势可知，相较于简单的成本效益分析，社会效用加剧了市场的惯性，降低产品初期发展速度，但也赋予产品在快速增长期更强的动力，是产品发展演化的重要影响因素。同时，通过大众媒介提升用户对电动汽车的认知水平，增强对电动汽车产品信心，以及加强环保宣传，提高用户环保观念等措施都能加快产品发展。

2.3　基于系统动力学的推演模型

通过 2.2 节的分析认识到，电动汽车的发展具有长期性、复杂性和动态性，不同发展阶段受到技术、价格、政策、地区发展水平等多种因素的影响，并且相互制约。因此，只有充分考虑相关因素随时间和区域的变化规律，才能深入了解电动汽车的发展程度，推动充电服务网络、配电网的科学发展。对此，本节将系统动力学应用到电动汽车的规模推演研究中，通过宏观分析各种影响因素及其相关关系，实现电动汽车的规模推演。

2.3.1　系统动力学理论

系统动力学（system dynamics）由 Jay W. Forrester 在 20 世纪 50 年代创立，专门用于分析研究信息反馈系统。系统动力学认为，系统的行为模式和特征主要由其内部的动态结构与反馈机制决定。其处理复杂系统问题的方法是定性与定量相结合，整体思考分析，综合与推理。从微观角度入手，利用系统动力学方法和理论讲系统构成结构、功能的因果关系模型，通过建立计算机模拟可用于定性与定量研究系统问题。

1. 系统与界限

系统动力学定义系统为一个相互区别、相互作用的各部分有机结合，为同一目的完成某种功能的集合体。系统动力学认为，系统是结构与功能的统一体，系统由单元、单元的运动和信息组成。

　　系统的界限是指该系统的范围，即一个想象的轮廓，系统的界限规定了形成某特定行为所应包含的最小数量的单位，即它把所研究问题有关的部分均划入系统，而与其他部分即系统环境分隔开。一旦研究的问题的实质和建模目的确定，其界限则是清晰和唯一的。因此，当讨论系统的时候，首先应确定系统的边界。

　　2. 因果链与因果关系图

　　系统动力学中常用的图形表示方法包括因果与相互关系图和流图。因果与相互关系图是表示系统反馈结构的重要工具。设有变量 A、B，A 是原因，B 是由 A 可能引起的结果，则可用带箭头和正负号的实线表示两者之间的因果关系，从而构成一条因果链，如表 2-7 所示。对于一条给定的因果链，正号表示箭头指向的变量将随箭头源的变量的增加而增加，或减少而减少。因果链为极性定性描述了一个变量的变化引起相关变量改变的趋势。

表 2-7　　　　　　　　　　　　因果与相互关系图常用符号

符号	解释
A ⌒+→ B	因果链：A 的变化使 B 在同一方向发生变化
A ⌒−→ B	因果链：A 的变化使 B 在相反方向发生变化

　　3. 反馈回路系统

　　系统动力学认为在每一个系统研究对象之中都存在着信息反馈机制，反馈可以从单元、子系统或系统的输出直接联系对应的输入，也可以通过媒介甚至其他系统实现。

　　反馈回路则是由一系列的因果与相互作用链组成的闭合回路或者说是由信息与动作构成的闭合路径。包含有反馈环节及其作用的系统就是反馈系统，它是相互联结与作用的一组反馈回路。反馈一般划分为正反馈和负反馈，如图 2-10 所示。反馈回路的极性反映了其基本特征，而负反馈会自动寻找目标，在未达到或者未趋近目标时将不断做出响应，具有自调整性。

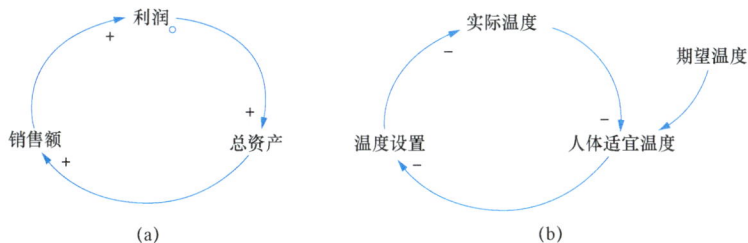

图 2-10　正、负反馈系统

(a) 正反馈；(b) 负反馈

4. 动力学系统建模方法

因果关系图描述了反馈结构的基本方面，从定性的角度认识了系统的相互关系，为定量地研究系统内部问题提供了基础，具有重要的意义。但因果关系图并不能表达不同性质变量的区分，也不能区分系统的物质流和信息流，这是它的根本弱点。为了克服这一弱点，系统动力学引入了"流图"这一概念。流图由状态变量、流率变量、辅助变量等元素组成，如表2-8所示。流图不仅展示了系统行为的结构背景，而且也提供了系统结构和系统行为之间相互关系的直观解释，提供了从定性和定量两方面描述系统行为的可能性。

表2-8　　　　　　　　　　　　　　　变量及其定义

状态变量	凡是能对输入和输出变量或其中之一进行积累的变量就是状态变量。在某个时间间隔内流位的变动量等于这个时间间隔同输入与输出流率差的乘积。状态变量在系统动力学流图中用一个矩形框来表示，指线箭头表示输入流，向外的实线箭头表示的输出流
流率变量	描述单位时间内流量变化率的变量，又称速率变量。数学上反映了导数概念，不能瞬时观察。模拟中采用区间上的平均速率来代替瞬时速率进行计算。流率是控制流量的变量，在系统流图中用类似阀门的符号来表示
辅助变量	当两个变量之间用一个因果链联接时需要很多解释或者看起来有点牵强时，就要考虑加辅助变量了。辅助变量的设置不是必须的，然而却是十分有意义的，其设计的艺术性和技巧性是系统模型化非常重要的手段
延迟	在系统中物质的流动，传递是有时间延迟的。所谓时间延迟是指系统对应于某一输入，产生输出需要延迟一段时间。在系统动力学中广泛使用的是一阶指数延迟。所谓一阶指数延迟环节，实质上就是一般意义的一阶系统。延迟流量的初始状态处于稳态值 y_1，在 t_i 时刻加一个值（$y_2 - y_1$）为一阶跃输入流，则延迟流以指数的规律逐渐增大，趋近于 y_2，系统中存在二阶或三阶以上的高次指数延迟，可将其作为由几个一阶指数延迟串联而成

系统动力学采用定性到定量的综合集成方法建模，系统动力学的一般建模步骤如图2-11所示。

首先，确定建模目的，从系统动力学的角度分析，模型是为解决一组具体问题而建立的。其次，定性分析与系统边界确定，系统边界是指研究问题中的系统变量。再次，系统动力学不是在坐标系下直接建立曲线方程，而需要先建立变量系。最后，进行反馈环分析，在已建立的流图结构模型中，找出所有或部分重要反馈环、系统的基模和主要的反馈环，通过建立基模、主导反馈参数调试等方法，对已建立的系

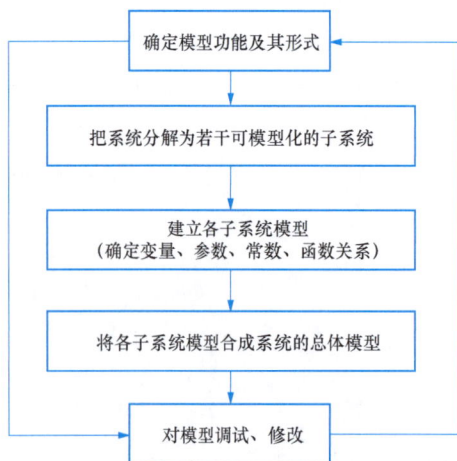

图2-11　系统动力学建模过程

统模型进行调试、反馈环分析、结果分析和效果检验。

2.3.2　系统动力学规模演化模型

1. 影响因素筛选

电动汽车规模发展是一个受到了多主体、多种因素影响的非线性复杂系统，在 2.1 节分析出来的各类关键因素基础上筛选出影响电动汽车规模发展的核心因素。

将筛选出的关键因素放入模型之内，而在系统界限外部的那些概念与变量应排除在模型之外，按照系统动力学观点系统外部环境变化不能对系统行为带来本质影响，并且不受系统内部因素的控制。采用德尔菲方法，利用不同领域专家的知识、技术、经验和观点对各类因素进行匿名评选，按照重要影响程度进行打分评价，这里采用意见集中度和离散度作为确定评价指标的标准，即，

$$E_i = \frac{1}{Y}\sum_{j=1}^{N} n_{ij} E_j \qquad i = 1, 2, \cdots, X \tag{2-14}$$

$$\sigma_i = \sqrt{\frac{1}{Y}\sum_{j=1}^{N} n_{ij}(E_i - E_j)^2} \qquad i = 1, 2, 3, \cdots, X \tag{2-15}$$

式中，有 X 个指标、Y 个专家打分评价，指标重要程度共 N 级，E_i 为第 i 个指标专家意见的集中度，E_j 为指标的第 j 级重要程度的量值（一般在 1～5），n_{ij} 为第 i 个指标评价为第 j 级重要程度的专家人数。离散度用标准差 σ_i 表示，常见的核心因素有：GDP、人口、汽车规模、政策补贴、石油价格、购买价格、使用成本、充电设施建设、技术发展、充电时间、电价续航里程、便利程度等，部分因素分析如下。

1）使用成本。以现阶段石油价格和普通居民电价为基准，电动汽车百公里使用成本在 15～20 元，要远低于传统汽车的 50～80 元。运行成本的节省成为消费者购买纯电动汽车的主要动力之一。

2）购买价格。价格因素是影响商品购买的核心因素，电动汽车受制于电池成本、工艺水平，售价普遍高于同等类型的传统汽车。随着人均收入的不断提高，电动汽车价格的不断下降，越来越多的消费者有能力购买电动汽车，同时政府对电动汽车购买进行高额补贴将会在短期内刺激电动汽车的购买。

3）续航里程。现阶段电动汽车受制于电池容量，虽然能满足大部分用车需求，但是充电的时间和充电位置的局限性促使消费者对续航里程的预期偏高。

4）充电时间。充电时间的长度不仅取决于电动汽车电池容量，还与充电方式紧密相关。现阶段在快速充电模式下电动汽车充电时间为 1～2h，慢充条件下则长达 4～8h，与传统汽车加油模式相比，能源补给时间过长制约了消费者的选择。

5）便利程度。充换电站和充电桩等相关基础设施的建设必须适度超前于电动汽车的发展，充电站（桩）的地理位置与分布影响电动汽车使用的方便性。不同类型的车辆对应着不同的充电模式，充电站（桩）对应的车辆类型及其服务相应类型车辆的能力同样影响着电动汽车使用的方便性。

2. 影响因素的因果关系

系统内因果关系的相互作用决定系统功能和行为，根据之前筛选出的关键因素，分析各类因素之间的关系，建立因果与相互关系图，如图 2-12 所示。各个模块中包含了不同因素及相关关系，下面将以此为例进行推演仿真的建模分析。

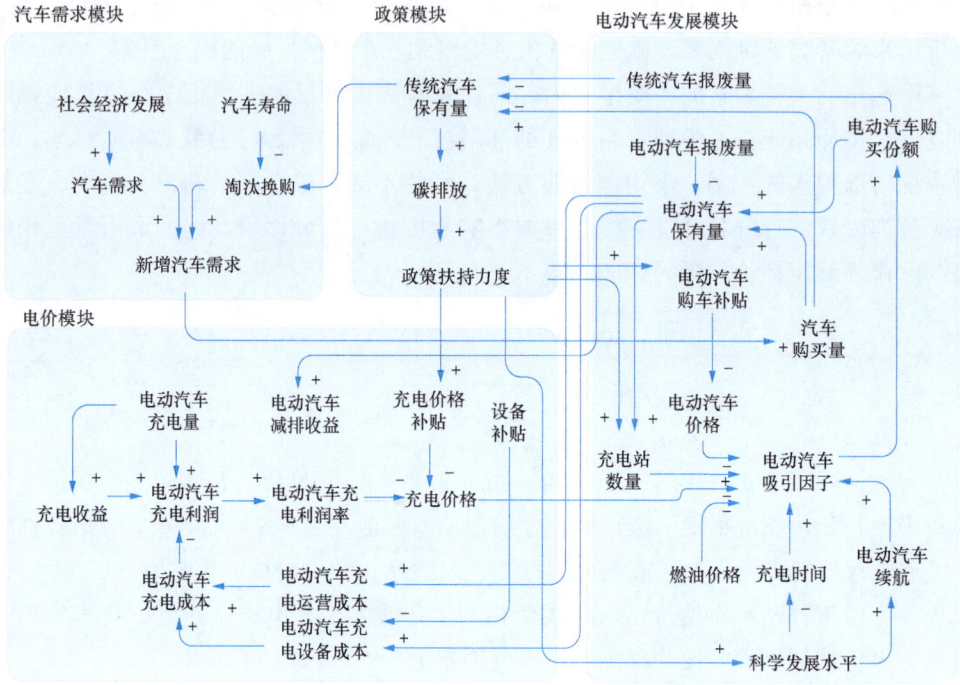

图 2-12　电动汽车发展的因果与相互关系图

3. 系统内子模块建模

为了更好地分析系统总体的与局部的反馈机制，需要将系统划分为几个子系统，本节将电动汽车规模推演系统划分为 4 个子模块：汽车需求模块、政策模块、电价模块、电动汽车发展模块。将对系统的整体反馈关系与电动汽车发展系统的 4 个子模块进行分析。汽车需求模块模拟整个社会汽车需求发展；政策模块模拟政府利用各种政策扶持电动汽车发展；电价模块模拟充电价格随着电动汽车发展的变化趋势；电动汽车发展模块模拟电动汽车购买率对电动汽车和传统汽车保有量规模变化的影响。因果与相互关系图表达了因素之间的相关性，各因素之间形成了相互嵌套的反馈形式。然而，因果关系只能反映因素间的定性关系，为了进一步表达变量性质和定量关系需要使用存量流量图，准确反映系统中各变量的积累效用及变化速率。

（1）汽车需求模块。

随经济发展，个人消费能力的不断提升，汽车需求越来越高。汽车市场存在着巨大的发展空间，有研究发现中国人均 GDP 每增长 1%，千人汽车保有量增长 0.46%。以汽车平均寿命 10 年为基准，市场存在着大量的换购需求。构建的汽车需求模块存量流量如

图 2‑13 所示。

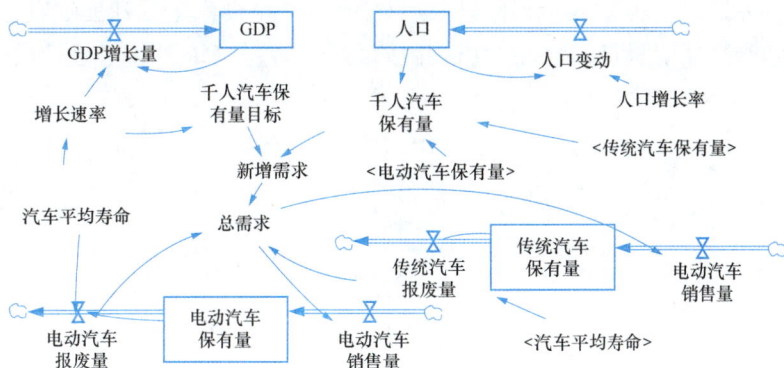

图 2‑13　汽车需求模块存量流量

$$EV_{\mathrm{parc}}(t) = \sum_{0}^{T}\big[B_{\mathrm{EV}}(t) - D_{\mathrm{EV}}(t)\big] + EV_{\mathrm{parc}}(t_0) \tag{2‑16}$$

$$D_{\mathrm{EV}}(t) = EV_{\mathrm{parc}}(t)/\big[AVG(t) - delay_1\big] \tag{2‑17}$$

$$CV_{\mathrm{parc}}(t) = \sum_{0}^{T}\big[B_{\mathrm{CV}}(t) - D_{\mathrm{CV}}(t)\big] + CV_{\mathrm{parc}}(t_0) \tag{2‑18}$$

$$D_{\mathrm{CV}}(t) = CV_{\mathrm{parc}}(t)/AVG(t) \tag{2‑19}$$

$$G_{\mathrm{GDP}}(t) = \sum_{0}^{T} C_{\mathrm{GDP}}(t) + G_{\mathrm{GDP}}(t_0) \tag{2‑20}$$

$$C_{\mathrm{GDP}}(t) = C_{\mathrm{GDP}}(t) \cdot GR(t) \tag{2‑21}$$

$$POP(t) = \sum_{0}^{T} PV(t) + POP(t_0) \tag{2‑22}$$

$$PV(t) = POP(t) \cdot PRT(t) \tag{2‑23}$$

$$VP(t) = \big[EV_{\mathrm{parc}}(t) + CV_{\mathrm{parc}}(t)\big]/POP(t) \tag{2‑24}$$

$$VPT(t) = VPT(t_0) \cdot GR(t) \cdot PRT(t) \cdot con_1 \tag{2‑25}$$

$$ND(t) = \big[VPT(t) - VP(t)\big]\alpha_1 \tag{2‑26}$$

$$TI(t) = D_{\mathrm{EV}}(t) + D_{\mathrm{CV}}(t) + ND(t) \tag{2‑27}$$

其中 $EV_{\mathrm{parc}}(t)$、$B_{\mathrm{EV}}(t)$、$D_{\mathrm{EV}}(t)$ 分别代表了电动汽车的规模、购买量及报废量，其关系如式（2‑16）和式（2‑17）所示。$CV_{\mathrm{parc}}(t)$、$B_{\mathrm{CV}}(t)$、$D_{\mathrm{CV}}(t)$ 为传统汽车的规模、购买量及报废量，其关系如式（2‑18）和式（2‑19）所示，$AVG(t)$ 为汽车的寿命，$delay_1$ 为延迟时间。式（2‑20）为 GDP 总量 $G_{\mathrm{GDP}}(t)$ 的计算，其中 $C_{\mathrm{GDP}}(t)$ 表示 GDP 的增长量，由式（2‑21）可得，$GR(t)$ 为 GDP 增长率。式（2‑22）、式（2‑23）表示人口数量 $POP(t)$ 的计算，$PRT(t)$ 为人口增长率，$PV(t)$ 为增长量。式（2‑24）、式（2‑25）分别计算了千人汽车保有量 $VP(t)$ 和其期望值 $VPT(t)$。con_1 为表示 GDP 和人口对电动汽车影响率的常数。式（2‑26）、式（2‑27）表示了汽车变化量 $TI(t)$ 的计算，其中 $ND(t)$ 表示新增加的汽车数量，α_1 为汽车的需求因子。

（2）政策模块。政策模块反映相关政策对车辆保有量影响，计算公式如式（2-28）～式（2-32）所示。由于能源问题和环境问题日益凸显，电动汽车受到了政府的大力推广，政府扶持力度受到环境因素，如二氧化碳排放量 $[CE(t)]$ 等的影响。设计的政策模块如图 2-14 所示。

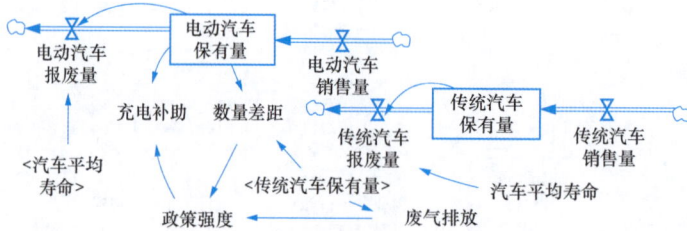

图 2-14　政策模块存量流量图

$$N_{\text{QD}}(t) = CV_{\text{parc}}(t) - EV_{\text{parc}}(t) \tag{2-28}$$

$$PS(t) = N_{\text{QD}}(t) \cdot \alpha_2 + CE(t) \cdot \alpha_3 \tag{2-29}$$

$$CE(t) = CV_{\text{parc}}(t) \cdot \alpha_4 \tag{2-30}$$

$$CS(t) = PS(t) \cdot CE(t) \cdot \alpha_5 \tag{2-31}$$

$$AP(t) = con_2^{\alpha_6} \tag{2-32}$$

式（2-28）中 $N_{\text{QD}}(t)$ 为电动汽车与传统汽车的数量差，其差值大小与二氧化碳排放量 $[CE(t)]$ 将共同决定政策扶持力度的大小 $[PS(t)]$［式（2-29）］；$PS(t)$ 数值限定在 $[0，1]$。式（2-29）～式（2-32）中，α_2、α_3 分别为电动汽车和传统汽车的数量差因子和碳排放因子，α_4 为传统汽车排放因子，α_5 为充电补贴因子，$AP(t)$ 为购置补贴，con_2 为补贴初值，α_6 为购置补贴因子。

（3）电价模块。电动汽车充电运营企业作为独立企业，其自身需承担充电设施建设成本 $[P_{\text{OC}}(t)]$ 和运营成本 $[P_{\text{EC}}(t)]$，并通过向客户收取充电费用获得收入。设计的电价模块存量流量图如图 2-15 所示。

$$P_{\text{EV}}(t) = \sum_0^T P_{\text{CPC}}(t) + P_{\text{EV}}(t_0) \tag{2-33}$$

$$P_{\text{CPC}}(t) = P_{\text{EV}}(t)[P_{\text{CPR}}(t) - con_3]\beta_1 \tag{2-34}$$

$$P_{\text{CR}}(t) = P_{\text{CT}}(t) \cdot P_{\text{EV}}(t) \tag{2-35}$$

$$P_{\text{CPR}}(t) = [P_{\text{CR}}(t) - P_{\text{COST}}(t)]/P_{\text{CR}}(t) \tag{2-36}$$

$$P_{\text{COST}}(t) = \sum_0^T P_{\text{TPM}}(t) + P_{\text{COST}}(t_0) \tag{2-37}$$

$$P_{\text{TPM}}(t) = P_{\text{OC}}(t) + P_{\text{EC}}(t) - P_{\text{CR}}(t) \tag{2-38}$$

$$P_{\text{OC}}(t) = EV_{\text{parc}}(t) \cdot \beta_2 \tag{2-39}$$

$$P_{\text{EC}}(t) = D_{\text{EV}}(t) \cdot \beta_3 \tag{2-40}$$

$$P_{\text{CT}}(t) = \sum_0^T P_{\text{CPM}}(t) + P_{\text{CT}}(t_0) \tag{2-41}$$

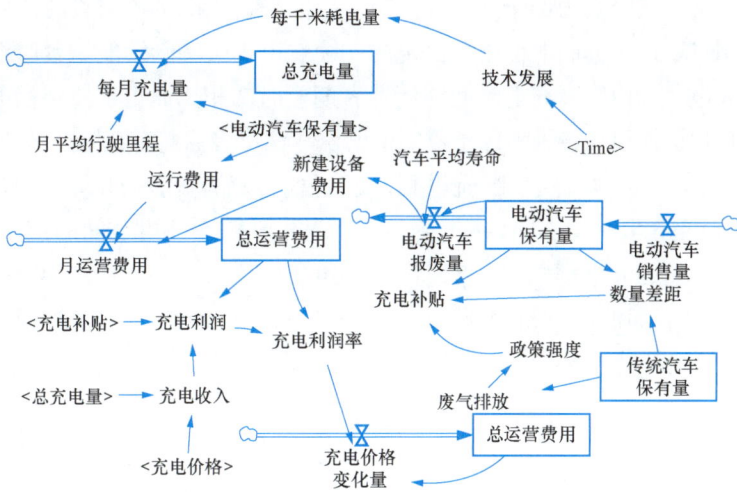

图 2 - 15　电价模块存量流量图

$$P_{CPM}(t) = P_{ORP}(t) \cdot P_{KRC}(t) \tag{2-42}$$

$$P_{KRC}(t) = P_{KRC}(t_0) \cdot e^{-TD(t)} \tag{2-43}$$

$$TD(t) = \frac{\beta_4}{1 + \beta_5 e^{-\beta_6 t}} \tag{2-44}$$

式（2-33）～式（2-35）中：$P_{EV}(t)$ 为充电价格；$P_{CPC}(t)$ 为充电价格变化量；con_3 为固定收益率；β_1 为电价变动系数；$P_{CR}(t)$ 为充电收入，由总充电量 $[P_{CT}(t)]$ 和充电价格决定。式（2-36）中，$P_{CPR}(t)$ 为充电收益率，$P_{COST}(t)$ 为充电成本。为了保证充电服务商的盈利水平保持在相对合理的区间，本节假定充电服务商的充电收益率为 8%。式（2-38）～式（2-40）中，$P_{TPM}(t)$ 充电成本变化量，$P_{OC}(t)$ 为运营成本，β_2 为运行成本因子，$P_{EC}(t)$ 为设备成本，β_3 为设备成本因子。式（2-41）～式（2-44）中：$P_{CT}(t)$ 为总充电量；$P_{CPM}(t)$ 为充电量月增加量；$P_{ORP}(t)$ 为月平均行驶里程；$P_{KRC}(t)$ 为每千米平均耗电量，每千米耗电量又与技术发展 $[TD(t)]$ 紧密相关，$TD(t)$ 的发展趋势参考普通事物的传统规律；β_4、β_5、β_6 均为事物普适发展过程中的参数拟合因子。初期的技术性能发展相对缓慢，随着科技的突破，产品的性能得到改善，其技术成熟度呈现快速上升趋势。越接近极限，技术越成熟，其改进的速度和数量所需时间越漫长。技术成熟度与时间的函数呈 S 型曲线。生长曲线上的拐点是电动汽车技术生命周期的转折点，因此应用曲线可以预测产品技术成熟度。

（4）电动汽车发展模块。电动汽车购买量 $[B_{EV}(t)]$ 和传统汽车购买量 $[B_{CV}(t)]$ 由汽车需求量和电动汽车购买率 $[EV_{sp}(t)]$ 决定，如式（2-45）和式（2-46）所示。式（2-47）中电动汽车购买率将由电动汽车吸引力因子 $[EV_{ATT}(t)]$、电动汽车价格共同决定，η_1 为电动汽车吸引力权重系数，$EV_{Price}(t)$ 为电动汽车售价，$CV_{Price}(t)$ 为传统汽车售价，$AP(t)$ 为电动汽车购置补贴，η_2 为售价因子权重系数。消费者对电动汽车的选择受到多种因素的影响，引入电动汽车吸引力因子 $[EV_{ATT}(t)]$ 指标来综合衡量各因素的作用，由式（2-48）表示。使用成本是通过油电价格比决定的，续航里程由实际续航里程与消费者预期里程相比而得，充电时间由实际充电时间与消费者期望时间相比而得，便利程度由充电站规划量与需求数量比值而得。各因素因子数值由德尔菲法中专家打分确定。式（2-48）～式（2-51）中，$EV_R(t)$ 为电动汽车续航里程，$EV_{RE}(t)$ 为消费者对电动汽车续航的预期，$EV_T(t)$ 为电动汽车充电时间，$EV_{TE}(t)$ 为消费者对电动汽车充电时间的预期，$P_{OIL}(t)$ 为燃油价格，$EV_{CS}(t)$ 为充电站数量，$EV_{CSE}(t)$ 充电站规划，$\eta_3 \sim \eta_6$ 分别为续航因子、充电时间因子、便利因子和油电价格因子，con_4 为续航能力初始值，con_5 为充电时间初始值，con_6 为充电站每月建设量。设计的电动汽车发展规模模块如图2-16所示。

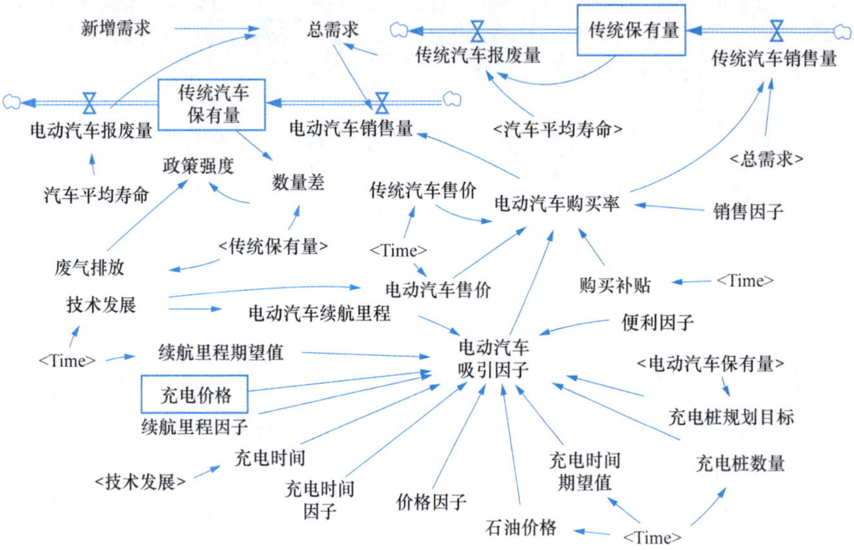

图2-16 电动汽车发展模块存量流量图

$$B_{EV}(t) = TD(t) \cdot EV_{sp}(t) \tag{2-45}$$

$$B_{CV}(t) = TD(t) \cdot [1 - EV_{sp}(t)] \tag{2-46}$$

$$EV_{sp}(t) = EV_{ATT}(t) \cdot \eta_1 + [EV_{Price}(t) - CV_{Price}(t) - AP(t)]\eta_2 \tag{2-47}$$

$$EV_{ATT}(t) = [EV_R(t)/EV_{RE}(t)]\eta_3 + [EV_T(t)/EV_{TE}(t)]\eta_4 + [EV_{CS}(t)/EV_{CSE}(t)]\eta_5 + [P_{EV}(t)/P_{OIL}(t)]\eta_6 \tag{2-48}$$

$$EV_R(t) = con_4 \cdot e^{-TD(t)} \tag{2-49}$$

$$EV_T(t) = con_5 \cdot e^{-TD(t)} \tag{2-50}$$

$$EV_{CS}(t) = con_6 \cdot t \tag{2-51}$$

2.3.3 算例分析

1. 基础数据

以某城市高新区为例，建立存量流量图，仿真模拟该区域电动汽车发展状况，初始参数设置如表 2 - 9 所示。

表 2 - 9 初始参数设置

变量名	初始值	单位	变量名	初始值	单位
传统汽车规模	124721	辆	充电电价	0.65	元/kWh
电动汽车规模	1000	辆	电动汽车购买补贴	100000	元
人口	553425	人	传统汽车售价	180000	元
GDP	4347117	万元	电动汽车售价	280000	元

2. 仿真结果分析

电动汽车购买率曲线呈现了 S 型曲线。图 2 - 17 所示在第 40 个月之前，由于技术水平偏低，基础设施不完善，消费者认可度偏低等原因购买份额变化缓慢，在政策的支持下维持了一定的购买份额，起到了推广示范的效果。在第 40 月之后，随着技术的发展、配套服务完善，电动汽车购买率出现了快速上升，而第 120 月以后购买率增长趋势放缓，此阶段主要依靠市场机制来运作。对于传统汽车可以分为两个阶段，临界点出现在第 62 月，第一个阶段呈现上升趋势，第二阶段出现下降趋势，主要由于第一阶段电动汽车处于示范推广阶段，电动汽车由于技术、价格等原因吸引力偏低，导致电动汽车购买率偏低。在第二阶段，电动汽车的发展逐渐成熟，电动汽车将逐渐取代传统汽车的趋势已经形成。

图 2 - 17 为针对某一地区的基本仿真，在给定的参数下得到了该地区电动汽车和传统汽车的规模和购买率的变化趋势。然而电动汽车在不同发展条件，不同阶段以及不同政策等因素变化的条件下都会有不同的发展特性，需要深入研究各类因素对电动汽车发展的影响，以下通过不同场景分析电价、电动汽车规模、电动汽车购买量的发展趋势。

按照不同的补贴政策强度设立了 3 种场景，如表 2 - 10 所示，得到了不同场景下电价波动图和电动汽车购买率的趋势估计图。

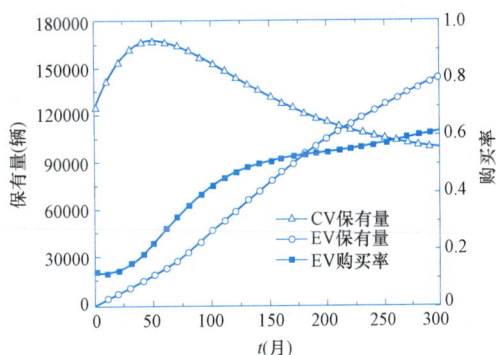

图 2 - 17 电动汽车与传统汽车的购买率与规模

表 2 - 10 不同补贴场景参数

变量名	高补贴	中补贴	低补贴	单位
购买补贴初值	100000	50000	20000	元
购置补贴因子	0.99	0.98	0.95	—
数量差因子	0.0025	0.0015	0.001	—
碳排放因子	0.4	0.3	0.2	—

图 2 - 18 为充电价格波动图，充电电价之间存在的因果关系："政府补贴力度→（一）

充电电价→（＋）电动汽车吸引力→（＋）电动汽车数量→（＋）设备建设成本→（＋）充电电价"和"电动汽车数量→（＋）电动汽车充电量→（＋）充电收益→（－）充电价格"。高补贴政策下充电价格在初期出现了迅速下降，逐渐推动电动汽车的吸引力增加促进了电动汽车发展，也进一步导致充电服务商的设备和运行成本快速增加，使得充电电价出现了快速升高。政策力度越强，充电价格越低，越有利于电动汽车的推广发展，随着补贴政策力度的不断衰减，充电价格呈现了缓慢的上升趋势。

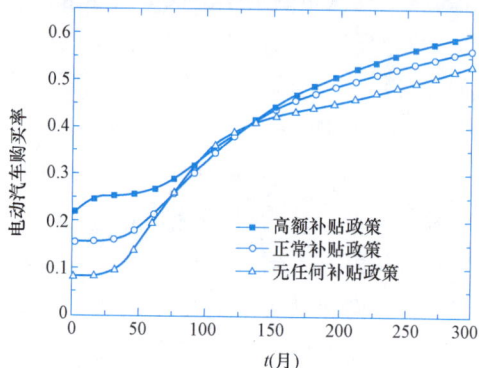

图 2-19 为不同补贴场景下电动汽车购买率的趋势图。不同方案都呈现先平缓增长后快速上升的趋势。不同补贴场景中由于购置补贴初值的不同导致了电动汽车购买份额初始值的不同。对比分析可以看出高额补贴能在发展初期刺激电动汽车的购买。在无补贴的状况下购买份额快速上升，升值超过了高额补贴，其主要原因是在无补贴的作用下电动汽车充电价格会由于建设成本快速增高后随着充电量的增大迅速下降，从而刺激了电动汽车的购买。随着购置补贴的退出，充电补贴的减少，三种补贴政策呈现了同步一致上升的趋势。

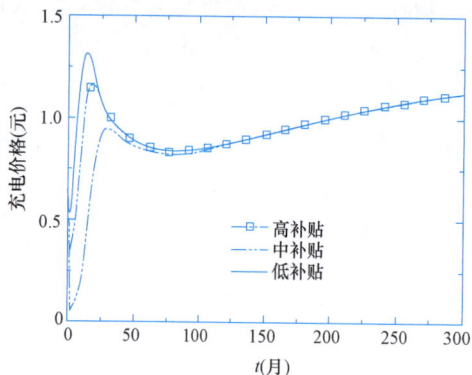

图 2-18　不同补贴政策下充电价格走势图　　图 2-19　不同补贴政策下电动汽车购买率趋势图

按照油价发展趋势、充电便利程度、政府补贴程度的不同区分 3 种不同场景。参照式（2-49）中，将石油价格划分了 3 种增长方式。便利程度按照充电站规划数量划分，补贴政策参数参照表 2-9。图 2-20 为 3 种不同场景下电动汽车渗透率的趋势图，仿真结果表明随着石油资源的日益枯竭，在石油价格不断上涨的情形下，电动汽车使用的经济优势将不断显现，越来越受到消费者的欢迎。对比 3 个场景下的结果可以发现，场景 1 在发展初期在高强度政策支持下电动汽车购买率迅速升高，场景 2、3 则出现了零增长或负增长，表明政策对电动汽车初期规模增长产生了巨大的刺激作用。

图 2-21 为 3 种不同的区域进行电动汽车购买率对比分析图，针对不同区域不同发展特点，选取发达地区、中等发达地区和欠发达地区进行对比分析。查阅某省统计年鉴和政府规划文件，输入不同的状态参数初值如表 2-11 所示，进行仿真模拟电动汽车规模和充电站数量初值的不同，不同地区购买份额初值差异较大。发达地区汽车规模大，汽车增长和置换需求大，电动汽车发展数量大，规模效益更加明显，电动汽车购买份额也呈现快速上升趋势。欠发达地区由于规模低，配套设置建设力和设施利用效率偏低都将抑

制电动汽车渗透率的增长，电动汽车购买份额呈现缓慢上升趋势。

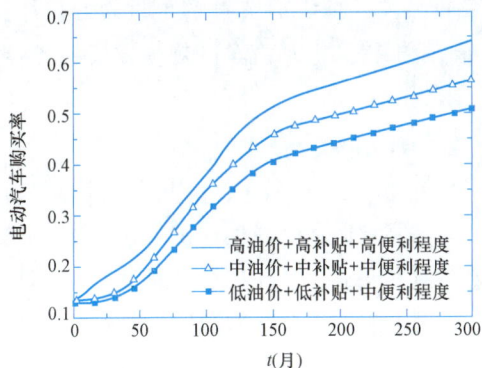

图2-20 不同场景下电动汽车购买率走势图

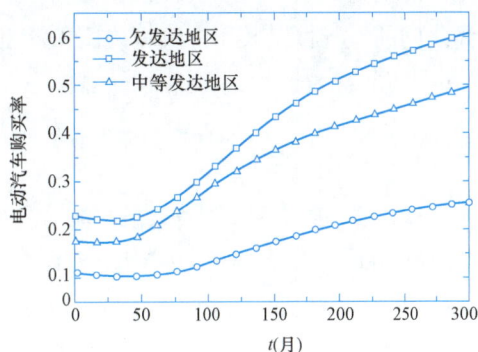

图2-21 不同区域电动汽车购买率趋势图

表2-11 不同区域参数

变量名	发达地区	中等发达地区	欠发达地区	单位
传统汽车规模	12471	67232	24632	辆
电动汽车规模	1000	342	131	辆
人口	553425	321231	412343	人
GDP	4347117	1261624	871678	万元
规划月建充电桩量	300	50	5	—
补贴初值	60000	60000	20000	—
数量差因子	0.0025	0.0015	0	—
碳排放因子	0.4	0.2	0	—

将本节的系统动力学模型在类似2.2节场景2的参数设定下进行仿真，并与2.2节的多代理模型，结果对比如图2-22所示。

从仿真结果上看，两种方法得到了类似的汽车规模演化趋势，电动汽车的规模逐渐上升，而常规汽车都呈现出现先增后减的发展趋势，且规模数量也十分接近。因此，在电动汽车规模发展的历史数据不足以进行模型校验的情况下，可以考虑通过对比不同方法的仿真结果，能在一定程度上对所提模型的准确性进行相互验证。当然，两种方法得出的结果也存在一定的差异，总体上系统动力学方法对电动汽车的预期更加乐观。具体而言，在发展初期系统动力学模型比多代理模型的发展速度更快，而从第15年开始，多代理模型中电动汽车的发展速度开始超越前者。根本原因在于：两种方法的建模原理及思路不同，系统动

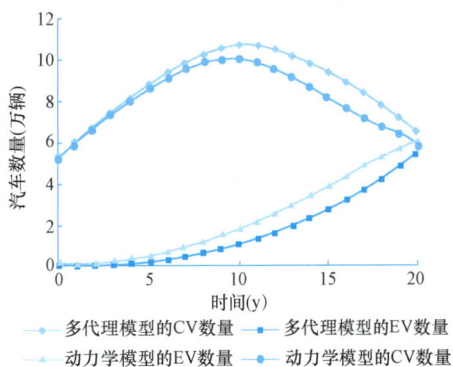

图2-22 不同方法的电动汽车规模演化趋势

力学方法从宏观上分析各因素之间的关联关系及系统内部各种反馈机制，得到流量与存量之间的函数关系，而多代理模型则是从微观层面出发，基于消费者购车行为分析注重个体之间的差异性以及用户决策之间的相互影响，模拟得到电动汽车的规模发展趋势。

2.4　区域碳排轨迹仿真模型

在碳达峰、碳中和发展背景下，电动汽车的推广为实现低碳化目标提供了新的途径。在相关政策的推动下，区域能源网中能源清洁化的趋势愈发明显，电动汽车可通过消纳清洁能源从而减少碳排放。为了更深层次挖掘电动汽车作为需求响应资源在能源网中对碳减排的贡献意义，本节将在 2.3 节电动汽车规模推演的基础上探索区域清洁能源消纳及车网互动技术等因素对碳减排发展路径的影响，进一步分析电动汽车规模发展与碳排轨迹的关联影响。

2.4.1　碳排轨迹发展模型

碳排轨迹的变化寓于一个复杂的系统中，受到众多因素的影响。本节将主要探讨电动汽车规模发展与能源结构对碳减排效果的影响，如图 2-23 所示，基于系统动力学方法对电动汽车入网在双碳目标背景下碳流轨迹发展进行建模，本节具体将碳流轨迹发展模型分为 4 个子模块，分别为：电动汽车发展模块、充放电响应模块、能源结构模块以及碳排轨迹模块。其中电动汽车发展模块已在 2.3 节中详细介绍，此处不再赘述。

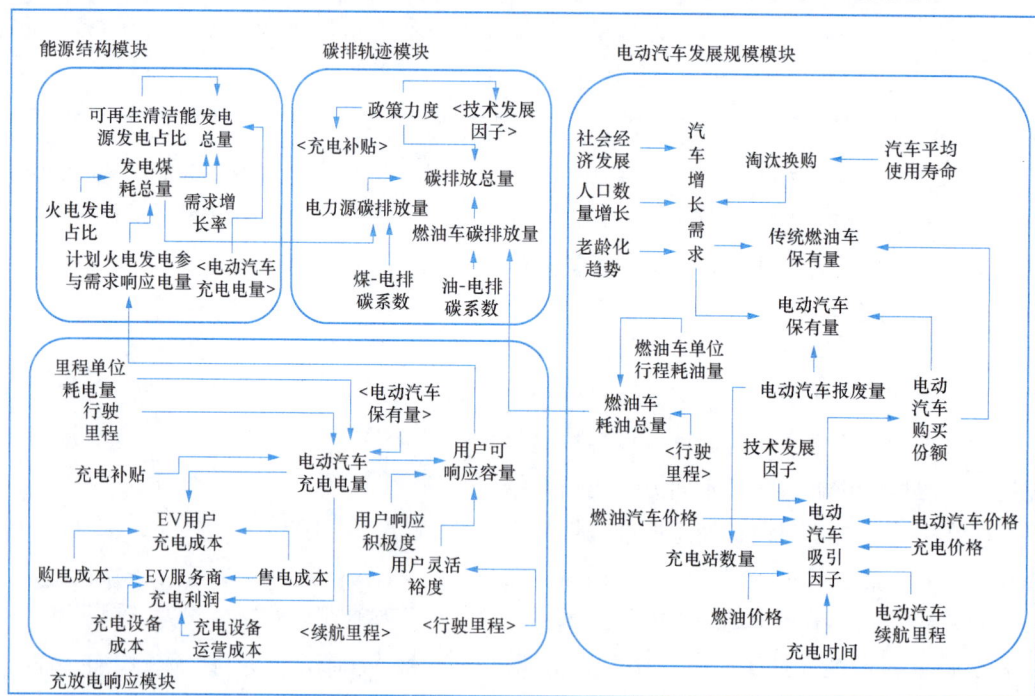

图 2-23　电动汽车入网对碳排放的关系图

1. 充放电响应模块

电动汽车充放电设施主要由充电运营商提供，作为独立企业的运营商需要承担设施的建设运维成本，其收入来源为客户缴纳的充电服务费。此外，引入 V2G 技术后，运营商还可收取一定的放电服务费。其反馈子系统如图 2‑24 所示。

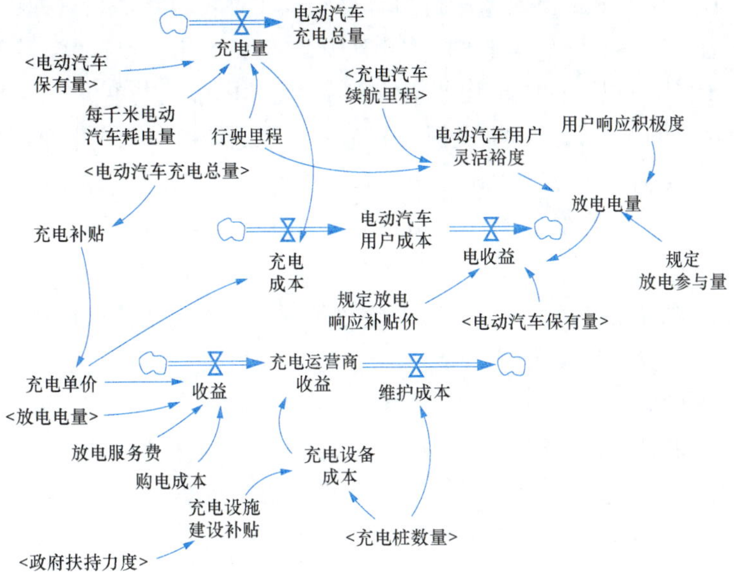

图 2‑24　充放电响应模块存量流量图

$$B_{op} = \sum_0^T \left[B_{en}(t) - M_{an}(t) - C_{str}(t) \right] + B_{op}(t_0) \tag{2-52}$$

$$B_+ en(t) = \left\{ \left[P_{cha}(t) - P_{pur} \right] \cdot L_{cha}(t) \right\} + \left[\eta \cdot L_{dis}(t) \right] \tag{2-53}$$

$$M_{an}(t) = C_{man} \cdot EV_{CS}(t) \tag{2-54}$$

$$C_{str}(t) = EV_{CS}(t) \cdot \theta \cdot \left(C_{str}^{per} - \alpha \cdot Sub \right) \tag{2-55}$$

$$L_{cha}^{total} = \sum_0^T L_{cha}(t) + L_{cha}^{total}(t_0) \tag{2-56}$$

$$L_{cha}(t) = EV_{parc}(t) \cdot P_{krc}(t) \cdot E_{mil} \tag{2-57}$$

$$P_{cha}(t) = P_{cha}(t_0) - Sub_{cha}(t) \tag{2-58}$$

$$Sub_{cha}(t) = Sub_{cha}(t_0) \cdot e^{-L_{cha}^{total}} \tag{2-59}$$

$$C_{user}^{total} = \sum_0^T \left[Pro_{user}^{dis}(t) - C_{user}(t) \right] \tag{2-60}$$

$$C_{user}(t) = L_{cha}(t) \cdot P_{cha}(t) \tag{2-61}$$

$$Pro_{user}^{dis}(t) = pri_{dis} \cdot EV_{parc}(t) \cdot L_{dis}(t) \tag{2-62}$$

$$L_{dis}(t) = A_{va} \cdot P_{ac}(t) \cdot L_{dis}^{rule} \tag{2-63}$$

$$A_{va} = (N_{um} \cdot E_{rang}) - E_{mil} \tag{2-64}$$

式中，B_{op} 表示充电运营商的总收益，包括：运营商收益 $B_{en}(t)$、设施维护成本及设备购

置成本 $M_{an}(t)$，具体参数如式（2-52）所示；式（2-53）给出了运营商收入的具体数值，其中 $P_{cha}(t)$ 代表充电单价，P_{pur} 表示运营商购电单价，$L_{cha}(t)$ 表示充电电量由式（2-57）给出，$EV_{CS}(t)$ 为充电站数量；式（2-58）给出了设施维护成本的计算方式，其中 C_{man} 为单个充电桩维护成本；式（2-55）定义了设施购置成本的计算方式，其中 θ 表示充电桩增长率（可由历史数据进行拟合得到），C_{str}^{per} 表示单个充电桩购置成本；L_{cha}^{total} 表示电动汽车总的充电电量，其充电电量由式（2-57）给出，包括电动汽车保有量、单位里程耗电量 $P_{krc}(t)$ 以及行驶里程期望值 E_{mil}，此外由于充电单价 $P_{cha}(t)$（充电服务费）受到政策因素的宏观调控，本文假设其是一个受电动汽车总充电量影响的因素；式（2-60）表示电动汽车用户的总充电支出，其主要由充电支出 $C_{user}(t)$ 与放电收益 $Pro_{user}^{dis}(t)$ 决定；式（2-62）给出了用户放电收益，包括放电补贴 Pri_{dis}、电动汽车保有量 $EV_{parc}(t)$ 及放电量 $L_{dis}(t)$；式（2-63）给出了放电量的计算方式，由用户响应积极度 $P_{ac}(t)$、电动汽车灵活裕度 A_{va} 以及政策规定个体放电参与量 L_{dis}^{rule} 共同决定。N_{um} 为月均充电次数；E_{rang} 为电动汽车电池容量期望值。

2. 能源结构模块

随着能源可持续发展的推进，可再生清洁能源的结构占比将在此背景下进一步扩大，通过模拟清洁能源不同发展路径，基于动力学模型研究清洁能源占比变化对区域能源碳排轨迹的影响，其能源结构模块存量流量如图 2-25 所示。

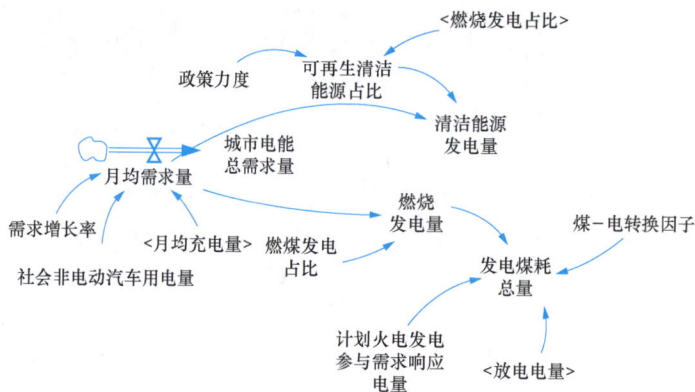

图 2-25 能源结构模块存量流量图

$$D_e^{total} = \sum_{0}^{T} \left[D_e^s(t) + L_{cha}(t) \right] \tag{2-65}$$

$$D_e^s(t) = \omega^t \cdot D_e^s(t_0) \tag{2-66}$$

$$Ele^{re}(t) = per^{re}(t) \cdot D_e^s(t) \tag{2-67}$$

$$per^{re}(t) = pol(t) \cdot \delta(t) \tag{2-68}$$

$$Ele^{coal}(t) = \left[1 - per^{re}(t) \right] \cdot D_e^s(t) \tag{2-69}$$

$$Q_{coal}(t) = \left[Ele^{coal}(t) + DR(t) - L_{dis}(t) \right] \cdot \alpha^{e-c} \tag{2-70}$$

$$DR(t) = D_e^s(t) \cdot \tau \tag{2-71}$$

式中，D_e^{total} 表示全社会电力需求量，本节将其定义为由社会非电动汽车需求电量 $D_e^s(t)$ 与充电电量组成；式（2-66）给出了非电动汽车接入下社会需求电量的计算公式，包括：负荷增长率 ω 及仿真初始年限的电力需求量 $D_e^s(t_0)$；式（2-67）给出了可再生能源发电量，其中 $per^{re}(t)$ 表示清洁能源占比情况，由式（2-68）所定义受到政策因素 $pol(t)$ 所影响；式（2-69）给出了燃煤火电机组发电量；式（2-70）给出了由火力发电导致的燃煤消耗量 $Q_{coal}(t)$，包括：燃煤火电机组发电量、参与每月需求响应的火力发电量 $DR(t)$。

3. 碳排轨迹模块

耦合前文所构建的 3 个模块变量设计的碳排轨迹模型，其存量流量图如图 2-26 所示。

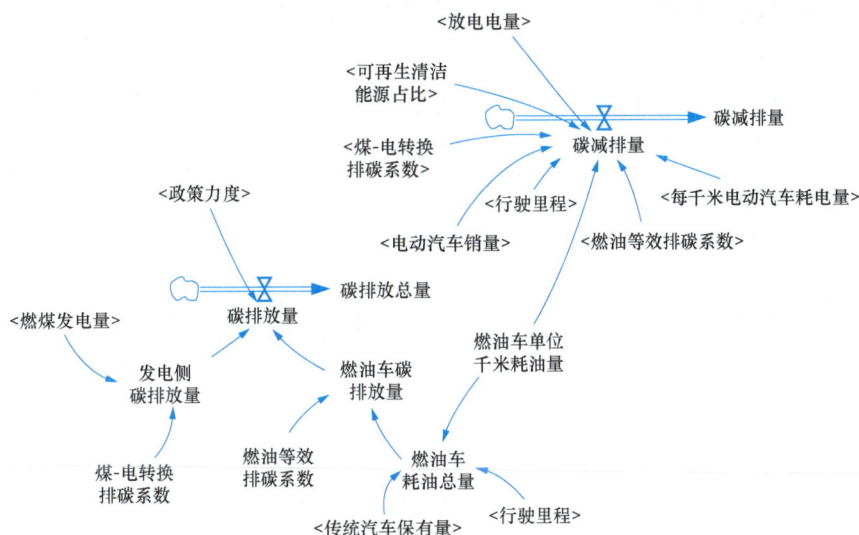

图 2-26　碳排轨迹模块存量流量图

$$C_{ar}(t) = \sum_0^T \left[G_{en}(t) + F_{uel}(t) \right] \tag{2-72}$$

$$G_{en}(t) = Q_{coal}(t) \cdot \alpha_{carbon}^{e-c} \tag{2-73}$$

$$F_{uel}(t) = Q_{fuel}(t) \cdot \alpha_{carbon}^{f-c} \tag{2-74}$$

$$Q_{fuel}(t) = P_{krf}(t) \cdot E_{mil} \cdot CV_{parc}(t) \tag{2-75}$$

$$RED_{carbon}(t) = RED_{carbon}^{EV-CV}(t) + RED_{carbon}^{der}(t) + RED_{carbon}^{energy}(t) \tag{2-76}$$

$$RED_{carbon}^{EV-CV}(t) = \{ P_{krc}(t) \cdot \left[1 - per^{re}(t) \right] \cdot \alpha^{e-c} \cdot \alpha_{carbon}^{e-c} - \\ P_{krf}(t) \cdot \alpha_{carbon}^{f-c} \} \cdot E_{mil} \cdot B_{EV}(t) \tag{2-77}$$

$$RED_{carbon}^{der}(t) = L_{dis}(t) \cdot per^{re}(t) \cdot \alpha^{e-c} \cdot \alpha_{carbon}^{e-c} \tag{2-78}$$

$$RED_{carbon}^{energy}(t) = \frac{d\left[per^{re}(t) \right]}{d(t)} \cdot D_e^s(t) \cdot \alpha^{e-c} \cdot \alpha_{carbon}^{e-c} \tag{2-79}$$

式中，$C_{ar}(t)$ 表示电动汽车入网以及能源供能侧导致的碳流排放量，其主要由发电侧供能碳排放量 $G_{en}(t)$ 以及燃油车尾气导致的碳排放量 $F_{uel}(t)$ 两部分组成；式（2-73）与式（2-74）分别给出了发电侧碳排放量与燃油车碳排放量的计算公式，其中 α_{carbon}^{e-c} 与 α_{carbon}^{f-c} 分别表示燃煤排碳系数与燃油排碳系数；$Q_{fuel}(t)$ 表示燃油车耗油量［由式（2-75）给出］，$P_{krf}(t)$ 指燃油车单位公里耗油量，式（2-76）表示在考虑电动汽车增长、电动汽车参与需求响应以及能源结构侧清洁可再生能源发展等综合因素下碳减排，式中 $RED_{carbon}^{EV-CV}(t)$ 代表点的电动汽车增长的碳减排量，$RED_{carbon}^{der}(t)$ 代表电动汽车参与需求响应贡献的碳减排量；$RED_{carbon}^{energy}(t)$ 代表能源侧清洁能源占比扩大贡献的碳减排量。

2.4.2 算例分析

1. 基础数据

以某城市区域作为研究对象，该区域具有较高的清洁能源渗透率与较大的电动汽车发展潜力。建立存量流量反馈系统图，仿真分析电动汽车发展及能源侧结构变化对区域碳排轨迹的影响。仿真时间设置情况如下：①初始时间设为：第1年1月；②结束时间设为：第10年12月，共计120个月；③研究中的时间步长设为：1个月。模型初始参数设置如表2-12所示。

表 2-12 参数初始值

参数	初始值	参数	初始值
电动汽车规模（万辆）	12.3	油炭转换系数（kg/L）	0.648
燃油汽车规模（万辆）	508	煤炭转换系数（kg/kWh）	0.786
人口（万人）	710	初始月汽车总销量（万辆）	4.82
清洁能源初始占比（%）	20	日均行驶里程（km）	85
充电单价（元）	0.9	电动汽车耗电量（kWh/100km）	14

2. 仿真结果分析

1）碳排轨迹，本节模拟了三档清洁能源发展速率路径。图2-27给出了三种发展路径下的碳排总量轨迹，由图中结果可知：清洁能源占比的逐步提升、电动汽车规模的持续扩大及用户主动参与需求响应积极性的提高，到第10年该研究区域火力发电及燃油汽车尾气造成的碳排放量将减少约46%。

图2-28给出了普通场景下各模块的碳排轨迹情况，图2-28（a）表示火力发电机组产生的碳排放量，由图可知随着清洁能源的占比逐渐扩大，火电机组碳排放

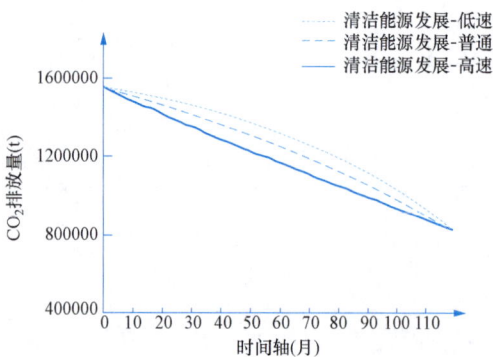

图 2-27 清洁能源不同发展路径下的碳排总量

量以线性速度下降，在仿真时间内降低了约 69% 的碳排放量。图 2-28（b）给出了电动汽车作为需求响应侧资源产生的碳排放量，此处考虑的碳排放量源自电动汽车充电所用的火力发电。从图中可知早期受到电动汽车规模占比以及用户参与需求响应的积极度较低的影响，其产生的碳排放量相对较少，但随着电动汽车规模的逐步扩大以及电动汽车用户需求响应参与度的提升，碳排放量增速明显加快。图 2-28（c）给出了燃油车造成的碳排放量变化曲线，由于受到电动汽车占比逐步提升的影响，其碳排放总量从第 70 个月开始出现明显降低。图 2-28（d）给出了火电机组参与辅助服务所造成的碳排放量曲线。早期区域负荷需求增大，需要更多的需求响应资源以满足区域电力的稳定；随着电动汽车作为需求响应资源，响应容量逐步增加，从第 60 月碳排放量开始出现下降趋势，由此验证了电动汽车作为需求响应资源对碳减排具有一定的作用。

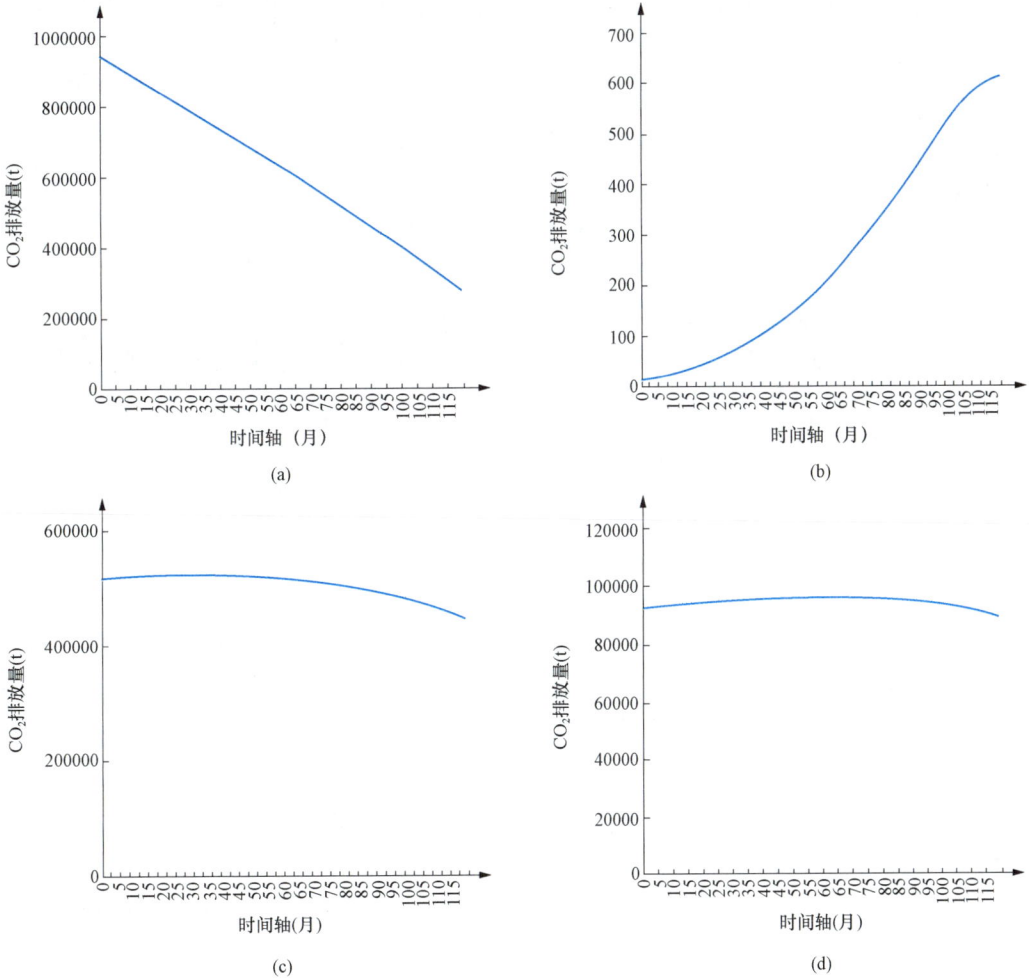

图 2-28　碳排放轨迹仿真结果

（a）火电发电月均排碳量（t）；（b）EV 参与需求响应排碳量（t）；

（c）燃油车排碳量（t）；（d）辅助服务排碳系数（t）

2) 碳减排灵敏度分析。本小节进一步分析电动汽车规模演化以及其作为需求响应资源对碳减排的贡献。图2-29反映了清洁能源占比发生变化下电动汽车规模演化过程中的碳减排灵敏度，图中阴影部分表示了电动汽车规模演化对碳减排的贡献量。在仿真时间末段，电动汽车发展带来的碳减排量约为12万 t/月。由碳排量曲线可知，单纯电动汽车规模的持续扩大并不能使碳排放量见顶，而清洁能源渗透率的提高才是达成双碳目标的主导因素。

目前电力需求响应主要由火电机组承担，产生的碳排放量巨大。而V2G技术的发展为碳减排提供了新的路径。图2-30给出了火电机组与电动汽车在同等需求响应量情景下的碳排放量，表明电动汽车参与需求响应所带来的碳减排效益具有明显的优势，尤其是在清洁能源占比逐步扩大的情景下。此外，本节仿真还发现电动汽车用户参与需求响应的积极性限制了碳减排的效果，因此V2G技术的大规模开展能够显著提升碳减排效益。

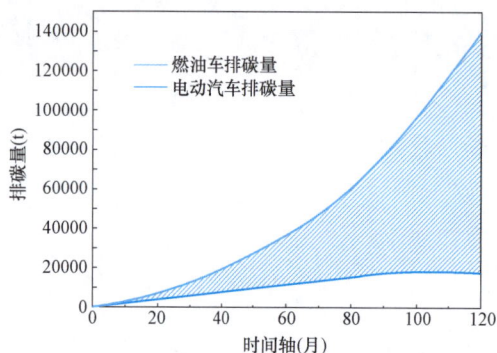

图2-29　燃油汽车与电动汽车的碳排量比较

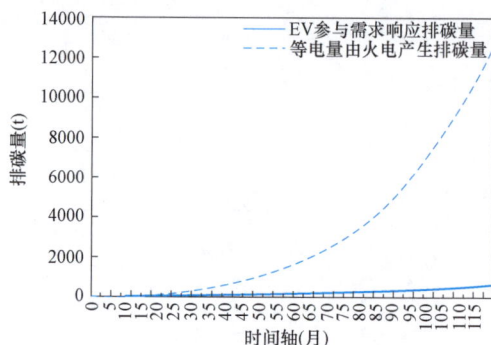

图2-30　需求响应碳排量对比

2.5　小　　　结

电动汽车规模（保有量）的估算是后续量化分析车网互动潜力与充电设施规划的基础。本章提供了两种思路下的规模推演方法。首先从微观角度基于多代理模型，考虑购置成本、技术程度、社会效用、环保效用以及充电方便度等因素，从电动汽车用户个体角度研究了电动汽车规模演化多代理模型，模型不仅考虑了用户购车行为的异质性，也体现了相关群体用户决策的交互影响。另一方面，从宏观角度提出基于系统动力学的推演方法，更适用于处理长期性问题以及数据欠缺、数据先验性等假设条件下的规模估计问题。在此基础上，进一步提出计及电动汽车规模发展及清洁能源发展演化路径的碳排轨迹仿真模型。可为测算电动汽车集群融合能源系统低碳转型效益提供参考。

第3章　电动汽车充电负荷建模方法

电动汽车充电负荷具有时空不确定性，科学的充电负荷建模是协同规划、有序管控等研究的基础。根据不同的数据来源和类型，提出多场景电动汽车充电负荷建模方法，章节结构如图3-1所示。

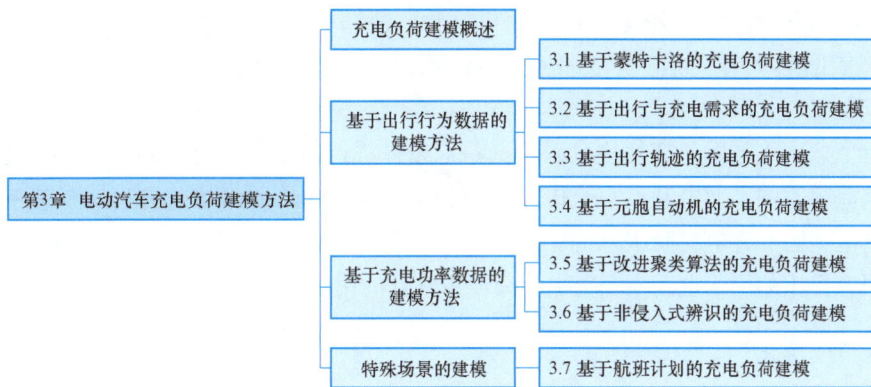

```
                    充电负荷建模概述

                                        3.1 基于蒙特卡洛的充电负荷建模

                    基于出行行为数据的      3.2 基于出行与充电需求的充电负荷建模
                    建模方法
                                        3.3 基于出行轨迹的充电负荷建模

第3章 电动汽车充电负荷建模方法              3.4 基于元胞自动机的充电负荷建模

                    基于充电功率数据的      3.5 基于改进聚类算法的充电负荷建模
                    建模方法
                                        3.6 基于非侵入式辨识的充电负荷建模

                    特殊场景的建模         3.7 基于航班计划的充电负荷建模
```

图 3-1　第 3 章章节框架

3.1　基于蒙特卡洛的充电负荷建模

蒙特卡洛（Monte Carlo，MC）法也称为随机抽样方法或统计检验方法。若所需解决的问题存在随机特征，就能将其描述为概率模型，对它进行实验，得到问题的无偏估计。蒙特卡洛模拟法由于可以对具有复杂关系的目标量进行模拟，可以大幅度降低问题的求解难度；与确定性方法相比，蒙特卡洛法保留了各变量的随机特征，能够对问题的不确定性特征进行描述，增强了模型的鲁棒性，运用广泛。电动汽车充电负荷与居民出行规律关系密切，但由于居民出行的不确定性，两者之间的影响却不能以明晰的数学表达式表达，可以采用概率统计蒙特卡洛法来进行时序仿真。

用户行驶规律数据来源主要有：交通部门统计的用户行驶规律数据；电动汽车搭载的全球定位系统采集的部分电动汽车用户的实际出行数据；充电站的实际运营监测数据等。

目前，部分地区电动汽车还在推广应用阶段，历史数据较少，若电动汽车的应用不改变用户的出行行为，其出行需求应与传统燃油汽车相似。因此，可以根据传统燃油车（或少量电动汽车）行驶规律的概率分布，来模拟电动汽车出行与充电特征。

采用蒙特卡洛法来仿真电动汽车充电负荷，主要包括以下步骤：

（1）构建概率模型：电动汽车开始出行时刻起始荷电状态（State-of-Charge，SOC）、充电起始时间、行驶里程、充电时长、行程结束时间等均需要构建概率模型。这些变量间存在一定的联系，可以构造电动汽车充电负荷与上述各参数之间的关系模型，如电动汽车充电时间与汽车电池状态有关，电池状态主要取决于行驶里程，起始充电时间的概率密度函数由电价结构和用车习惯决定，初始荷电状态的随机性采用行驶距离有关的概率密度函数表示。

（2）随机试验：在确定了电动汽车充电起始时间及行驶里程的等概率分布模型之后，需要进行大规模的随机实验，根据分布模型抽取随机数据。

（3）统计实验结果：经过反复的随机试验，能够获得丰富的电动汽车出行特征的相关数据，依据电动汽车充电模型的相关表达式，结合随机实验数据，能计算出电动汽车充电负荷。

实际上，大多数的研究往往可以依据一定条件进行适量的简化处理。部分研究根据调研情况来获得不同类型电动汽车充电方式及充电时间分布，不考虑用户行为的影响，如假设起始荷电状态和充电时间服从简单分布，采用蒙特卡洛抽样获得充电负荷曲线。下面就介绍了研究提出的用于电动汽车充电负荷简单估算的用户出行特性与SOC估计模型。

3.1.1 蒙特卡洛模型

每辆电动汽车的充电行为是由车主习惯和出行需要确定，具有随机性特征。经过统计研究发现，针对某个特定地区的电动汽车出行习惯，通过历史数据收集与统计，其随机行为可以用分段概率密度函数（Probability Density Function，PDF）近似描述。在模拟电动汽车用户的出行行为过程中，大部分研究遵循以下原则：

（1）每辆电动汽车车主行为独立于其他车主，充电时间符合本身电池的要求，并配合车主的出行习惯。

（2）若电动汽车产生充电需求，则当其插上电源时，车主需要确定出发时间和充电需要达到的预期值，即"理想"的SOC状态。基于上述原则，相关电动汽车出行数据可通过统计拟合的概率密度函数生成。

以建模周期从第1天的12:00到第2天的12:00来看，到达和离开停车充电点的时间可以用拟合的正态分布函数来描述，其中到达时间满足的概率密度函数为：

$$f_{ARR}(x) = \begin{cases} \dfrac{1}{\sigma_{ARR}\sqrt{2\pi}}\exp\left[-\dfrac{(x+24-\mu_{ARR})^2}{2\sigma_{ARR}^2}\right] & 0 < x \leqslant \mu_{ARR}-12 \\[3mm] \dfrac{1}{\sigma_{ARR}\sqrt{2\pi}}\exp\left[-\dfrac{(x-\mu_{ARR})^2}{2\sigma_{ARR}^2}\right] & \mu_{ARR}-12 < x \leqslant 24 \end{cases} \tag{3-1}$$

式中，$\mu_{ARR}=17.5$，$\sigma_{ARR}=3.4$。式（3-1）主要是用来描述电动汽车到达停车场的时间分布情况，即在第 1 天最后到达停车充电点的时间。在两个不同的时间间隔内，通过分段概率密度函数的形式描述。由此，根据式（3-1），电动汽车可能到达的时间 t_{1m} 可以模拟仿真产生。

同理，在第二天出发时间的概率密度函数为：

$$f_{DEP}(x) = \begin{cases} \dfrac{1}{\sigma_{DEP}\sqrt{2\pi}}\exp\left[-\dfrac{(x-\mu_{DEP})^2}{2\sigma_{DEP}^2}\right] & 0 < x \leqslant \mu_{DEP}+12 \\[4mm] \dfrac{1}{\sigma_{DEP}\sqrt{2\pi}}\exp\left[-\dfrac{(x-\mu_{DEP}-24)^2}{2\sigma_{DEP}^2}\right] & \mu_{DEP}+12 < x \leqslant 24 \end{cases} \tag{3-2}$$

式（3-2）主要是用来描述电动汽车离开停车场的时间分布情况，即在第 2 天中从停车充电点出发的时间。由此，根据式（3-2），电动汽车可能出发时间 t_{2m} 可以模拟仿真产生。

此外，每天行驶里程的概率密度函数可用来模拟产生电动汽车到达停车充电点的行驶里程统计量：

$$f_m(x) = \frac{1}{\sigma_m x \sqrt{2\pi}}\exp\left[-\frac{(\ln x - \mu_m)^2}{2\sigma_m^2}\right] \tag{3-3}$$

设定每辆电动汽车的能源效率则电动汽车电池系统第一天到达停车充电点的 SOC 量可以被相应的估计出来。

分析周期时间设定为从第 1 天的 12:00 到第 2 天的 12:00。为简化问题，假定到达时间在第一天的 12:00～24:00，而出发的时间是从第二天 0:00～12:00，将分析时段分配编号 1～24，如图 3-2 所示。

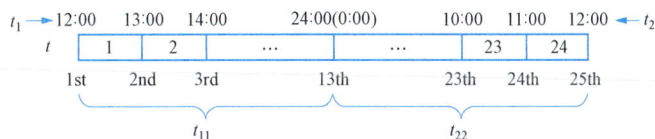

图 3-2　时间尺度示意

3.1.2　算例分析

为简化计算，可将电动汽车按相同数量捆绑为一组，该组各电动汽车充电计划和行为性能一致。设置 $\mu_{ARR} = 17.5$，$\sigma_{ARR} = 3.4$，$\mu_{DEP} = 8.9$，$\sigma_{DEP} = 3.2$，$\mu_m = 2.98$，$\sigma_m = 1.14$，电动汽车能源效率为 0.15kWh/km。由式（3-1）～式（3-2），采用蒙特卡洛仿真模拟，产生的到达时间和离开时间频次如图 3-3 所示。分析周期范围的到达时间和离

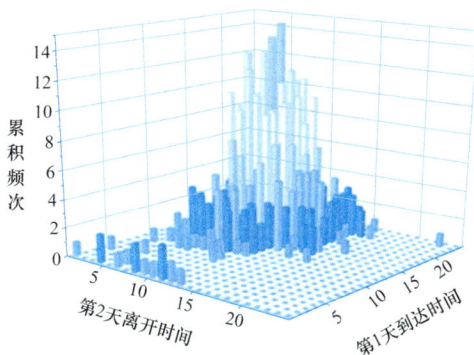

图 3-3　电动汽车出行时间的累积频次

开时间具体如图 3-4 所示。同时，为避免出现电池过充现象，电池的充电功率设置在 [1，19] kWh 以内，生成的与到达时间对应的初始荷电状态量见图 3-5。

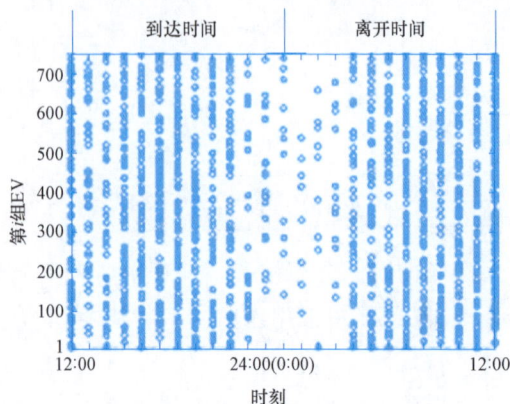

图 3-4 电动汽车到达时间与离开时间

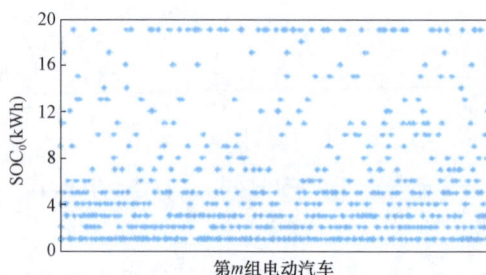

图 3-5 电动汽车初始 SOC

3.2 基于出行与充电需求的充电负荷建模

电动汽车作为城市交通的重要参与者，又因其充电行为参与到电力系统，同时成为交通网和配电网密不可分的组成部分。电动汽车具有的交通和电力负荷双重属性，使得其充电负荷与用户出行需求和交通网充电设施分布息息相关，在充电负荷建模时，不可忽视空间和能量特性的相互关系。显然，电动汽车成为配电网与交通网联系的纽带，通过充电实现两个网络的相互交联。因此，本节基于电动汽车、交通网、配电网三者的耦合关系，建立考虑出行轨迹与充电需求的充电负荷模型。

3.2.1 充电负荷估算模型

1. 基于交通网约束的出行需求模型

出行链是指个人为完成一项或几项活动，在一定时间顺序上不同出行目的的连接形式，可以用来描述用户的日出行规律。用户在城市交通网的某几个节点间往返，日常出行目的地较为固定，考虑家庭、商业休闲、工作三大地点，可以认为电动汽车在这 3 类目的地之间行驶，充电行为可能发生在经过的节点处。

在出行链中，可以将一些极短暂的停留视为不可能充电。表 3-1 给出了以家为起讫点的出行链组合方式，其中 H 表示居民区，W 表示工作区，R 表示商业区，HW 表示从居民区到工作区。对于各种出行结构，用户出行需求均可以用表 3-2 中每次行程的出行起止地点和距离、出行起止时刻和时长等状态参数表示为：

$$A = \{L_1, L_s, X_d, X_s, T_1, T_s\} \tag{3-4}$$

表 3 - 1　　　　　　　　　　　　　　　家为起讫点的出行链组合方式

时间	序号 N_d	简单链（链 $N_r=2$）	序号 N_d	复杂链（链 $N_r=3$）
工作日	1	HW - WH	4	HW - WR - RH
			5	HR - RW - WH
			6	HH - HW - WH
			7	HW - WH - HH
			8	HW - WW - WH
非工作日	2	HH - HH	9	HH - HH - HH
			10	HR - RH - HH
	3	HR - RH	11	HR - RR - RH
			12	HH - HR - RH

表 3 - 2　　　　　　　　　　　　　　　电动汽车状态参数

符号	含义	符号	含义
L_1	第 i 次行程出发地点	T_s	第 i 次行程停车时刻
L_s	第 i 次行程停车地点	X_s	第 i 次行程停车时长
X_d	第 i 次行程行驶里程	S_t	t 时刻的电量
T_1	第 i 次行程出发时刻		

车辆行驶速度和道路拥堵程度紧密相关，引入简化的速度——流量模型模拟车辆行驶过程。假设在行驶轨迹中，司机不会绕远路，选择最短路径行驶，行驶路径可由 Dijkstra 最短路径法求得。出行需求模拟流程如图 3 - 6 所示。

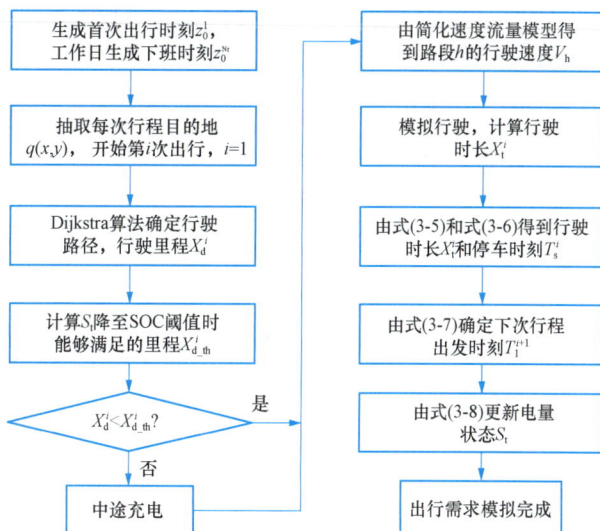

图 3 - 6　出行需求模拟流程图

2. 基于出行需求的电量消耗模型

第 i 次行程的行驶时长 X_t^i、停车时刻 T_s^i 和下次行程出发时间 T_1^{i+1} 如下所示：

$$X_t^i = \sum_{h=1}^{g} \frac{d_h}{V_h(t)} \tag{3-5}$$

$$T_s^i = T_1^i + X_t^i + X_{mid}^i \tag{3-6}$$

$$T_1^{i+1} = T_s^i + X_s^i \tag{3-7}$$

式中，g 为第 i 次行程的路径集合中所包含的路段数；d_h 为第 h 个直连路段的长度；$V_h(t)$ 为路段 h 上行驶速度；X_{mid} 为中途充电停车时长；T_s^i 为本次行程停车时刻；X_s^i 为目的地停车时长。

电动汽车交通功能的实现是由电量消耗满足的，需要建立其电量消耗模型。本节假设电动汽车的耗电量恒定，随着行驶距离 X_d 的增长，电动汽车实时电量 S_t 呈线性关系衰减，在抵达下一个停车地点之前，电动汽车的荷电状态可由 $S_{T_s}^i$ 确定：

$$S_{T_s}^i = \left(S_{T_1}^i - \frac{X_d w}{C} \right) \times 100\% \tag{3-8}$$

式中，$S_{T_s}^i$ 表示第 i 次行程停车时电动汽车的荷电状态；$S_{T_1}^i$ 表示第 i 次行程出发时电动汽车的荷电状态；X_d 表示第 i 次行程行驶距离；w 为单位里程耗电量；C 表示电动汽车电池容量。

3. 基于用户主观意愿的充电需求模型

用户的充电需求与电动汽车荷电状态能否满足下次行程需求密切相关。电动汽车用户充电习惯具有不确定性，根据用户主观意愿，有"行驶结束后立即充电"和"不能满足行驶需求时充电"两种状态。假设用户不会因为电动汽车电量 S_t 不足而取消行程。那么，当 S_t 不满足下次出行需求时，用户一定选择充电；当 S_t 能够满足下次出行需求时，用户可能有充电需求，且 S_t 与下次行程需求相比越充足，用户的充电需求越弱。

采用模糊理论描述用户充电意愿，并考虑抵达目的地途中充电情况。结合指标"电量满足度 U_f"来衡量电动汽车当前电量对于下次行程需求的满足程度，用户会根据电量情况选择是否充电：

$$U_f = \frac{S_{T_s}^i \times C}{w \times X_d^{i+1}} \tag{3-9}$$

式中，$S_{T_s}^i$ 表示第 i 次行程电动汽车到达目的地时电量状态；X_d^{i+1} 为下次行程的行驶里程。

如果 M_{cd} 表示"有充电需求"的模糊集，那么 M_{cd} 的隶属度函数可由 $M_{cd}(U_f)$ 和 m_1 确定：

$$M_{cd}(U_f) = \begin{cases} 1, & U_f < l \\ m_1, & l \leqslant U_f < u \\ 0, & U_f \geqslant u \end{cases} \tag{3-10}$$

$$m_1 = \sin\left[\frac{\pi}{4} + \frac{\pi}{4}\left(\frac{1}{u-l}\right)\left(\frac{u+l}{2} - U_f\right) \right] \tag{3-11}$$

式中，$M_{cd}(U_f)$ 为 U_f 对 M_{cd} 的隶属度，值域为 $[0, 1]$，可以表示用户产生充电需求的概率；l 为下界系数，若 $U_f < l$，电量不能满足下次行程，一定有充电需求；$l < U_f < u$ 时，电量满足下次行程，可能有充电需求，u 为上界系数且 $u \geqslant 2$，$U_f \geqslant u$ 时，电量对于下次行程是完全充足的，没有充电需求，M_{cd} 值为 0。

用户确定充电后，进行充电方式选择。考虑充电电价和电池寿命等影响因素，默认用户选择慢充方式；在停车时长内，当慢充无法满足充电需求时则选择快充，设置判断条件式（3-12），即电动汽车到达第 i 个停车地点时，若式（3-12）成立，采用快充。

$$P_{slow} X_s^i / C + S_{T_s}^i < 1 \tag{3-12}$$

式中，P_{slow} 为慢充功率；$S_{T_s}^i$ 为到达目的地 i 时的剩余电量。

如果电动汽车满电量出行无法满足用户本次行程需求，由于前设条件不会因电量不足放弃出行，那么用户一定会选择在中途充电。此外，考虑电池安全和用户的里程焦虑，当满足条件式（3-13）时，选择就近以快充模式充电。

$$S_t^i < S_m \tag{3-13}$$

式中，S_m 为 SOC 达到阈值时的剩余电量，设置阈值在 0.15～0.3 均匀分布。

中途充电地点 s 由式（3-14）～式（3-16）确定，为 S_t 接近 SOC 阈值且靠近目的地的临近节点。中途充电时长为：

$$X_d^{S_m} = (S_{T_1}^i - S_m) \cdot C / w \tag{3-14}$$

$$\sum_{h=1}^{n_e} d_h < X_d^{S_m}, n_e \in \{1, 2, \cdots, g\} \tag{3-15}$$

$$s = R^i(n_e) \tag{3-16}$$

$$T_{mid} = (1 - S_{T_1}^i + \frac{w \cdot \sum_{h=1}^{g} d_h}{C}) \cdot C / P_{fast} \tag{3-17}$$

式中，$X_d^{S_m}$ 表示剩余电量等于 SOC 阈值时能够满足的行驶里程；$\sum_{h=1}^{n_e} d_h$ 表示行程中 n_e 段道路的长度；集合 $\{1, 2, \cdots, g\}$ 表示满足式（3-15）的整数集合；$R^i(n_e)$ 表示第 i 次行程路径中第 n_e 个点的节点号；P_{fast} 为快充功率；其余变量含义与前文定义相同。

4. 充电负荷计算

采用蒙特卡洛法对测试区域 1 天内电动汽车充电负荷进行计算，基于车路网耦合决策的电动汽车充电负荷预测流程如图 3-7 所示，具体步骤如下：

（1）对于单个电动汽车，以 15min 为步长模拟出行和充电过程，建立出行需求模型、电量消耗模型、充电需求模型，得到每次出行的开始充电时刻、充电地点、充电功率和充电时长等。

（2）在每一次蒙特卡洛仿真中，对 M 辆电动汽车，以上步骤重复 M 次，记录每辆车充电需求，并根据交通网和配电网节点耦合关系，将负荷归算至配电网。

对于接入配电网节点 b，其 t 时刻的总充电负荷 $P_b(t)$ 可由式（3-18）表示，$P_b^m(t)$

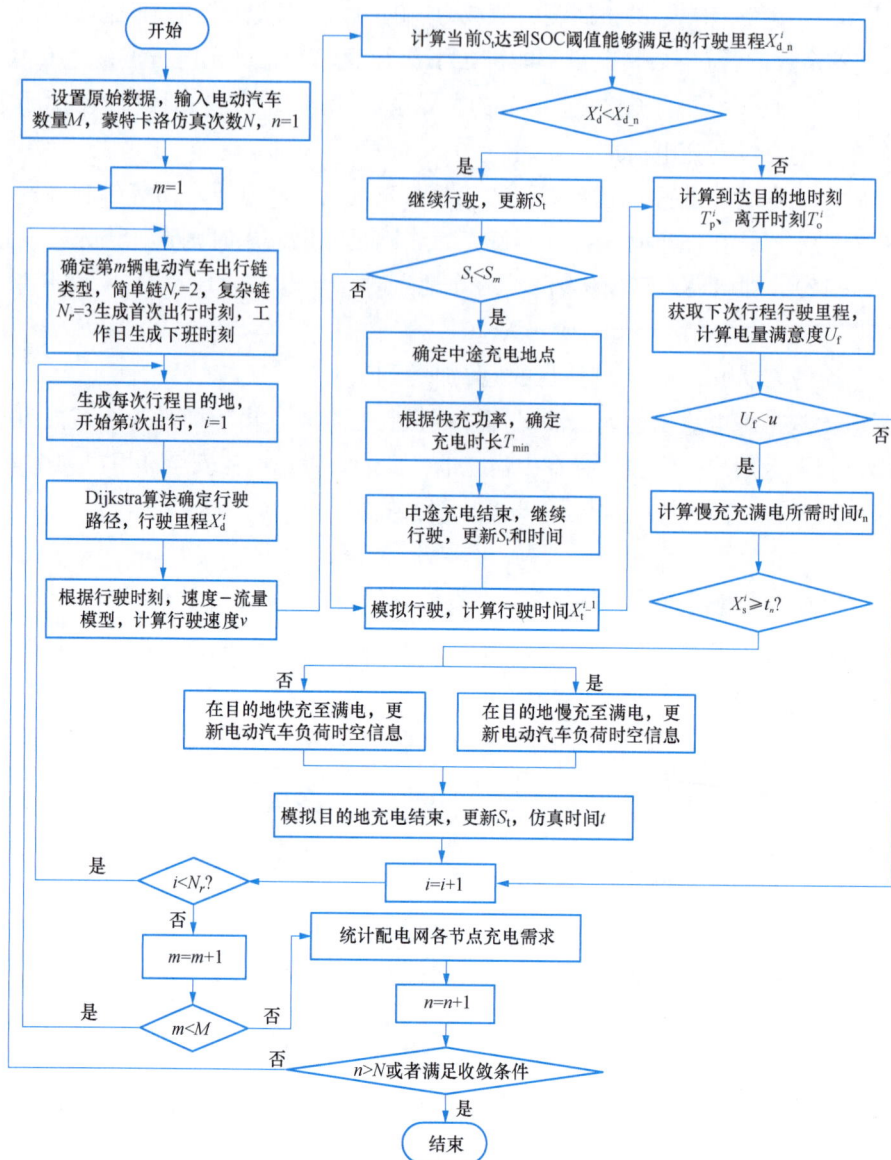

图 3-7 电动汽车充电负荷仿真流程

为第 m 辆电动汽车在节点 b 的充电功率。

$$P_b(t) = \sum_{m=1}^{M} P_b^m(t) \tag{3-18}$$

将日充电功率叠加，即可得到规划区的总充电负荷为：

$$P_{total}(t) = \sum_{b=1}^{N_b} P_b(t) \tag{3-19}$$

（3）完成一次蒙特卡洛仿真后，将总充电负荷 $P_{total}(t)$ 存储为配电网充电功率矩阵 $H(N_b \times 96)$。当达到最大仿真次数 N_1 或满足收敛条件式（3-20）时仿真终止：

$$\max\left[\mid U_n^{H_t} - U_{n-1}^{H_t} \mid\right] < \varepsilon_1 \qquad (3-20)$$

式中，H_t 表示 t 时刻充电功率矩阵 H 中对应的列向量；$U_n^{H_t}$ 表示第 n 次蒙特卡洛仿真后各时刻的均值；ε_1 是仿真的收敛精度。

3.2.2　算例分析

以某城市交通网为例，对该区域典型工作日和休息日的电动汽车充电负荷进行仿真分析。图 3-8（a）展示了城市道路分布，图 3-8（b）展示了算例的交通网和配电网拓扑结构，该路网包含 30 个节点和 52 条道路，配电网包含 33 个节点。该区域分为居民区 1（含节点 1—11）、居民区 2（含节点 12—17）、工作区（含节点 18—22）、商业区 1（含节点 23—26）、商业区 2（含节点 27—30）。不同类型日充电需求时空分布如图 3-9 所示。由图可知，需求分布在时间和空间上分布不平衡，不同类型日峰值时刻各不相同。工作日 07:00～11:00，充电需求集中在工作区的 18—22 节点；工作日 17:00～21:00，充电需求在居民区和商业区较为集中。休息日 08:00～14:00，居民区较工作日同时段有明显的充电需求，这是因为休息日只在上午（约 06:00～12:00）出行的电动汽车返家后充电引起的。

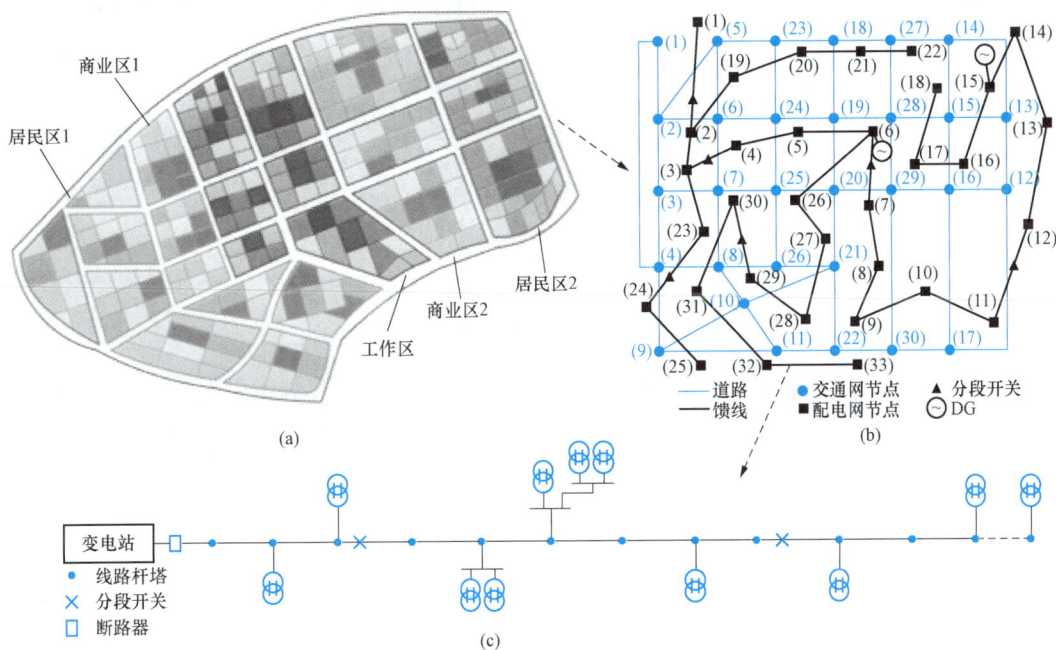

图 3-8　城市"交通—配电"耦合系统

（a）算例城市交通网及负荷密度分布示意；（b）算例城市交通网与 33 节点配电网拓扑图；

（c）含分段开关的馈线电气接线图

电动汽车的快充需求如图 3-10 所示。快充负荷主要集中在商业区，极少在工作区。这是由于在算例交通网约束下，电动汽车到达工作区时有足够的停留时间进行慢充，而

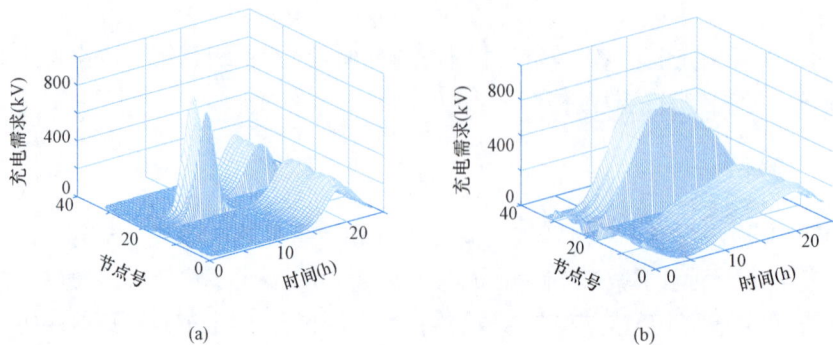

图 3-9 不同类型日充电需求时空分布

(a) 工作日；(b) 休息日

在休闲时段内，慢充无法满足负荷需求。

各节点充电的电动汽车数量如图 3-11 所示，图中不同色柱高度代表在对应时间区间内节点处充电的电动汽车用户数量，视为所需充电桩数目，上限是充电电动汽车用户的累计数量。由图 3-11 可知，为保证电动汽车用户充电需求，住宅区各节点累积需要的充电桩数目较大。18、21、22 节点的充电累计次数较多，且部分时段所需的充电桩数目很大，需要布置较多的充电桩。

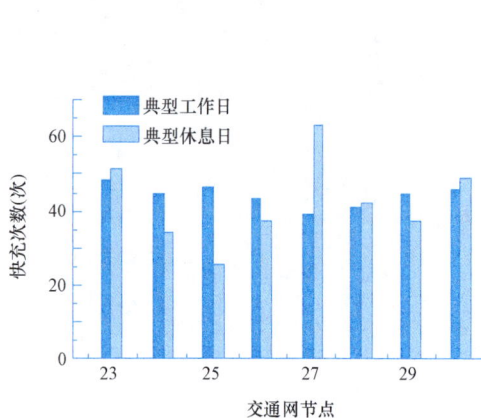

图 3-10 典型日快速充电数量

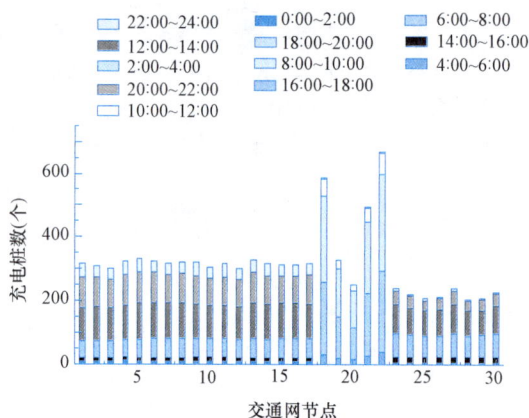

图 3-11 不同时段各节点所需充电桩数目

3.3 基于出行轨迹的充电负荷建模

对于充电负荷建模方式，3.1 节和 3.2 节分别采用了统计学的考虑部分随机因素概率分布方法和模拟用户出行行为及车辆行驶轨迹的建模方法，通过构建电动汽车出行链分析其充电行为，从而实现充电负荷建模。本节则利用真实数据作为支撑，提出一种基于行驶轨迹数据驱动的电动汽车充电负荷估算模型。

3.3.1　出行轨迹建模

尽管出行链方法已将道路交通流量的变化因素考虑其中，但时间步长的颗粒度往往较大，难以反应实时交通动态变化对用户充电需求的影响。如何构建更能反映用户实际出行的行程链现有研究鲜有提到，本节提出一种利用大数据挖掘技术构建用户出行链轨迹。

通过某开源平台申请得到研究区域连续 5 日网约车出行订单信息，其格式如表 3-3 所示，表中给出了每份订单的脱敏司机信息脱敏订单信息、脱敏行程时间戳及轨迹 GPS 定位数据。

表 3-3　　　　　　　　　　某平台网约车行车数据描述

行车司机脱敏信息	司机订单脱敏信息	时间戳	经度	纬度
2049293a47cc031238	59b17a1e2f62e283	1478073116	104.10570	30.68062
2049293a47cc031238	59b17a1e2f62e283	1478073119	104.10554	30.68089
2049293a47cc031238	59b17a1e2f62e283	1478073122	104.10536	30.68121
2049293a47cc031238a	59b17a1e2f62e283	1478073125	104.10519	30.68152
2049293a47cc031238	59b17a1e2f62e283	1478073128	104.10502	30.68183

具体建模步骤如下：

1. 电动汽车出行建模

为构建更加符合实际情景下私家车通勤时间中的用户出行链（考虑通勤过程中交通堵塞等因素），将 5 日内的订单数据中时间在 07:30～09:30 划分为上班时间，时间在 16:40～19:30 划分为下班时间，并将该时段时间作为工作日用户出行链构建的选取规则，同时剔除行驶时间小于 300s，同一订单 GPS 数据相邻间隔距离过大以及平均速度大于 120km/h 等订单数据，以此作为后续构建符合电动汽车用户出行习惯行程链的依据。获得的行车轨迹数据集可通过对其进行筛选，得到典型（单日运营时间长）司机用户，进而得到电动运营车司机个体的行车轨迹数据集。可直接在该清洗后的数据库中进行随机抽取作为电动运营车的出行数据集。

（1）出行链构建。

对于私家电动汽车通勤日的出行起止点相对较为固定，利用挖掘得到的用户轨迹数据集，对数据集早晚通勤中起止点坐标寻找最优的匹配结果，作为电动汽车用户通勤出行链。此外，由于实际出行路径存在交通堵塞，电动汽车用户根据导航实时情况选择最优路径，因此出现早晚通勤出行路径非唯一，通过对轨迹数据清洗得到的通勤时段订单信息，本小节在该过滤数据的基础上构建了符合一般私家车用户出行规律的轨迹行程链。利用式（3-21）和式（3-22）对订单的起止点进行清洗及匹配，构建早通勤出行链与晚通勤出行链的匹配关系：

$$O^{\mathrm{m}}(i) = \{(x_0^{\mathrm{m}}, y_0^{\mathrm{m}}, t_0^{\mathrm{m}}), (x_1^{\mathrm{m}}, y_1^{\mathrm{m}}, t_1^{\mathrm{m}}) \cdots, (x_n^{\mathrm{m}}, y_n^{\mathrm{m}}, t_n^{\mathrm{m}})\} \tag{3-21}$$

$$O^{\mathrm{d}}(j) = \{(x_0^{\mathrm{d}}, y_0^{\mathrm{d}}, t_0^{\mathrm{d}}), (x_1^{\mathrm{d}}, y_1^{\mathrm{d}}, t_1^{\mathrm{d}}) \cdots, (x_m^{\mathrm{d}}, y_m^{\mathrm{d}}, t_m^{\mathrm{d}})\} \tag{3-22}$$

式中：i，j 分别表示早晚通勤两段时间的订单数据行程编号；x，y，t 分别表示行驶过程中实时经纬度坐标及对应时间戳；$t=1$，2，$\cdots$，n，表示行程链对应轨迹的时刻。

订单之间空间位置匹配关系：

$$\Omega(x) = \{[O^{m}(i), O^{n}(j)] \| x_0^m - x_m^d| < \alpha^{la} \bigcap |x_0^d - x_n^m| < \alpha^{la}\} \tag{3-23}$$

$$\Omega(y) = \{[O^{m}(i), O^{n}(j)] \| y_0^m - y_m^d| < \alpha^{lan} \bigcap |y_0^d - y_n^m| < \alpha^{lan}\} \tag{3-24}$$

$$OD(i) = \Omega(x) I \Omega(y) \tag{3-25}$$

式中：(x) 与 (y) 表示对经纬度坐标始末位置进行匹配的出行链轨迹集合；α^{la} 与 α^{lan} 表示匹配过程中允许的匹配距离误差最小值；$OD(i)$ 表示成功匹配得到的出行链轨迹数据集合集，$i=1$，2，3，$\cdots$，表示集合集中集合的个数。

图 3-12 展示了由式（3-21）～式（3-25）匹配得到的 5 组电动汽车用户早晚通勤出行链的挖掘结果（仅为部分结果，依据以上公式共成功匹配约 4600 条行程链），图中可看出用户在出行过程中为避免交通堵塞带来的时间成本，会自动选择最优行驶路径。相较于传统的固定出行链，通过该数据挖掘方法得到的出行链结果更现实地反映城市交通堵塞及行车状态信息对充电需求的影响（往返行程时间及往返路程不同）。

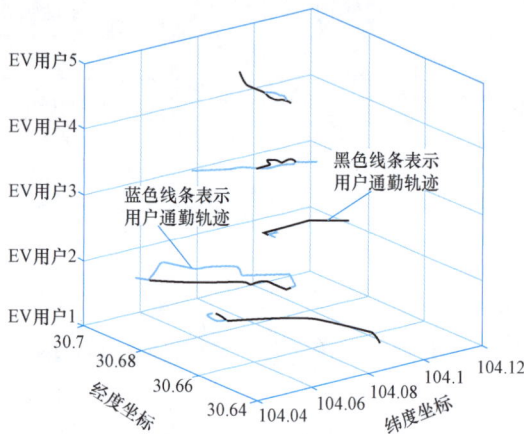

图 3-12 数据清洗下的用户出行链构建

（2）电动汽车行驶特性。

1）出行时刻电池荷电状态。

实际情况中，现阶段电动汽车的满电量续航里程已基本满足了私家电动汽车用户的日均里程需求，根据调研可知电动汽车用户充电频率约 1.3 次/周，设置首次出行时刻的荷电状态服从正态分布，通过式（3-26）和式（3-27）得到电动汽车初始电池容量。

$$f[S, u, \sigma] = \frac{1}{\sigma \sqrt{2\pi}} e^{\frac{[S-u]^2}{2\sigma^2}} \tag{3-26}$$

$$Cap_0^i = Cap_{all}^i \cdot S^i \tag{3-27}$$

式中，S 为电动汽车电汽荷电状态的初始值 u、σ 表示正态分布的相关参数；Cap_0^i 表示 i 种类型电动汽车对应的出行时刻初始电池容量，Cap_{all}^i 为第 i 类电动汽车的电池总容量，S^i 为第 i 类电动汽车电池的荷电状态。

2）电动汽车能耗模型。

根据某数据平台提供的车辆秒级 GPS 定位，建立了电动汽车不同运行状态（加速、减速、匀速、怠速）下的单位里程动态耗电模型如下：

$$\begin{cases} \omega_{\mathrm{m}}^{\mathrm{Ac}} = \displaystyle\sum_{i=0}^{j} (\lambda_{\mathrm{Ac}} v^i a^i) & a > 0 \\[2mm] \omega_{\mathrm{m}}^{\mathrm{De}} = \displaystyle\sum_{i=0}^{j} (\lambda_{\mathrm{De}} v^i a^i) & a < 0 \\[2mm] \omega_{\mathrm{m}}^{\mathrm{Ui}} = \displaystyle\sum_{i=0}^{j} (\theta_{\mathrm{Ui}} v^i) & a = 0, v \neq 0 \\[2mm] \omega_{\mathrm{m}}^{\mathrm{Id}} = E_{\mathrm{cr}} & a = 0, v = 0 \end{cases} \tag{3-28}$$

同时，秒级速度及加速度为：

$$v^i = \frac{\sqrt{[Gps^{i+1}(x) - Gps^i(x)]^2 + [Gps^{i+1}(y) - Gps^i(y)]^2}}{j} \tag{3-29}$$

$$a^i = \frac{v^i - v^{i-1}}{j} \tag{3-30}$$

式中，$\omega_{\mathrm{m}}^{\mathrm{Ac}}$、$\omega_{\mathrm{m}}^{\mathrm{De}}$、$\omega_{\mathrm{m}}^{\mathrm{Ui}}$ 以及 $\omega_{\mathrm{m}}^{\mathrm{Id}}$ 分别表示加速、减速、匀速以及怠速 4 种运行状态下的电动汽车耗电量，其中 λ_{Ac}、λ_{De}、θ_{Ui} 分别为通过实验得到的运行状态对应的回归系数，E_{cr} 为怠速工况下的固定电能消耗量；v^i 表示 i 时刻对应的瞬时速度由实时 Gps^i 定位的经纬度坐标值确定，由于数据集中采集样本之间的间隔为 $2 \sim 3\mathrm{s}$，因此式中 j 表示 GPS 数据采集过程中的时间间隔；a^i 表示 i 时刻对应的瞬时加速度。

2. 电动汽车充电需求建模

（1）充电需求判断。

行程时间段的剩余电量为：

$$Cap_t(m) = Cap_0(m) - \sum_{i \in (\mathrm{Ac}, \mathrm{De}, \mathrm{Ui}, \mathrm{Id})} (\omega_{\mathrm{m}}^i \cdot t) \tag{3-31}$$

式中，i 表示电动汽车行驶过程中的不同运行状态。

根据电动汽车电池剩余电量可判断不同类型电动汽车的充电需求。对于私家车用户当电动汽车抵达目的地后若无法满足下次出行的需求电量将触发充电需求［由式（3-32）给出］，同时该类型的车辆主要以慢充形式为主；对于运营车，考虑到其商业运营需求，通常充电模式选择快充为主且设定阈值电量触发其充电需求［由式（3-33）给出］：

$$Cap_t(m) \leqslant \sum_{j \in (\mathrm{Ac}, \mathrm{De}, \mathrm{Ui}, \mathrm{Id})} (\omega_{\mathrm{m}}^j \cdot t) \tag{3-32}$$

$$Cap_t(m) \leqslant \gamma \times Cap_{\mathrm{all}} \tag{3-33}$$

式中，j 表示私家电动汽车晚通勤回程时的行车运行状态，γ 为出租用户的心里阈值系数，即充电需求一旦触发即选择最近的充电站进行快充。

当私家车电动汽车用户抵达目的地后触发式（3-32）所表示的充电需求时，会选择上段行程终点处就近充电站进行充电，本节以几何距离最近如式（3-34）所示作为充电站的选择依据；对于运营车电动汽车用户，通过式（3-33）设置的充电阈值同样以式（3-34）确定对应充电节点的充电需求：

$$f(i) = \min_{i \in (1, 2, \cdots, 50)} [(x_i^{\mathrm{c}} - x_j)^2 + (y_i^{\mathrm{c}} - y_w)^2] \tag{3-34}$$

式中，i 表示距行程终点最近的充电站；x_i^c 与 y_i^c 分别表示第 i 个充电站的经纬度坐标；x_j 与 y_w 分别表示当私家电动汽车触发式（3-32）或运营电动汽车触发式（3-33）时两类电动汽车分别对应的地理坐标位置的经纬度坐标，由此分别确定了私家车电动汽车与运营车电动汽车的充电位置及充电需求结果。

（2）充电时长：

$$T_{lc} = \frac{f_c \cdot Cap_{all} - Cap_t(m)}{\eta_c \cdot P^x} \tag{3-35}$$

式中：f_c 表示充电结束时的 SOC 值服从的正态分布；η_c 表充电效率；P^x 表示充电桩功率。

（3）电动汽车充电需求负荷。每个充电节点的需求负荷 $P_c(t)$ 为：

$$P_c(t) = \sum_{k=1}^{Z} \sum_{i=1}^{N(t)} P^x \cdot \beta^{(k,i)}(t) \tag{3-36}$$

式中，P_c 表示充电节点 c 的充电电量；Z 表示节点 c 包含的网格区域数量；$N(t)$ 表示 t 时刻的电动汽车数量；$\beta^{(k,i)}(t)$ 表示对应区域第 i 辆车的充电状态，处于充电状态为 1，否则为 0。

3.3.2 算例分析

1. 充电负荷需求估计结果

以 0.5h 为时间间隔，基于所提的轨迹数据驱动方法可分别得到了私家车用户与运营车用户的充电负荷分布，如图 3-13 所示。

由图 3-13（a）可知，由于私家电动汽车用户的日均充电次数 ≤1，因此其充电时段主要集中在 19:00～次日 3:00，且充电需求高峰出现在 23:00 时刻，此时私家车的充电总需求将达到 3789kW。此外，通过对比不同区域的充电负荷可知，研究区域中的 4 号充电节点功率普遍大于其余充电节点，此现象主要受 4 号充电节点所处区域具有较大人口密度，从而引发较高的充电需求。

对于运营车的充电需求估计，由于大多数运营车具有日均充电 ≥1 的充电特性，因此其日均充电需求相较于私家车用户具有更大的随机性及需求量，如图 3-13（b）中所示。从图中可知，除开 1、2 号充电区域属于城市外环的边缘区域，其余各个节点的充电需求在 11:00～次日 3:00 均保持着较高的充电需求量，同时各个节点的充电需求相对变化不大，也进一步验证了运营车充电时间及空间随机性较的特点，通过计算运营车不同时间断面的充电需求可知，最大的充电需求峰值时刻出现在 17:00 时刻，其充电负荷约为 4968kW。

通过对不同类型电动汽车用户的充电功率进行叠加，可得到如图 3-13（c）所示的电动汽车总充电负荷。通过比较图 3-13（c）中不同时间断面的充电需求以及不同区域的充电需求，可知研究区域的总充电需求负荷在 23:00 时刻达到最大值；此外研究区域中 4 号节点的充电需求总功率相较其他充电节点功率具有更高的充电功率。

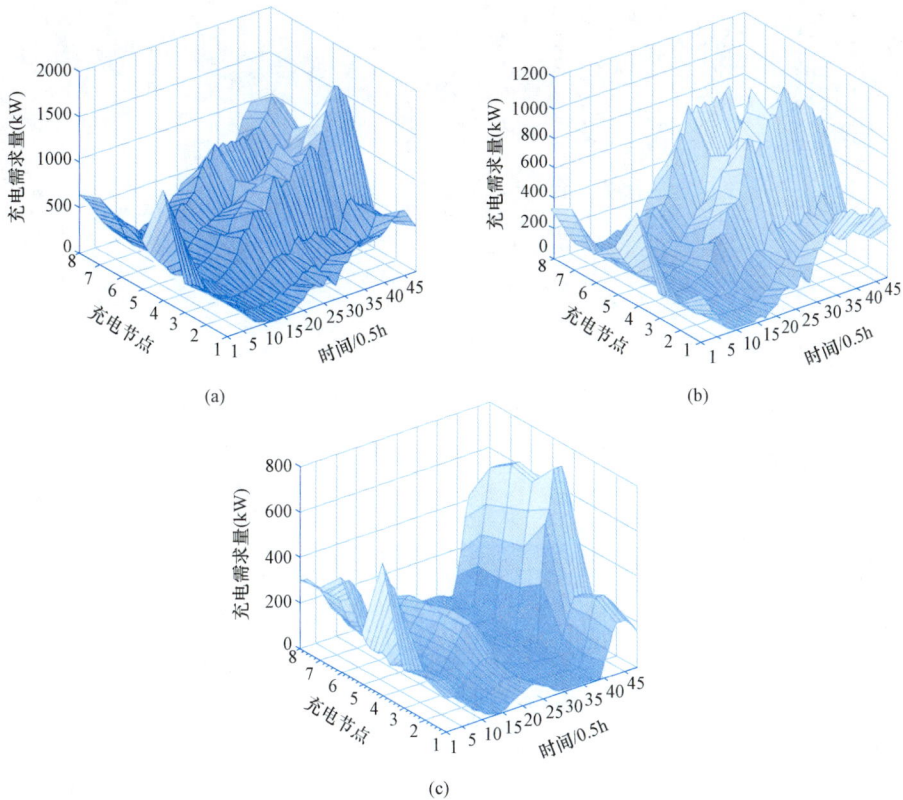

图 3-13　不同车辆类型的充电负荷分布

（a）私家车充电负荷分布；（b）运营车充电负荷分布；（c）区域充电量总负荷分布

2. 充电负荷需求空间定位

通过 GPS 轨迹数据及动态能耗模型不仅能够求得不同时间序列的电动汽车充电负荷，并且能够进一步精准定位电动汽车充电需求空间信息，如图 3-14 所示。

由图 3-14 中可知，不同时间序列充电需求点空间位置具有明显差异。对于早间 10:00～14:00 充电需求点主要集中在研究区域中的三环附近地区，此时充电需求车辆主要为日常通勤出行的私家车用户，由于该类电动汽车用户车辆停靠时间较长，往往会选取低功率充电桩进行充电，因此可在该区域增加低功率充电桩的覆盖比例。此外，图 3-14 同时给出了 14:00～18:00 时刻充电需求点结果，此时段电动汽车充电用户主要为电动运营车，由于运营需求的不确定性导致其充电需求点具有较大的随机性，但从图中也可发现研究区域内环范围（充电节点 4、充电节点 5、充电节点 7）的充电需求点密度高于其他区域，此现象主要由该范围商业区及住宅区密度大而造成，此外由于该类型电动汽车的运营特性车主往往会选择高功率快充桩进行充电，因此可在该区域增加快充桩的覆盖比例。

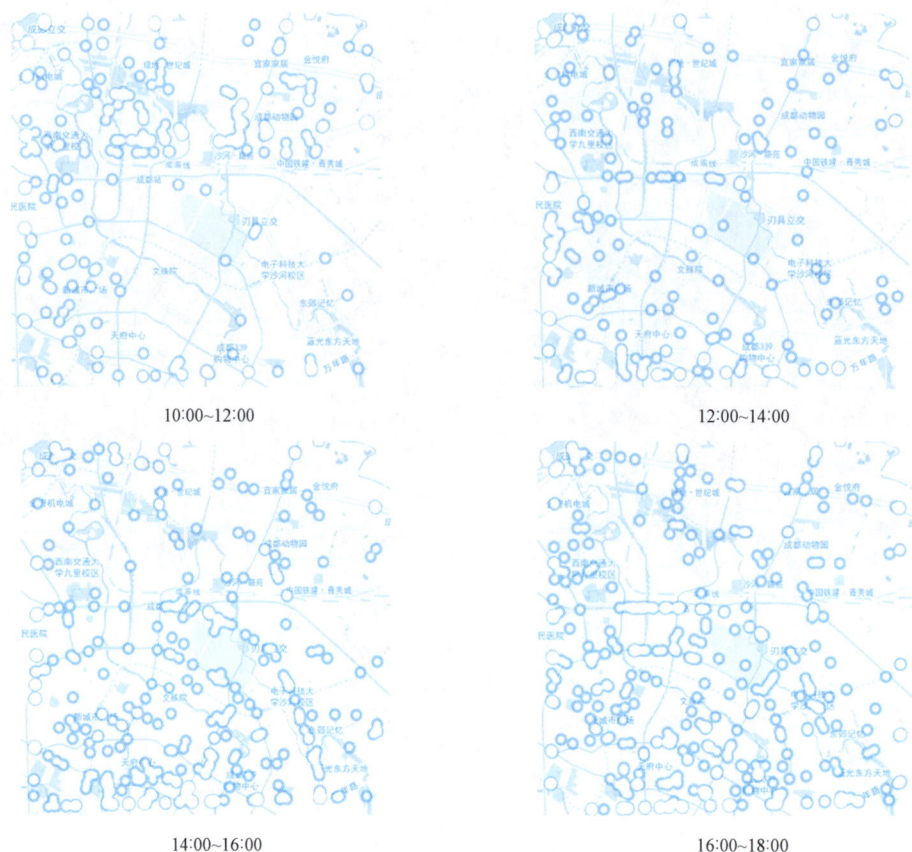

10:00~12:00

12:00~14:00

14:00~16:00

16:00~18:00

图 3-14　充电负荷空间需求热力图

3.4　基于元胞自动机的充电负荷建模

对于特定的充电场所，如充电站，充电动作基本都是在充电站内产生，需要充分考虑电动汽车在相应充电站内外的运动和时空特性以实现充电负荷精确计算。本节将介绍一种离散元胞自动机（Cellular Automata，CA）模型，通过计算机模拟电动汽车行为和相关交通—功率交互耦合情景，旨在捕捉耦合系统中各因素的交互影响，例如车速，充电期望，路况，充电状态等。从充电站角度出发仿真模拟充电负荷。

3.4.1　元胞自动机模拟框架

CA 是一种基于计算机仿真技术，其中每个单元能以各种不同的离散状态存在。从一种状态到另一种状态的过渡受其特定规则集支配，这些规则集本质上是可以完全确定或随机的。采用 CA 技术解决当前问题的主要思路是使离散的元胞实体做出与现实世界中的分配或行为类似的动作。在这项研究中，某个单元对应于单个车辆，如图 3-15 中的蓝点所示。

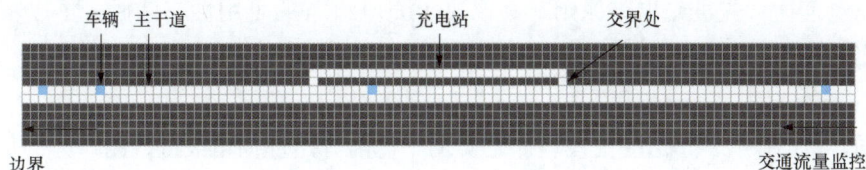

图 3-15　CA 空间模拟

车辆的行为受一组规则支配，这些规则由属性矩阵反映，这些属性矩阵主要包括车速，车辆类型，充电期望，充电时间，剩余电池容量，充电功率和总充电负荷，上述属性将在仿真框架中随设定的规则而发生更新。该框架主要包括 5 个模块，如图 3-16 所示。

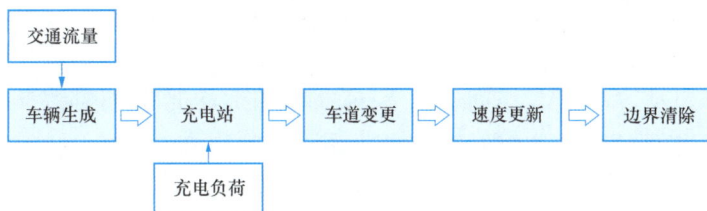

图 3-16　交通—电力 CA 模拟框架

1. 车辆生成模块

在车辆生成模块中，当第一个道路单元为空闲状态时就会触发新车辆的产生，并且车辆平均抵达情况将通过交通流数据反映，接着可以获得新车辆的 4 个重要特征属性，包括车辆类型、车辆速度、剩余 SOC 和车主充电期望。每个属性的建模如下：根据给定的电动汽车渗透水平（Electric Vehicle Penetration，EVP）随机生成新车辆（传统车辆或电动汽车）的类型。车速被分为 5 个级别，从 1 到 5 逐级量化。考虑到较少有车辆以低速行驶，因此将初始速度设置为 2～5 级，同时假设其遵循均匀分布。车辆在各时间段内的平均到达数量可以通过交通流量数据反映出来，并且每辆电动汽车的初始剩余 SOC 可以根据历史统计数据得来的相应分布函数生成。由于车辆的充电期望受多种因素影响，为简单起见，选取最有影响力的因素即车辆剩余 SOC 作为重点考虑。

2. 充电站模块

在充电站模块中，为反映实际情况，如果电动汽车产生充电需求则在含充电站的道路部分将车速设置为 1 级。车辆根据其当前 SOC，可以选择快速充电和慢速充电。例如，对于电池容量为 30kWh 的电动汽车，如果使用 5kW 的慢速充电，则需要 6h（总充电时间），而以 30kW 的快速充电则只需要 1h。因此，剩余充电时间 T_c 为：

$$T_c = (1 - SOC_{p.u.})T \tag{3-37}$$

式中，$SOC_{p.u.}$ 表示电动汽车的标称剩余 SOC；T 表示快速充电或慢速充电的总时长。如

果 $SOC_{p.u}$ ≤ FS，则以 FS 为选择快速充电的标准，否则将使用慢速充电。还应注意，充电站内充电遵循"先进先出"原则，其取决于充电设备的可用性。然后，可以根据充电装置的充电条件（充电类型及其单位充电功率）来累积充电站内的充电负荷。

3. 车道变更模块

如图 3-16 所示，车道变更模块即是实现车辆前方出现拥堵或进入路口时的位置和状态转移，其中转移规则依属性矩阵而定。对于不需要充电的燃油车辆或电动汽车，将直接执行 Nagel-Schreckenberg（NS）车道变更规则。关于有充电需求的电动汽车，需要在相应属性矩阵的状态更新中考虑充电站所处道路交界处的车道变化。

4. 速度更新模块

除了实现基本的 NS 速度更新规则之外，还将在此模块中添加和利用其他特定的规则。对于即使满足 NS 加速规则的车辆也可能无法真正加速，因此引入了加速概率来表示这种情况。在有交通危险的情况下，车辆减速后速度被假定为 1 级。

5. 边界清除模块

如图 3-16 所示，"边界"空间中的所有属性将在每个时间段清除，以维持动态系统的平衡。利用所提供的暂态交通流数据和其他输入，可以基于包括上述所有模块（即 CA 模型演化规则）的交通—功率仿真框架以自动更新属性矩阵，并可以仿真特定充电站的动态充电负荷。

3.4.2 算例分析

选择一天作为模拟周期，基于所提出框架的仿真结果如图 3-17 所示。一天中充电负荷的变化与图 3-18 中的交通流量是一致的。例如，在 07:00 左右，由于充电站内电动汽车充电累积导致出现功率高峰，这也符合用户离家上班的高峰时间。尽管在此时段内充电期望并不大，但较大的交通流量也会导致更大的充电负荷需求，如图 3-18 所示，同样用户下班期间也会出现类似情况。然而，在一些交通繁忙的时段充电负荷曲线相对平坦，这可能是因为大量电动汽车在工作场所的充电桩充电而不是在充电站。因此，当车辆抵达道路部分时，SOC 可以维持在一个较高水平，这也是为什么即使在交通流量较大的情况下，充电站在下班时段的充电负荷也要小于当天早上充电负荷的原因。

为了研究输入参数变化的影响，模拟了两种扩展情况。

（1）分别在 8 个场景（天）中使用不同的 FS 设定值（0.1~0.8）模拟充电站的充电负荷。结果如图 3-19 所示。通常，充电负荷曲线呈现出上升趋势，而不同场景下的细节部分将动态变化。例如 FS∈{0.1，0.2，0.3}，当并且负荷峰值小于 200kW 时，曲线相似。当 FS 大于 0.4 时，曲线开始变陡峭；当 FS=0.8 时，曲线变得更加尖锐，且峰值超过 600kW。FS 越大表示选择快速充电的可能性更大。在这种情况下，当前输入和充电站分布不变，0.4 将是 FS 设置的分段点，用于在不同的场景中模拟充电负荷。

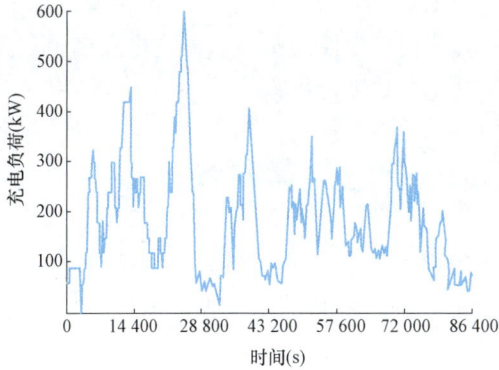

图 3-17　电动汽车充电负荷曲线

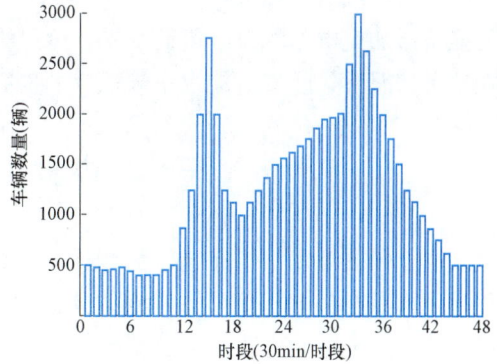

图 3-18　电动汽车交通流量

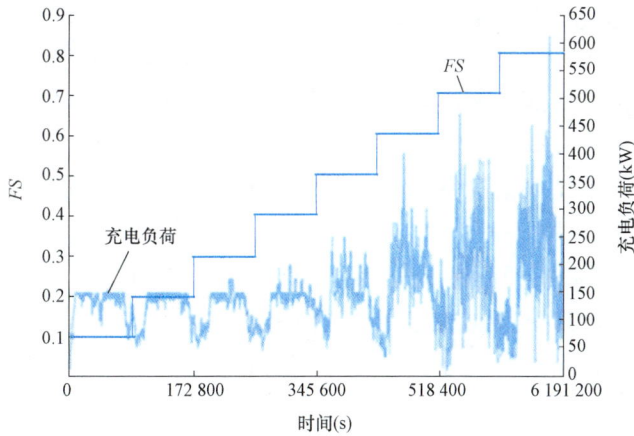

图 3-19　不同 *FS* 设定下充电负荷仿真结果

（2）*EVP* 的设置也可能会影响充电负荷的模拟情况。分别 8 个具有不同 *EVP* 设定值（5%～40%）的方案（天）中模拟充电站的充电负荷。*EVP* 表示电动汽车在整体中所占平均渗透水平，可用其表示生成新车辆是否为电动汽车。如图 3-20 所示，充电负荷通常随着 *EVP* 从 5% 到 10% 增长。此外，由于充电站 30 个充电设备数量和输入条件的限制，当 *EVP* 从 15% 变化为 40% 时，

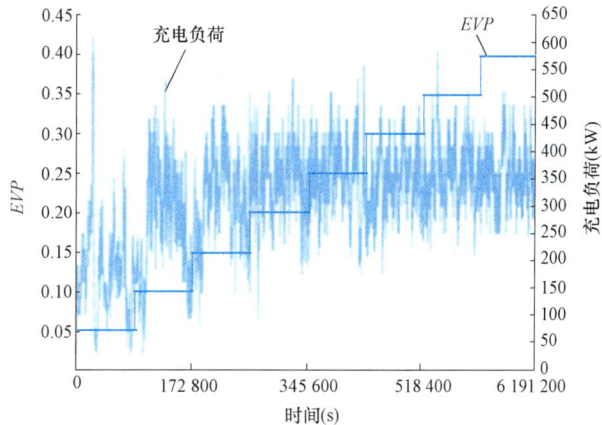

图 3-20　不同 *EVP* 设定下充电负荷仿真结果

充电负荷曲线近似相同。因此，从案例研究中可以总结出，增加的电动汽车的渗透水平可能会增加充电站的充电负荷水平，但最终水平会受到其规模的影响，即充电设备部署。在这种情况下，随着电动汽车渗透率的提高，应对充电站进行扩容。

3.5　基于改进聚类算法的充电负荷建模

本节依据电动汽车充电行为数据，通过用大数据的聚类分析，探索了电动汽车充电负荷剖面具有类似于矩形脉冲列的独特波形，提出一种新的数据聚类挖掘的充电负荷建模方法，形成电动汽车充电负荷模板。

3.5.1　改进聚类算法

本节提出一种基于平均密度和粗糙集理论的改进 K‐prototypes 聚类算法，通过改进层次聚类算法中相似度计算部分，以更准确地表达不同充电负荷数据之间的相似度距离，根据充电负荷本身的特征确定聚类数和初始聚类中心，而非人为设置，以保证更加客观可靠。基于所提的改进聚类算法以构建具有普遍性的充电负荷模板，该电动汽车充电负荷模板为用于表示一类具有相似充电行为特征的电动汽车充电负载剖面，可真实体现电动汽车充电负荷特征。

所提聚类算法用于仅根据负荷特征将用户分组，其基础算法是 K‐prototypes，它是为数据聚类而设计的。对于一个分类信息系统被描述为 $IS=(U,A,V,f)$，U 是对象集，A 是特征属性集合，V 是属性域集，f 是对应的信息函数。对于任何 $r \in A$ 和 $x \in U$，$f(x,r) \in V_r$。对象之间的不相似性度量可通过两个对象的相应特征属性类别总的相异匹配次数来定义，当不匹配的次数越少，表明两个对象越相似。设 $x,y \in U$ 和 $r \in A$，度量定义如下：

$$d(x,y) = \sum_{r \in A} \omega_r \delta_r(x,y) \tag{3-38}$$

$$\delta_{r(cha)}(x,y) = \begin{cases} 0 & f(x,y) = f(y,r) \\ 1 & f(x,r) \neq f(y,r) \end{cases} \tag{3-39}$$

$$\delta_{r(num)}(x,y) = [f(x,r) - f(y,r)]^2 \tag{3-40}$$

式中，ω_r 是属性 r 的权重，用于调整不同属性在不相似度计算中的重要性，$\delta_r(x,y)$ 是在属性 r 上对象 x 和 y 之间的不相似度度量，$\delta_{r(cha)}$ 是字符型数据在特征属性 r 上的相异度，$\delta_{r(num)}$ 是数值型数据在特征属性 r 上的相异度。将 n 个对象聚类为 k 个集群的目标是最小化：

$$\boldsymbol{F}(\boldsymbol{Q},Z) = \sum_{l=1}^{k} \sum_{s=1}^{n} z_{ls} d(x_s,\boldsymbol{Q}_l) \tag{3-41}$$

$$s.t. \begin{cases} 0 \leqslant z_{ls} \leqslant 1 \\ \sum_{l=1}^{k} z_{ls} = 1 \\ 0 < \sum_{s=1}^{n} z_{ls} < n \end{cases} \tag{3-42}$$

式中，k 是集群数，矩阵 $\boldsymbol{Q}=[Q_1,Q_2,\cdots,Q_k]$，$Q_l$ 是第 l 个簇中心，z_{ls} 是对象 s 和集群 Q_l 之间的隶属度值，故 K-prototypes 算法的过程可描述如下：

步骤 1：从 $\boldsymbol{U}$ 中选择 k 个对象作为初始聚类中心。

步骤 2：根据式（3-38）～式（3-40）将一个充电负荷剖面分配到离它最近的集群。

步骤 3：从每个属性中选择数值数据的均值和字符数据的模式以更新聚类中心。

步骤 4：重复步骤 2 和 3，直到 $\boldsymbol{F}$ 不再变化。

1. 基于粗糙集理论改进相异度

在传统的 K-prototypes 算法中，简单相似度匹配用于计算具有相同属性的两个序列之间的距离，其取值通常为 1 或 0，使得部分信息被丢失。此外，两个属性值的差异受序列本身和其他相关特征属性值的分布影响。因此，本部分提出了一种基于粗糙集理论的改进相异性度量算法。

定义 1：[不可分辨关系 $IND(B)$ 和等价类 $[x]_B$]：设 $B\subseteq\boldsymbol{A}$ 和 $x,y\in\boldsymbol{U}$，对于不可分辨关系定义如下：

$$IND(B)=\{(x,y)\in\boldsymbol{U}\times\boldsymbol{U}\mid\forall r\in B,f(x,r)=f(y,r)\} \quad (3-43)$$

对 B 中的特征属性集具有相同值的对象集 x_s 由等价类 $[x]$ 组成，对于任何 $x\in\boldsymbol{U}$，等价类定义如下：

$$[x]_B=[y\mid\forall y\in\boldsymbol{U},(x,y)\in IND(B)]' \quad (3-44)$$

定义 2：[下近似 $B(X)$ 和上近似 $B(X)$]：设 $X\subseteq\boldsymbol{U}$、$B\subseteq\boldsymbol{A}$，则 $B(X)$ 定义如下：

$$B(X)=\{x\in\boldsymbol{U}\mid[x]_B\subseteq X\} \quad (3-45)$$

相异度既与充电负荷特征属性值本身有关，也与其他属性值有关，因此需从两个方面来描述：内部相似度 $i\delta$ 和外部相似度 $e\delta$。特征属性矩阵 $\boldsymbol{A}=[r_{(1)},r_{(2)},\cdots,r_{(r)}]$，对于任何 $r(e)\in\boldsymbol{A}$，令 $p,q\in V_{r(e)}$，则 $i\delta(p,q)$ 的计算如下：

$$i\delta_{r(\text{cha})}(p,q)=\begin{cases}1 & p=q\\0 & p\neq q\end{cases} \quad (3-46)$$

$$i\delta_{r(\text{num})}(p,q)=\alpha^{-|p-q|^\beta} \quad (3-47)$$

式中，α,β 是 p 和 q 之间的敏感系数，此处设置 $\alpha=\beta=2$。根据属性 $r_f(e\neq f)$，则：

$$e\delta_{r(f)}(p,q)=\frac{|r_f(X)\bigcap r_f(Y)|}{|r_f(X)\bigcup r_f(Y)|} \quad (3-48)$$

式中，$X=\{x\mid f(x,re)=p,x\in\boldsymbol{U}\}$ 和 $Y=\{y\mid f(x,re)=q,x\in\boldsymbol{U}\}$。则 $e\delta(p,q)$ 在其他特征属性方面可定义为：

$$ae\delta(p,q)=\frac{1}{r-1}\sum_{f=1,f\neq e}^{r}e\delta_r^f(p,q) \quad (3-49)$$

因此，改进后的混合充电负荷数据的相异性度量可表示为：

$$\delta_r^{\text{new}}(x,y)=1-\frac{i\delta(p,q)+ae\delta(p,q)}{2} \quad (3-50)$$

2. 初始聚类中心确定

在传统 K-prototypes 算法中，初始 $\boldsymbol{Q}$ 为随机选取的，这里引入平均密度 $Dens(x)$

来确定初始 Q。对于任何 $x \in U$ 和 $r \in A$，充电负荷 x 的平均密度 $Dens(x)$ 定义为：

$$\begin{cases} Dens(x) = \dfrac{\sum\limits_{r \in A} Dens_r(x)}{|A|} \\ Dens_r(x) = \dfrac{|\{y \in U \mid f(x,r) = f(y,r)\}|}{|U|} \end{cases} \quad (3-51)$$

式中，$Dens_r(x)$ 是对象 x 相对于特征属性 r 的平均密度，通过计算密度值以及排序处理，可选择出密度最大的对象 x 作为初始聚类中心。考虑到仅根据密度选择的物体可能属于同一个簇，可将距离和密度结合在一起来衡量一个物体成为初始簇中心的可能性：

$$Pob(x) = \max_{l=1}^{k} \left[\sum_{r \in A} \delta_{new}(x, Q_{in,1}) Dens(x) \right] \quad (3-52)$$

式中，$Q_{in} = [Q_{in,1}, Q_{in,2}, \cdots, Q_{in,k}]$ 为选择的初始聚类中心集合，$x \in U - Q_{in}$。当 $Pob(x)$ 越大，x 就越有可能成为聚类中心。

3. 确定聚类数目 k

由于聚类集群数和初始聚类中心对聚类结果有重要影响，故如何确定 k 和 Q 一直是一个主要问题，而层次聚类算法可有效解决该问题，但其计算复杂度高，不适合大规模数据聚类。为了解决这个问题，将层次聚类与 K-prototypes 相结合，主要包括两个阶段：

（1）运行 L 次改进的 K-prototypes，同时循环 k 从 2 至 $L+1$ 次，然后记录每次的聚类结果。

（2）使用层次聚类算法对所有记录进行分组，然后通过层次聚类树确定最佳 k 和 Q。

4. 算法流程

总体而言，通过改进聚类算法对于电动汽车充电负荷建模的过程总结如下。

步骤 1：将多个电动汽车时序充电负荷数据通过降维、平滑处理、特征提取、标准化等方法转化为基础数据，在此步骤之后，电动汽车充电负荷曲线可表示为 $W = [T_s, D_t, P_c]$。其中，T_s 为开始充电时间，D_t 为充电时长，P_c 为充电功率。

步骤 2：设置 L 参数，并在 k 从 2 递增至 $L+1$ 过程中采用改进的 K-prototypes 算法计算不同充电负荷剖面的相异度，L 组聚类结果由式（3-30）～式（3-52）组合计算，并将 L 组聚类结果作为层次聚类算法的输入，从而可根据层次聚类树的最大高度差得到最优 k 和初始 Q。

步骤 3：进一步将 k 和 Q 输入到改进的 K-prototypes 中。根据式（3-50）将一个对象分配到离它最近的集群，然后计算每个簇的类内平均值以更新集群中心，根据式（3-41）计算 $F(Q, Z)$。

步骤 4：重复步骤 3，直到 $F(Q, Z)$ 值不再变化，从而可得到最优的电动汽车充电负荷模板，也即是标准的充电负荷模型。

3.5.2　算例分析

根据某社区内包含 64 位居民用户在 91 天内的充电负荷实测数据（采样率为 1min），总共有 5824 条日充电负荷剖面。对于聚类算法中可设置参数 $m=96$，$L=10$，并运行 L 次改进的 K-prototypes。当 $k=8$ 时存在最大高度差，故根据层次聚类树可将充电负荷剖面聚为 8 个模板，图 3-21 中蓝色曲线则为对应的聚类中心剖面。

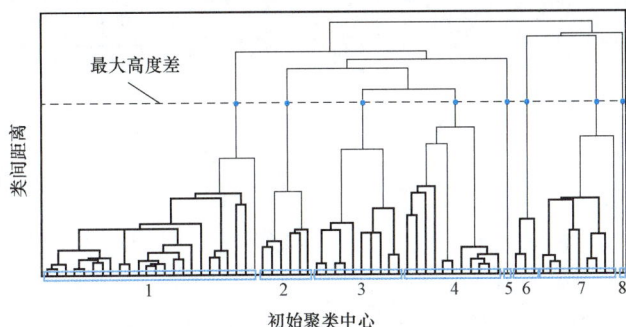

图 3-21　层次聚类树

以集群 1 为例，首先剔除部分异常值，并分别计算集群中心的 3 个属性值，其中 T_s、D_t 分别由平均值确定，而 P_c 由充电负荷的剖面模式确定，图 3-22 中存在 4 种单峰和 4 种双峰模式。从图 3-22 中可以看出，集群 1 的充电行为主要发生在 01:30～05:45 区间，集群 2 的充电行为主要发生在 08:45～13:30 区间。集群 3 的充电行为主要发生在 14:00～19:00 时段，集群 4 的充电行为发生在晚上 20:00～00:45，夜间充电的原因可能是受当地峰谷分时电价影响有关，而白天发生充电行为的原因可能与用户的日常工作有关。而集群 5 在 03:00～06:00、17:00～20:45 充电，集群 6 在 08:45～13:00 和 22:00～01:00 之间充电。集群 7 在 14:00～17:00、22:00～24:00 充电，集群 8 在 09:15～11:45、14:45～18:00 充电。

通过将居民用能信息与电动汽车充电模板相结合，有助于进行充电特性分析，其充电负荷模板的详细信息汇总于表 3-4 中。从表 3-4 中可以看出，三个月内每天只充电一次总共有 3529 次，占总数的 77.6%。根据充电的开始时间和聚类结果可知，一天内充电时段可以分为四个部分：黎明前、中午、下午和晚上。此外，夜间和黎明前是高峰时间，如 20:00～05:45（次日）期间共发生 2647 次充电行为。总之，受到用户的生活习惯和当地电价政策的影响，该社区内大多数居民家庭在夏季白天基本保持每天充电一次，而晚上充电是他们的首选。考虑到周末出行需求较多，可将一周分为两个时段：周二～周四（时段 1）和周五～周一（时段 2），并分别统计两个时段内一天充电两次的次数，其结果可见表 3-5 所示。从表 3-5 中可发现，居民用户在时段 1 的能源需求量更大，其原因在于除了日常上班用车需求外，还存在短途的生活用车需求。

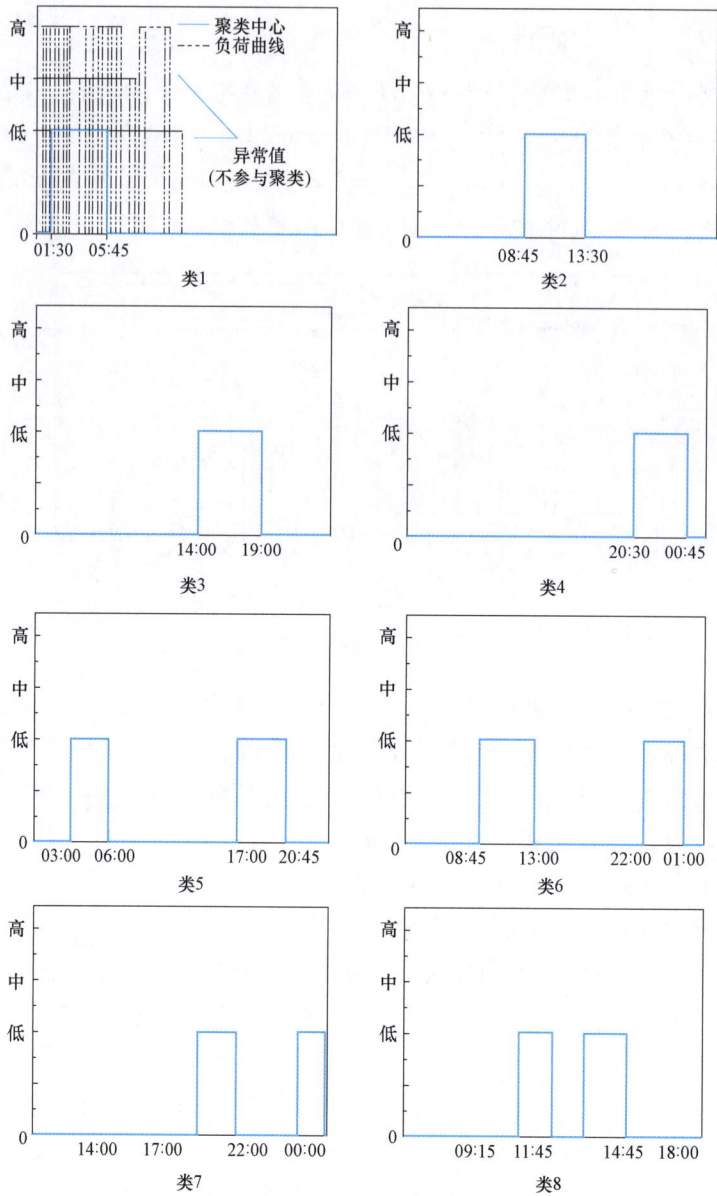

图 3-22　电动汽车充电负荷模板

表 3-4　　　　　　　　　　不同聚类模板下充电负荷剖面的数量

充电类型	数量	充电类型	数量
一天充一次	3529	晚上（20:00～00:45）	1852
一天充两次	1074	（03:00～06:00）以及（17:00～20:45）	298
凌晨（01:30～05:45）	795	（08:45～13:00）以及（22:00～01:00）	453
早上（08:45～13:30）	304	（14:00～17:00）以及（22:00～00:00）	177
下午（14:00～19:00）	578	（09:15～11:45）以及（14:45～18:00）	146

表 3 - 5 　　　　　　　　　　　　　一天充两次情况的总次数

充电类型	周二～周四	周五～周一
数量	876	198

进一步，通过引入平方误差和（Sum of Squared Errors，SSE）、Calinski - Harabasz（CHI）和 Davies - Bouldi（DBI）作为聚类质量的评价指标，以评估所提算法聚类结果的准确性。其中，当 SSE 和 DBI 越小，则表明聚类结果越准确。而 CHI 越大，则聚类结果越准确，各指标均由相应数据经平滑处理后计算得到，其评估结果如图 3 - 23 所示。从图中可看出，当 $k=8$ 时，SSE 出现明显拐点，分别出现 CHI 最

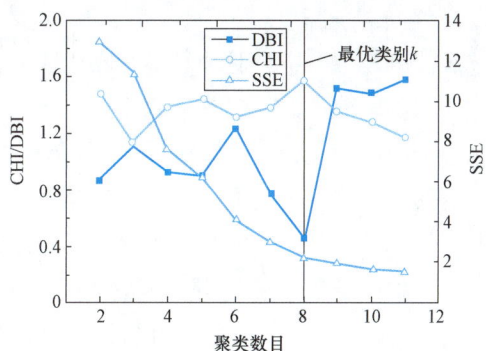

图 3 - 23　3 种指标的评估结果

大值和 DBI 最小值，说明充电负荷最佳聚类模板数为 8，该结论与所提方法得到的结果一致，证明了该方法的有效性。

3.6　基于非侵入式辨识的充电负荷建模

由于集成多种家电设备的用电负荷具有多态、高频特性，难以实现对充电负荷的准确建模。为此，本节提出一种基于住宅智能电表数据的充电负荷数据驱动建模方法，以非侵入式地提取家用电动汽车充电负荷模式。该算法利用充电负负荷的低频特性，并应用两阶段分解技术来提取充电负荷的特性。两阶段分解技术主要包括：利用季节－趋势分解（Seasonal and Trend decomposition using LOESS，STL）方法提取充电负荷的趋势分量，进而利用离散小波分解技术（Discrete Wavelet Transform，DWT）提取低频近似分量。此外，基于提取的低频特征分量，应用事件监测和动态时间规整（Dynamic Time Warping，DTW）来估计最近的充电间隔和幅度。

3.6.1　非侵入式辨识算法

对于智能电表数据，假设 $x=[x_1,\cdots,x_T]$，此数据中包含了家用电动汽车充电负荷的特征。因此，充电负荷建模以及提取过程可表示为：

$$x_{EV} = x - \sum_{j=1}^{N} x_{ap,j} \tag{3 - 53}$$

$$x_{EV,m} = D \cdot x \tag{3 - 54}$$

式中，N 表示不含电动汽车的家用电器数量；$x_{ap,j}$ 代表第 j 个家用电器；$x_{EV,m}$ 表示从 x

中提取的第 m 个充电负荷模式，$x_{EV,m}$ 是 x_{EV} 的子集。

考虑到家用电动汽车充电负荷的低频特性和高幅值，提取问题可以转化为：

$$x = x_L + x_H + x_O \tag{3-55}$$

$$x_{EV} = F(x_L) \tag{3-56}$$

式中，x_L，x_H，x_O 分别为低频、高频、稳态信号；F 表示相应的提取函数。

1. 两阶段分解

智能电表数据中含脉冲和高频噪声成分，例如微波炉、笔记本电脑和逆变器交流电，因此，两阶段分解的目的是消除干扰（噪声成分，局部突变），从而获得与充电负荷剖面相关性最高的特性 x_L，故如何获得 x_L 是捕捉充电负荷剖面的关键。在本节中，将引入两阶段分解技术来获得与充电负荷密切相关的 x_L。对于第一阶段，采用 STL 方法提取趋势分量；第二阶段，由 DWT 方法用于匹配与充电负荷相关的特征分量 x_L。

（1）提取低频趋势分量（第一阶段）。采用 STL 方法从智能电表数据中提取趋势分量 $x_{tr} = [x_{tr,1}, \cdots, x_{tr,t}]$，可以探究充电负荷对住宅整体用电趋势的影响。STL 技术是一种信号分解方法，它使用稳健的局部加权回归作为平滑器，将智能电表数据分解为低频趋势、高频残差和季节性分量。STL 的优势在于它可以稳健地估计趋势分量而不会被数据异常值所干扰，这有助于在提取过程中保持充电负荷的特殊性，STL 的公式为：

$$x_t = x_{tr,t} + x_{se,t} + x_{re,t} \quad t = 1, \cdots, T \tag{3-57}$$

对于智能电表读数，x_{tr} 通常是低频成分（如充电负荷），x_{se} 则描述信号的周期特征，例如冰箱能耗剖面，而 x_{re} 则与信号的高频分量更相关，例如开关电器等。

STL 算法过程包括两个递归部分：内循环和外循环。内循环主要用于提取和更新 x_{tr}、x_{se}，而外循环用于调整来自内循环的权重，可以减少异常数据对 x_{tr}、x_{se} 的影响。当所有权重为 1 时，执行外循环的初始遍历，然后执行外循环的第 k 次遍历。对于内部循环，保证 $x_{tr}(k)$ 和 $x_{se}(k)$ 是第 k 个循环后的趋势、季节性分量，并设置 $x_{tr}(1) = 0$。因此，更新 $x_{tr}(k)$、$x_{se}(k)$ 的内循环可以分为六个步骤：

步骤 1：从智能电表数据中去除趋势分量，$x_{dt} = x - x_{tr}(k)$。若 $x(t)$ 存在缺失值，那么 $x_{dt}(t)$ 应该在 t 时刻丢失。

步骤 2：对 x_{dt} 中的周期子序列进行 LOESS 平滑（子序列的周期为 T_{dt}）。当所有子序列都平滑后，就可以得到长度为 $(T + 2T_{dt})$ 的序列 $c(k+1)$。

步骤 3：对 $c(k+1)$ 进行长度 T_{dt}，$T_{dt,3}$ 的低通滤波，并采用 LOESS 平滑得到序列 $l(k+1)$。

步骤 4：在 $k+1$ 次迭代去除 $c(k+1)$ 的趋势和季节性分量，减少低频分量对 x_{se} 的干扰，$x_{se}(k+1) = c(k+1) - l(k+1)$。

步骤 5：对 $x_{sd}(k+1) = x - x_{se}(k+1)$ 采用 LOESS 回归得到 $x_{tr}(k+1)$。

步骤 6：对 x_{sd} 进行 LOESS 平滑提取 x_{tr}，平滑后的序列没有缺失值。当 x_{sd} 在 $k+1$

迭代中时，$x_{tr}(k+1)$ 是平滑后的值。

在 STL 中，LOESS 函数是局部多项式回归，本质上是对从智能电表数据中提取的趋势分量进行平滑的过程。为了消除内环中异常值对 LOESS 回归结果的影响，需要在外环中为 x 的每个采样点定义一个鲁棒性权重。这个鲁棒性权重可以代表 x_{re} 的最大值。当离群值 $|x_{re}|$ 非常大，对应的权重值接近于 0。在 t 时刻，鲁棒性权重 w_t 为：

$$w_t = \omega[\,|f(x_t) - x_{tr,t}|\,/h]\tag{3-58}$$

$$\omega(u) = \begin{cases} (1-u^2)^2 & 0 \leqslant u < 1 \\ 0 & u \geqslant 1 \end{cases}\tag{3-59}$$

$$h = g \cdot \text{median}[\,|f(x_t) - x_{tr,t}|\,]\tag{3-60}$$

式中，$f(x_t)$ 表示由于 x_t 的离群值而获得的趋势分量；g 表示与鲁棒性权重相关的系数，通常设置为 6；median() 为中值函数。基于离群值 $|f(x_t) - x_{tr,t}|$ 的值在 x_t 处可分配鲁棒性权重。

（2）提取与家用电动汽车相关的特征分量（第二阶段）。基于第一阶段得到的趋势分量 $x_{tr} = [x_{tr,1}, \cdots, x_{tr,t}]$，采用 DWT 提取家用电动汽车的特征。DWT 可以对不同尺度的信号进行离散分解，捕捉局部时域特征。DWT 的原理是设计低通和高通滤波器，将原始信号分解为不同频率的特征，如图 3-24 所示。

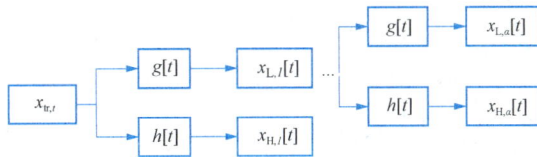

图 3-24　DWT 算法分解框架

图中，$g[t]$、$h[t]$ 分别代表低通和高通滤波器，而对于第 α 层：

$$x_{L,\alpha-1}[t] = x_{L,\alpha}[t] + x_{H,\alpha}[t]\tag{3-61}$$

$$\begin{cases} x_{L,\alpha} = \sum_{k=0}^{K-1} x_{L,\alpha-1}[2t-k]g[k] \\ x_{H,\alpha} = \sum_{k=0}^{K-1} x_{L,\alpha-1}[2t-k]h[k] \end{cases}\tag{3-62}$$

图中，$K = T/2\alpha$，而提取与充电负荷相关特征的关键是确定 $g[k]$、$h[k]$ 和 α。由于离散小波中的尺度函数 Harr 类似于家用电动汽车的充电行为的矩形区间，故采用 Harr 尺度函数作为母小波（基）提取充电特性，如：

$$\psi(t) = \phi(2t) - \phi(2t-1)\tag{3-63}$$

$$\varphi(t) = \begin{cases} 1 & 0 \leqslant t \leqslant 1 \\ 0 & \text{others} \end{cases}\tag{3-64}$$

在式（3-63）中，t 可以用 $2\alpha - t - k$ 代替，故式（3-63）可以写成：

$$\begin{cases} x_{\text{L},a} = \sum_{k \in K} b_k^a \psi(2^a t - k) \\ x_{\text{H},a} = \sum_{k \in K} a_k^a \varphi(2^a t - k) \end{cases} \tag{3-65}$$

其中：

$$\begin{cases} b_k^a = (x_{\text{L},a} - x_{\text{L},a+1})/2 \\ a_k^a = (x_{\text{L},a} + x_{\text{L},a+1})/2 \end{cases} \tag{3-66}$$

DWT 用于分解第一阶段的时间序列分量，可以提取出与家用电动汽车直接相关的特征分量 $x_{\text{L},a}$。如果 $x_{\text{L},a}$ 与充电负荷之间的相关性最高，则可以将 $x_{\text{L},a}$ 视为所提出算法所需的特征分量。

2. 充电事件监测与匹配

基于提取的与充电负荷相关的特征 $x_{\text{L},a}$，可进一步通过监测信号边沿来确定充电开始和结束时间。此外，充电负荷的幅值可通过 DTW 方法进行匹配。对于所提出的方法，家用电动汽车充电事件的边缘点监测以及幅值匹配不依赖于实际充电数据，也不需要训练数据。

（1）充电起始和结束时间点监测。根据两阶段分解提取的 $x_{\text{L},a}$，进一步提取充电负荷剖面。由于一次完整的充电行为在初始充电点 t^+ 和结束充电点 t^- 之间的中心点处对称，因此可以根据功率采样点的高阶差分来识别充电行为的边缘点 $[t^+, t^-]$。

$$\Delta x_{\text{L},a}(t) = x_{\text{L},a}(t + \Delta t) - x_{\text{L},a}(t) \tag{3-67}$$

式中，Δt 表示阶次，通常大于 1。式（3-67）的数学意义是 $t + \Delta t$ 与 t 处功率采样值的差值。当电动汽车充电期间家用电器设备被使用时，很难提取充电行为的起止时间，因此，如何设置 Δt 并保证识别出的高阶差分点满足约束条件是检测充电行为边缘的关键。

由于充电负荷的高幅值特性，t 点可以看作是 $\Delta x_{\text{L},a}(t)$ 超过一定区间的充电边缘。为了防止某些大功率电器（如空调）被误检测出，需要对充电负荷引入一定的约束条件。

$$|\Delta x_{\text{L},a}(t)| \geqslant \eta \tag{3-68}$$

$$|\Delta x_{\text{L},a}^+ + \Delta x_{\text{L},a}^-| \leqslant \varepsilon \tag{3-69}$$

$$Dur_{\min} \leqslant |t^+ - t^-| \leqslant Dur_{\max} \tag{3-70}$$

$$\sum_{t=1}^{T} \text{binary}(t^+ - t^-) \leqslant \Theta \tag{3-71}$$

式中，t^+、t^- 分别代表 $x_{\text{L},a}$ 中上升沿和下降沿；而 η 为最小边界值，ε 是最大不对称度；binary() 用于充电次数的计次。式（3-68）～式（3-70）分别表示微分幅值约束、充电事件起止边缘的对称约束和充电事件的间隔约束。式（3-71）是 T 期间充电事件总数的约束。

（2）充电幅值匹配。

DTW 用于计算不同尺度时间序列之间的相似度，主要用于充电负荷剖面匹配问题，可理解为时间扭曲函数 DTW 表征充电负荷模板与家用电动汽车充电特征分量在时间维度上的对应关系。具体来说，就是通过求解两个不等长序列的最小累积距离。

在实际中，家用电动汽车主要是从 M 个可选充电幅值模板中选取，其中 $S = [s_1, \cdots, s_M]$ 表示 M 个充电负荷的额定功率向量。$E_{interval} = [t^+, t^-]$ 为确定的开始和结束时间点，所以总可选充电负载模式 x_{opt} 可以表示为：

$$x_{opt} = (S \cdot E)_{M \times N} \tag{3-72}$$

式中，N 表示 $E_{interval}$ 的尺度，E 为所有 $E_{interval}$ 的行向量。因此，由两阶段提取的家用电动汽车的 $x_{L,a} = [a_1, \cdots, a_t, \cdots, a_T]$，以及来自 S 中第 i 个充电模板 x_{opt}，$i = [se_{i,1}, \cdots, se_{i,j}, \cdots, se_{i,N}]$ 可计算 $x_{L,a}$ 和 $x_{opt,i}$ 之间的相似距离矩阵 $O = [d_{1,1}, \cdots, d_{t,j}, \cdots, d_{T,N}]$，具体可以表示为：

$$d_{t,j} = (a_t - se_{i,j})^2 \tag{3-73}$$

式中，$d_{t,j}$ 表示 $x_{opt,i}$ 中的点 j 与 $x_{L,a}$ 中的点 t 之间的匹配距离。而相似度矩阵 O 可以构建 a_t 和 $se_{i,j}$ 之间所有成对的距离（如欧几里得距离、马氏距离）。因此，DTW 算法的目标是从 O 中找到一条最优路径 $W = [w_1, \cdots, w_\tau, \cdots, w_k]$，从而保证 $x_{L,a}$ 与 $x_{opt,i}$ 最匹配，而 k 满足边界约束：

$$\max(T, N) \leqslant k \leqslant T + N - 1 \tag{3-74}$$

式中，$w_\tau = (t_\tau, j_\tau) \in \{1, 2, \cdots, t_\tau \cdots, t\} \times \{1, 2, \cdots, j_\tau, \cdots, j\}$ 可以认为是第 j 个充电模板在 t 时刻最接近 $x_{L,a}$。而式（3-74）表示 W 的长度不应大于 O 的维数。故 DTW 的路径 W 的累计成本距离可表示为：

$$r(t, j) = \sum_{\tau=1}^{k} d_{t_\tau, j_\tau} \tag{3-75}$$

其中，$\tau \in \{1, 2, \cdots, k\}$，$r(t, j)$ 表示路径长度。此外，w_τ 应满足以下约束条件：

$$w_1 = (1,1); w_k = (T, N) \tag{3-76}$$

$$\begin{cases} w_\tau = (t_\tau, j_\tau); w_{\tau+1} = (t_{\tau+1}, j_{\tau+1}) \\ 0 \leqslant t_{\tau+1} - t_\tau \leqslant 1 \\ 0 \leqslant j_{\tau+1} - j_\tau \leqslant 1 \end{cases} \tag{3-77}$$

式（3-76）和式（3-77）分别为 w_τ 的边界约束、单调性约束。此外，对于任何路径都应该保证连续性，即如果路径已经通过 (t, j)，那么下一个点只能从 $(t+1, j)$、$(t, j+1)$、$(t+1, j+1)$ 选择。因此，DTW 路径是 w_τ 满足方程约束的最短路径。那么 DTW 算法的优化目标可以表示为：

$$DTW(E, x_{opt,i}) = \min\left(\frac{1}{k} \sqrt{\sum_{\tau=1}^{k} w_\tau} \right) \tag{3-78}$$

在递归过程中通过动态规划实现最优路径的搜索，此外通过定义累积矩阵 $R = [r(t, j)]^{T \times N}$ 来记录最短路径，可以表示为：

$$r(t, j) = d(e_t, se_{i,j}) + \min \begin{cases} r(t, j-1) \\ r(t-1, j) \\ r(t-1, j-1) \end{cases} \tag{3-79}$$

式中，$r(0, 0)=0$；对于$t>0$，$r(t, 0)=\infty$；对于$j>0$，$r(0, j)=\infty$。累加矩阵$\boldsymbol{R}$可由式（3-79）计算，而最短距离和最短路径可根据式（3-78）确定。总之，DTW算法可针对两个不等长序列寻找最优（最小距离）匹配路径。

3. 评价指标

考虑引入部分指标以评估所提算法的性能及其相应结果的准确性。

（1）E_{var}（解释方差系数）。E_{var}是提取结果与实际样本方差的离散程度，可以充分量化提取的充电负荷模式与实际电动汽车充电负荷数据之间的误差。

$$E_{var} = 1 - \frac{\sum_{t=1}^{T}\left[(x_{EV,t} - x_{REV,t}) - A(x_{EV,t} - x_{REV,t})\right]^2}{\sum_{t=1}^{T}(x_{REV,t} - x_{ave,t})^2} \tag{3-80}$$

式中，$x_{ave,t}$表示实际充电负荷功率的平均值，A为相应的平均值函数，E_{var}越接近1，说明提取的充电负荷模式与实际数据越接近。

（2）R_2（R-squared）。R_2表示提取结果与实际样本的相关程度，适用于特征明显（充电间隔、幅度等）的充电负荷。当R_2越接近1，则提取结果越接近实际样本值。

$$mse = \frac{1}{n}\sum_{t=1}^{T}(x_{EV,t} - x_{REV,t})^2 \tag{3-81}$$

$$R_2 = 1 - \frac{mse}{(1/n)\sum_{t=1}^{T}(x_{EV,t} - x_{REV,t})} \tag{3-82}$$

其中，mse为均值提供一个平方误差，用于衡量样本与提取值之间的偏差，n表示总样本点。

（3）F_1（F_1 score）。F_1可以评估用于识别ON/OFF电器的NILE算法的准确性，而充电负荷可以近似为二进制电器，因此可以使用F1来评估提取的结果。

$$F_1 = \frac{2(PRE \times REC)}{PRE + REC} \tag{3-83}$$

$$PRE = \frac{TP}{TP + FP} \tag{3-84}$$

$$REC = \frac{TP}{TP + FN} \tag{3-85}$$

其中，PRE和REC用于衡量NILE算法提取正充电事件的性能指标；FP表示被错误提取为充电行为的样本数；TP代表被正确提取为充电行为的样本数，FN代表被错误提取为非充电行为的样本数。此外，F1越接近1，NILE算法的性能越好。

3.6.2 算例分析

1. 数据描述

为了验证所提出方法的有效性和优势，采用两组实际智能电表数据进行测试。Dataset ♯1为23户2016年某一天所有电器的用电量数据，其中♯4、♯5、♯23家庭没有给负载充电；Dataset ♯2 包含某地 6 个月（2017 年 5～10 月）拥有电动汽车的 5 个家庭的每日总功率测量值，这对应于大约 460 个日负荷模式。Dataset ♯1 和 Dataset ♯2 的分辨率分别为 1min 和 10min。然后将从每个家庭的智能电表数据中提取充电负荷剖面，并使用每个家庭的实际测量的家用电动汽车数据来评估该方法在以下测试中的性能。在案例研究中，所提出算法的一些参数被限制在一定范围内。η 可以设置在 [1000，1500] W 之间，并由概率统计可得出居民充电行为的最小充电时间 Dur_{min} 为 30min 和最大充电时间 Dur_{max} 为 180min。

2. 敏感性分析

首先，Dataset ♯1 用于测试不同参数下的算法。Dataset ♯1 中的智能电表读数包含空调、洗衣机、烘干机等各种电器一天的叠加能耗。而可能影响充电负荷提取性能的关键参数为 STL 采样频率 $freq$、DWT 的架构层 α、差分步长 Δt 和最小边界值 η。敏感性研究旨在探索参数设置对所提出算法性能的影响，并探索最佳参数集。表 3 - 6 显示了所提出算法在不同参数设置下性能比较。

表 3 - 6　　　　　　　　　　　不同参数设置下性能比较

Δt(min)	η(W)	$freq$	α	E_{var}	R_2	F_1
1	1000	24	3	0.755	0.804	0.79
	1000	24	4	0.884	0.907	0.931
	1000	24	5	0.884	0.907	0.931
	1000	24	6	0.667	0.725	0.78
2	1500	24	3	0.761	0.811	0.793
	1500	24	4	0.893	0.918	0.935
	1500	24	5	0.893	0.918	0.935
	1500	24	6	0.672	0.731	0.784

Δt 不同时，E_{var}、R_2 和 F_1 的值变化不大，说明改变 Δt 对提取结果的影响有限。在相同的 η 下，当 $\alpha = 4$ 或 5 时，该算法的性能最佳。此外，w 值越大则该算法的性能更好。

此外，针对 Dataset ♯1 中家庭 ♯15 的验证结果如图 3 - 25 所示。图 3 - 25 中充电负荷提取的矩形区域（充电行为）与实际充电负荷相似。此外，我们还对其他居民进行了调整实验，发现最优参数集是一致的。因此，所提出算法的应用不需要大量的训练或调整过程。

3. 基于 Dataset ♯1 的验证分析

对所提出的算法进行了测试，并与传统模式识别方法，（例如因式隐马尔可夫模型（Factorial Hidden Markov Model，FHMM）、主动形状模型（Active Shape Model，ASM）进行了比较。使用所提算法和对比算法提取 Dataset ♯1 中所有家庭的充电负荷，性能结果如表 3 - 7 所示。

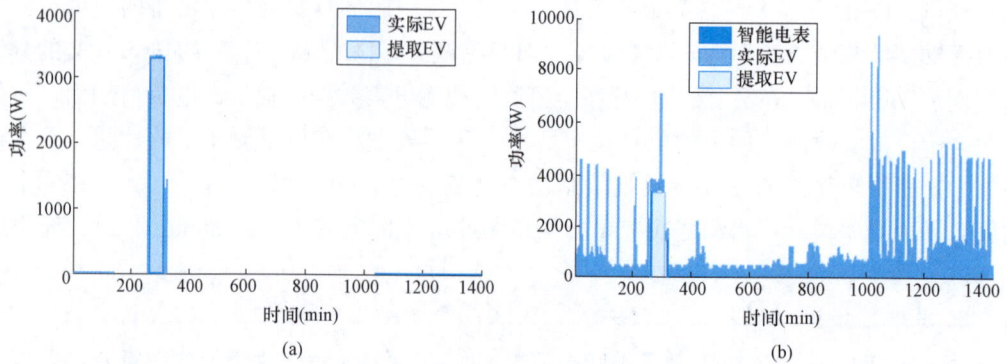

图 3-25　针对 Dataset♯1 中家庭♯15 的验证结果

（a）真实电动汽车剖面与提取的电动汽车剖面对比图；（b）最优参数下的电动汽车提取结果剖面

表 3-7　　　　　　　　　　　　　Dataset♯1 中家庭辨识结果对比

	ASM		所提算法		FHMM	
ID	F_1	E_{var}	F_1	E_{var}	F_1	E_{var}
1	0.771	0.644	0.651	0.738	0.667	0.739
2	0.916	0.852	0.875	0.800	0.842	0.824
3	0.945	0.921	0.771	0.812	0.667	0.670
4	—	—	—	—	—	—
5	—	—	—	—	—	—
6	0.948	0.892	0.892	0.834	0.834	0.795
7	0.954	0.943	0.861	0.686	0.663	0.671
8	0.886	0.744	0.641	0.811	0.869	0.828
9	0.861	0.857	0.802	0.803	0.695	0.640
10	0.960	0.890	0.775	0.875	0.649	0.675
11	0.843	0.841	0.911	0.905	0.775	0.721
12	0.982	0.971	0.906	0.853	0.732	0.771
13	—	—	—	—	—	—
14	0.878	0.742	0.755	0.905	0.839	0.814
15	0.930	0.895	0.856	0.706	0.766	0.725
16	0.874	0.706	0.675	0.833	0.755	0.801
17	0.884	0.691	0.645	0.679	0.865	0.814
18	0.895	0.611	0.735	0.757	0.676	0.667
19	0.923	0.817	0.854	0.817	0.817	0.795
20	0.962	0.932	0.809	0.876	0.816	0.790
21	0.901	0.974	0.611	0.897	0.705	0.751
22	0.909	0.832	0.872	0.731	0.612	0.636
23	—	—	—	—	—	—

观察发现，对于所有家庭，所提出算法的整体提取性能优于对比算法。进一步以家庭
♯19 的能耗数据验证所提出算法的有效
性，其结果如图 3-26 所示。由于充电
负荷模式和空调功率曲线之间的重叠使
得充电负荷的提取极具挑战性，而
ASM 算法低估了♯19 家庭的充电行为
间隔，并且识别出错误的充电行为间
隔，导致提取精度低。ASM 对复杂功
率曲线叠加的存在不稳健，基于
FHMM 的提取结果与所提出的算法相
似，但是当有高频电器干扰时，充电行

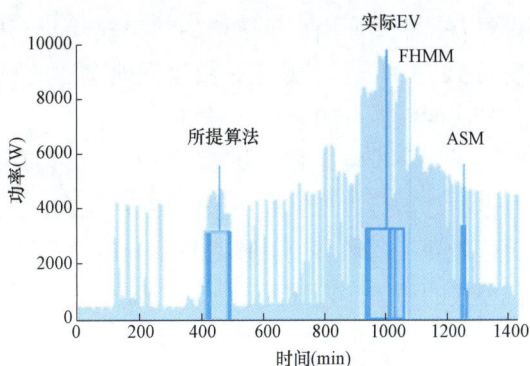

图 3-26 算法对比

为的间隔被高估了，主要原因是充电间隔附近的高频幅值被误认为是充电负载的一部分。

4. 基于 Dataset♯2 的验证分析

为了进一步说明所提出算法在处理季节性数据方面的性能，考虑对 Dataset♯2 中 house-hold♯27 的智能电表数据进行 5 个月（184 天）的测试。每个月的误差值（$1-R_2$）和性能指标（R_2，E_{var}）的二维核密度图分别如图 3-27 所示。

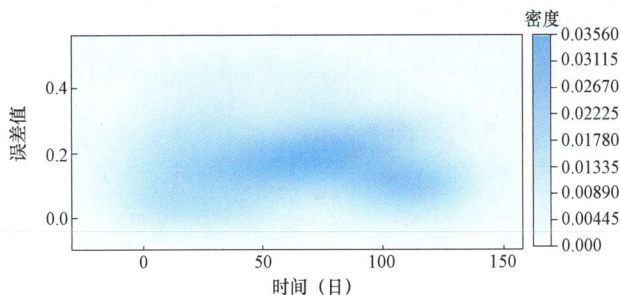

(a)

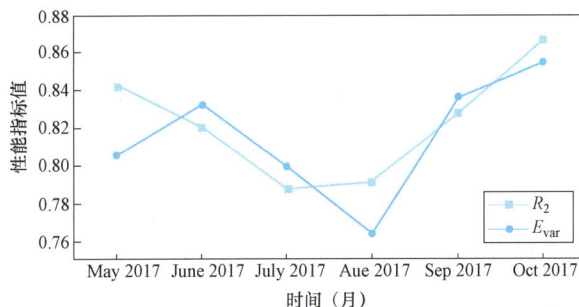

(b)

图 3-27 Dataset♯2 中♯27 户的评价指标结果
(a) 5 个月的误差核密度；(b) 5 个月的性能指标结果

图 3-27（a）中的结果表明充电负荷提取误差集中在 0.2 左右，表明算法的性能较优。然而，在最坏的情况下，误差值可以达到 0.4。此外，7 月和 8 月的表现往往比其他月份更差，主要原因在于空调的功率模式与充电负荷相似，会干扰提取结果。最佳表现出现在 10 月和 5 月。总之，由于其他电器的充电行为和使用率受不同季节温度的影响，所提算法的性能可能会有所不同。

为了进一步验证所提出算法在不同充电负载情况下的性能，Dataset♯2 中 5 个家庭拥有电动汽车行为三个月（2017 年 5～7 月）的数据，对应约 460（92 天×5 户）考虑每日负荷能耗。此外，为了避免 Dataset♯2 中 5 个家庭在 3 个月（2017 年 5～7 月）充电负载模式的稀疏性，调查了 460 个每日负荷功率曲线。使用所提出的算法每天提取的家用电动汽车充电负载模式如图 3-28（a）所示，将图 3-28（a）中提取的所有日充电负荷模式累加到一天，并与实际充电负荷曲线进行比较，结果可以如图 3-28（b）所示（累积 460 个日充电负荷模式）。对于这些家庭的充电负荷模式提取，图 3-28（b）的目的是分析所提出算法在聚合电动汽车充电负荷应用中的计算误差，算法提取的充电负载模式与实际充电负载的平均绝对误差仅为 2.513%。

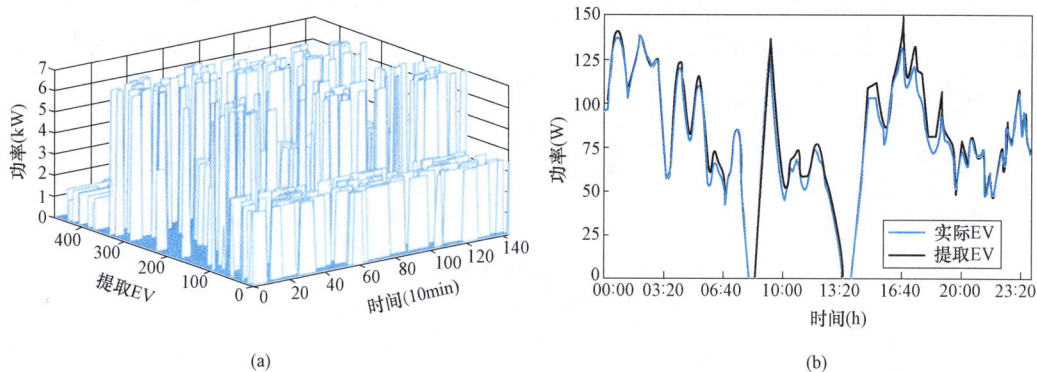

图 3-28　从 Dataset♯2 中提取的充电负载模式
（a）日提取的电动汽车功率剖面；（b）一天内拟合实际电动汽车曲线

3.7　基于航班计划的充电负荷建模

前几节主要从出行行为、用电数据角度探索了多场景下电动汽车充电负荷建模方法。除此之外，电动汽车还用到了一些特殊场景，如机场的摆渡电动车。机场电气化是实现航空脱碳的一种有效方法，近年来电动汽车日益普及到机场区域，参与机场区域目的地摆渡、支持机场清洁能源消纳。这类场景的充电负荷往往与机场航班安排等社会活动计划关联。本节考虑机场区域电动汽车独特环境的充电属性，提出了一种基于航班时刻表和排序算法的机场电动汽车充电负荷曲线估计方法。

3.7.1 机场充电负荷生成算法

机场地面服务车辆，用于旅客和货物的运输，机场特种车辆的需求及派遣策略与机场航班进出港信息密切相关，车辆的需求量实时响应航班调度信息。本节提出的基于航班计划电动汽车充电负荷曲线生成方法，建模流程如图 3-29 所示，说明如下：

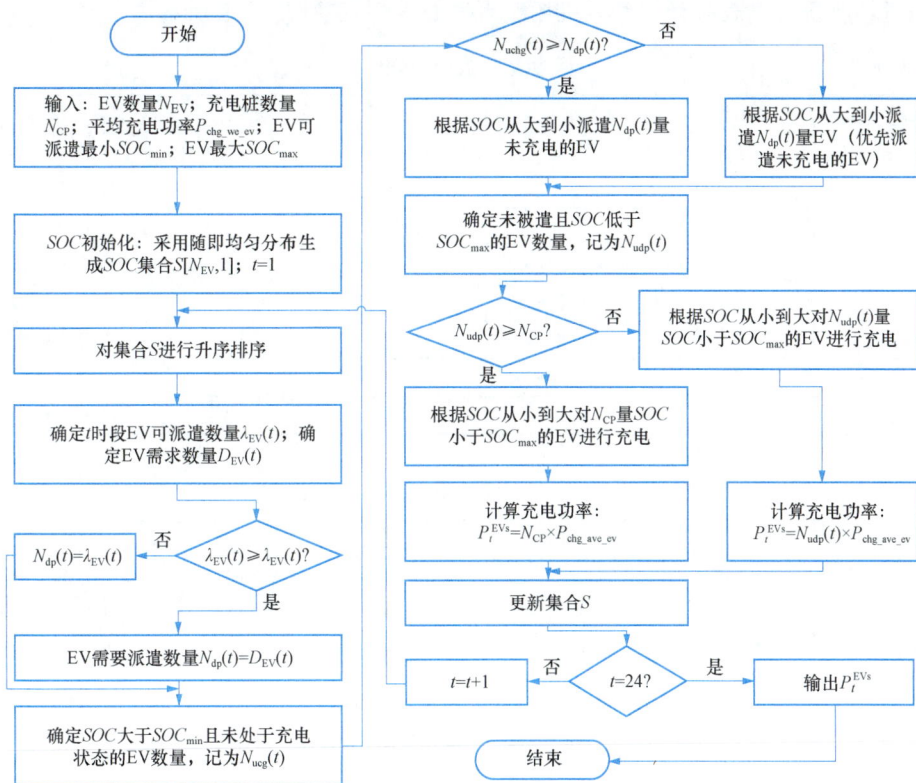

图 3-29　机场电动汽车充电负荷建模流程图

（1）定义"车辆属性"，其中元素包括电动汽车的电池荷电状态（SOC）、可用性（是否可派遣）、当前状态（是否充电）和标签号，机场的每一辆电动汽车均有自己的属性。

（2）定义 SOC 集合 S，通过随机均匀分布初始化，S 的长度为电动汽车的数量 N_{EV}，并将集合 S 升序排列。

（3）基于航班信息，确定当前时段所需服务特种车辆数量 [记为 $D_{EV}(t)$] 与当前时段电动汽车可派遣数量 [记为 $\lambda_{EV}(t)$]。电动汽车可派遣数量受电动汽车的 SOC 和当前状态影响，其表示每个时间段 SOC 大于最小容量 SOC_{min} 的可用电动汽车数量：

$$\lambda_{EV}(t) = \sum_{j}^{N_{EV}(t)} A_i \qquad A_i = \begin{cases} 1 & SOC_i \geqslant SOC_{min} \\ 0 & others \end{cases} \qquad (3-86)$$

式中，N_{EV} 为电动汽车总数量；A_i 用于指示电动汽车 i 是否可服务于飞机，电动汽车当前状态用于指示电动汽车是否正在充电。

而当前航班进、出港数量决定了在给定的时段 t 需要的电动汽车数量，电动汽车所需数量为：

$$D_{EV}(t) = N_{required}^{EV,ave} N_{aircraft}(t) \qquad (3-87)$$

式中，$N_{required}^{EV,ave}$ 为一架飞机所需的服务车辆的平均数量；$N_{aircraft}(t)$ 为时段 t 的航班数量，可根据机场航班时刻表统计得到，机场航班表如表 3-8 和表 3-9 所示。

表 3-8　　　　　　　　　　　机场出发航班表

航班号	出发	到达	起飞时间	航站楼	状态
YG9028	成都	西安	04:20	T2	已于 04:29 起飞
3U3713	成都	布鲁塞尔	04:35	T1	已于 06:33 起飞
CX2061	成都	香港	04:45	T2	已于 05:12 起飞
CA403	成都	新加坡樟宜机场	05:00	T2	已于 05:18 起飞
UA2802	成都	东京成田机场	05:15	T2	已于 05:07 起飞
3U8225	成都	布鲁塞尔	05:40	T1	已于 06:00 起飞
Y87938	成都	上海浦东	05:50	T2	已于 06:19 起飞
GJ8686	成都	杭州	05:55	T2	已于 06:05 起飞

表 3-9　　　　　　　　　　　机场到达航班表

航班号	出发	到达	到达时间	航站楼	状态
MU2230	合肥	成都	00:05	T2	已于 23:19 到达
3U8814	大连	成都	00:20	T1	已于 23:55 到达
MU4050	大连	成都	00:20	T1	已于 23:55 到达
3U8570	敦煌	成都	00:20	T1	已于 23:46 到达
EU2240	福州	成都	00:25	T2	已于 23:50 到达
HO3475	福州	成都	00:25	T2	已于 23:50 到达
CA4238	湛江	成都	00:25	T2	已于 00:01 到达

（4）通过比较电动汽车可派遣数量与电动汽车需求量，以确定实际电动汽车派遣数量 $N_{dp}(t)$，若 $\lambda_{EV}(t)$ 大于 $D_{EV}(t)$，则 $N_{dp}(t)$ 等于 $D_{EV}(t)$，反之 $N_{dp}(t)$ 等于 $\lambda_{EV}(t)$。

（5）为了尽可能的保证充电中的电动汽车不被中断以保证电池寿命，判断当前未充电的电动汽车数量是否满足需求，若满足则在未充电的电动汽车中进行派遣，若不满足，则优先派遣未充电的电动汽车，进而再派遣充电中的电动汽车进行补充缺额，其派遣原则是按着 SOC 由大到小的顺序进行派遣，进而可以充电的电动汽车的数量主要取决于机场充电桩的数量（N_{CP}）、尚未调度的电动汽车 [$N_{udp}(t)$] 以及电动汽车当前 SOC 是否低于 SOC_{max}，其充电原则是优先为 SOC 较小的电动汽车充电。

（6）电动汽车调度算法的目标是最大化电动汽车使用率。若时段 t 可用电动汽车数量不足以满足飞机地面服务需求时，可使用燃油车来弥补短缺。基于电动汽车派遣和充电结果对每个电动汽车进行排名和更新，在每个时段 t 更新每个电动汽车的 SOC，SOC 较低的电动汽车将具有比其他电动汽车更高的充电优先权，而 SOC 较高的电动汽车将优先派遣服务于飞机航班。如果电动汽车正在充电，则 SOC 在时间步长中以充电速率增加 [式（3-88）]。相反，服务于飞机航班的电动汽车，其 SOC 基于能耗率降低 [式（3-89）]：

$$SOC_t^{\text{final}} = SOC_t^{\text{initial}} + SOC_t^{\text{charge}} \tag{3-88}$$

$$SOC_t^{\text{final}} = SOC_t^{\text{initial}} - SOC_t^{\text{service}} \tag{3-89}$$

（7）t 时段机场内电动汽车充电及派遣完成后，对机场电动汽车 SOC 集合 S 进行更新，进而进入下一时段 $t+1$，直至最后一个时段。

3.7.2　算例分析

考虑机场现有电动汽车 265 辆，充电桩数量为 153。假设所有的电动汽车型号相同，充电功率及电动汽车派遣所消耗的功率相同，基于 3.7.1 节所提出的基于航班信息可得到不同航站楼的出发/到达流程曲线，如图 3-30 所示。再运用结合排序算法的电动汽车充电曲线估算模型，得到电动汽车充电负荷曲线如图 3-31 所示。可以看到，夜间航班进出港较少，05:00 时所有电动汽车充满电，且初始进出港高峰期是在 06:00～09:00，该时间范围内机场特种车辆运作高峰期，电动汽车全部被派遣，因此在 05:00～09:00 的充电负荷几乎为零。

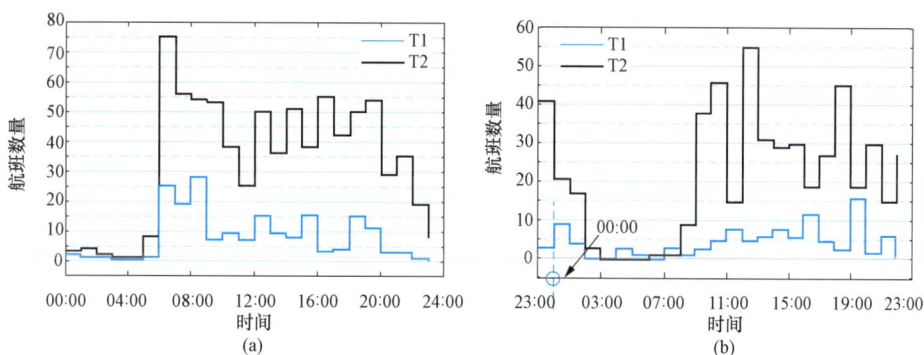

图 3-30　航站楼的出发/到达流程曲线

（a）机场出发流程曲线；（b）机场到达流程曲线

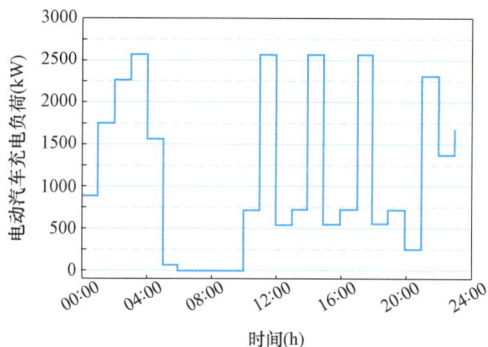

图 3-31　机场电动汽车充电曲线

3.8　小　　结

电动汽车充电负荷需要根据具体需求场景和数据环境来计算，以概率统计学为基础的蒙特卡洛建模方法适用于分析或模拟大规模电动汽车的时序充电行为；考虑空间信息融合，利用出行大数据挖掘用户出行链轨迹为充电负荷精确建模提供了有效的途径；而考虑充电站点内部充电行为时，用户排队充电过程中车辆间相互影响因素、用户出行过程中的充电意愿决策因素等均会对充电负荷产生影响，构建自动机模型从微观的角度数字模拟电动汽车出行充电行为和相关交通 - 功率交互耦合情景。随着用户侧量测装置的普及，面向数据驱动的建模方式，开发了改进聚类算法以应对电动汽车充电负荷形态特殊需求；对于缺乏直接量测充电数据情况，设计的基于非侵入式辨识方法能够仅依靠用户侧智能电表数据和少量充电负荷数据实现这类场景充电负荷估计。此外，对于一些特殊充电场景，如机场电气化中的电动汽车充电情况，结合机场航班信息，提出了基于活动计划的充电负荷估计方法，提供了多场景下充电负荷可行建模技术路径。

第 4 章　充电服务网分析与评估

充电服务网作为电动汽车的重要配套基础设施，对推进电动汽车发展有着重要作用。充电服务网是综合考虑充电服务特性、配电网特性、交通网流量特性、通讯基站支撑等，由不同规模的充电站、充电桩、充电机协调组成的复杂网络。对配电网而言，配电网规划运行需要考虑充电负荷大规模接入带来的可靠性、安全性等问题，同时充电服务网的规划运行也受到配电网容量及电能质量方面的约束限制；对交通网而言，充电站的规划运营会改变交通流分布，而交通网特性也会影响充电站的配置管控。因此，以电动汽车作为联结，充电服务网（含信息网）、配电网与交通网三网间的耦合关联程度日益紧密，只有进行三网的协同规划与运营，才能实现多方效益的最大化。由于规模化电动汽车的充电特性和行驶特性将对电动汽车车主、交通网和电网带来新的挑战，因此有必要建立充电服务网综合评价体系，从各个角度评估规模化电动汽车接入对交通网和配电网稳定运行的影响，为充电基础设施建设及与配电网协同规划奠定基础。

本章将介绍多参数电动汽车个体—集群—多网评估模型与方法。首先提出交通网充电导航策略，引导电动汽车行驶路径和充电选择，缓解充电需求区域间的分布不均衡。其次给出充电服务网安全运行评估模型及方法，探究规模化电动汽车接入对配电网的影响。然后对电动汽车响应灵活性进行分析。最后建立充电服务网多维评估体系，合理评估充电服务网运行效果，章节框架如图 4-1 所示。

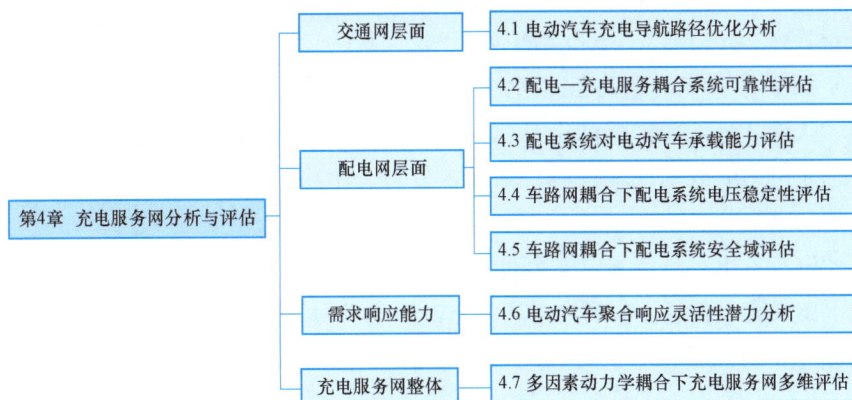

图 4-1　第 4 章章节框架

4.1 电动汽车充电导航路径优化分析

充电导航是充电服务网的基本功能之一。一方面，受交通道路属性、充电设施位置和车主行驶特性的影响，电动汽车的充电需求在时间和空间维度上有着独特的分布特征，对于充电设施的选址定容、电网和交通网运行有着重大影响；另一方面，受制于电动汽车与充电设施之间规模及分布上的不匹配，电动汽车在高峰时段的充电需求不能被有效地满足。为缓解用户快速充电困难、区域充电需求分布不均衡的问题，本节提出一种基于价格激励的充电导航策略。

4.1.1 事件驱动的动态队列模型

电动汽车行驶路径和充电导航过程可以简述如下：当电动汽车在行驶过程中有充电需求时，用户会向信息处理中心发出充电预约请求。首先，信息处理中心根据智能交通系统上传的实时交通路况和各充电站上传的站内服务情况为用户制定行驶路径和充电导航方案。然后，用户选择是否接受导航策略并将其选择返回信息处理中心。最后，信息处理中心根据该选择为用户在相应的充电站预约充电计划，并将用户的行驶路径和充电方案反馈给智能交通系统从而更新信息。

考虑到电动汽车充电需求的不确定性和车辆之间充电行为的交互作用，对车辆充电时间的精确计算是很困难的，有研究通过排队论方法来解决这一问题，电动汽车到达和离开充电站的时间被假设服从一定的概率分布，这与实际并不完全相符，因为充电导航策略的应用会改变用户的充电选择，电动汽车在各充电站的到达数量就不再遵循基本概率分布。

为了有效地反应充电站内的服务情况，本节提出一种基于事件驱动的充电站动态队列模型，通过电动汽车请求充电、到达充电站、开始充电、离开充电站 4 种事件的发生来动态更新队列。

如图 4-2 所示，充电站动态队列由 3 种不同的队列组成。队列 1 是正在充电的电动汽车队列，队列 2 是正在排队的电动汽车队列。队列 1 和队列 2 为充电站的实际队列，由已经抵达充电站的电动汽车构成。队列 3 是一个预约队列，其车辆为已经预约充电但还未抵达的电动汽车。

将电动汽车发出充电请求定义事件 R，电动汽车抵达充电站定义为事件 A，电动汽车开始充电定义为事件 J，电动汽车离开充电站定义为事件 L。事件 R、事件 A、事件 J 和事件 L 发生的时间集合分别可以用 $H_R = \{t_{r1}, t_{r2}, \cdots\}$，$H_A = \{t_{r1}, t_{r2}, \cdots\}$，$H_J = \{t_{r1}, t_{r2}, \cdots\}$ 和 $H_L = \{t_{r1}, t_{r2}, \cdots\}$ 来表示，那么全部事件的时间集合就可以表示为：

$$T = H_R \bigcup H_A \bigcup H_J \bigcup H_L = \{t_1, t_2, \cdots, t_n\} \tag{4-1}$$

为了更好的阐述充电站的动态队列模型，下面的讨论中以充电站 k 为例来进行分析。对

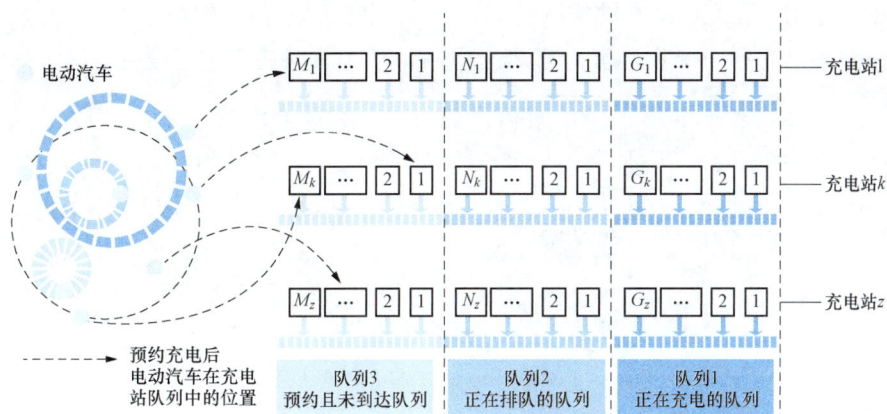

图 4-2 充电站动态队列

于集合 T 内的任意时间 t_i，$W_k(t_i)$ 代表是否有电动汽车在 t_i 时向充电站 k 预约充电；$Y_k(t_i)$ 代表充电站 k 内是否有电动汽车在 t_i 时开始充电；$X_k(t_i)$ 和 $Z_k(t_i)$ 分别代表是否有电动汽车在 t_i 时到达或者离开充电站 k。因此，可通过式（4-8）对 $W_k(t_i)$ 进行赋值。

$$W_k(t_i) = \begin{cases} 1 & t_i \in H_R \\ 0 & t_i \notin H_R \end{cases} \tag{4-2}$$

对于 $t_i \in H_A$，$t_i \in H_J$ 和 $t_i \in H_L$，$X_k(t_i)$，$Y_k(t_i)$ 和 $Z_k(t_i)$ 具有相同的赋值方法。

t_i 时充电站 k 的三层队列为

$$S_k(t_i) = M_k(t_i) + N_k(t_i) + G_k(t_i) \tag{4-3}$$

式中，$S_k(t_i)$ 为充电站 k 队列中电动汽车的总数；$M_k(t_i)$，$N_k(t_i)$ 和 $G_k(t_i)$ 分别是充电站 k 预约队列、排队队列、充电队列中电动汽车的数量。

那么 t_{i+1} 时，即下一事件发生的时刻，充电站 k 各个队列内电动汽车的数量为：

$$M_k(t_{i+1}) = M_k(t_i) + W_k(t_{i+1}) - X_k(t_{i+1}) \tag{4-4}$$

$$N_k(t_{i+1}) = N_k(t_i) + X_k(t_{i+1}) - Y_k(t_{i+1}) \tag{4-5}$$

$$G_k(t_{i+1}) = G_k(t_i) + Y_k(t_{i+1}) - Z_k(t_{i+1}) \tag{4-6}$$

$$S_k(t_{i+1}) = S_k(t_i) + W_k(t_{i+1}) - Z_k(t_{i+1}) \tag{4-7}$$

假定电动汽车从出发点到充电站 k 的距离为 r_k，电动汽车抵达充电站 k 的时间 t_a 和剩余电量 E_{t_a} 为：

$$t_a = t_r + \frac{r_k}{V_t} \tag{4-8}$$

$$E_{t_a} = E_{t_r} - r_k \Delta E(t) \tag{4-9}$$

式中，t_r 为电动汽车预约充电的时刻；E_{t_r} 为电动汽车预约充电时刻的剩余电量；$\Delta E(t)$ 为电动汽车单位里程耗电量。

电动汽车 EV_i 在充电站 k 的排队时间 t_w 取决于在 EV_i 之前的队列中正在排队和充电的车辆电量需求之和。排队时间 t_w 随着充电站 k 动态队列的变化而改变，其计算流程如图 4-3 所示。

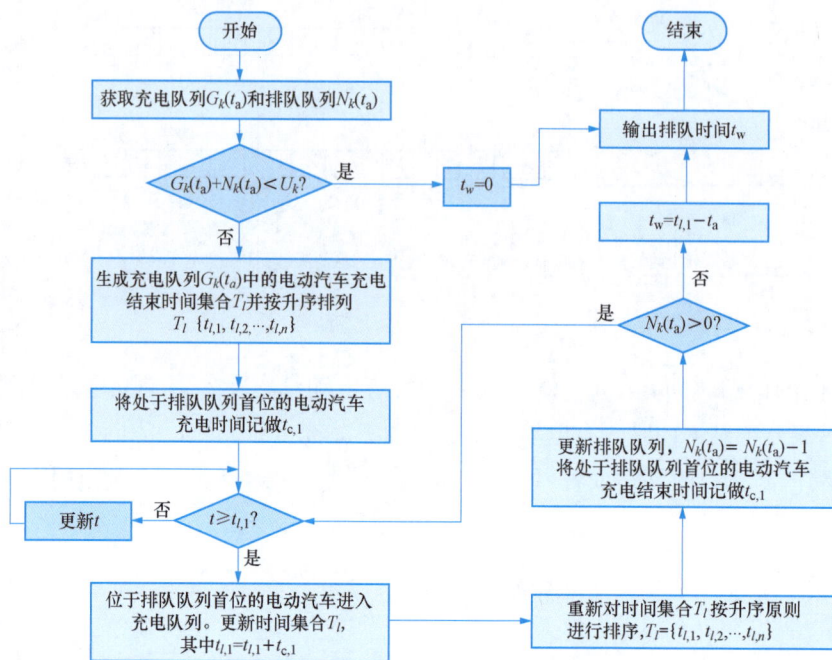

图 4-3 排队时间计算流程

电动汽车的充电时间为：

$$t_c = \frac{\delta E_{bat} - E_a}{P_f \varepsilon} \tag{4-10}$$

式中，δ 为防止过冲对电池危害而设定的电量上限阈值；P_f 为充电桩充电功率；ε 为充电效率；E_{bat} 是电动汽车电池容量；E_a 是开始充电时的电量。

则电动汽车离开充电站 k 的时间为：

$$t_l = t_a + t_w + t_c \tag{4-11}$$

4.1.2 动态充电服务费定价策略

在实际情境中，电动汽车用户的充电决策是"独立的"且"自私的"，并不会考虑到其充电决策对充电站、交通网和电网运行的影响。这种大规模的无序充电行为会造成城市核心区域充电站的长时间拥堵，进而增加区域电网的负担。同时，城市边缘地区的充电站却没有被有效使用，使得充电设施间使用率不够均衡。这种现象的主要原因是，在同一区域相同时间各充电站充电电价是一样的情况下，用户更趋于就近选择充电站。为此，本节提出一种动态充电服务费定价策略。该策略根据各充电站面临的实时充电需求，来调整各充电站的充电服务费并通过这种价格差异实现电动汽车充电需求在空间上的转

移。则

$$
P_{s,K}(t_r) = \begin{cases} P_{s,0} & 0 \leqslant G_K(t_r)+M_K(t_r) < \dfrac{U_K}{\tau} \\[2ex] \tau P_{s,0} \dfrac{G_K(t_r)+M_K(t_r)}{U_K} & \dfrac{U_K}{\tau} \leqslant G_K(t_r)+M_K(t_r) < U_K \\[2ex] \tau P_{s,0} + \dfrac{\theta t_w}{E_{re}} & U_K \leqslant G_K(t_r)+M_K(t_r) \end{cases} \quad (4-12)
$$

式中，$P_{s,0}$ 为充电站的基础服务费；U_K 为充电站内充电桩的数量；τ 为衡量充电站的拥堵系数；θ 为时间成本系数；E_{re} 为电动汽车的充电量，其值为：

$$
E_{re} = \delta E_{bat} - E_{t_a} \quad (4-13)
$$

由式（4-12）可知，在这种定价策略下，充电需求程度较低的充电站提供的充电服务的费用要低于那些具有较高充电需求程度的充电站，相同时间下的价格差异会激励用户前往未被充分使用的充电站进行电量补给。由于充电服务费和充电排队时间都是基于充电站的充电需求程度所计算的，充电排队时间 t_w 和充电服务费 $P_{s,K}(t_r)$ 之间具有正相关性，这意味着在电动汽车预约充电时，如果需要排队，那么充电服务费最低的充电站也是电动汽车排队时间最短的充电站，因此这种定价策略下的电动汽车最短排队时间 t_{min} 和最低充电服务费 $P_{s,K,min}(t_r)$ 是并存的。此外，单辆电动汽车需支付的充电服务费仅与其预约充电时，充电站的充电需求程度相关，不会受后续任何事件的影响，这确保了电动汽车预约的时效性。

4.1.3 预约机会成本

在 4.1.2 小节对于充电服务费定价策略的讨论中，有一个默认的前提，即电动汽车间的充电预约是有先后顺序的。但是在现实情境中，一些时间段可能会有多辆电动汽车同时向信息处理中心预约充电，尤其是充电需求高峰时段。如何处理多辆同时预约的电动汽车之间得预约顺序是一个非常具有实际意义的问题，当前几乎没有文献对此问题进行研究。

对此，本小节提出了一种预约机会成本机制。通过该机制，对多车同时预约情况下的充电服务费策略进行了修正。预约机会成本机制原理示意图如图 4-4 所示。

假设在 t_r 时，同时有 N 辆电动汽车预约充电。将这 N 辆电动汽车分别记作 EV_1，EV_2，$\cdots$，EV_i，$\cdots$，EV_n。

对电动汽车 EV_i 的用户而言，所有在 EV_i 剩余电量可抵达的充电站都是其潜在的充电选择。EV_i 抵达其可达充电站 k 的时间为：

$$
t_{a,i,k} = t_r + \frac{r_K}{V(t)} \quad K \in [1,7] \quad (4-14)
$$

N 辆电动汽车到达时间的集合为：

$$
T_a = \{\cdots, t_{a,1,K}, \cdots, t_{a,i,K}, \cdots, t_{a,n,K}\} \quad K = 1,2,\cdots,7 \quad (4-15)
$$

对于充电站 K，它可能处于多辆电动汽车的剩余里程内。根据这些电动汽车到达充

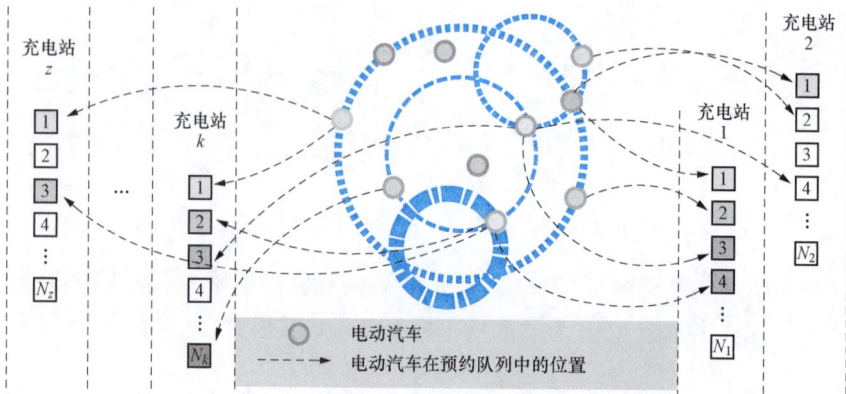

图 4-4　预约机会成本机制原理示意图

电站 K 预估时间的先后顺序，在充电站 K 生成一个虚拟队列 $\widetilde{M}_K$。

$$\widetilde{M}_K = \{ \mathrm{EV}_i, \cdots, \mathrm{EV}_j, \cdots, \mathrm{EV}_e \} \qquad i,j,e \in [1.N] \qquad K = 1,2,\cdots,7 \quad (4\text{-}16)$$

将时间集合 T_a 中最小的时间记做 $t_{\min}$；将与 $t_{\min}$ 对应的充电站和电动汽车记作 CS_{r1} 和 EV_{r1}。EV_{r1} 被假定在这 N 辆电动汽车中具有优先预约机会。

由式（4-12）可知，电动汽车预约充电时的充电服务费取决于充电站的预约队列 $M_K(t_r)$，排队队列 $N_K(t_r)$ 和充电队列 $G_K(t_r)$。在这种定价策略下，CS_{r1} 是电动汽车 EV_{r1} 能够最快到达的充电站，但不一定是充电成本最低的。对于 CS_{r1} 的充电导航策略需要进一步确定。

假设 EV_{r1} 处于充电站 K 的虚拟队列 $\widetilde{M}_K$ 中，则 $\widetilde{M}_K$ 可进一步被表示为：

$$\widetilde{M}_K = \{ \mathrm{EV}_i, \cdots, \mathrm{EV}_{r1}, \cdots, \mathrm{EV}_e \} \qquad i,e \in [1.N] \qquad K = 1,2,\cdots,7 \quad (4\text{-}17)$$

在虚拟队列 $\widetilde{M}_K$ 中，将位于电动汽车 EV_{r1} 前面的队列记作 $\widetilde{M}_{fK}$，位于 EV_{r1} 后面的队列记作 $\widetilde{M}_{bK}$，则 EV_{r1} 预约充电时，充电站 K 的充电服务费为：

$$P_{s,K}(t_r) = \begin{cases} P_{s,0} & 0 \leqslant G_K(t_r) + M_K(t_r) + \widetilde{M}_{fK} < \dfrac{U_K}{\tau} \\[2mm] \tau P_{s,0} \dfrac{G_K(t_r) + M_K(t_r) + \widetilde{M}_{fK}}{U_K} & \dfrac{U_K}{\tau} \leqslant G_K(t_r) + M_K(t_r) + \widetilde{M}_{fK} < U_K \\[2mm] \tau P_{s,0} + \dfrac{\theta t_{\widetilde{w}}}{E_{re}} & U_K \leqslant G_K(t_r) + M_K(t_r) + \widetilde{M}_{fK} \end{cases}$$

$$(4\text{-}18)$$

电动汽车 EV_{r1} 在充电站 K 的充电成本 $C_{r1,K}$ 为：

$$C_{r1,K} = [P_0(t_r) + P_{s,K}(t_r)](\delta E_{bat} - E_{t_a}) \qquad (4\text{-}19)$$

式中，$P_0(t_r)$ 为充电站在 t_r 时向电网购电的实时电价。

从式（4-17）~式（4-19）可以看出，$C_{r1,K}$ 中包含了一个由队列 $\widetilde{M}_{fK}$ 所造成的额外成本，在本节中被定义为预约机会成本。预约机会成本是 EV_{r1} 为优先于队列 $\widetilde{M}_{fK}$ 中的电动汽车充电而付出的额外成本。如果 $\widetilde{M}_{fK} = 0$，表明电动汽车 EV_{r1} 位于队列 $\widetilde{M}_K$ 的首位，此时式（4-18）就等同于式（4-12）。在考虑预约机会成本的基础上，具有最小充电费用的充电站 i 就是电动汽车 EV_{r1} 最终选择。

$$C_{r1,i} = \min(C_{r1,g}) \qquad 1 \leqslant g \leqslant 7 \tag{4-20}$$

式中，g 为位于电动汽车 EV_{r1} 剩余里程内充电站的编号。

当电动汽车 EV_{r1} 最终的目标充电站 i 确定之后，对其预约队列 $M_i(t_r)$ 进行更新，则：

$$M_i(t_r) = M_i(t_r) + 1 \tag{4-21}$$

重复上述步骤 $N-1$ 次，就能获取这 N 辆电动汽车的预约顺序和充电方案。

4.1.4　电动汽车充电决策模型

假定在 t_i 时，电动汽车 EV_i 处于交通路网的节点 v_o 处，那么电动汽车 EV_i 的出行目的地 v_d 可通过对其此时的 OD 概率矩阵随机抽样得到。在开始出行前，可根据判断电动汽车是否有充电需求：

$$r_{od} \cdot \Delta E(t_i) \geqslant E_{t_i} \quad \text{or} \quad \lambda E_{bat} \geqslant E_{t_i} \tag{4-22}$$

式中，r_{od} 为节点 v_o 和 v_d 间行驶路径；E_{t_i} 为 t_i 时的剩余电量；$\Delta E(t_i)$ 为单位里程能耗；λ 为电量焦虑系数。

如果电动汽车 EV_i 的电量状态不满足式（4-22），电动汽车根据 Floyd 算法规划出的最短行驶路径前往目的地。如果满足式（4-22），信息处理中心将为电动汽车规划充电方案。

记电动汽车 EV_i 预约充电的时间为 t_r，则 EV_i 在充电站 K 的充电价格为：

$$P_K(t_r) = P_0(t_r) + P_{s,K}(t_r) \tag{4-23}$$

式中，$P_0(t_r)$ 为充电站在 t_r 时向电网购电的实时电价。

电动汽车 EV_i 在充电站 K 的充电费用 $C_{i,K}$ 为：

$$C_{i,K} = (\delta E_{bat} - E_{t_a}) P_K(t_r) \tag{4-24}$$

以最小充电费用为用户进行充电导航，在考虑排队时间容忍度、剩余里程覆盖、路段行驶速度的情况下，电动汽车的充电决策函数为：

$$C_{obj} = \min\{C_{i,1}, \cdots, C_{i,k}, \cdots, C_{i,z}\} \tag{4-25}$$

$$s.t. \quad E_{i,t_i} \geqslant r_{oK} \Delta E(t) \tag{4-26}$$

$$\bar{V}_{ij}(t) \geqslant \lambda \bar{V}_{ij-z} \tag{4-27}$$

$$t_{w,obj} \leqslant \zeta t_{w,close} \tag{4-28}$$

式中，C_{obj} 为最终充电方案的充电费用；r_{oK} 为电动汽车 EV_i 到充电站 K 的距离；$t_{w,obj}$ 和 $t_{w,close}$ 分别为电动汽车在目标充电站和最近充电站的充电等待时间；$\bar{V}_{ij}(t)$ 为电动汽车在路段 e_{ij} 的行驶速度；$\bar{V}_{ij-z}$ 为电动汽车在路段 e_{ij} 的自由流速度；ζ 排队时间容忍度系数；λ 为行驶速度容忍系数。

式（4-26）的约束表明目标充电站应在电动汽车 EV_i 的剩余里程内；约束式（4-27）是通过限制推荐路段的行驶速度，避免电动汽车从交通的拥挤路段行驶，从而造成更严重的交通堵塞；式（4-28）是防止由于大量电动汽车的充电预约而导致某些充电站出现过长排队的现象。

4.1.5 算例分析

以某市实际部分道路网络为例进行数值分析，对区域内一典型日的电动汽车充电需求时空分布进行了模拟。图4-5为某市区域交通网络的拓扑结构，该18km×18km的区域包含34个道路节点和55条路段及7个充电站。该区域可分为居住区1（含节点2、3、4、7、8、9、13、14）、居住区2（含节点28、29、32、33、34）、工作区1（9、10、11、15、16）、工作区2（20、21、26、27）以及商业区（节点14、15、16、18、21、22、23）。

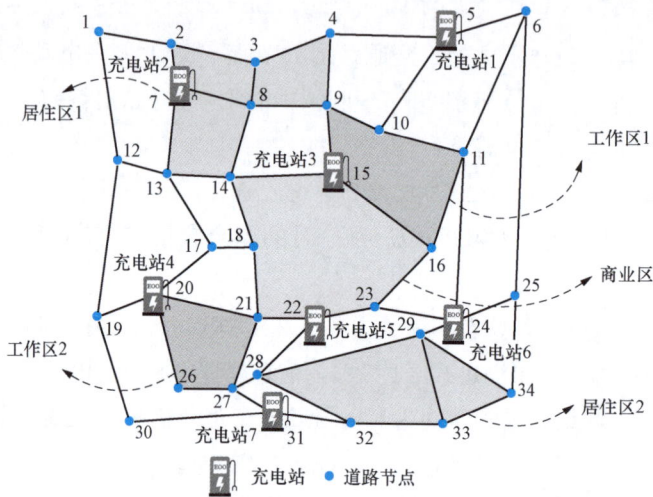

图4-5　城市交通路网

为验证所提充电导航策略的合理性，对三种情境下电动汽车的充电选择结果进行了分析讨论。这三种情境分别是0%的用户接受充电导航、50%的用户接受充电导航以及100%的用户接受充电导航。不接受导航的用户被假定就近选择充电站。

图4-6所示的0%用户参与度情境下，13:00时各充电站内的服务情况。不难看出，充电站3、充电站4和充电站5的实际队列和预约队列中电动汽车的总数已经超过了其服务能力上限，尤其是充电站3，更是已经高出其服务能力两倍有余，这会导致大量电动汽车滞留在这些充电站等待充电。而此时充电站1和充电站7内却有极高比例的闲置充电桩，充电设施没有得到有效使用。因此通过充电导航策略来实现电动汽车充电需求的合理转移，均衡充电站之间的使用率是非常必要的。

仿真结果可以分析一天中各充电站动态队列的变化情况。在用户参与度为0%时，电动汽车用户充电预约的选择分布极度不平衡，主要集中在充电站3，这会导致充电站3内严重的排队现象。随着用户参与度的提高，用户的充电预约选择开始均衡化，这不仅会缓解中心区域充电站所面临的充电需求压力，也会提高偏远地区充电站的使用率，如

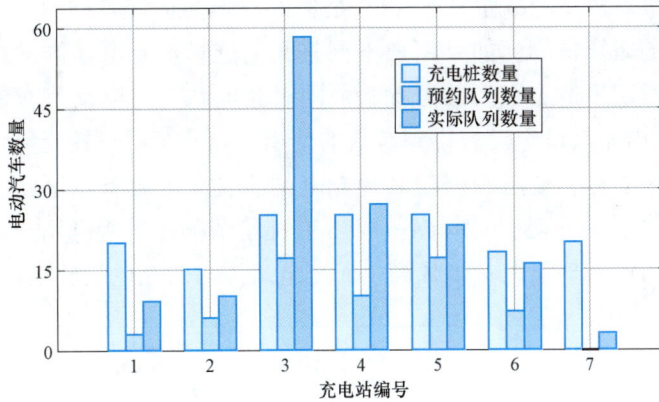

图4-6　13:00时充电站的服务情况

充电站1和充电站7。为进一步分析导航策略下用户充电选择的改变，这里选择两个具有代表性的充电站来进行对比讨论。充电站3为中心区域充电站的典型，而充电站1则为偏远区域充电站的典型。图4-7展示了充电站1和充电站3全天的充电预约情况，图4-8展示了充电站1和充电站3全天的实际队列情况。

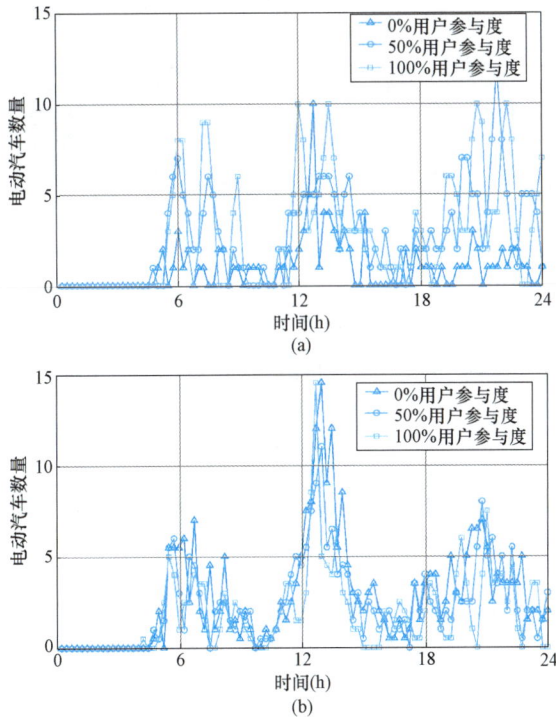

图4-7　充电站的充电预约数量

（a）充电站1预约充电的电动汽车数量；（b）充电站3预约充电的电动汽车数量

不难发现，在0％用户参与度的情况下，由于高峰时段充电预约数量的激增，充电站 3 实际队列内电动汽车的数量在 14:30 高达 115 辆，远远超过其站内充电桩的数量，导致了站内严重的堵塞情况。如果用户不调整充电选择，充电 3 内的排队现象将一直持续到晚上，将对用户造成极大的困扰。但同时充电站 1 内电动汽车的数量全天都没有超过 17 辆，站内充电设施没有得到有效的使用。当一半用户接受充电导航时，一些原本选择充电站 3 的车主被激励前往其他充电站接受充电服务，这使充电站 3 内的拥堵情况得到了缓解，仅仅只在 13:00～15:15 有拥堵情况。当所有用户均接受充电导航时，充电站 3 内的排队现象进一步减轻，而充电站 1 内的充电设施使用率明显提高。

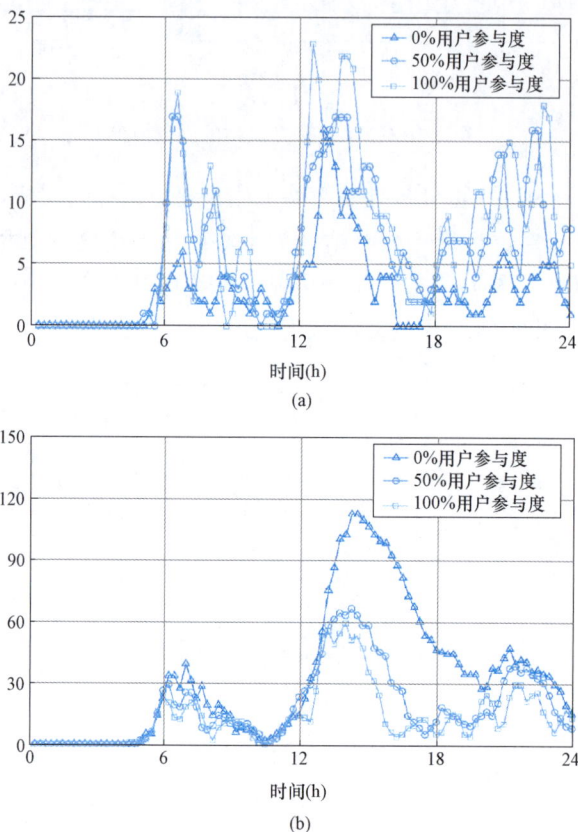

图 4-8 充电站的实际队列数量

（a）充电站 1 实际队列的电动汽车数量；（b）充电站 3 实际队列电的动汽车数量

充电站内拥堵情况的缓解将直接降低电动汽车的排队时间。仿真可知，在用户参与度为 0% 时，有相当一部分电动汽车在热门区域充电站内的充电时间超过了 1h，在充电站 3 内甚至出现了充电时间超过 2.5h 的极端情况，这对于用户的快充需求是非常不便的。随着用户参与度的提升，电动汽车充电时间显著降低，主要集中在 45min 以下，中心区域充电站 2 和充电站 3 内超过 1h 的充电时间也基本消失，极大缓解了电动汽车用户快速充电困难的状况。

充电站的充电服务费与其面临的充电需求密切相关。导航策略下电动汽车充电需求在充电站之间的转移会直接反映到充电价格上。仿真可知，在 0% 用户参与度情境下，各充电站间充电价格差异较大。充电站 3 在高峰时段的充电价格接近 3 元，而充电站 7 全天的充电价格都低于 1.8 元。随着用户参与度的提高，不同充电站间的充电价格差异开始减少，甚至在一些时段完全消失，表明充电需求在各充电站间的分布均衡起来。

忽略充电站运营和维护费用，充电站 K 全天的营业额 F_K 为：

$$F_K = \sum_{j=1}^{n} (\delta E_{\text{bat},j} - E_{t_a,j}) P_K(t_{r,j}) \tag{4-29}$$

各充电站全天的营业额如图 4-9 和表 4-1 所示。可以发现，与用户参与度 0% 的情景相比较，尽管 100% 用户参与度下充电站 2 和充电站 3 的全天营业额分别从 16792.12 元、32009.04 元降低到 15496.29 元和 24503.43 元，但七个充电站的总体营业额却从 100484.1 元上升到 133468.7 元。原因很容易理解，原本在充电 2 和充电站 3 排队的电动汽车，被导航前往那些未得到充分使用的充电站补充电量，这使得一天内有更多的电动汽车接收到充电服务。

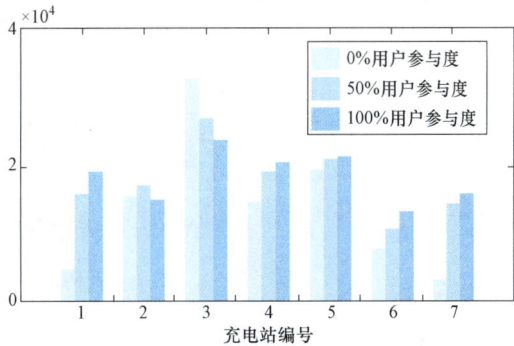

图 4-9　各充电站全天的营业额

表 4-1　　　　　　　　　　　充电站全天营业额　　　　　　　　　　　元

充电站编号	0%用户参与度	50%用户参与度	100%用户参与度
充电站 1	5650.182	16368.49	19681.06
充电站 2	16792.12	17836.64	15496.29
充电站 3	32009.04	27898.35	24503.43
充电站 4	15472.03	18383.48	21296.81
充电站 5	20554.79	20689.67	22188.54
充电站 6	5616.801	10762.73	13815.75
充电站 7	4389.128	14036.61	16486.77
全部充电站	100484.1	125976.0	133468.7

最后，以单辆电动汽车在不同用户参与度下的充电选择为例，来分析导航策略对用户充电方案的影响。图 4-10 展示了单辆电动汽车在三种情境下的充电选择和行驶路线，表 4-2 给出了充电选择的详细信息。该电动汽车在 50% 用户参与度情境时不接受充电导航。

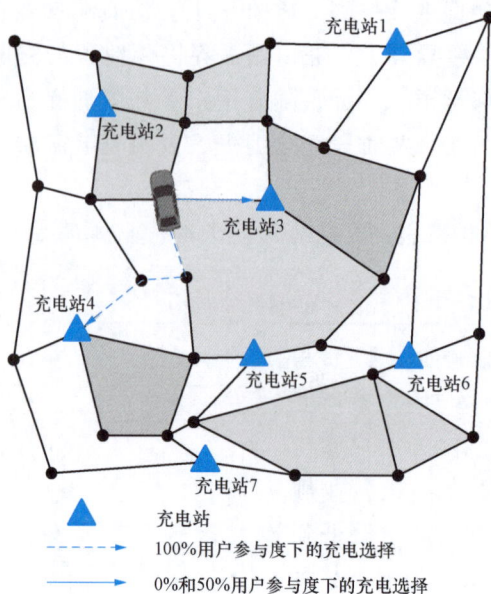

图 4 - 10　三种情境下电动汽车的充电选择

表 4 - 2　　　　　　　　　　　　充电选择的详细信息

用户参与度	0%	50%	100%
充电选择	充电站 3	充电站 3	充电站 4
充电距离（km）	3.89	3.89	6.95
充电价格（元/kWh）	2.38	2.24	1.93
充电费用（元）	112.54	105.92	92.54
充电时间（min）	96.60	60.43	45.87

由图 4 - 10 和表 4 - 2 可以看出，在接受导航策略时，虽然用户选择了更远的充电站进行充电，导致行驶距离从 3.89km 增加到 6.95km，但其充电费用和充电时间分别降低了 17.77% 和 52.52%。结果表明，本文所提充电导航策略下的充电选择能够更好地满足用户充电需求。

4.2　配电—充电服务耦合系统可靠性评估

电动汽车的规模化演变对配电系统可靠性带来巨大挑战。多网耦合模式下，除开配电系统本身的可靠性，也需要关注充电服务等带来的可靠性。

4.2.1　可靠性指标建模

1. 配电系统可靠性指标

配电网可靠性评估的目标是获得量化的可靠性指标，为配电网的规划和运行提供数据支撑。配电网可靠性常采用的指标有：电力供应不足概率（Loss Of Load Probability，LOLP）I_{LOLP}、系统平均停电频率（System Average Interruption Frequency Index，SAIFI）I_{SAIFI}、系统平均停电持续时间（System Average Interruption Duration Index，SAIDI）I_{SAIDI}、系统缺供电量期望（Expected Energy Not Supplied，EENS）I_{EENS}，则：

$$I_{\text{LOLP}} = \frac{1}{T_{\text{all}}} \sum_{i_c=1}^{N_c} T_{\text{down}}^{i_c} \tag{4-30}$$

$$T_{\text{all}} = \sum_{i_c=1}^{N_c} (T_{\text{up}}^{i_c} + T_{\text{down}}^{i_c}) \tag{4-31}$$

$$I_{\text{SAIFI}} = \frac{1}{N_Y} \frac{\sum_{i_c=1}^{N_c} \sum_{j=1}^{N_L} f_{i_c}^j u_j}{\sum_{j=1}^{L} u_j} \tag{4-32}$$

$$I_{\text{SAIDI}} = \frac{1}{N_Y} \frac{\sum_{i_c=1}^{N_c} \sum_{j=1}^{N_L} T_{\text{down}\_i_c}^j u_j}{\sum_{j=1}^{L} u_j} \tag{4-33}$$

$$I_{\text{EENS}} = \sum_{x_{\text{fault}}^\xi \in X_{\text{fault}}} E\{x_{\text{fault}}^{i_c}\} = \frac{1}{N_Y} \sum_{i_c=1}^{N_c} \sum_{j=1}^{N_L} E_{i_c}^j \tag{4-34}$$

式中，T_{cdown}^i 为 T_{all} 时间内第 i_c 次停电的持续时间；N_c 为模拟循环次数（一次循环包括正常运行时段 T_{cup}^i 和停电时段 T_{cdown}^i）；L 表示负荷点总数；T_{all} 是一次蒙特卡洛模拟的总模拟时间；N_Y 为模拟年数；N_L 为负荷点数量；u_j 为每个负荷点的用户数；f^j 为每个负荷点的停电次数；$T_{\text{down}\_i_c}^j$ 为每个负荷点的停电时间；$E\{x_{\text{cfault}}^{i_c}\}$ 为停电状态 $x_{\text{fault}}^{i_c}$ 的负荷削减量；X_{fault} 为系统故障状态集合；$E_{i_c}^j$ 为每个负荷点削减量。

2. 充电服务可靠性评估指标

传统的可靠性评估指标主要关注电网的可靠性水平，而很少考虑电动汽车出行的可靠性损失，因此许多针对提升电网可靠性的电动汽车充放电控制策略并不利于电动汽车电池的充电进程，且可能影响电动汽车用户计划中的未来行程。在充电服务耦合配电系统的可靠性评估中，应当同时考虑电网可靠性和电动汽车出行与充电服务可靠性。显然传统的可靠性评估指标已经不能满足分析需求，必须设计一系列针对耦合系统的新型可靠性评估指标，包括电网运行可靠性指标和电动汽车出行可靠性指标。

对于电网而言，采用传统的电量供应不足期望（Loss Of Energy Expectation，LOEE）量化其可靠性，该指标能够表明故障的严重程度，表示一年中电力系统发电量的缺额期望值：

$$E_{\text{LOEE}} = \frac{\int_0^{T_{\text{MC}}} P_{\text{LC},t} \, \mathrm{d}t}{T_{\text{MC}}} \tag{4-35}$$

式中，E_{LOEE} 为电网的 LOEE，单位为 MWh/a；T_{MC} 为蒙特卡罗模拟的基准时间，以年为单位进行测量；$P_{\text{LC},t}$ 为第 t 年的负荷削减量。

对于电动汽车集群而言，由于参与充放电控制策略可能会造成可靠性损失，为了保障用户的出行需求，定义充电时间期望（Charging Time Expectation，CTE）指标，用于量化电动汽车出行可靠性水平，其表示电动汽车因电量不足寻找充电站花费的年累计期望时间，为：

$$T_{\text{CTE}} = \frac{\sum_{i=1}^{N_{\text{C}}} \sum_{j=1}^{N_{\text{CHG},i}} (\Delta D_{i,j,\text{CHG}}/v_i + T_{i,j,\text{CHG}})}{N_{\text{C}} T_{\text{MC}}} \tag{4-36}$$

式中，T_{CTE} 为电动汽车的 CTE，单位为 h/a；N_{C} 为寻找充电站的电动汽车数量；$N_{\text{CHG},i}$ 为 EV_i 寻找充电站的总次数；$\Delta D_{i,j,\text{CHG}}$、$T_{i,j,\text{CHG}}$ 分别为第 j 次寻找充电站时 EV_i 的额外行驶距离、充电持续时间；v_i 为 EV_i 的行驶速度。

定义抛锚时间期望（Anchorage Time Expectation，ATE）指标为因电池电量耗尽而抛锚的电动汽车求救的年累计期望时间，为：

$$T_{\text{ATE}} = \frac{\sum_{i=1}^{N_{\text{A}}} \sum_{j=1}^{N_{\text{ANC},i}} (T_{i,j,\text{ANC}}/v_i + T_{i,j,\text{WAT}})}{N_{\text{A}} T_{\text{MC}}} \tag{4-37}$$

式中，T_{ATE} 为电动汽车的 ATE，单位为 h/a；N_{A} 为抛锚的电动汽车数量；$N_{\text{ANC},i}$ 为 EV_i 的总抛锚次数；$T_{i,j,\text{ANC}}$、$T_{i,j,\text{WAT}}$ 分别为 EV_i 在第 j 次抛锚时救援到充电站的持续时间、等待救援时间。

将 T_{CTE} 与 T_{ATE} 相加可以得到总消耗时间期望（Extra Time Expectation，ETE）指标 T_{ETE}（单位为 h/a），即：

$$T_{\text{ETE}} = T_{\text{CTE}} + T_{\text{ATE}} \tag{4-38}$$

考虑定量化参与充电管理策略的电动汽车的电量期望值，还设计了充电集合电量期望（Charging Set Energy Expectation，CSEE）指标 E_{CSEE} 和放电集合电量期望（Discharging Set Energy Expectation，DSEE）指标 E_{DSEE}（单位均为 MWh/a），这两个指标直接影响了电动汽车集群对充电管理策略的参与程度，分别为：

$$E_{\text{CSEE}} = \frac{\int_0^{T_{\text{MC}}} \sum_{EV_i \in S_{\text{C},t}} P_{\text{C},i,t} \, \mathrm{d}t}{T_{\text{MC}}} \tag{4-39}$$

$$E_{\text{DSEE}} = \frac{\int_0^{T_{\text{MC}}} \sum_{EV_i \in S_{\text{D},t}} P_{\text{D},i,t} \, \mathrm{d}t}{T_{\text{MC}}} \tag{4-40}$$

式中，$S_{\text{C},t}$、$S_{\text{D},t}$ 分别为 t 时的充电、放电集合；$P_{\text{C},i,t}$、$P_{\text{D},i,t}$ 分别为 EV_i 在 t 时的充电功率、放电功率。

考虑充电需求是否能得到保证，提出基于充电需求的充电服务网可靠性指标以描述电动汽车的随机特性：充电电量削减占比（Percentage Of Curtailed Charging Energy，

POCCE），充电电量不足期望（Charging Energy Not Supplied，CENS）。对于充电电量削减占比指标 POCCE，它可以量化交通节点充电负荷被削减的程度，因此可以用来分析充电系统的薄弱环节。需要注意的是，由于 POCCE 是用充电负荷削减量占比来表示，因此可能会出现某些节点总充电需求较弱但是 POCCE 较大的情况。尽管如此，充电服务系统运营商仍然应该重视该情况，因为充电服务可靠性针对的是用户充电需求的可靠性而不是社会整体的充电可靠性水平。对于充电电量不足期望指标 CENS，与系统缺供电量期望 EENS 相似，它可以用来计算总的充电负荷削减量。因此，POCCE 作为一个分布式的量可以量化每个负荷节点充电需求被削减的程度，CENS 则是作为一个整体的量衡量电动汽车用户充电服务的可靠性。

$$\text{POCCE} = \frac{\sum_{i_c=1}^{N_c} EV_{i_c}^j}{\sum_{i_f=1}^{N_f} EVload_{i_c}^j} \times 100\% \tag{4-41}$$

$$\text{CENS} = \frac{\sum_{i_c=1}^{N_c} \sum_{j=1}^{N_L} EV_{i_c}^i \times T_{\text{down}\_i_c}^j}{N_Y} \tag{4-42}$$

式中，N_c 是仿真循环次数；每次循环 i_c 仿真时长由中断时间 $T_{\text{down}\_i_c}^i$ 和正常工作时间 $T_{\text{up}\_i_c}^i$ 组成；N_f 是停电时段总数；N_L 是负荷母线数目；$EV_{i_c}^j$ 是节点 j 的充电负荷量削减；$EVload_{i_c}^j$ 是节点 j 的充电负荷量。

4.2.2　算例分析

选取上述部分可靠性指标，对如图 4-11 所示的某电力-交通耦合系统进行不同电动汽车渗透率下可靠性评估，结果如表 4-3 和图 4-12 所示。

表 4-3　　　　　　　　　不同电动汽车渗透率下可靠性指标

可靠性指标	电动汽车渗透率			
	10%	20%	30%	40%
I_{SAIDI}（h/y）	0.3050	0.3685	0.5633	0.7741
I_{SAIFI}（f/y）	0.6415	0.7631	1.0508	1.3006
I_{EENS}（MWh/y）	97.4986	119.7360	138.5801	191.2316
CENS（MWh/y）	5.2232	12.1849	24.8158	56.0833

不难发现，包括 CENS 和 POCCE，所有的可靠性指标都随着电动汽车渗透率的增加呈现增加趋势。这个不难理解，因为随着电动汽车渗透率的增加，充电负荷增加，系统的负担更重更容易出现失负荷的情况。需要注意的是，POCCE 也呈现增加的趋势，这意味着充电负荷增加后，如果不优化系统结构充电负荷削减率会越来越明显。因此，随着越来越多电动车接入电网，相比起电力网可靠性，充电服务可靠性会受到更大的影响。

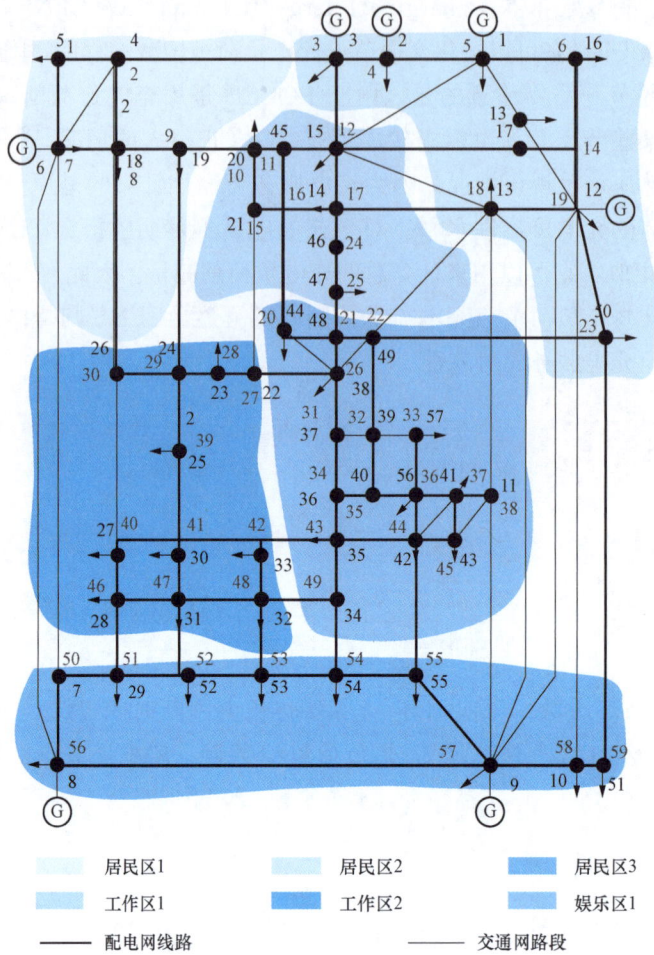

图 4-11　电力-交通耦合系统拓扑

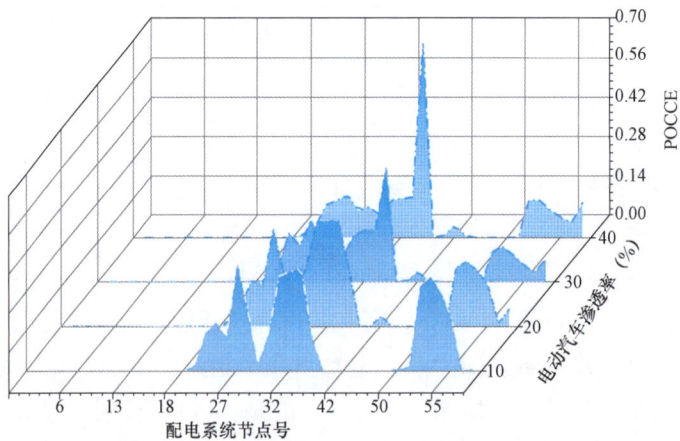

图 4-12　不同电动汽车渗透率下充电电量削减占比

4.3　配电系统对电动汽车承载能力评估

配电系统对电动汽车接入的承载能力是影响电动汽车规模发展的重要因素。本节提出低压配电系统对电动汽车承载能力的评估方法，并针对电动汽车高渗透率场景下配电系统的薄弱环节，提出承载能力增强策略。

4.3.1　承载能力评估模型

1. 承载能力评估体系

配电网对电动汽车的承载能力是指在配电网允许范围内接纳电动汽车的最大能力。由于电动汽车的融入会对配电网产生多方面的影响，从刚性和柔性指标两个维度来评估其承载能力，如图 4-13 所示。在评估配电网对电动汽车的承载能力时，随着电动汽车数量的增加，如果配电网中的某项指标超过规定的极限，则认为承载能力达到极限。

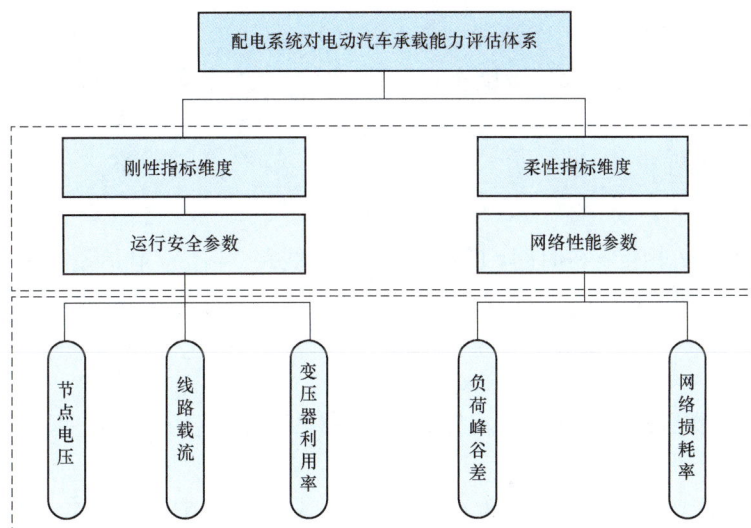

图 4-13　配电系统对电动汽车承载能力评估指标

2. 承载能力评估模型

配电网对电动汽车的承载能力越强，与电动汽车发展的匹配度就越好。在该评估模型中，以电动汽车渗透率来表示电动汽车对配电网的承载能力，则：

$$HC = \frac{N_{EV}}{N} \times 100\% \qquad (4-43)$$

式中，N_{EV} 表示该地区的电动汽车总数；N 表示家庭户数。

配电系统承载静态约束条件如下：

（1）电网潮流方程。

$$\begin{cases} P_{G,k}^s(t) - P_{L,k}^s(t) - P_{EV,k}^s(t) = 0 \\ Q_{G,k}^s(t) - Q_{L,k}^s(t) - Q_{EV,k}^s(t) = 0 \end{cases} \tag{4-44}$$

其中，

$$\begin{cases} P_{G,k}^s(t) = V_k^s(t)\sum_{j=1}^{N}V_j^s(t)\left[G_{kj}^s\cos\delta_{kj}^s(t) + B_{kj}^s\sin\delta_{kj}^s(t)\right] \\ Q_{G,k}^s(t) = V_k^s(t)\sum_{j=1}^{N}V_j^s(t)\left[G_{kj}^s\sin\delta_{kj}^s(t) - B_{kj}^s\cos\delta_{kj}^s(t)\right] \end{cases} \tag{4-45}$$

式（4-44）中，$P_{L,k}^s(t)$、$P_{EV,k}^s(t)$、$P_{G,k}^s(t)$ 分别表示时间 t 内母线 k 相位 s 上常规负载有功功率、电动汽车充电负载有功功率和网络注入有功功率；$Q_{L,k}^s(t)$、$Q_{EV,k}^s(t)$、$Q_{G,k}^s(t)$ 分别表示时间 t 内母线 k 相位 s 上常规负载无功功率、电动汽车充电负载无功功率和网络注入无功功率；式（4-45）中，$V_k^s(t)$ 为时间 t 内母线 k 相位 s 上的电压幅值；$\delta_{kj}^s(t)$ 为母线 k 与 j 之间的相位差；G_{kj}^s 和 B_{kj}^s 为拓扑结构下分支（k，j）上的电导和电感。

（2）节点电压约束。

$$V_{min,k}^s \leqslant V_{k,t}^s \leqslant V_{max,k}^s \tag{4-46}$$

式中，$V_{k,t}^s$ 表示母线 k 相位 s 在时间 t 的电压值；$V_{k_{max}}$ 和 $V_{k_{min}}$ 分别是母线 k 相位 s 电压的上限值和下限值。

（3）线路载流约束。

$$I_{l,t}^s \leqslant I_{max,l}^s \tag{4-47}$$

式中，I_l^s 代表线路 l 相位 s 在时间 t 的电流；$I_{l_{max}}$ 是线路 l 相位 s 载流量的上限值。

（4）配电变压器容量约束。

$$\frac{S_T}{S_{T_N}} \leqslant s_{max} \tag{4-48}$$

式中，S_T 是流经变压器的视在功率；S_{T_N} 是变压器的额定容量；s_{max} 是变压器安全运行下的最大利用率。

某些场景下，为实现配电系统的经济、优质运行，对于配电系统的性能参数也有一定约束：

（5）负荷峰谷差约束。

$$\delta = \frac{P_{max} - P_{min}}{P_{max}} \leqslant \delta_{max} \tag{4-49}$$

式中，δ 为配电网络中的峰谷负荷差率；δ_{max} 为可接受的最大峰谷负荷差率；P 为负荷值。

（6）网络损耗约束。

$$\beta = \frac{E_{loss}}{E_G} = \frac{\sum_{i=0}^{23}h_i(\sum_{l=1}^{L}P_{loss,l}) + \sum_{i=0}^{23}h_i(\sum_{s=1}^{S}P_{loss,T})}{E_G} \leqslant \beta_{max} \tag{4-50}$$

式中，β 为配电网的平均网损率；E_{loss} 代表配电网在一天的总损耗；$P_{loss,l}$ 为线路 l 的功率损耗；$P_{\text{loss},T}$ 为变压器功率损耗；$\beta_{\max}$ 为可接受的最大平均网损率。

4.3.2 承载能力提升策略

本节从光伏与储能配置、变压器增容、需求响应等多个方面提出可能的提升策略。

1. 分布式光储配置

分布式光储装置一方面可为配电系统提供电力支持，通过合理的充放电安排发挥调节作用，防止电流拥塞或电压问题；另一方面分布式清洁能源的普及有助于实现资源可持续发展。因此，提出屋顶光伏及储能的配置策略，用以探究承载能力的提升效果。

分布式光伏的输出模型满足以下条件：

$$0 \leqslant P_{\text{PV},m}(t) \leqslant P_{\text{PV}_{\max},m} \tag{4-51}$$

式中，$P_{\text{PV},m}(t)$ 为分布式光伏发电装置 m 的有功功率输出；$P_{\text{PV}_{\max},m}$ 为分布式光伏发电装置的最大有功功率输出。

分布式储能设备的运行模型为：

$$\begin{cases} E_n^{\text{DES}}(t) = E_n^{\text{DES}}(t-1) + \eta_{\text{cha}} P_{\text{cha},n}^{\text{DES}}(t)\Delta T - \dfrac{P_{\text{dis},n}^{\text{DES}}(t)\Delta T}{\eta_{\text{dis}}} \\[2mm] SOC_n^{\text{DES}}(t) = \dfrac{E_n^{\text{DES}}(t)}{E_n^{\text{DES}_{\max}}} \end{cases} \tag{4-52}$$

式中，$P_{\text{cha},n}^{\text{DES}}(t)$ 和 $P_{\text{dis},n}^{\text{DES}}(t)$ 分别表示分布式储能设备 n 在 t 时的充、放电功率；η_{cha} 和 η_{dis} 分别为充、放电效率；$E_n^{\text{DES}}(t)$ 为分布式储能设备 n 在 t 时储能容量；$E_n^{\text{DES}_{\max}}$ 为分布式储能设备 n 的最大储能容量；$SOC_n^{\text{DES}}(t)$ 为分布式储能设备 n 在 t 时 SOC 状况。

分布式储能设备的充、放电和 SOC 约束条件为：

$$\begin{cases} 0 \leqslant P_{\text{cha},n}^{\text{DES}}(t) \leqslant P_{\text{cha}_{\max},n}^{\text{DES}} \\[1mm] 0 \leqslant P_{\text{dis},n}^{\text{DES}}(t) \leqslant P_{\text{dis}_{\max},n}^{\text{DES}} \\[1mm] SOC_{\min}^{\text{DES}} \leqslant SOC_n^{\text{DES}}(t) \leqslant SOC_{\max}^{\text{DES}} \end{cases} \tag{4-53}$$

式中，$P_{\text{cha}_{\max}}^{\text{DES}}$ 和 $P_{\text{dis}_{\max}}^{\text{DES}}$ 分别为分布式储能设备的最大充电功率和放电功率；$SOC_{\max}^{\text{DES}}$ 和 $SOC_{\min}^{\text{DES}}$ 表示储能设备 SOC 的上、下限。

2. 变压器增容

配电变压器是配电的关键环节，电动汽车的大规模充电可能会使变压器的容量达到极限，从而降低配电网络的承载能力。因此，为提高承载能力，提出配电变压器增容策略，将变压器的最大使用量限制在预定范围内。

$$\frac{S_T(t)}{S_N + S_Z} \leqslant s\% \tag{4-54}$$

式中，$S_T(t)$ 为 t 时流经变压器的视在功率；S_N 为变压器的额定容量；S_Z 为变压器的增容容量；$s\%$ 为变压器在安全经济运行下的最大利用率。

3. 需求响应

作为一种灵活负载，电动汽车具有充放电特性，根据充放电特性可将其细分为三种类型：无序充电、有序充电控制和有序放电控制。如果电动汽车车主能合理控制自己的充放电行为，在用电低谷时从电网充电，在用电高峰时向电网放电，配电网的稳定性将大大提高。因此，实施合理的电价政策，对于引导车主合理充放电行为将大有裨益。

这里根据消费心理学原理提出电动汽车车主对电价的响应模型，利用分段线性函数量化电动汽车车主对电价的响应特征。假设车主对电价响应的起始时刻为电价变化的初始时刻，响应模型表示如下。

（1）充电费率响应模型。在高峰期充电的电动汽车车主针对充电电价做出响应，向电价平时和谷时转移充电行为的概率为：

$$
\lambda_{cp} = \begin{cases} 0 & 0 \leqslant c_{cv} \leqslant a_{cp} \\ \dfrac{\lambda_{cpmax}}{b_{cp}-a_{cp}}(c_{cp}-a_{cp}) & a_{cp} \leqslant c_{cv} \leqslant b_{cp} \\ \lambda_{cpmax} & c_{cv} \leqslant b_{cp} \end{cases} \tag{4-55}
$$

$$
\lambda_{cg} = \begin{cases} 0 & 0 \leqslant c_{cv} \leqslant a_{cg} \\ \dfrac{\lambda_{cgmax}}{b_{cg}-a_{cg}}(c_{cv}-a_{cg}) & a_{cg} \leqslant c_{cv} \leqslant b_{cg} \\ \lambda_{cgmax} & c_{cv} \leqslant b_{cg} \end{cases} \tag{4-56}
$$

式中，λ_{cp}、λ_{cpmax}、a_{cp}、b_{cp}分别为电动汽车车主对平时电价的响应概率、响应饱和值、响应阈值和饱和阈值；λ_{cg}、λ_{cgmax}、a_{cg}、b_{cg}分别为电动汽车车主对谷价电价的响应概率、响应饱和值、响应阈值和饱和阈值；c_{cv}为当前充电电价。

（2）放电补偿价格响应模型。在高峰期充电的电动汽车车主对放电补偿价格的响应概率为：

$$
\lambda_d = \begin{cases} 0 & 0 \leqslant c_d \leqslant a_d \\ \dfrac{\lambda_{dmax}}{b_d-a_d}(c_d-a_d) & a_d \leqslant c_d \leqslant b_d \\ \lambda_{dmax} & c_d \leqslant b_d \end{cases} \tag{4-57}
$$

式中，λ_d、λ_{dmax}、a_d、b_d分别为电动汽车车主对放电补偿价格的响应概率、响应饱和值、响应阈值和饱和阈值；c_d为当前放电补偿价格。

4.3.3 算例分析

1. 算例描述

对某区域低压配电系统中的馈线Ⅱ进行电动汽车的承载能力进行研究，拓扑结构如图4-14所示。其中，低压和中压的额定电压分别为0.4 kV和10 kV，配电变压器的额定容量为250kVA，其中点代表居民用户，线段代表每条支路，三角形代表配电变压器。

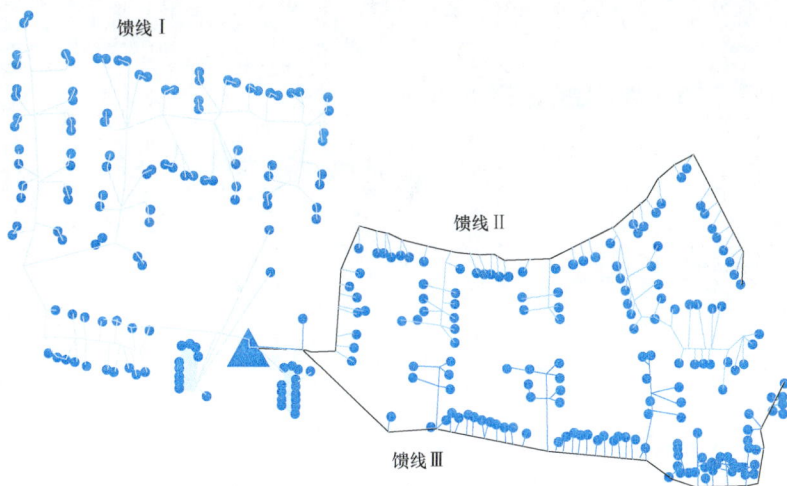

图 4 - 14　配电系统拓扑结构

2. 承载能力评估

本部分模拟了该区域电动汽车无序接入到配电网络的充电场景，仿真间隔为 5min，渗透率变化为 20%。刚性指标维度下的仿真结果如图 4 - 15 所示。

根据图 4 - 15 的结果从横向分析，用电高峰期三相不平衡负荷增加，进而加剧了电压和电流的不平衡，增大了节点电压和各支路电流的波动；同时，由于某相负载的增加，相应的负载电流也会增加，从而导致该相的电压降低，使得变压器容量、线路载流、节点电压等指标在用电高峰期时易超过额定范围，影响供电质量和安全。

纵向分析，随着电动汽车的发展，用电需求和三相不平衡负荷增加，导致配电网运行参数不断恶化。当区域内电动汽车渗透率达到 20% 时，配电变压器利用率超过 80%，配电网运行损耗增大，系统进入预警状态；当渗透率达 40% 时，配电网部分支路过载，电动汽车数量超过配电网承载极限，之后若不限制电动汽车充电，将陆续出现变压器过载、电压超限等问题，严重影响配电网安全。

柔性指标维度下的仿真结果如图 4 - 16 所示，其中折线段表示平均网损率，柱形表示最大负荷峰谷差率。

在经济性方面，随着电动汽车的增加，配电网平均网损率持续上升；在负荷特性方面，负荷峰谷差率也持续上升。随着上述两项指标的恶化，柔性指标受到极大的负面影响。而随着指标要求的提高，柔性指标可能会成为未来电动汽车发展的主要制约因素。根据本书的标准，在渗透率率达到 61% 和 40% 时，配电网的网络损耗率和峰谷特性指标分别超出允许范围。

根据本节提出的配电网对电动汽车承载能力评估体系，在无序充电场景下，线路承载能力和负荷峰谷特性成为限制电动汽车承载能力的主要因素，在电动汽车渗透率约为

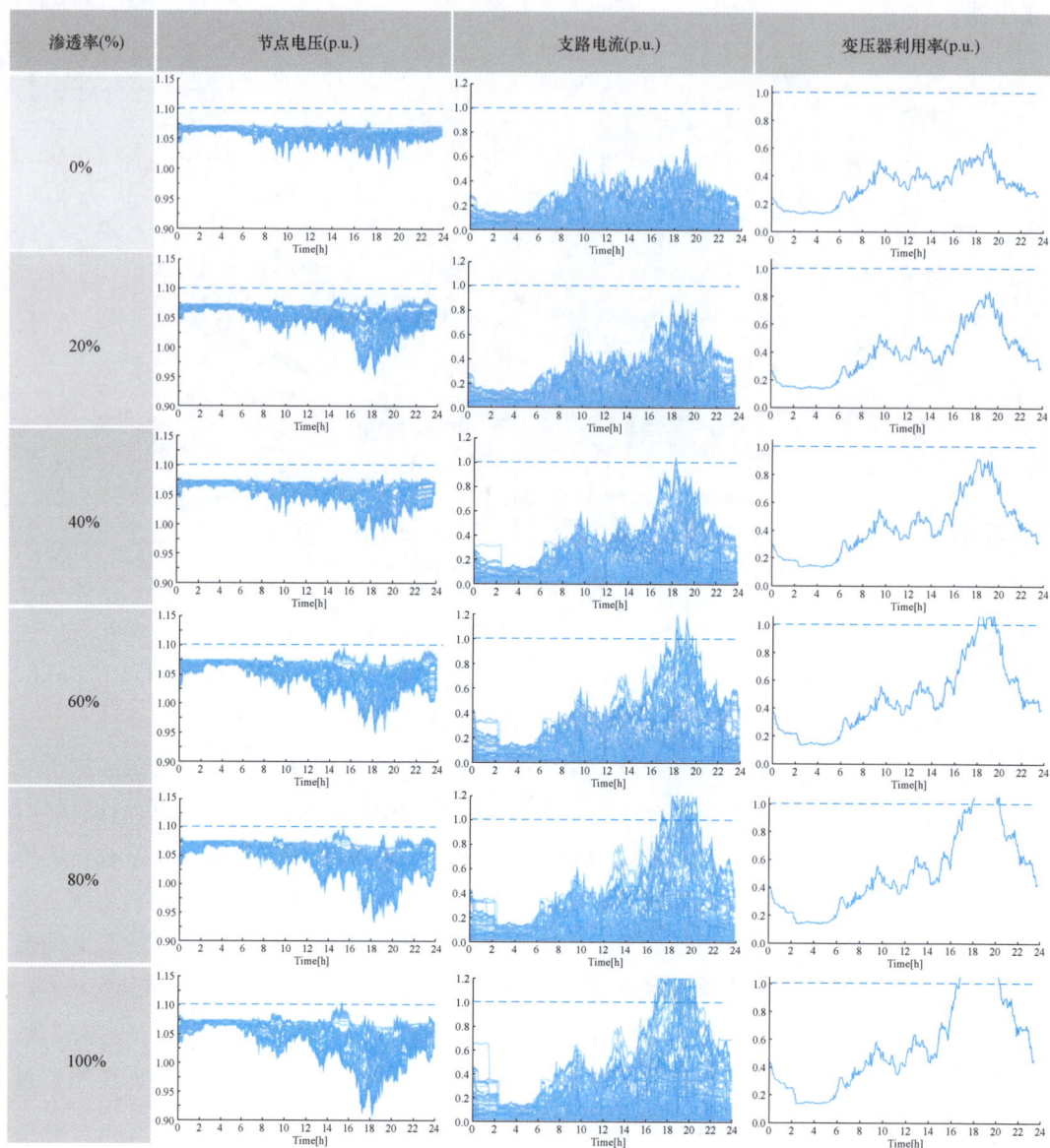

图 4 - 15　无序模式下电动汽车充电对配电网刚性指标的影响

40％ 时达到极限。

3. 多维度提升策略仿真

（1）分布式光储配置方案。假设该居民区 30％ 的用户安装分布式光伏储能作为系统的额外能源支持。仿真结果如图 4 - 17 所示。

在配网运行参数方面，当电动汽车渗透率达到 60％ 时，配电变压器的容量达到预警水平；此后，当电动汽车渗透率达到 100％ 时，配电网会出现线路和变压器过载问题。与无序充电相比，分布式光伏储能设备实现了潮流的重新分配，避免了大范围的电力输

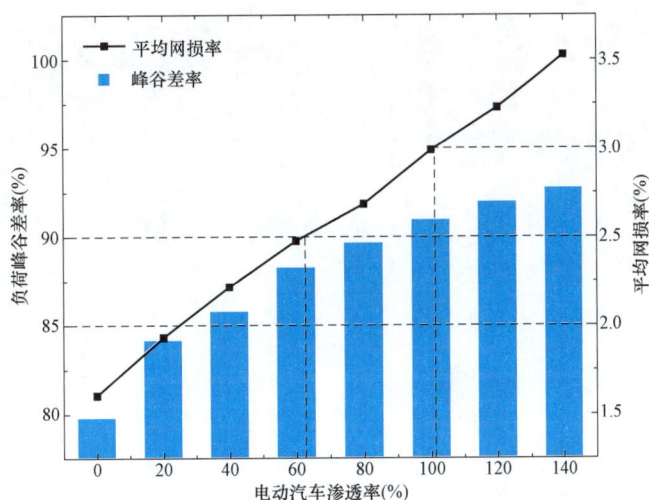

图 4 - 16 无序模式下电动汽车充电对配电网柔性指标的影响

送，并有效降低了线路和变压器的利用率。该场景下，配电变压器容量成为限制电动汽车承载能力的主要因素，在电动汽车渗透率约为 60% 时达到极限，相较无序充电模式，承载能力提升了 20%。

（2）变压器增容方案。考虑到电动汽车充电导致的配电变压器负载率增大，对配电变压器采用增容策略，使其在用电高峰期的利用率保持在 75% 左右，仿真结果如图 4 - 18 所示。

在该方案下，当电动汽车渗透率达到 40% 时开始出现线路过载问题；当电动汽车渗透率达到 100% 时出现电压越限问题，但变压器的利用率可以始终保持在健康状态，确保变压器安全、经济地运行。该场景下，线路容量成为限制电动汽车承载能力的主要因素，在电动汽车渗透率约为 40% 时达到极限。

（3）需求响应方案。采用峰谷充电电价和放电补偿对电动汽车的充放电行为进行引导，仿真结果如图 4 - 19 所示。

在运行参数方面，可通过峰谷充放电电价引导电动汽车车主更合理的充放电行为，实现电动汽车与电网的良性互动。仿真结果表明，当电动汽车渗透率为 40% 时，配电变压器利用率达到警戒范围；当电动汽车渗透率为 60% 时，线路出现过载现象；此后，随着电动汽车渗透率的提高，变压器利用率和电压偏移指标相继超过额定范围。该场景下，线路容量成为限制电动汽车承载能力的主要因素，在电动汽车渗透率约为 60% 时达到极限，相较无序充电模式，承载能力提升了 20%。

根据上述多组仿真结果可以看出，这三种增强策略在提升配电网络对电动汽车承载能力的各个方面具有不同的效果。例如，峰谷电价策略在保持电压稳定和调峰方面效果显著；变压器增容策略可有效减少网络损耗并确保变压器健康运行。

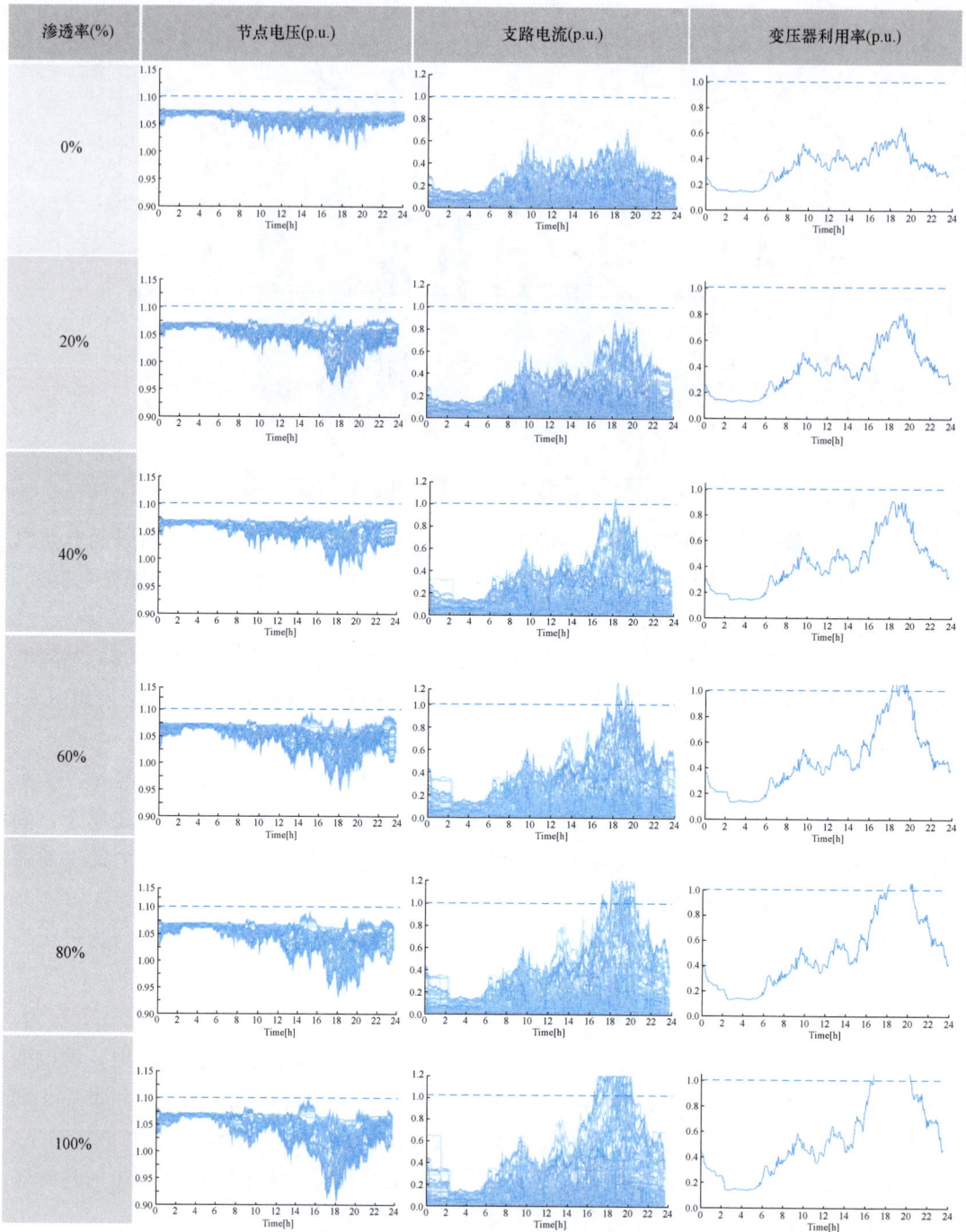

图 4-17 分布式光储方案下电动汽车充电对配网运行参数的影响

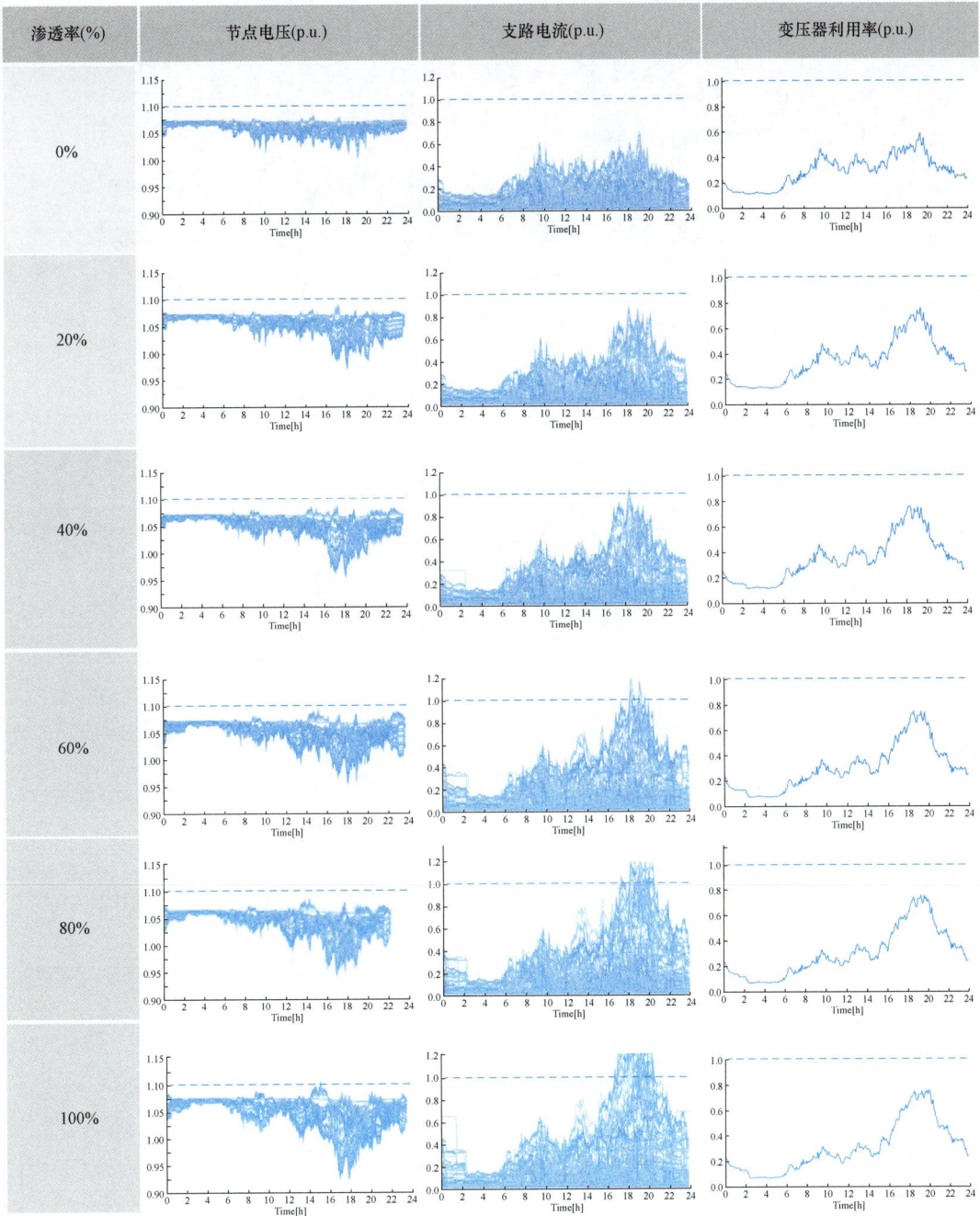

图 4-18 变压器增容方案下电动汽车充电对配网运行参数的影响

渗透率(%)	节点电压(p.u.)	支路电流(p.u.)	变压器利用率(p.u.)
0%			
20%			
40%			
60%			
80%			
100%			

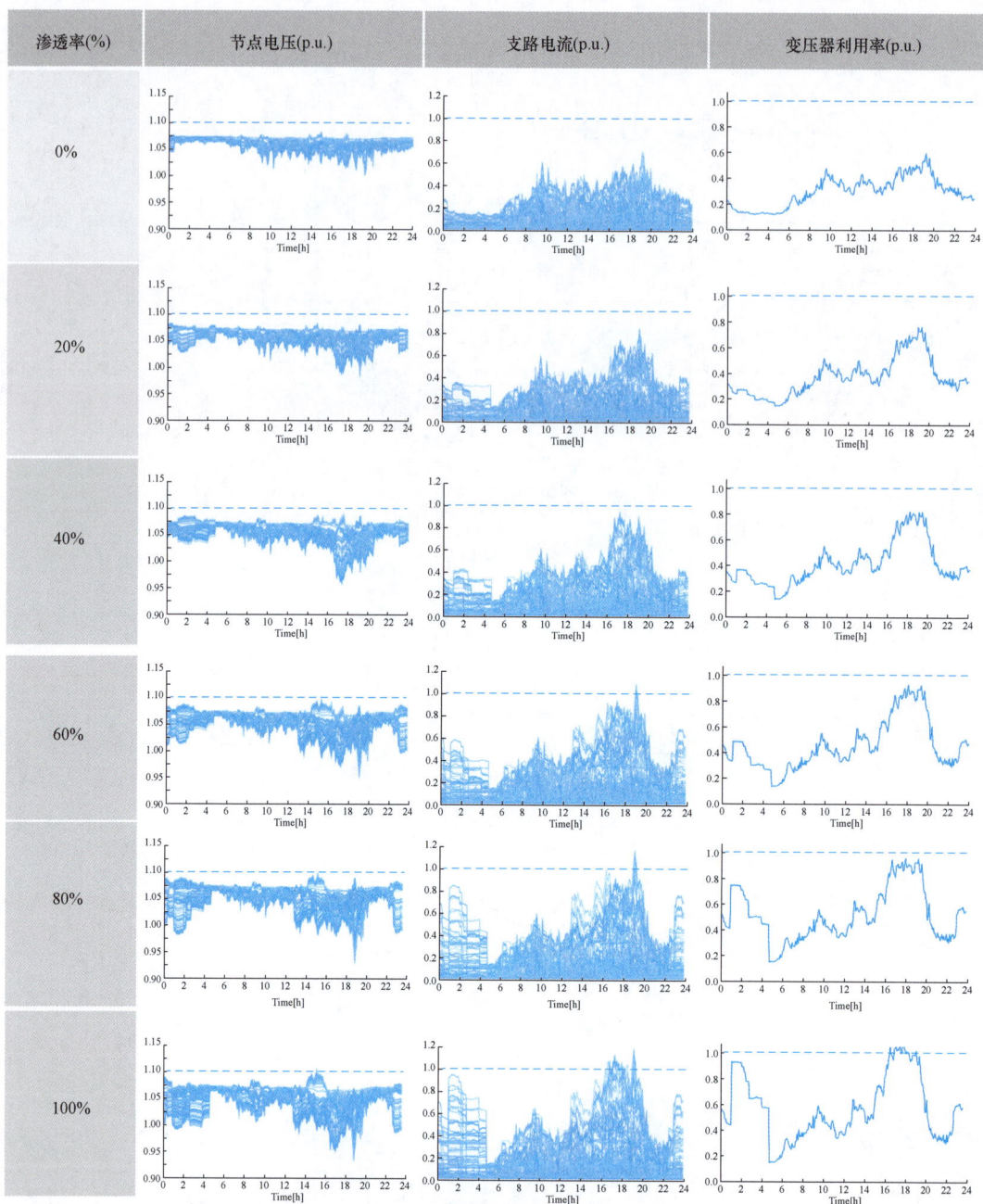

图 4-19　需求响应方案下电动汽车充电对配电网络运行参数的影响

4.4　车路网耦合下配电系统电压稳定性评估

为评估电动汽车在恶劣充电场景下对配电系统电压稳定的影响，本节以电压崩溃方向确定负荷增长方向，并由此确定充电负荷接入的配电网节点，再根据"路-网"耦合关系确定对应的交通节点。根据电动汽车起止点设计行驶路径，判断当前电动汽车按此路径行驶能否在评估时刻前到达指定位置；若不能，则需要重新确定电动汽车充电位置；反之，分析电动汽车采取无序充电行为的充电负荷接入对配电系统电压的影响，由此分析规模化电动汽车对配电系统安全性的影响。

4.4.1 恶劣充电场景构建

1. 电动汽车行为特性

交通网和配电网的连接关系通过耦合网络邻接矩阵 A 表示，包含交通网邻接子矩阵 A_T、配电网邻接子矩阵 A_P、交通网-配电网耦合子矩阵 A_{T-P}，耦合系统为：

$$A = \begin{bmatrix} A_T & A_{T-P} \\ A_{T-P}^T & A_P \end{bmatrix} \tag{4-58}$$

电动汽车用户一天的出行行为可分为三种：行驶、停驻、充电，影响电动汽车空间属性和能量属性。同样，电动汽车用户的行为模式反过来改变交通网的车流量和配电网的负荷量。电动汽车用户在一天内所有可能出现的出行行为的分类为：

$$s_t = \begin{cases} -1 & 行驶 \\ 0 & 停驻 \\ 1 & 充电 \end{cases} \tag{4-59}$$

式中，s_t 表示 t 时刻电动汽车的行为模式，而且 t 时刻的行为模式持续到 $t+1$ 时刻。

电动汽车行驶速度影响 SOC 和充电位置，而行驶速度与道路阻塞程度密切相关，由交通网的道路容量和车流量共同决定。上述因素导致电动汽车的行驶速度因所在的行驶道路在交通网中的位置及道路通行容量不同而有差异，影响电动汽车的充电时间和空间，以此作为城市路网对电动汽车用户充电行为的一则约束。t 时刻交通节点 a 至交通节点 b 的连通路段（道路 ab）上车辆的行驶速度如式（4-60）所示。

$$\begin{cases} v_{ab}(t) = \dfrac{1}{1 + \left[\dfrac{V_{ab}(t)}{C_{ab}}\right]^{\beta_{ab}}} v_{ab,0} \\ \beta_{ab} = \mu + \gamma \left[\dfrac{V_{ab}(t)}{C_{ab}}\right]^{q} \end{cases} \tag{4-60}$$

式中，$v_{ab,0}$ 表示道路 ab 零流量的行驶速度；$V_{ab}(t)$ 表示 t 时刻道路 ab 的车流量；C_{ab} 表示道路 ab 的容量；β_{ab} 表示 t 时刻道路 ab 的饱和系数；μ、γ、q 为不同道路等级下的自适应参数，其具体数值根据实测数据拟合得到，对不同道路的 μ、γ、q 可取值为：主干道分别取值 1.726、3.15 和 3，次干道分别取值 2.076、2.870 和 3。

通常从交通节点 i 至交通节点 j 有多条路径可以到达，为简化分析，选择最短路径作为用户充电路径的约束条件。

2. 电动汽车充电方式

假设每次充电采取快充方式，电动汽车在结束一段行程后，当 SOC 低于设定阈值时，充电至 SOC 上限 $SOC^{\max}$ 或下一段行程开始时刻，因此电动汽车的 SOC：

$$SOC_{t+1} = \begin{cases} SOC_t + \dfrac{P_{\text{charging}} T_{\text{c}}}{Q} & s_t = 1 \\[2mm] SOC_t & s_t = 0 \\[2mm] SOC_t - \dfrac{\omega l}{Q} & s_t = -1 \end{cases} \tag{4-61}$$

式中，P_{charging} 表示充电功率；T_{c} 表示单次充电时长；Q 表示电动汽车的电池容量；ω 表示单位里程耗电量；l 表示单次行驶里程。

3. 恶劣充电场景

交通网拓扑结构和道路车流量影响行驶路径选择，进而影响电动汽车充电负荷的时空分布。考虑交通网约束条件，利用电动汽车空间位置变化使接入配电网的负荷具有时空变化性的特点，通过朝着电压崩溃的方向设计电动汽车充电位置和行驶路径使配电系统各节点电压偏离期望值最远，构成电动汽车充电负荷"攻击"电网策略，形成恶劣充电场景。"攻击"策略的目标函数设置为：

$$F = \max\{F_1 - \zeta F_2\} \tag{4-62}$$

式中，F 表示在状态变量约束下配电系统各节点电压偏离期望值最远；F_1 为节点电压与期望值的偏差，其计算如式（4-63）所示；F_2 为状态变量约束，包括线路传输功率和节点电压约束，在"攻击"过程中应尽量使电网运行状态逼近临界崩溃状态但避免崩溃；ζ 表示惩罚系数，保证可行解满足状态变量约束。

$$F_1 = \left[\boldsymbol{Y} - \boldsymbol{H}(\boldsymbol{X}) \right] \left[\boldsymbol{Y} - \boldsymbol{H}(\boldsymbol{X}) \right]^{\text{T}} \tag{4-63}$$

式中，$\boldsymbol{Y}$ 表示各节点电压期望值；$\boldsymbol{H}(\boldsymbol{X})$ 为潮流计算所得各节点电压实际值。F_1 数值越大，表明配电网距离临界崩溃状态越近。

$$F_2 = \sum_{e=1}^{N_{\text{L}}} \varepsilon(C_e - C_{e,\max}) + \sum_{e=1}^{N_{\text{L}}} \varepsilon(C_{e,\min} - C_e) + \sum_{f=1}^{N_{\text{N}}} \varepsilon(u_f - u_{f,\max}) + \sum_{f=1}^{N_{\text{N}}} \varepsilon(u_{f,\min} - u_f) \tag{4-64}$$

$$\varepsilon(R) = \begin{cases} 0 & R < 0 \\ 1 & R \geqslant 0 \end{cases} \tag{4-65}$$

式中，C_e 表示线路 e 的传输功率；$C_{e,\max}$、$C_{e,\min}$ 分别表示线路的最大传输功率和最小传输功率；u_f 表示节点 f 的电压幅值；$u_{f,\max}$、$u_{f,\min}$ 分别表示节点电压幅值的上限和下限；N_{L} 表示线路总数；N_{N} 表示节点总数。

电动汽车充电负荷"攻击"电网的数学模型约束条件为：

$$\begin{bmatrix} \boldsymbol{G}_{\text{P}} \\ \boldsymbol{G}_{\text{Q}} \end{bmatrix} = \boldsymbol{A}_{\text{P}} \begin{bmatrix} \boldsymbol{P}_0 + \boldsymbol{P}_{\text{EV}} \\ \boldsymbol{Q}_0 \end{bmatrix} \tag{4-66}$$

$$P_{\text{EV}} = P_{\text{charging}} \sum_{p=1}^{N_{\text{V}}} s_t^p \tag{4-67}$$

式中，$\boldsymbol{G}_{\text{P}}$、$\boldsymbol{G}_{\text{Q}}$ 分别表示支路的有功功率向量和无功功率向量；$\boldsymbol{P}_0$、$\boldsymbol{Q}_0$ 分别表示常规负荷

注入节点的有功功率向量和无功功率向量；P_{EV} 表示注入节点的充电负荷向量；N_V 表示系统中的电动汽车数量；s_t^p 表示第 p 辆电动汽车的行为模式。

式（4-68）表示控制变量约束条件，代表有充电需求的电动汽车。

$$p \in [1, N_V] \tag{4-68}$$

式（4-69）表示第 p 辆具有充电需求的电动汽车按前节所述方法选择的路径行驶，能在电池电量支持下到达充电位置并符合可进行充电的条件。

$$\underline{\alpha} Q \leqslant SOC_t^p Q - s_t^p \omega l_{t+1}^p \leqslant \bar{\alpha} Q \tag{4-69}$$

式中，$\underline{\alpha}$ 表示电池允许的最小电量阈值系数，$\bar{\alpha}$ 表示设定充电电量阈值系数，本节分别取值为 0.2 和 0.6；SOC_t^p 表示时刻 t 时第 p 辆电动汽车的 SOC；l_{t+1}^p 表示 $t+1$ 时刻第 p 辆电动汽车的行驶里程。

式（4-70）表示电动汽车充电结束时电池电量的约束条件。

$$\bar{\alpha} Q \leqslant SOC_t^p Q + P_{charging} s_t^p T_{t,c}^p \leqslant SOC^{p-max} Q \tag{4-70}$$

式中，SOC^{p-max} 表示第 p 辆电动汽车的 SOC 上限。

式（4-71）表示充电时间约束条件。

$$T_t - T_{t-1} - l_t^p / v_t^p \leqslant T_{t,c}^p \leqslant T_{t+1} - T_t \tag{4-71}$$

式中，v_t^p 表示 t 时刻第 p 辆电动汽车的行驶速度；T 表示评估时刻。

式（4-72）表示交通网约束条件，即可调度的电动汽车按设计路径行驶必须在评估时刻前能够到达充电位置进行充电。

$$l_t / v_t^p \leqslant T_t - T_{t-1} \tag{4-72}$$

4.4.2 电压稳定性评估

1. 计及电动汽车行为特性的连续潮流模型

电动汽车充电负荷与其数量和"路-网"耦合特性相关，此类负荷在时空尺度上为可变负荷，因此在连续潮流计算时充电负荷增长方式较常规负荷并不相同。计及电动汽车行为特性的连续潮流模型为：

$$\begin{cases} P_{L,h} = \lambda_h K_P P_{L,h0} \\ Q_{L,h} = \lambda_h K_Q Q_{L,h0} \end{cases} \tag{4-73}$$

$$F(\boldsymbol{\theta}, \boldsymbol{V}, \boldsymbol{\lambda}) = 0 \tag{4-74}$$

式中，λ_h 表示节点 h 的负荷参数，与该节点接入电动汽车数量有关，且其数值大小为电动汽车充电负荷的整数倍，因此 $\boldsymbol{\lambda}$ 是一个随时间而变化的多维变量；K_P、K_Q 分别为关于节点 h 的有功与无功功率负荷因子；$P_{L,h0}$、$Q_{L,h0}$ 分别为节点 h 的原始有功与无功功率；$\boldsymbol{\theta}$ 表示节点电压相角矩阵。

2. 常规负荷功率模型

假设系统共有 M 个负荷节点，形成负荷 $\boldsymbol{L} = [L_1, L_2, \cdots, L_M]$，第 k（$k=1, 2, \cdots, M$）个节点的初始负荷为 L_{k0}。依次对各个节点采用单负荷增长方式至系统电压崩溃，记增负荷节点此时的负荷为 L_{k1}，则该节点负荷的最大增长系数为 $\alpha_{km} = L_{k1} / L_{k0}$。以此种增长方式下的节点负荷极限值作为负荷波动上限值；节点 k 的负荷波动下限值 θ_k 取该节点初始负荷的 60%，则节点 k 的负荷增长系数 α_k 在区间 $[\theta_k / L_{k0}, \alpha_{km}]$ 上服从均匀分布。

假设 α_k 的累积分布函数为：

$$Y_k = F_k(\alpha_k) \tag{4-75}$$

式中，F_k 为值域为 $[0, 1]$ 的连续单调递增函数。将区间 $[\theta_k / L_{k0}, \alpha_{km}]$ 等分成 N 个子区间，在每个子区间内按均匀分布随机采样得到采样值 Y_{kz}（$z = 1, 2, \cdots, N$）。根据累积分布函数反函数得到 α_k 的 $1 \times N$ 维采样矩阵 $\boldsymbol{X}_k$，再采用 Gram-Schmidt 序列正交化方法对采样结果进行排序，得到常规负荷增长系数采样矩阵 $\boldsymbol{\alpha}_{M \times N}$。

3. 电压稳定性分析流程

在建立常规负荷功率模型和电动汽车"攻击"电网策略的基础上，通过改进的连续潮流模型搜索临界崩溃状态并评估电压稳定性。流程图如图 4-20 所示，具体步骤如下。

（1）设定每辆电动汽车的初始位置 D_0，抽取每辆电动汽车一天首次出行时间 T_{start}、出行时刻的 SOC_0。

（2）系统的负荷节点 $\boldsymbol{L} = [L_1, L_2, \cdots, L_M]$ 按全网负荷等比例增长方式至电压崩溃，此时第 k 个节点的负荷量 $L_{k\_collapse}$ 为该节点的临界状态负荷量，负荷增长系数 $\alpha_{collapse} = L_{k\_collapse} / L_{k0}$ 作为判别评估状态是否发生系统崩溃的参考依据。

（3）获得第 t 个评估时刻 T_t 各节点常规负荷注入功率，筛选出重负荷节点 $\boldsymbol{L}_{heavy}$，根据"路-网"耦合关系，采用"攻击"策略调度电动汽车，使其到达包含于 $\boldsymbol{L}_{heavy}$ 内的交通节点充电，并使电网不断逼近临界崩溃状态。

（4）根据各节点常规负荷和电动汽车充电负荷形成综合增长系数矩阵 $\boldsymbol{S}_{M \times N}$，矩阵的每一列对应一个负荷状态。若 $\max(s_{kj}) < \alpha_{collapse}$，说明该负荷状态距离系统崩溃点较远，则将该列从 $\boldsymbol{S}_{M \times N}$ 剔除；若 $\min(s_{kj}) > \alpha_{collapse}$，说明该负荷状态已超出系统电压稳定范围，也将该列从 $\boldsymbol{S}_{M \times N}$ 剔除，得到矩阵 $\boldsymbol{S}_{M \times N}^*$。

（5）进一步筛选更接近系统崩溃的负荷状态，若某两列元素 $\min(s_{kr}) > \max(s_{kt})$，说明第 r 列对应的负荷状态较第 t 列对应的负荷状态更接近系统崩溃，则剔除第 t 列元素，重复该步骤，使 $\boldsymbol{S}_{M \times N}$ 中的剩余负荷状态 $\boldsymbol{S}_{all}$ 不断逼近系统临界极限。

（6）将 $\boldsymbol{S}_{all}$ 中每一列对应的负荷状态负荷增长方式至系统崩溃，得到临界状态下的负荷增长系数矩阵 $\boldsymbol{S}_{all}^*$。

（7）重复以上步骤（3）～（6），根据抽样总量 N_{sample} 和 N 确定重复次数 N_{sample} / N。

（8）对每一个评估时刻按上述步骤（3）～（7）重复模拟，分析系统崩溃状态下的电压分布特性和电动汽车分布位置。

4.4.3 算例分析

1. 算例结构及参数

算例区域"路-网"结构如图 4-21 所示，分为居民区（交通节点 1-14）、商业区

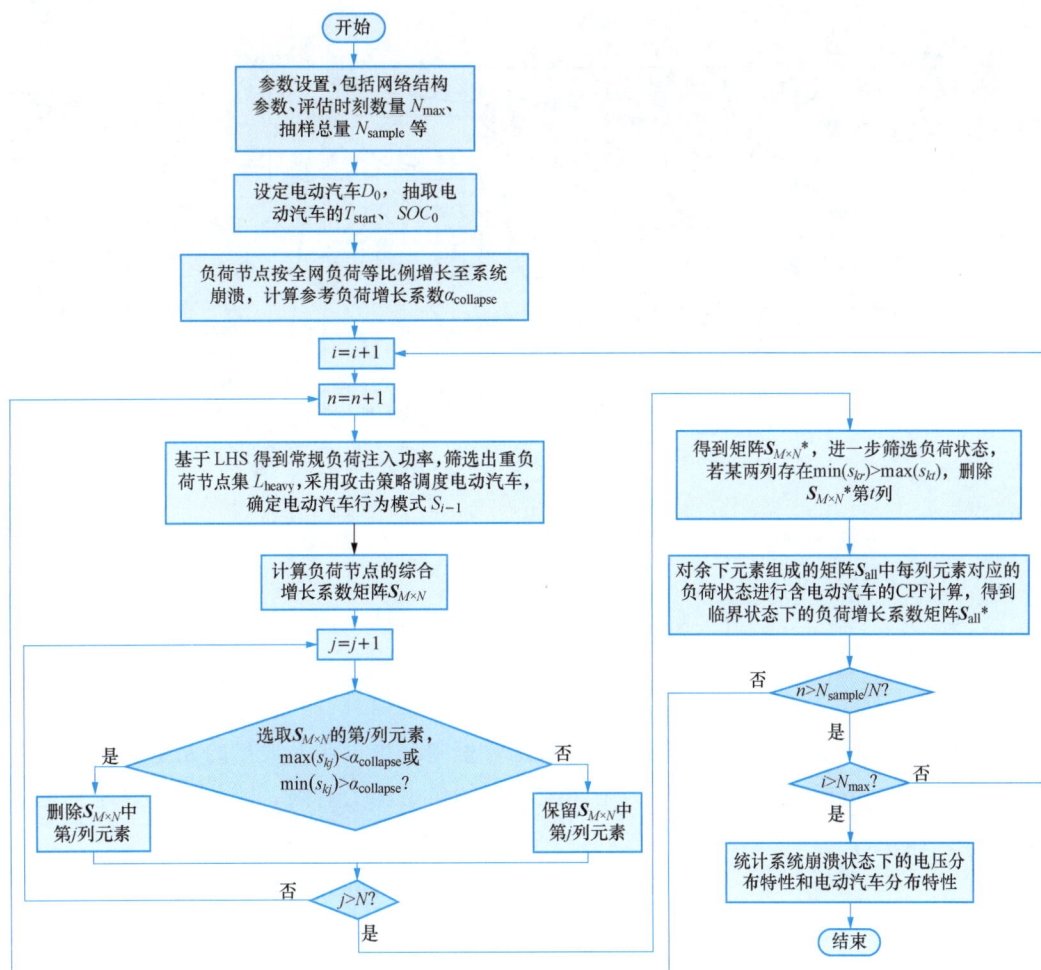

图 4-20　电压稳定性评估流程图

（交通节点 15、16、21～26、29）和工业区（交通节点 17～20、27、28）三个区域，包括 29 个道路节点和 47 条道路，与该交通网匹配的配电网根据 IEEE 33 节点的标准配电系统经适当调整线路参数后得到。电动汽车的初始位置随机分布在交通节点 2～4、8、12，设定各电动汽车在初始时刻电池均处于满额状态。

2. 结果分析

设定采样次数 $N_{sample}=500$，根据每个有效采样样本对应的临界电压统计信息得到全网电压失稳状态下的电压分布曲面图，如图 4-22 所示。可清晰看出系统在临界失稳状态下的节点电压规律及变化趋势，在不同场景下同一节点电压在一定幅值范围内波动。根据失稳状态下的电压分布规律可从电压越限角度确定系统节点的薄弱区域。节点 17、18 的电压较其他节点明显偏低，为电压稳定性最薄弱区域；节点 2、19 的电压较其他节点明显偏高且小于 1.05p.u.，为电压稳定性最强健区域。电压薄弱区域存在共同特性是处

103

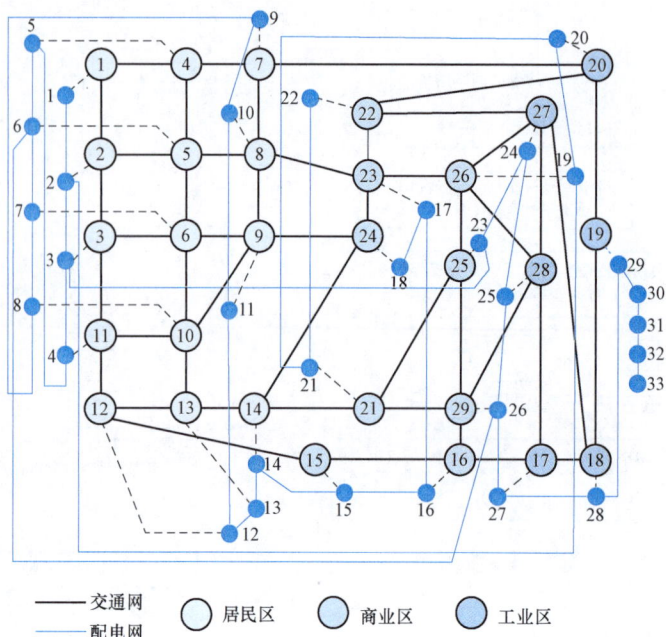

图 4-21 算例系统结构

于商业区和居民区之间，这些区域负荷需求比较集中，当再接入大量的充电负荷时就给此部分配电系统造成更重的供电压力，而配电网的供电能力有限，因此较其他地点更容易发生电压崩溃。

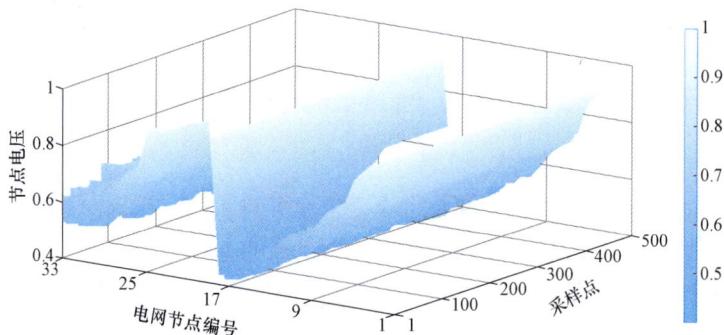

图 4-22 失稳状态下的电压分布曲面图

在常规负荷取基数的条件下采取电动汽车"攻击"策略，各节点电压随时间的变化情况如图 4-23 所示。

由图 4-23 可知，不同时间断面下各节点电压分布趋势一致，节点 16～18 的电压在每个时间断面下均低于同时刻的其他节点，意味着一天内节点薄弱区域相同，在实际运行调度时应更加重视此区域，避免该地区因过多充电负荷的接入发生电压崩溃而影响电网正常供电。图 4-24 为某时刻有、无"攻击"策略时节点 16 的电压曲线对比图，由图

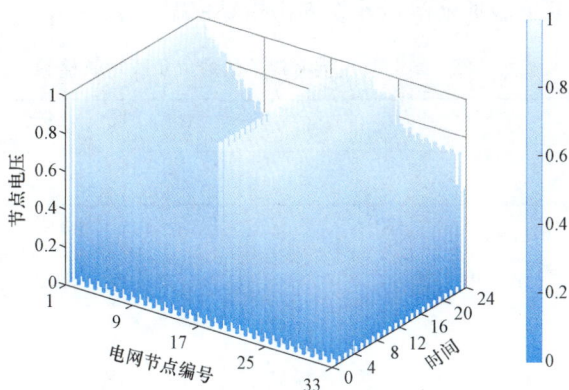

图 4 - 23　常规负荷无增长时电压变化情况

可知，在常规负荷相同的情况下，无序充电行为将显著减小当前运行点至电压崩溃点的负荷裕度，加速系统崩溃，意味着大规模电动汽车接入城市电网将严重威胁电网运行安全。

图 4 - 25 为有、无交通网约束的条件下，某一时刻系统临界崩溃状态下的电压分布情况，两种情况下系统接入电动汽车

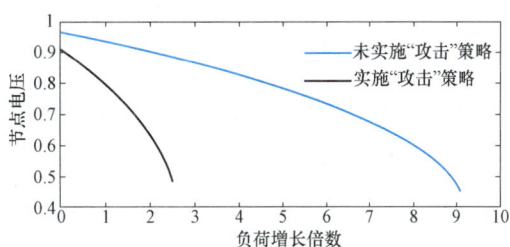

图 4 - 24　有无"攻击"策略节点 16 电压曲线

的电力网节点分别为 1、3、4、6、15、19、22、28 和 1、3、4、6、15、16、19、22、28、29，最多可容纳的电动汽车数量分别为 17845 和 18372。在有交通网约束的条件下，实施"攻击"策略会使电压裕度更小，意味着城市配电系统接纳电动汽车的数量会减少，否则配电网会因负荷过重而发生电压崩溃威胁电网运行安全。

为说明交通网与配电网的耦合关系对电网接纳电动汽车能力的影响，本节对此进行了仿真比较，通过改变耦合网络邻接矩阵将交通节点 15 与电网节点 15 的耦合关系变为与电网节点 33 耦合，保证对比算例"路 - 网"耦合对数一致，两种场景下的负荷裕度如表 4 - 4 所示。可清楚看出两种耦合关系下保证电网运行安全的负荷裕度存在很大差异，

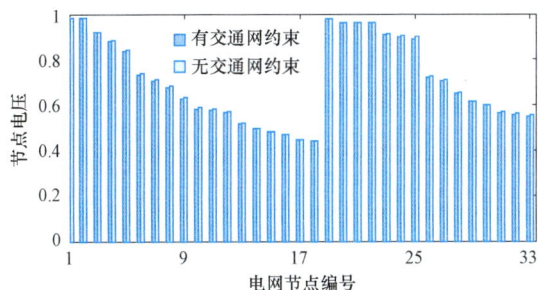

图 4 - 25　有、无交通约束节点电压对比

交通节点 15 与电网节点 33 耦合下的负荷裕度远大于交通节点 15 与电网节点 15 耦合下的负荷裕度，是因为电网节点 15 处于居民区和商业区之间，此处常规负荷较大，若充电负荷再集中注入此节点则使负载度加大而加速电压崩溃。由此说明改造交通网与电网的节点耦合关系可能提高配电系统对电动汽车

的承载能力，为未来充电服务网改造建设提供指导依据。

表 4 - 4   不同"路 - 网"节点耦合对下的最大负荷增长倍数

"路 - 网"节点耦合对	15～15	15～33
最大负荷增长倍数	2.3	4.0

4.5 车路网耦合下配电系统安全域评估

上节从电压稳定性角度探讨了规模化电动汽车接入配电系统运行安全问题，本节借助连续潮流，从另外一个运行安全指标：配电网安全域（Distribution Network Security Region，DNSR），来分析配电网最大负荷能力和实际安全运行范围。

4.5.1 潮流可行域边界

图 4 - 26 为安全域评估框架。首先基于配电网数据和交通网数据建立电动汽车充电需求时空随机性模型，并采用计及电动汽车充电负荷增量的连续潮流改进计算模型（基于"混合法"的潮流可行域边界模型）模拟规模化电动汽车的入网过程，最后利用建立的电动汽车接入配电网后的安全域 EV - DNSR（electric vehicle integrated to distribution network security region）模型和电动汽车出行潜力 EV - TP（electric vehicle travel potential）指标来分析规模化电动汽车接入对配电系统安全域的影响。

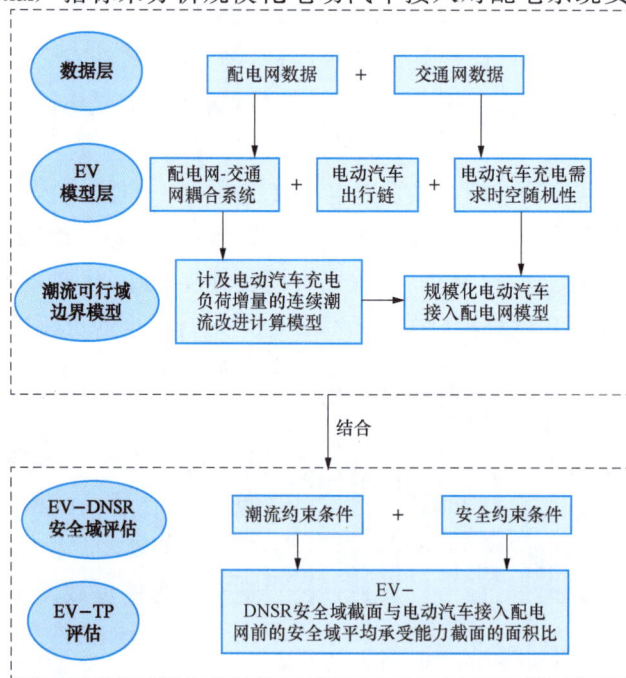

图 4 - 26   安全域评估框架

类比电力系统连续潮流模型计算运行边界，设计电动汽车增量模型来计算电动汽车入网潮流可行域边界的"最远点"。对于电力系统经典潮流模型为：

$$F(X) - Y = 0 \qquad (4\text{-}76)$$

式中，X 为系统内各节点电压幅值和相角；Y 为系统内各节点注入的有功功率和无功功率。

采用连续潮流中的"混合法"来计算可行域边界：通过求解式（4-69）得到边界面上的点 S_i，取边界法向量为 $S_i\text{-}S^*$，在通过该点的切平面上，由切面方程 $(S_i - S^*)^\mathrm{T}V = 0$ 得到某个方向上的切向量 V，根据 $S'_{i+1} = S_i + lV$ 预测得到边界面上的下一点 S'_{i+1}。将 S'_{i+1} 作为 S^* 代入式（4-69），此优化求解问题即为对应的"校正"环节。如此不断迭代即可得到一段可行域边界。

其中，求解"最远点"一般采用 L_1 范数的计算方法，在电动汽车接入配电网的潮流可行域中，L_1 范数下的"最远点"能够表述规模化电动汽车接入配电网时的边界点集合。结合"混合法"中的潮流可行域边界计算，"最远点"求解问题可表示为：

$$\max \sum P_{\mathrm{EV}i} \qquad (4\text{-}77)$$

$$\text{s. t.} \begin{cases} F(e,f,l^*) = 0 \\ V_{\min} \leqslant V \leqslant V_{\max} \\ Q_{\mathrm{Gmin}} \leqslant Q_{\mathrm{G}} \leqslant Q_{\mathrm{Gmax}} \\ V_{\mathrm{Gmin}} \leqslant V_{\mathrm{G}} \leqslant V_{\mathrm{Gmax}} \\ T_{\min} \leqslant T \leqslant T_{\max} \\ Q_{\mathrm{Cmin}} \leqslant Q_{\mathrm{C}} \leqslant Q_{\mathrm{Cmax}} \end{cases} \qquad (4\text{-}78)$$

式中，$P_{\mathrm{EV}i}$ 为第 i 辆电动汽车的额定充电功率；F 为等式约束条件；e、f 分别为节点电压的实部和虚部；l^* 为引入的负荷连续参数；V、Q_{G}、V_{G}、T、Q_{C} 分别为节点电压、发电机的无功出力、发电机电压、有载调压变压器分接头的挡位、并联电容器组投切的无功容量。

上述优化问题的目标函数在电动汽车接入配电网的空间中可视为超平面，$n = [1, 1, \cdots, 1]^\mathrm{T}$ 为其对应的法线方向。当目标函数取最大值且潮流可行域的边界为凸时，两者存在相切点，此点即为 L_1 范数下的"最远点"。图 4-27 给出了 L_1 范数下"最远点"算法示意图。

计算流程如图 4-28 所示。图中 θ 为向量 $n = [1, 1, \cdots, 1]^\mathrm{T}$ 和向量 $S_{i+1}{}^* - S_{i+1}$ 的夹角；k 为预先设定的阈值。

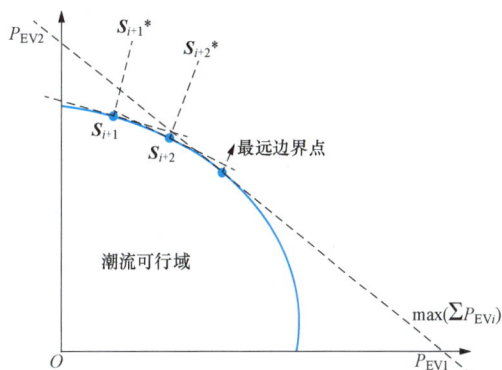

图 4-27　L_1 范数下潮流可行域边界点算法示意图

开始

从设定的负荷增长方向出发，取潮流可行域外的一点 S_{i+1}^* 作为初始点

选取 S_{i+2} 作为新的 S_{i+1}^*

混合法

边界面上的点 S_{i+1}

否 ← $\theta \leqslant k$

最远点为 S_{i+1}

$\max(\sum P_{EVi})$

结束

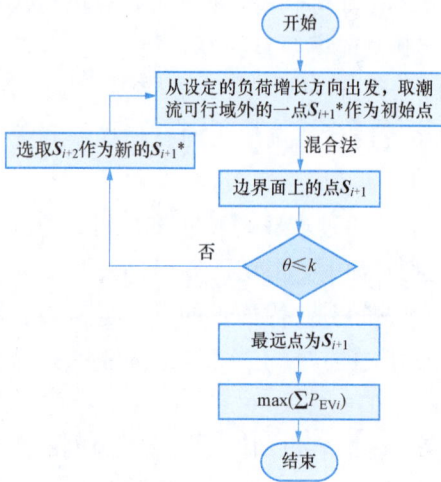

图 4-28 "最远点"计算流程图

4.5.2 安全域模型

1. 配电网安全域基础模型

配电网安全域工作点是指配电网安全域内满足 $N-1$ 安全约束的点的集合。利用 DNSR 边界理论可计算得到满足 $N-1$ 约束的安全边界。安全程度的大小用工作点到安全边界的距离来表现，当运行的工作点处于边界外时，表示配电网不能安全运行。通过得到的安全边界分布可根据系统整体运行状态给出评估建议。

式（4-79）～式（4-83）为配电网安全域模型 Ω_{DNSR}。

$$F_m = \sum_{k=1} trf_{mn} \tag{4-79}$$

$$P_i = \sum_{F_m \in T_i} F_m \tag{4-80}$$

$$trt_{ij} = \sum_{F_m \in T_i, F_n \in T_j} trf_{mk} \tag{4-81}$$

$$trf_{mn} + F_n \leqslant RF_m^{(n)} \tag{4-82}$$

$$trt_{ij} + P_j \leqslant R_j \tag{4-83}$$

式中，F_m 为馈线负荷；trf_{mn} 为馈线发生 $N-1$ 故障时的负荷；P_i 为主变负荷；trt_{ij} 主变发生 $N-1$ 故障时的负荷；$RF_m^{(n)}$ 为馈线容量；R_j 为主变容量。

配电网安全边界 B_{DNSR} 为 Ω_{DNSR} 内部能够满足 $N-1$ 安全约束的边界点的集合，其数学表达式为

$$B_{DNSR} = \begin{cases} F_1 = \min\left[RF_m^{(1)} - \sum F_m, R_t - \sum_{F_j \in T_t} F_j \sum_{F_k \in T_j, F_k \neq F_1} F_k\right] \\ F_2 = \min\left[RF_m^{(2)} - \sum F_m, R_t - \sum_{F_j \in T_t} F_j \sum_{F_k \in T_j, F_k \neq F_2} F_k\right] \\ \vdots \\ F_i = \min\left[RF_m^{(i)} - \sum F_m, R_t - \sum_{F_j \in T_t} F_j \sum_{F_k \in T_j, F_k \neq F_i} F_k\right] \\ \vdots \\ F_n = \min\left[RF_m^{(n)} - \sum F_m, R_t - \sum_{F_j \in T_t} F_j \sum_{F_k \in T_j, F_k \neq F_n} F_k\right] \end{cases} \tag{4-84}$$

式中，F_n 由馈线 $N-1$ 安全约束和主变 $N-1$ 的安全约束组成。

2. 考虑电动汽车接入的改进配电网安全域模型

配电网安全域作为分析配电网最大负荷能力和实际安全运行范围的一种方法，在进行电动汽车入网影响分析时能够量化不同时刻不同节点处的配电网运行范围，但考虑到

尚缺乏计及电动汽车接入后安全域的研究，本节提出一种适用于规模化电动汽车入网评估的改进安全域模型。

将工作点定义为配电网正常运行时某一时刻所有节点负荷功率的向量，可将其视为负荷进行运算。规模化电动汽车接入配电网后的 EV - DNSR 模型具体表示为：

$$\begin{cases} \boldsymbol{W}_f = [P_{01}, \cdots, P_{0i}, \cdots, P_{0n}] \\ P_j = P_{EVj} \quad j \in N_{EV} \end{cases} \tag{4-85}$$

$$\Omega_{EV-DNSR} = \{\boldsymbol{W}_f \mid \boldsymbol{h}(\boldsymbol{W}_f) = 0, \boldsymbol{g}(\boldsymbol{W}_f) \leqslant 0\} \tag{4-86}$$

式中，$\boldsymbol{W}_f$ 为系统运行的工作点；$\boldsymbol{h}(\boldsymbol{W}_f)$、$\boldsymbol{g}(\boldsymbol{W}_f)$ 分别为潮流约束、安全约束；P_{0i} 为节点 i 的初始功率；N_{EV} 为所有电动汽车接入节点的集合。

电动汽车接入配电网后的 EV - DNSR 模型安全约束条件如下。

（1）电动汽车的充电会使接入处的配电网节点电压下降，其下降程度与电动汽车的充电功率、充电位置等因素有关，充电站允许的电压范围约束条件为：

$$U_{min} \leqslant U_i \leqslant U_{max} \tag{4-87}$$

式中，U_i 为第 i 座充电站的电压；U_{min}、U_{max} 分别为充电站接入配电网允许的电压最小值、最大值。

（2）变压器容量约束条件为：

$$\sum_{i=1}^{N} P_{EVi} x_i(t) + P(t) \leqslant \mu S_N \cos\varphi_N \tag{4-88}$$

式中，$x_i(t) = 0$ 时表示第 i 座充电站没有连接电动汽车或电动汽车充满电，$x_i(t) = 1$ 时表示第 i 座充电站连接电动汽车且电动汽车未充满电；N 为充电站的数量；$P(t)$ 为 t 时段变压器承担的普通负荷功率；S_N、$\cos\varphi_N$ 分别为变压器额定容量、额定功率因数，$\cos\varphi_N$ 取值为 0.95；μ 为变压器负载率，取值范围为 35%～60%。

（3）充电站充电功率变化约束条件为：

$$\left| \sum_{i=1}^{N} P_{EVi} x_i(t) - \sum_{i=1}^{N} P_{EVi} x_i(t-1) \right| \leqslant \Delta P_{0max} \tag{4-89}$$

式中，ΔP_{0max} 为同一充电站在 2 个相邻时间段的充电功率上限值。

（4）电动汽车充电容量约束条件为：

$$\sum_{i=1}^{N} P_{EVi} x_i(t) \Delta t = (1 - S_{SOCi,0}) \omega_i \tag{4-90}$$

式中，$S_{SOCi,0}$ 为第 i 辆电动汽车的初始 SOC；Δt 为充电时段长度；ω_i 为第 i 辆电动汽车的电池容量。

（5）SOC 连续性约束条件为：

$$S_{SOCi,t} = S_{SOCi,t-1} + \frac{P_{EVi} x_i(t) \Delta t}{\omega_i} \tag{4-91}$$

式中，$S_{SOCi,t}$ 为 t 时段第 i 辆电动汽车的 SOC；$S_{SOCi,t-1}$ 为 $t-1$ 时段第 i 辆电动汽车的 SOC。

（6）电动汽车过充条件约束条件为：

$$P_{EVi}\Delta t_a > (1 - S_{SOCi,t})\omega_i \qquad (4-92)$$

式中，Δt_a 为相邻两次监测的时间段。

3. 电动汽车出行潜力模型

借助 EV-DNSR 模型对规模化电动汽车接入后配电网运行状态的评估结果，本节将不同时刻的 EV-DNSR 截面面积与电动汽车接入配电网前的安全域平均承受能力截面面积的比值定义为电动汽车出行潜力指标 I_{EV-TP}，从而为电动汽车用户的出行提供指导。

$$I_{EV-TP} = \frac{S[\Omega_{EV-DSSR}]}{S[\Omega_{DSSR}]} \qquad (4-93)$$

式中，$S[\Omega_{EV-DSSR}]$ 为 EV-DNSR 纵截面面积；$S[\Omega_{DSSR}]$ 为电动汽车接入配电网前的安全域平均承受能力截面面积。

4.5.3 算例分析

1. 算例描述

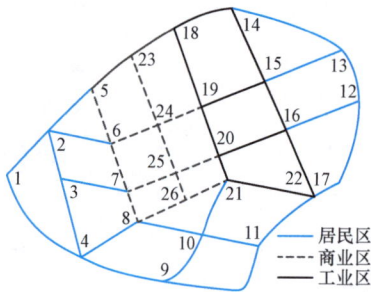

图 4-29 算例区域路网图

构建某城市区域路网与 IEEE 33 节点配电网的耦合算例系统，耦合关系如表 4-5 所示。区域路网如图 4-29 所示，包含 26 个节点和 45 条道路，将其分为居民区（含节点 1~17）、工作区（含节点 18~22）和商业区（含节点 23~26）。假设该区域共有 20000 辆电动汽车，其中有 10000 辆私家车、5000 辆出租车和 5000 辆商业用车。初始时刻电动汽车的 SOC 范围设为 0.8~0.9，假定电动汽车沿最优路径匀速行驶。

表 4-5　　　　　　　　　　配电网—交通网节点编号对应表

配电网节点	交通网节点	配电网节点	交通网节点
1	1	10	17
2	2	11	12
3	3	12	13
4	6	13	14
5	24	14	15
6	19	15	16
7	20	16	5
8	21	17	23
9	22	18	18

配电网节点	交通网节点	配电网节点	交通网节点
19	4	27	—
20	9	28	—
21	11	29	—
22	25	30	—
23	26	31	—
24	10	32	—
25	8	33	—
26	7		

2. 计及电动汽车入网的改进配电网安全域分析

取具有典型代表性的节点 18 和节点 24 进行 $EV\text{-}DNSR$ 仿真观测，分析规模化电动汽车接入对配电网的影响。从仿真结果可以看出，$EV\text{-}DNSR$ 范围随着时间的不同而变化，00:00～09:00、12:00～21:00 时段的 $EV\text{-}DNSR$ 范围逐渐增大，09:00～12:00、21:00～24:00 时段 $EV\text{-}DNSR$ 范围逐渐减少。这是因为 00:00～09:00、12:00～21:00 时段为电动汽车用户上下班高峰和商业区活动时间段，09:00～12:00、21:00～24:00 时段主要为电动汽车充电时间段。由此可以看出，电动汽车用户一天之内出行链行程时间分布不同导致交通网在不同时刻的车流量也在不断变化，交通网出行的改变对配电网实际运行结果有着显著的影响，与电动汽车用户的出行链分布密切相关。图 4-30（a）和图 4-30（b）为 $EV\text{-}DNSR$ 的最大纵截面和电动汽车接入配电网前安全域平均承受能力截面。可见 $EV\text{-}DNSR$ 的最大纵截面发生时间在 19:00 时，结合道路饱和度参数，此时正值下班高峰时间，道路饱和度处于一天之内的最大值，电动汽车接入配电网的数量最少，对配电网的影响最小，所以 $EV\text{-}DNSR$ 截面最大。图 4-30（a）的安全域截面面积远小于图 4-30（b）的电动汽车入网前的安全域平均承受能力截面面积，此时配电网对电动汽车承载能力还有较大裕度。通过图 4-30 可知，规模化电动汽车接入配电网后安全域面积缩小，与电动汽车接入配电网前的安全域平均承受能力截面相比，其安全域面积缩小 11%～23%。安全域边界越靠近左侧，电动汽车接入配电网后的潮流边界距离将越小，其误差范围也将变大。随着节点 18 接入电动汽车数量的增多，在节点 23 对应的负荷值也将增大，其潮流边界距离也将随之增大。

分析电动汽车出行链参数变化对 $EV\text{-}DNSR$ 的影响，图 4-31（a）～（c）为 3 种场景下 $EV\text{-}DNSR$ 的最大纵截面，图 4-31（d）为电动汽车接入配电网前安全域平均承受能力截面。通过比较图 4-31（a）～（d）可见，随着出行链中复杂链比例的增大，其安全域截面面积逐渐缩小，说明电动汽车活动范围越广对配电网运行影响越大，配电网承受能力越低。

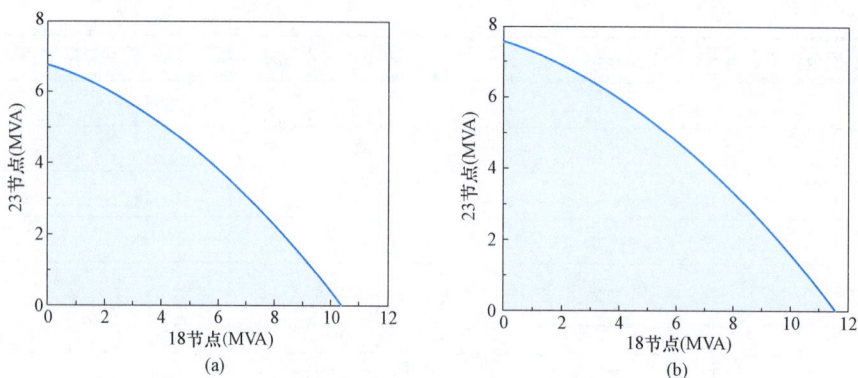

图 4-30　电动汽车入网前后的 EV-DNSR 二维安全域截面

（a）图 3-6 中 EV-DNSR 的最大纵截面；（b）电动汽车接入配电网前安全域平均承受能力截面

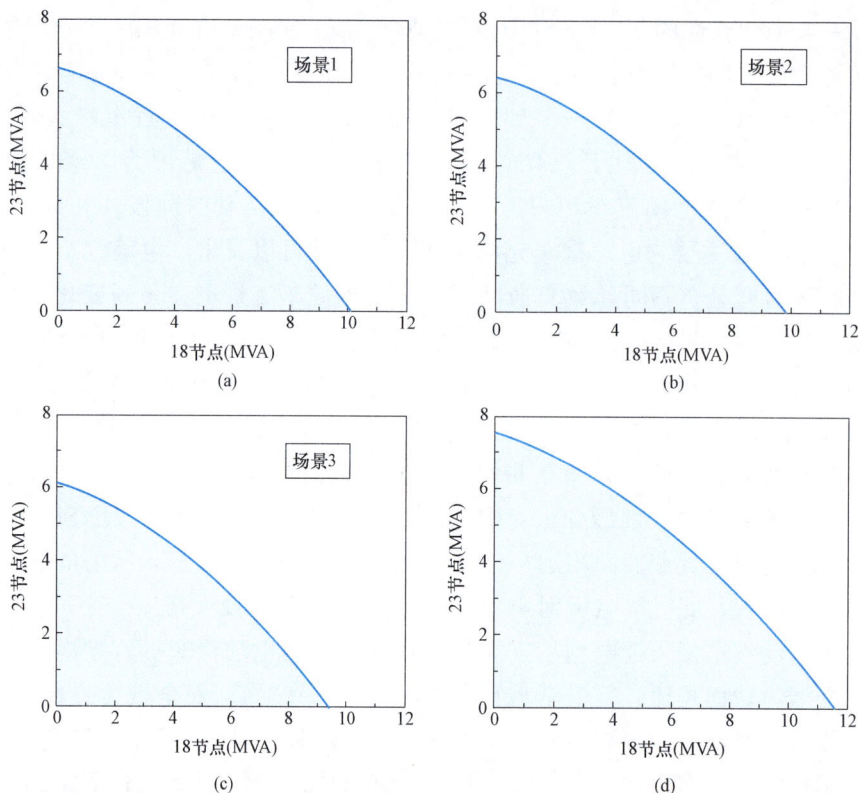

图 4-31　不同出行链参数下的 EV-DNSR 二维安全域截面

（a）场景 1 下 EV-DNSR 的最大纵截面；（b）场景 2 下 EV-DNSR 的最大纵截面；
（c）场景 3 下 EV-DNSR 的最大纵截面；（d）电动汽车接入配电网前安全域平均承受能力截面

3. 电动汽车出行潜力分析

用 EV-DNSR 推导得到的 EV-TP 指标，分析电动汽车用户的出行规律，各时段 EV-TP 仿真结果如表 4-6 所示。EV-TP 值在早晚时分出现 2 次低谷，09:00 时 EV-TP 值为

0.2162，19:00 时 $EV\text{-}TP$ 值为 0.1027。可见当电动汽车处于停车状态，$EV\text{-}TP$ 值较高；当电动汽车处于行驶状态，$EV\text{-}TP$ 值较低。结合道路交通网特性，随着交通网中车流量的增多，$EV\text{-}TP$ 值变小，$EV\text{-}DNSR$ 范围变大，$EV\text{-}TP$ 值可以反映电动汽车用户的出行规律。由于 $EV\text{-}TP$ 指标是由 $EV\text{-}DNSR$ 推导而来，所以 $EV\text{-}DNSR$ 是在电动汽车和配电网动态交互下建立的。由此可知，在系统结构满足 $N-1$ 安全约束的配电网下接入规模化电动汽车，可通过调控充电位置和数量来缓解配电网的运行压力。

表 4-6　　　　　　　　　　　$EV\text{-}TP$ 指标

时刻	$EV\text{-}TP$	时刻	$EV\text{-}TP$	时刻	$EV\text{-}TP$	时刻	$EV\text{-}TP$
01:00	0.4324	07:00	0.2703	13:00	0.2649	19:00	0.1027
02:00	0.4054	08:00	0.2432	14:00	0.2379	20:00	0.1459
03:00	0.3784	09:00	0.2162	15:00	0.2108	21:00	0.1784
04:00	0.3514	10:00	0.2541	16:00	0.1838	22:00	0.2054
05:00	0.3243	11:00	0.2811	17:00	0.1568	23:00	0.2378
06:00	0.2973	12:00	0.3027	18:00	0.1297	24:00	0.4595

4.6　电动汽车聚合响应灵活性潜力分析

电动汽车聚合资源的移动储能特性通过可控充放电在支持电能辅助服务等方面具有潜在价值，表征为响应灵活性。然而，电动汽车作为交通工具其首要任务依然是保证用户正常出行，需要侧重考虑电动汽车出行特性与充放电意愿的前提下探讨及其能够调控的灵活性潜力和范围。

电动汽车的灵活性潜力受车辆实时荷电状态与用户期望电量的影响，也与电网运行状态需求密切相关，这些因素决定了电动汽车聚合响应可调控裕度范围。由此，本节聚焦交通—电力耦合系统下如何充分挖掘电动汽车聚合响应灵活性潜力。

4.6.1　特征状态参数建模

车网耦合环境下对电动汽车用户在交通—电力耦合系统下出行充电行为进行建模是挖掘可调控裕度的基础。电动汽车的出行充电过程具有空间、能量和时间三大属性，具体包括以下三个方面：第一是电动汽车用户的出行特征，主要包括，出行起止点，出行路径，停靠点以及受道路影响下的行驶速度等；第二是电动汽车用户的电量特征，包括初始荷电状态，充电功率，单位行驶里程耗电量以及用户充电电量等；第三是电动汽车用户时间特征，包括始发时间，行驶时长，充电时长以及停车时长等。按上述思路建立电动汽车用户特征状态参数，包括出行特征参数、电量特征参数和时间特征参数，主要参数集合见表 4-7，其中所有参数均以第 i 辆电动汽车（简称 EV_i）为例进行说明。

表 4 - 7 电动汽车特征状态参数

状态参数类别	参数符号	参数含义
出行特征参数	O^i，D^i	EV_i 出行起止点
	$O^i \leftrightarrows M^i \leftrightarrows D^i$	EV_i 出行最优路径
	$D(O^i，D^i)$	EV_i 出行最优路径长度
	P_n^i	EV_i 第 n 次停靠点
	v_t^i	EV_i 在 t 时刻行驶速度
	X_t^i	EV_i 在 t 时刻已行驶的距离
电量特征参数	S_{ori}^i	EV_i 初始荷电状态
	P_c^i	EV_i 充电功率
	E_{con}^i	EV_i 单位行驶里程耗电量
	S_t^i	EV_i 在 t 时刻荷电量
时间特征参数	t_{ori}^i	EV_i 始发时刻
	t_M^i	EV_i 到达行驶路径中第 M 个交通节点时刻
	T_{pn}^i	EV_i 在第 n 次停靠中期望停车时长
	T_{cn}^i	EV_i 在第 n 次停靠中充电时长

1. 出行特征状态参数

用户的日出行规律可通过出行链模型初步描述，在确定出行起始点与出行目的地后，计及交通网的路况特性即可得到用户的具体行驶路径。考虑选择最短行驶路径作为本次出行的计划路线，如利用 Dijkstra 算法得到从出发地 O^i 至目的地 D^i 的最优路径，即 O^i 与 D^i 之间的最短路径 $O^i \leftrightarrows M^i \leftrightarrows D^i$，其中 M^i 代表最优路径的中间交通节点。在用户按最优计划路径行驶过程中，可能出现因电量不足而停靠充电的情况。设 EV_i 在时刻 t 到达交通节点 M^i，此时 EV_i 对是否充电进行判断，若剩余电量无法支撑其继续行驶，则 EV_i 在 M^i 停靠并充电至能够支撑其到达目的地的电量，P_n^i 可由式（4 - 94）判别。

$$\begin{cases} P_n^i = M^i，L_{M^i(M+1)^i} E_{con}^i > S_t^i \&\& EV_i \text{ 过第 } n-1 \text{ 个停靠点} \\ P_n^i \neq M^i，L_{M^i(M+1)^i} E_{con}^i < S_t^i \mid\mid EV_i \text{ 未过第 } n-1 \text{ 个停靠点} \end{cases} \quad (4 - 94)$$

式中，$L_{M^i(M+1)^i}$ 表示交通节点 M^i 与将要行驶至的下一个交通节点 $(M+1)^i$ 间距离。

采用等效道路长度下行驶时长模型来反映车流情况，则 EV_i 在 t 时刻的行驶速度为

$$v_t^i = \frac{L_t^i}{T_t^i} \quad (4 - 95)$$

式中，L_t^i 表示 EV_i 在 t 时刻所在路段的等效长度，T_t^i 为 EV_i 通过在 t 时刻所在路段需要的时长。

记 EV_i 在一天中 t 时刻已累计行驶里程为 X_t^i，则

$$X_i^t = \begin{cases} (S_{\mathrm{ori}}^i - S_t^i)/E_{\mathrm{con}}^i & P_{n-1}^i = O^i \\ (S_{\mathrm{ori}}^i - S_t^i + T_{cn-1}^i P_c^i)/E_{\mathrm{con}}^i & P_{n-1}^i \neq O^i \&\& P_{n+1}^i = D^i \\ D(O^i, D^i) + (1 - S_t^i)/E_{\mathrm{con}}^i & P_{n-1}^i = D^i \\ D(O^i, D^i) + (1 - S_t^i + T_{cn-1}^i P_c^i)/E_{\mathrm{con}}^i & P_{n-1}^i \neq D^i \&\& P_{n+1}^i = O^i \end{cases} \tag{4-96}$$

式中，由上至下分别表示前往目的地过程中产生充电需求前后累计行驶里程和由目的地返回住宅区过程中产生充电需求前后累计行驶里程。

2. 电量特征状态参数

电动汽车依靠电池中储存的电量完成作为交通工具的出行功能。在行驶过程中电量处于被消耗状态，当剩余电量无法支撑电动汽车完成正常出行活动时，充电需求由此产生。因此，电动汽车充电负荷与电量特征状态参数直接相关。然而，单位行驶里程耗电量 E_{con} 与交通路况、环境气温、电池寿命等均有关系，想要直接获取精确的单位行驶里程耗电量 E_{con} 非常困难。对此进行简化，假设电动汽车单位行驶里程耗电量 E_{con} 恒为一定值。设每辆电动汽车返回住宅区出发地后充电以保证下一次出行要求。

由上述假设，认为电动汽车耗电量随行驶里程线性增加，且 EV_i 每到达一个交通节点进行一次荷电量采样，则

$$S_t^i = S_{t-1}^i - E_{\mathrm{con}} \Delta L \tag{4-97}$$

式中，S_{t-1}^i 表示上一次荷电量采样值，ΔL 表示两次采样间 EV_i 行驶的里程。

3. 时间特征状态参数

对于 EV_i 的始发时刻，以出行链为例进行在各时刻的出行起始点集群电动汽车占比分配，并对每一时刻出行电动汽车进行编号，则在时刻 t 出行的电动汽车集群均可将 t 作为其始发时刻。

EV_i 到达行驶路径中第 M 个交通节点时刻 t_M^i 可由式（4-98）计算得到，其中 t_{M-1}^i 为 EV_i 到达上一个交通节点的时刻。

$$t_M^i = \begin{cases} t_{M-1}^i + L_{MM-1}^i/v, & (M-1)^i \neq P_n^i \\ t_{M-1}^i + T_{pn}^i + L_{MM-1}^i/v, & (M-1)^i = P_n^i \end{cases} (n = 1, 2, \cdots, N) \tag{4-98}$$

式中，L_{MM-1}^i 为第 M 个交通节点与第 $M-1$ 个交通节点之间的等效道路长度；N 为 EV_i 在完成一次出行链过程中需要停靠的总次数。

设定电动汽车期望停留时长 T_p 服从式（4-93）正态分布，其中 $\mu = 5$，$\sigma = 1.4$，且 EV_i 在第 n 次停靠中充电时长 T_{cn}^i 可由式（4-94）计算得到。

$$f(T_p, \mu, \sigma) = \frac{1}{\sigma\sqrt{2\pi}} e^{-\frac{(T_p - \mu)^2}{2\sigma^2}} \tag{4-99}$$

$$T_{cn}^i = \begin{cases} (Cap^{P_n^i D^i} - S_t^i)/P_c^i & (Cap^{P_n^i D^i} - S_t^i)/P_c^i < T_{pn}^i \\ T_{pn}^i, & (Cap^{P_n^i D^i} - S_t^i)/P_c^i > T_{pn}^i \end{cases} \tag{4-100}$$

式中，$Cap^{P_n^i D^i}$ 表示 EV_i 在第 n 次停靠后到达目的地 D^i 需要的荷电量。

EV_i 沿计划最优路径从出发地 O^i 行驶至目的地 D^i 总耗费时长 ΔT_{OD} 由行驶时长与交通

节点停靠时长两部分组成，则

$$\Delta T_{\text{OD}}^i = \sum_{h=1}^{H} \Delta T_h^i + \sum_{n=1}^{N} T_{\text{p}n}^i \tag{4-101}$$

式中，ΔT_h^i 表示 EV_i 不停靠通过路段 h 所需时长，H 表示从出发地沿最优路径到达目的地经过路段总数。

4.6.2 集群可调控裕度

1. 可控响应裕度指标构建

利用用户特征状态参数获得的用户出行及充电行为一般认为是任意且未受到主动管控的，表现为无序充电。事实上，用户在选择交通节点进行停靠后并非在整个停靠过程中都对电动汽车进行充电，而是在用户离开时达到满意的期望电量即可，这也使得电动汽车充放电过程具有一定灵活性裕度、供需求响应。电动汽车的响应方式可分为延迟充电和反向供电两种需求响应类型。其中，反向供电方式相较于延迟充电方式的响应能力更强，由分布式负荷转变为分布式电源的作用也使得其响应效果更加明显。然而，并不是所有车辆均能采取反向供电方式进行响应，在具备 V2G 硬件设备前提下也需要用户期望电量、停留时间、实时荷电状态等均满足要求，并且后续为达到用户期望电量可能产生充电高峰。除此之外，反向供电的响应方式对电动汽车电池的损害更为严重，甚至缩短电池寿命。

考虑到上述问题的存在，引入荷电状态裕度（The state of charge margin，SOCM）和响应时间裕度（The response time margin，RTM），其中 RTM 包括放电 RTM 与延迟充电 RTM。以上两个指标分别从能量与时序两方面共同描述单体电动汽车最大响应能力，在考虑用户侧停靠离开时的期望荷电状态要求并保证用户顺利出行的前提下，充分挖掘电动汽车响应灵活性潜力。

SOCM 与电动汽车荷电状态直接相关，为减少电动汽车放电对电池产生的损害，在保证用户顺利出行的前提下荷电状态大于 10% 的电动汽车停靠后具有放电能力，结合 4.6.1 节给出的电量特征状态参数 S_t^i，EV_i 在时刻 t 的 SOCM 为：

$$M_i^{t,S} = \frac{S_{t-1}^i - E_{\text{con}}^i \Delta L - 0.1 Cap_i}{Cap_i} \tag{4-102}$$

式中，Cap_i 表示 EV_i 的电池容量。当 $M_i^{t,S} > 0$ 表明从不损害电池寿命的角度 EV_i 具备向电网放电的能力，反之则不具备向电网放电的能力。

由 4.6.1 节可知用户的出行特征参数、电量特征参数和时间特征参数三者密不可分，相互影响，共同决定着电动汽车可调控裕度。其中，SOCM 与 S_t^i 直接相关，属于电量特征参数的一个衍生指标。此外，若考虑后续的响应过程，SOCM 也处于动态变化中，如放电使得 SOCM 减小。因而 SOCM 既作为衡量电动汽车可控响应裕度的指标，又随具体响应过程变化。

然而，SOCM 指标未包含时序特征，无法有效全面地量化电动汽车可控响应裕度。因此，引入 RTM 与 SOCM 共同表征电动汽车的响应灵活性潜力。RTM 表示单体电动汽车从停靠后接入电网至离网期间内能够持续产生响应的最长时间。这里区分定义放电 RTM 和延迟充电 RTM，记作 RTM1 和 RTM2。前者表示单体电动汽车能够以稳定功率持续向电网放电的时段长度，后者表示有充电需求的电动汽车能够持续延迟充电的时段长度。设 t 时刻 EV_i 在交通节点 M 进行第 n 次停靠，RTM 为：

$$M_i^{t,T_1} = \begin{cases} 0, & S_{t-1}^i - E_{con}^i \Delta L < 0.1 Cap_i \\ (S_{t-1}^i - E_{con}^i \Delta L - 0.1 Cap_i)/P_d^i, & S_{t-1}^i - E_{con}^i \Delta L \geqslant 0.1 Cap_i \end{cases} \quad (4\text{-}103)$$

$$M_i^{t,T_2} = \begin{cases} 0, & t \geqslant t_M^i + T_{pn}^i - (T_{cn}^i + Q_M^{i,d}/P_c^i) \\ t - t_M^i - T_{pn}^i + (T_{cn}^i + Q_M^{i,d}/P_c^i), & t < t_M^i + T_{pn}^i - (T_{cn}^i + Q_M^{i,d}/P_c^i) \end{cases}$$

$$(4\text{-}104)$$

进一步地，结合 4.6.1 节用户特征状态参数，式（4-104）可在 $(Cap^{P_n^i D^i} - S_t^i)/P_c^i < T_{pn}^i$ 和 $(Cap^{P_n^i D^i} - S_t^i)/P_c^i > T_{pn}^i$ 时分别表示为式（4-105）和式（4-106）两种形式。

$$M_i^{i,T_2} = \begin{cases} 0, & t \geqslant t_{M-1}^i + L_{MM-1}^i/v + T_{pn}^i - [(Cap^{P_n^i D^i} - S_t^i)/P_c^i + Q_M^{i,d}/P_c^i] \\ t - t_{M-1}^i - L_{MM-1}^i/v - T_{pn}^i + [(Cap^{P_n^i D^i} - S_t^i)/P_c^i + Q_M^{i,d}/P_c^i], \\ \quad t < t_{M-1}^i + L_{MM-1}^i/v + T_{pn}^i - [(Cap^{P_n^i D^i} - S_t^i)/P_c^i + Q_M^{i,d}/P_c^i] \end{cases}$$

$$(4\text{-}105)$$

$$M_i^{t,T_2} = \begin{cases} 0, & t \geqslant t_{M-1}^i + L_{MM-1}^i/v - Q_M^{i,d}/P_c^i \\ t - t_{M-1}^i - L_{MM-1}^i/v + Q_M^{i,d}/P_c^i, & t < t_{M-1}^i + L_{MM-1}^i/v - Q_M^{i,d}/P_c^i \end{cases} \quad (4\text{-}106)$$

式中，M_i^{t,T_1} 与 M_i^{t,T_2} 分别表示 t 时刻 EV_i 的 RTM1 和 RTM2；$Q_M^{i,d}$ 表示 EV_i 在交通节点 M 的放电总电量（若 EV_i 满足放电要求）；P_d^i 表示 EV_i 的放电功率。可以看出 RTM 与 SOCM 并非完全独立，均随着响应进程处于动态变化。不同的是，RTM 将用户预计停靠时间和必要的充电时间纳入到了电动汽车可控响应裕度指标的构建中，在保证用户顺利出行的前提下充分挖掘了电动汽车潜在的响应灵活性。

上述提出的两类电动汽车可控响应裕度指标分别从电量和时序两方面对电动汽车潜在的响应灵活性展开了描述。一方面，SOCM 与荷电状态直接相关并不断变化，在这个过程中会使得电动汽车实时荷电状态与用户期望荷电状态差值处于不断更新的过程，原本的必要充电时间也会因此发生缩短或延长，由此导致电动汽车可控时长改变，进而影响到 RTM。另一方面，随着时间的推移，越接近用户预计离开时刻，电动汽车能够做出的响应时间越少。

2. 考虑电动汽车响应能力差异化的集群划分

在构建完成单体电动汽车实时可控响应裕度指标后，每辆电动汽车的 SOCM 和 RTM 能够被实时得到，由此在下一评估时段的单体电动汽车响应能力能够被初步确定。由前面内容可知各单体电动汽车具有自身特定的响应能力，如 $M_i^{t,T_1} > 0$ 时，电动汽车具有放电潜力。$M_i^{t,T_2} > 0$ 时，在强制充电时刻到达之前，充电时段不固定。这里的强制充电时刻具体含义是若电动汽车在此时刻点不开始进行充电，则将无法在电动汽车用户预计离开时刻达到满足用户预期的荷电状态。

可以看出，单体电动汽车的动态响应能力与特征状态参数密切相关，并随着响应动作在时序上不断变化。本节根据 SOCM 和 RTM，结合前面部分提到的电动汽车需求响应方式，将 t 时刻的单体电动汽车分为三类以描述其在当前时刻的最大响应能力，如图 4‑32 所示。

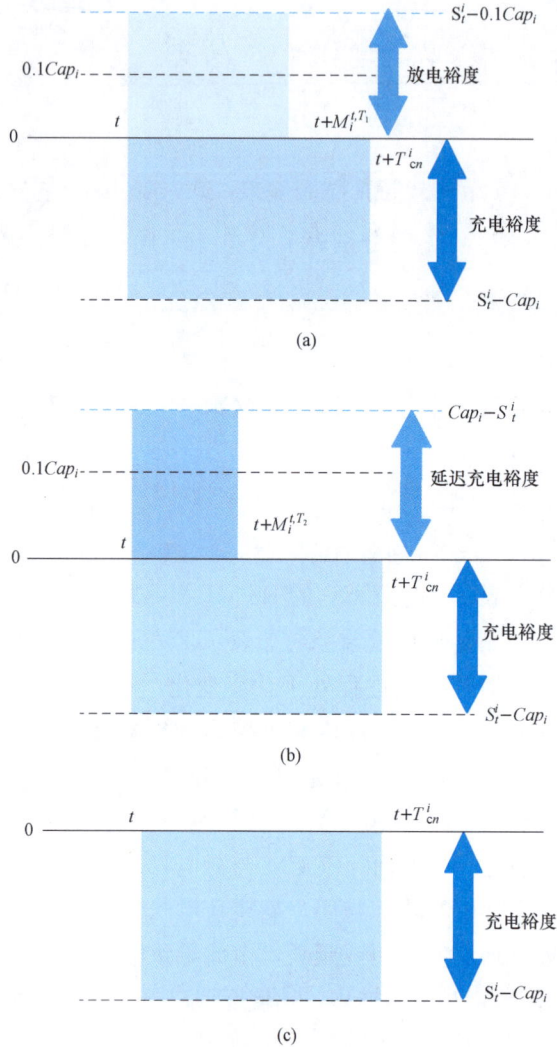

图 4‑32　单体电动汽车响应能力差异化示意图

(a) $M_i^{t,s} > 0$，$M_i^{t,T_1} > 0$；(b) $M_i^{t,s} < 0$，$M_i^{t,T_2} > 0$；(c) $M_i^{t,s} < 0$，$M_i^{t,T_2} = 0$

当 $M_i^{t,s} > 0$ 且 $M_i^{t,T_1} > 0$ 时，EV_i 在 t 时刻处于放电集群。此时 EV_i 可向电网提供功率支持，响应能力为 P_d^i，可持续响应时间为 M_i^{t,T_1}。向电网注入功率即为放电集群的响应方式。图 4‑32（a）中纵坐标正半轴的蓝色虚线表示当前电量与所规定的放电下限电量之间的差值，以此值来描述放电集群进行向上调控时的电量能力；图 4‑32（a）中纵坐标负半轴的虚线表示当前电量与该单体电动汽车总电量之间的差值，以此值描述放电集群进行向下调控时的电量约束（因电动汽车充电不能越过其满电量状态）。

当 $M_i^{t,s}<0$ 且 $M_i^{t,T_2}>0$ 时，EV_i 在 t 时刻处于中间集群。此时 EV_i 无法向电网提供功率支持，但可通过延迟充电的方式参与响应，响应能力为 0，可持续响应时间为 M_i^{t,T_2}。图 4-32（b）中纵坐标正半轴的蓝色虚线与图 4-32（a）有所不同，表示的是该单体电动汽车总电量与当前电量之间的差值，以此值来描述中间集群进行延迟充电的电量能力；图 4-32（b）中纵坐标负半轴的黑色虚线与图 4-32（a）类似，表示当前电量与该单体电动汽车总电量之间的差值，以此值描述中间集群进行向下调控时的电量约束。

当 $M_i^{t,s}<0$ 且 $M_i^{t,T_2}=0$ 时，EV_i 在 t 时刻处于充电集群。为满足用户出行需求，此时 EV_i 需进行充电功率为 P_c^i 的充电，对优化调控无法响应。该电动汽车既无向电网倒送电能的能力，也无暂缓充电的能力。因此从图 4-32（c）可以直观的看到处于充电集群的电动汽车只拥有向下调控裕度，即只能向电网获取电能而无法做到类似于放电集群和中间集群那样从需求侧产生实质性的响应。

综上可得，在各节点停靠入网的单体电动汽车按可调控裕度指标可被划分为三个集群，即：放电集群，中间集群和充电集群，三个电动汽车集群的含义如下。

电动汽车放电集群：属于该集群的电动汽车 SOCM 和 RTM 均达到要求，因此该集群同时具备向电网反向供电和自身延迟充电两种需求响应能力，该集群中单体电动汽车的响应能力相较于其他两类集群更大。

电动汽车中间集群：属于该集群的电动汽车需要在停靠过程中进行充电但并未达到强制充电时刻，即此时非必须进行充电动作。因此该集群只具备延迟充电的能力而不具备向电网反向供电的能力，该集群中单体电动汽车的响应能力较放电集群次之。

电动汽车充电集群：属于该集群的电动汽车需要在停靠过程中进行充电并已达到强制充电时刻，即此时必须进行充电动作，否则无法满足用户正常出行需求。因此该集群既不具备延迟充电的能力同时也不具备向电网反向供电的能力，该集群中单体电动汽车的响应能力最弱。

在完成以上对电动汽车集群的划分后，一旦确定 t 时刻某一辆电动汽车所属的集群类别，则该电动汽车在 t 时刻的响应灵活性潜力就能被决定。$EVRF_i$ 表示 EV_i 的灵活响应潜力，则：

$$EVRF_i = \begin{cases} -P_c^i & EV_i \in 充电集群 \\ 0 & EV_i \in 中间集群 \\ P_d^i & EV_i \in 放电集群 \end{cases} \qquad (4-107)$$

考虑到后续具体的调控过程，如图 4-33 所示，其中虚线代表功率流向。处于放电集群的电动汽车响应能力最强，通过联合放电的方式构成"分布式虚拟电厂"；而处于中间集群的电动汽车响应功率为 0，以延迟充电的方式暂时缓解电网负荷压力；最后，处于充电集群的电动汽车为满足用户出行需求向电网获取电能，保证用户顺利出行。

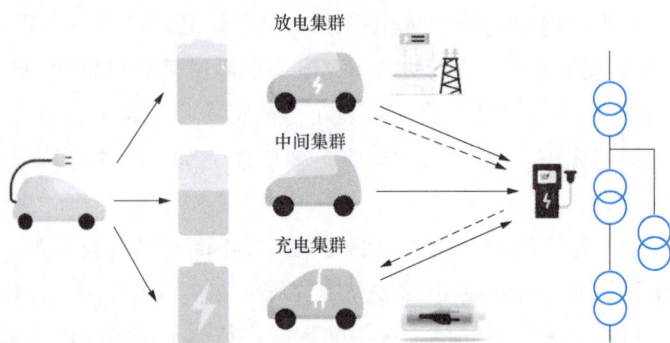

图 4-33　电动汽车集群划分示意图

4.6.3　算例分析

采用某市城区交通—电力耦合系统，如图 4-34 所示，该区域内有 150 辆电动汽车。采用 15min 为步长对该区域电动汽车的整体可调控裕度进行分析，以反映该区域整日响应灵活性潜力分布。考虑到场景的完备性，假设一天内集群电动汽车不断参与电网侧需求响应。图 4-35 给出了电动汽车的整体可调控裕度 24h 变化情况，具体数值为各时刻各节点停靠入网的电动汽车充电集群、电动汽车中间集群和电动汽车放电集群的响应裕度叠加。可以看到，电动汽车集群可调控裕度在 09:00～14:00 区间达到最大，并在 12:00 前后达到峰值，在这段时间内受控电动汽车进行集中放电和延迟充电，电动汽车放电集群的放电能力达到最强，响应灵活性最高，在此之后整体可调控裕度大幅度下降。在 15:00～次日 06:00 期间里电动汽车集群可调控裕度处于一个较低水平，反映该时间段为电动汽车集群响应灵活性潜力最低时段，电动汽车放电集群数量降低，电动汽车充电集群占比增加，单体电动汽车的响应能力减弱。

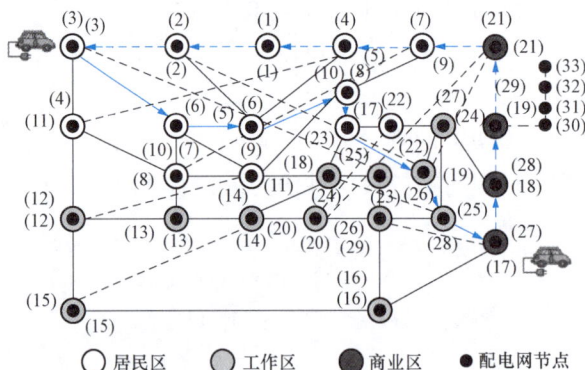

图 4-34　交通—电力耦合系统

图 4-36 和图 4-37 为电动汽车整体 RTM1 和 RTM2 的变化情况，通过图 4-36 和图 4-37 可以进一步分析电动汽车响应灵活性潜力呈现上述变化原因。可以看到，集群电动汽车 RTM1 在 12:00 前后出现峰值，此时放电集群放电能力得到最大化并在之后出现持

续下降。导致其大幅下降的原因是集中放电使电动汽车 SOCM 接近于 0，在电量上无裕度提供放电响应，且由于用户出行需求约束限制了放电动作，产生充电需求。电动汽车整体 RTM2 从 0∶00～6∶00 经过些许下降后直至 12∶00 不断升高并到达一天中峰值，此时中间集群延迟充电能力最强。12∶00～15∶00受控电动汽车进行集中放电和延迟充电，在此期间整体 RTM2 持续减小，由于用户出行需求约束在之后一段时间大量电动汽车从中间集群向放电集群转化，因此将迎来充电高峰。

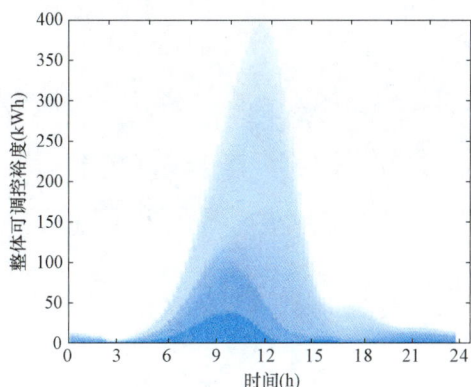

图 4 - 35　电动汽车整体可调控裕度变化示意图

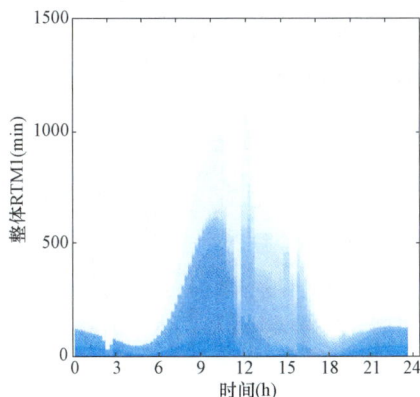

图 4 - 36　电动汽车整体 RTM1

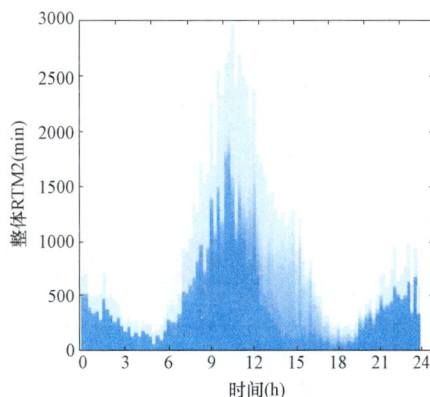

图 4 - 37　电动汽车整体 RTM2

4.7　多因素动力学耦合下充电服务网多维评估

本节综合考虑充电服务网的宏观布局和微观运行特性，耦合分析充电服务网—交通网—配电网的交互关系，建立多维度综合评价指标体系，从而实现对充电服务网络的精准、全面评估，进一步通过对不同区域的电动汽车充电站薄弱环节挖掘，为后续充电站持续优质运行与规划提供支撑。

4.7.1　多维评估指标体系及计算模型

从充电服务网—用户—交通网—配电网 4 个层面，基于充电服务网的运行维度、用户体验维度、交通网运行影响维度和配电网运行影响维度，针对每个维度提出多个下属指标，建立城市充电服务网多维综合评估指标体系，如图 4 - 38 所示。

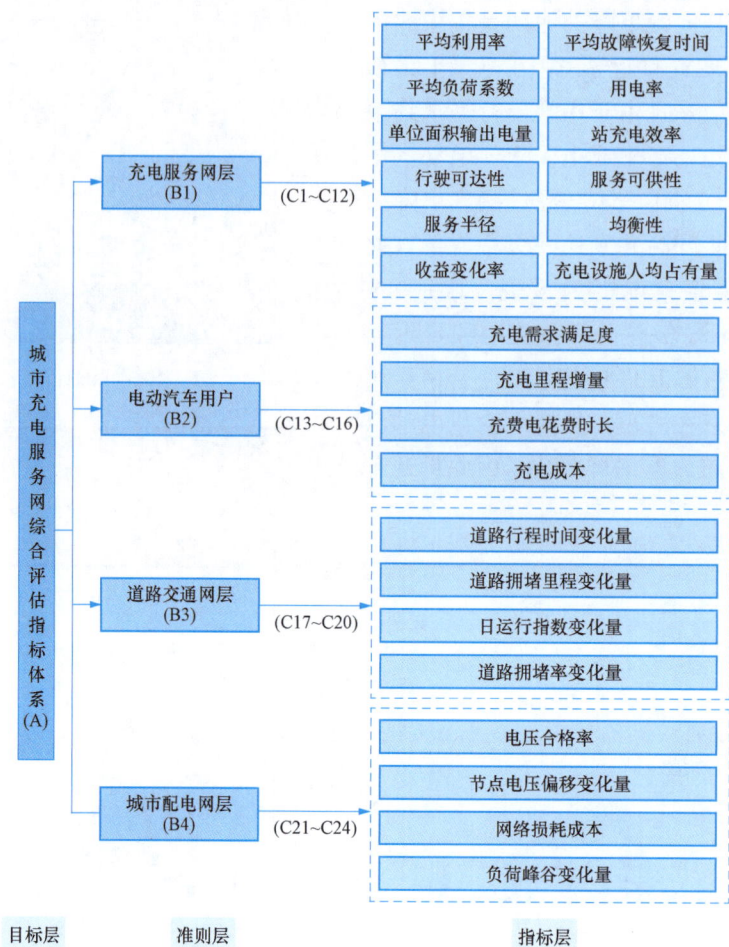

图 4-38 充电服务网综合评估指标体系

（1）充电服务网层。从便利性、安全性、节能性、经济性和合理性五个维度建立充电服务网运行层综合评估指标体系，如图 4-39 所示。

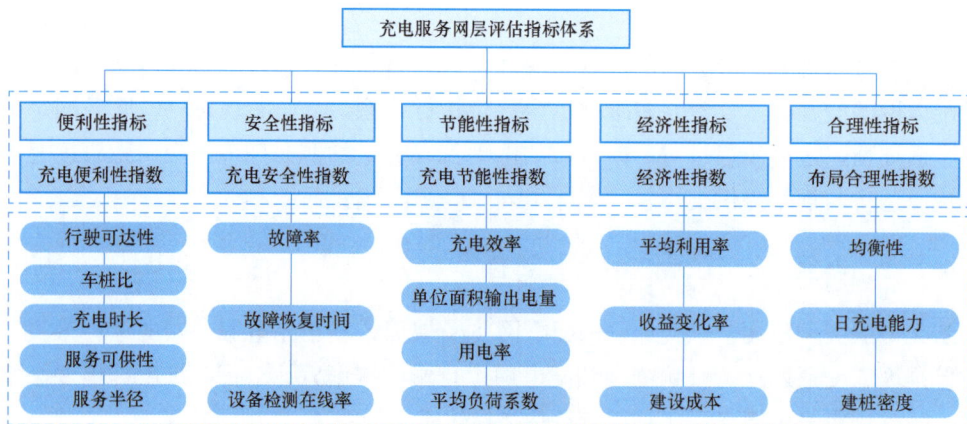

图 4-39 充电服务网层评估指标

1）平均利用率。

平均利用率 A_U 真实反映充电站内桩的利用情况，表示充电站内设备的平均利用率：

$$A_U = \frac{1}{N} \sum_{i=1}^{N} \frac{T_{u,i}}{T_0} \tag{4-108}$$

式中，N 为充电站的总数量；$T_{u,i}$ 表示第 i 个充电站的实际正常工作的时间；T_0 表示总的检测时间。

2）平均故障恢复时间。

故障恢复时间包括充电站运营商发现故障的时间、维修团队响应、维护或维修时间、设备重新投入使用的时间等：

$$T_R = \frac{1}{N} \sum_{i}^{N} \left(\frac{\sum_{j=1}^{N_{F,i}} T_{r,i}^{j}}{N_{F,i}} \right) \tag{4-109}$$

式中，$T_{r,i}^{j}$ 为充电站 i 第 j 次故障恢复总时间；$N_{F,i}$ 为充电站 i 的故障次数。

3）平均负荷系数。

平均负荷系数 λ_{avcs} 为充电站内所有设备平均负荷和额定负荷的比值：

$$\lambda_{avcs} = \frac{1}{N} \sum_{i=1}^{N} \frac{P_{avcs,i}}{P_{es,i}} \tag{4-110}$$

式中，$P_{avcs,i}$ 为充电站 i 的平均负荷；$P_{es,i}$ 为充电站 i 的额定负荷。

4）用电率。

充电站用电率 I 为充电站内设备用电量与站内自用电总量的比值：

$$I = \frac{1}{N} \sum_{i=1}^{N} \frac{W_{total,i} - W_{pole,i}}{W_{total,i}} \tag{4-111}$$

式中，$W_{total,i}$ 为充电站 i 用电量；$W_{pole,i}$ 为充电站 i 内充电设备用电量。

5）单位面积输出电量。

单位面积输出电量 W_{chav} 为充电设备输出电量与占地面积的比值：

$$W_{chav} = \frac{1}{N} \sum_{i=1}^{N} \frac{W_{ch,i}}{S_{ch,i}} \tag{4-112}$$

式中，$W_{ch,i}$ 为充电站 i 设备输出电量；$S_{ch,i}$ 为充电站 i 的占地面积。

6）站充电效率。

站充电效率 η_{chav} 指站内充电设备总输入电量与总输出电量的比值为：

$$\eta_{chav} = \frac{1}{N} \sum_{i=1}^{N} \frac{W_{out,i}}{W_{in,i}} \tag{4-113}$$

式中，$W_{out,i}$ 为充电站 i 输出电量；$W_{in,i}$ 为充电站 i 输入电量。

7）行驶可达性。

行驶可达性 γ 可一定程度反映充电站空间布点的完善程度，表示电动汽车用户到充电站点补充能量的难易程度：

$$\gamma = \begin{cases} \dfrac{L_{\max} - L_{P} - L_i}{L_{\max} - L_{P}}, & 0 \leqslant L_i < L_{\max} - L_{P} \\ 0, & L_i \geqslant L_{\max} - L_{P} \end{cases} \tag{4-114}$$

式中，$L_{\max}$ 为用户充满电的续航里程；L_{P} 为用户行驶到目前位置 P 的距离；L_i 为用户到达最合适的充电站的路程；L_i 的值越大，γ 越小；当 L_i 大于 $L_{\max} - L_{P}$ 时，用户不能达到充电站点充电，那么 γ 的取值为 0。

8）服务可供性。

服务可供性 $\bar{\omega}$ 用于衡量不同充电站的容量差异所提供电动汽车用户不同的服务能力：

$$\bar{\omega} = \left| \frac{Q_i}{(L/L_{\max}) \times Cap} \right| \tag{4-115}$$

式中，Q_i 为充电站 i 的容量；L 表示用户充满电到现在行驶的距离。

9）服务半径。

假设该区域电动汽车的密度 ρ，那么充电站的服务半径 R_{S}：

$$R_{S} = \bar{\omega}/\rho \tag{4-116}$$

10）均衡性。

均衡性 σ 反映不同充电站的运行水平的差异，指不同充电站利用率的离散程度：

$$\sigma = \sqrt{\frac{1}{N} \sum_{i=1}^{N} \left(\frac{T_{u,i}}{T_0} - A_U \right)^2} \tag{4-117}$$

11）收益变化率。

收益变化率 $\Delta B_{t,t-1}$ 反映充电站运行的经济性，从时间尺度上评估电动汽车充电站的收益的变化：

$$\Delta B_{t,t-1} = \frac{1}{N} \sum_{i=1}^{N} \frac{M_{t,i} - M_{av,i}}{M_{av,i}} \tag{4-118}$$

式中，$M_{t,i}$ 为当前时段充电站 i 的收益，$M_{av,i}$ 为充电站 i 收益的平均值。

12）充电设施人均占有量。

充电设施的人均占有数量 D_{p} 指站内充电桩与站充电用户数的比值：

$$D_{p} = \frac{1}{N} \sum_{i=1}^{N} \frac{P_{al,i}}{B_{av,i}} \tag{4-119}$$

式中，$P_{al,i}$ 为充电站 i 充电桩总数；$B_{av,i}$ 为充电站 i 日平均充电用户数。

（2）用户体验层。

1）充电需求满足度。

充电需求满足度 X_{D} 代表用户的充电需求能被满足的比例，反映充电站服务的可靠程度：

$$X_{D} = \frac{1}{K} \sum_{i=1}^{K} \theta_i \tag{4-120}$$

$$\theta_i = \begin{cases} 1, & i \in \text{完成充电的用户} \\ 0, & i \in \text{未完成充电的用户} \end{cases} \tag{4-121}$$

式中，K 指的是有充电需求的电动汽车用户总量；θ_i 为用户 i 的充电服务系数。

2) 充电里程增量。

充电里程增量 ΔL_{D} 指用户完成充电使行驶里程增加的量，反映了城市充电服务网络为电动汽车用户提供的服务在空间上的便利程度：

$$\Delta L_{\mathrm{D}} = \frac{1}{K} \sum_{i=1}^{K} (L_{\mathrm{D},i} - L_{\mathrm{D},i,0}) \tag{4-122}$$

式中，$L_{\mathrm{D},i}$ 为第 i 辆电动汽车从起点至充电站，最终到达目的地，该过程的总最短里程；$L_{\mathrm{D},i,0}$ 为电动汽车从起点到达终点的最短里程。

3) 充电花费时长。

用户充电花费时长 T_{C} 是指用户完成充电的总时间，包含用户 i 在站内的排队等待时间 $T_{\mathrm{w},i}$ 和充电时间 $T_{\mathrm{c},i}$，反映服务网提供充电服务的高效性：

$$T_{\mathrm{C}} = \frac{1}{K} \sum_{i=1}^{K} (T_{\mathrm{w},i} + T_{\mathrm{c},i}) \tag{4-123}$$

4) 充电成本。

电动汽车用户的充电成本 M_{EV} 反映用户充电的花费：

$$M_{\mathrm{EV}} = \frac{1}{K} \sum_{i=1}^{K} (M_{\mathrm{c},i} + M_{\mathrm{s},i}) \tag{4-124}$$

式中，$M_{\mathrm{c},i}$ 和 $M_{\mathrm{s},i}$ 分别为电动汽车用户 i 的充电费用和服务费用。

(3) 交通网层。

1) 道路行程时间比变化量。

道路行程时间比（Travel time index，TTI）变化量可反映充电网对道路产生的影响，根据简化的速度-流量模型，获取道路间车辆的行驶速度，TTI 的值越大，说明道路状况越差，即越拥堵，则：

$$\Delta TTI = \sum_{t=1}^{T} \sum_{j=1}^{J} \left(\frac{\overline{T}_{tj}}{T_{j0}} - \frac{\overline{T}_{tj0}}{T_{j0}} \right) \tag{4-125}$$

$$\overline{T}_{tj} = \frac{L_j}{V_{tj}} \tag{4-126}$$

$$\overline{T}_{tj0} = \frac{L_j}{V_{tj0}} \tag{4-127}$$

式中，$\overline{T}_{tj}$ 为路段 j 在某一时间间隔 t 内车辆行驶的平均时间；T_{j0} 为在自由流状态下的行程时间；L_j 为路段 j 的距离；V_{tj} 为路段 j 在某一时间间隔 t 内车辆行驶平均速度；$\overline{T}_{tj0}$ 为建站前的平均行程时间；V_{tj0} 为建站前的自由流速度。

2) 道路拥堵里程变化量。

道路拥堵里程变化量 ΔL 从空间上反映充电网对交通网运行的影响。引入道路等级 L 和道路拥堵系数 α，L 的值越大，表明该路段拥堵程度越大，则：

$$\Delta L = \sum_{t=1}^{T} \sum_{j=1}^{J} (\alpha_{tj} L_j - \alpha_{tj0} L_j) \tag{4-128}$$

式中，α_{tj} 为时段 t 道路 j 的拥堵系数，α_{tj0} 为建站前时段 t 道路 j 的拥堵系数。

3）日运行指数变化量。

道路交通运行指数（Traffic performance index，TPI）综合反映道路交通的运行状况。TPI 变化量 ΔTPI 可反映充电网络对交通网的综合水平影响：

$$\Delta TPI = \sum_{i=1}^{T} \sum_{j=1}^{J} (TPI_{tj} - TPI_{tj0}) \tag{4-129}$$

式中，TPI_{tj0} 和 TPI_{tj} 分别为充电站运行前后的 TPI 值。

4）道路交通拥堵率变化量。

道路交通拥堵率（Traffic Congestion Ratio，TCR）综合反映特定时间段内的交通拥堵程度，值越大，说明拥堵程度越大：

$$TCR = \frac{\sum_{j} TPI_j}{\sum_{t=1}^{T} TPI_t} \tag{4-130}$$

（4）配电网层。

1）电压合格率。

电压合格率 χ 反映充电服务网负荷接入引起配网系统电压的波动情况，χ 可反映供电电能质量：

$$\chi = \frac{U - U_N}{U_N} \times 100\% \leqslant \varphi_{max} \tag{4-131}$$

式中，U_N 为配网线路运行的额定电压；φ 反映了配网线路实际电压 U 与额定电压 U_N 的偏差。

2）节点电压越限量。

节点电压越限量 M_U 反映充电网运行前后引起配电网节点电压越限的数量变化：

$$M_U = \sum_{i=1}^{n} \gamma_i - \sum_{i=1}^{n} \gamma_{i0} \tag{4-132}$$

$$\gamma_i = \begin{cases} 1, & U_i \geqslant U_N \\ 0, & 0 \leqslant U_i < U_N \end{cases} \tag{4-133}$$

式中，γ_{i0} 为充电网运行前配电网节点电压越限数量；γ_i 为充电网运行后配电网节点电压越限数量。

3）配电网网络损耗成本。

配电网网络损耗成本 P_{loss} 用于评估配电网的经济运行效果，由总网损间接反映：

$$P_{loss} = \sum_{i=1}^{n} \frac{P_i^2 + Q_i^2}{U_i^2} R_i \tag{4-134}$$

式中，P_i 和 Q_i 为节点 i 的有功和无功功率；U_i 为节点 i 的电压；R_i 为支路的阻值。

4）负荷峰谷差变化量。

负荷峰谷差变化量 ΔP 反映充电服务网充电负荷对配电网负荷特性的影响：

$$\Delta P = (P_{max} - P_{min}) - (P_{max}^0 - P_{min}^0) \tag{4-135}$$

式中，$P_{\max}^0$ 和 $P_{\min}^0$ 分别为充电服务网运行前日负荷最大值和最小值；$P_{\max}$ 和 $P_{\min}$ 分别为充电网运行后日负荷曲线的最大值和最小值。

4.7.2 基于系统动力学的电动汽车规模推演模型

经济发展购买潜力持续增强，加之政府极力倡导，电动汽车市场占有率正以不可预估的速度上升。新能源汽车是汽车行业发展的方向，对于促进节能减排、改善空气质量具有重要意义。为了实现碳达峰、碳中和目标，新能源汽车的市场占比还需继续提升。因此，对未来电动汽车分时序、分区域预测推演，量化其充电负荷，并评估与充电服务网之间的相互影响，对提升充电服务网的运行质量和潜力提升尤为重要。

本节沿用 2.2.2 节的电动汽车规模动力学建模方法，因素间动力学耦合关系与演变逻辑见图 4-40 流量存量图。

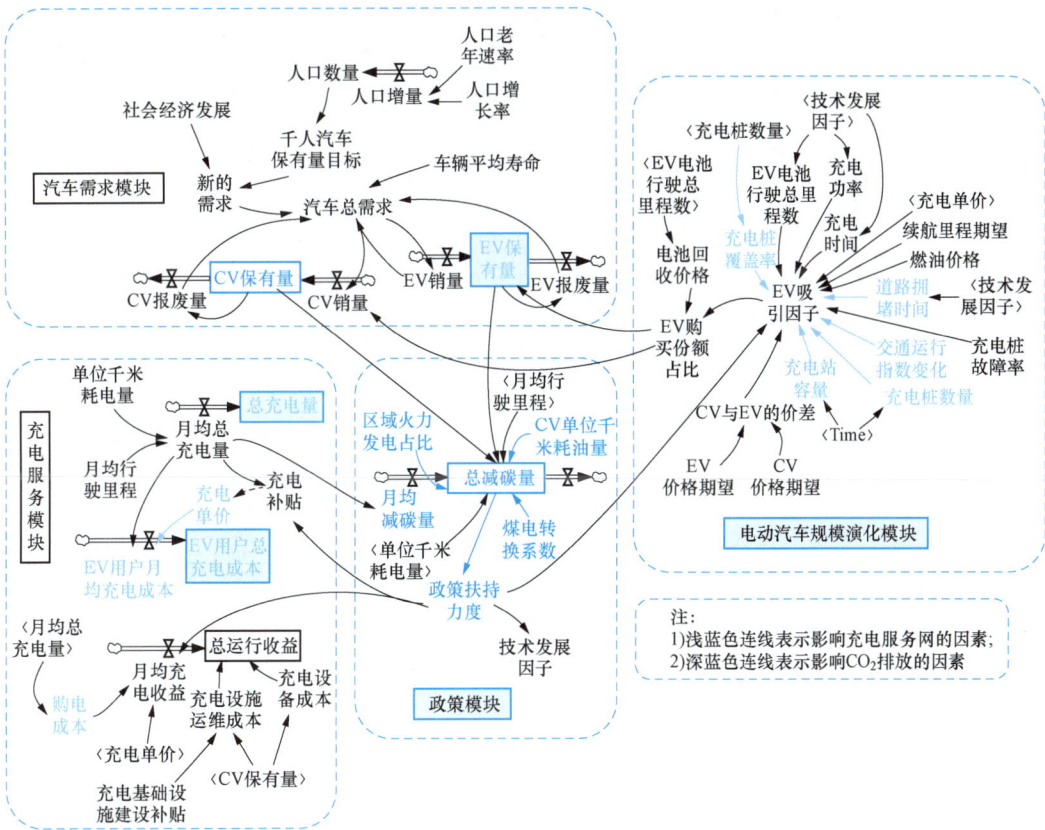

图 4-40 流量存量图

4.7.3 基于灰色关联的综合评估

1. 权重确定

采用组合赋权法，将层次分析法（analytic hierarchy process，AHP）和熵权法结合确定指标层指标的权重，准则层权重则基于 AHP 的主观赋权法确定。

$$W = w_{\text{AHP},j} h_j / \left(\sum_{j=1}^{n} w_{\text{AHP},j} h_j \right), \quad j = 1, 2, \cdots, n \tag{4-136}$$

式中，$w_{\text{AHP},j}$ 和 h_j 分别为主观权重和客观权重。

式（4-136）为组合权重的计算方法，图 4-41 为采用组合赋权法确定权重的流程图。

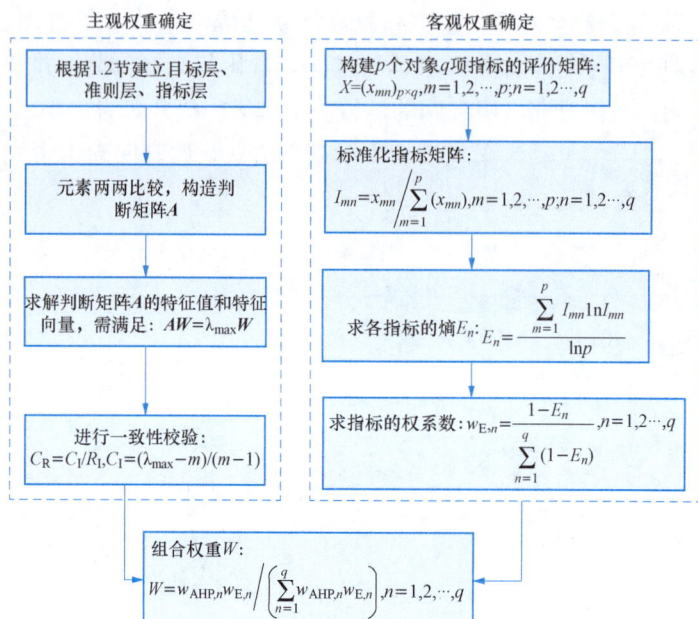

图 4-41　主客观权重确定流程图

（1）主观权重确定。采用 AHP 确定主观权重，步骤如下：

①确立各层因素关联关系和隶属关系，建立递接层次结构；

②构造判断矩阵；

③求解特征值和特征向量；

④一致性校验。

（2）客观权重确定。

采用熵值法确定客观权重。熵值法是一种依据各指标值所包含的信息量的多少确定指标权重的客观赋权法，指标的熵值越大，提供的信息量少，在综合评价中的作用小，那么该指标占据的权重小。运用熵值法从客观角度计算充电服务网评价指标体系准则层的权重。熵值法确定客观权重的步骤描述如下。

①构建具有 m 个对象的 n 项指标的评价矩阵：

$$\boldsymbol{X} = (x_{ij}), \quad i = 1, 2, \cdots, m; j = 1, 2, \cdots, n \tag{4-137}$$

②标准化指标矩阵 P_{ij}：

$$P_{ij} = x_{ij} / \sum^{m} x_{ij}, \quad i=1,2,\cdots,m; j=1,2,\cdots,n \tag{4-138}$$

③计算各指标的熵值 E_j：

$$E_j = \left(\sum_{i=1}^{m} p_{ij} \ln p_{ij} \right) / \ln m \tag{4-139}$$

④计算各指标的权系数 h_j：

$$h_j = (1-E_j) / \sum_{j=1}^{n} (1-E_j), j=1,2,\cdots,n \tag{4-140}$$

2. 多层次灰色关联综合评价

充电服务网配置方案优劣性确定基于多层次灰色关联法，以处理系统信息的不完全明确性，准确性高，具体步骤如下。

步骤 1：将准则层指标集 $\boldsymbol{X} = \{\boldsymbol{X}_1, \boldsymbol{X}_2, \cdots, \boldsymbol{X}_n\}$ 分成 p 个子集 $\boldsymbol{X}_i = \{\boldsymbol{X}_{i1}, \boldsymbol{X}_{i2}, \cdots, \boldsymbol{X}_{iq}\}$，$i=1, 2, \cdots, p$，且 $\boldsymbol{X} = \sum_{i=1}^{p} \boldsymbol{X}_i$。

步骤 2：对指标层数据规范化处理，处理后为 $\boldsymbol{X}_1, \boldsymbol{X}_2, \cdots, \boldsymbol{X}_m, \boldsymbol{X}_i = [\boldsymbol{X}_i(1), \boldsymbol{X}_i(2), \cdots, \boldsymbol{X}_i(n)]$，$i=1, 2, \cdots, m$，$X_0 = \{1, 1, \cdots, 1\}$。计算 X_0 与 X_i 关于第 k 个元素的关联系数。

$$\xi_i(k) = \frac{\Delta\min + \rho\Delta\max}{\Delta_i(k) + \rho\Delta\max}, i=1,2,\cdots,n, k=1,2,\cdots,m \tag{4-141}$$

$$\Delta\min = \min_i \min_k |x_0(k) - x_i(k)| \tag{4-142}$$

$$\Delta\max = \max_i \max_k |x_0(k) - x_i(k)| \tag{4-143}$$

$$\Delta_i(k) = |x_0(k) - x_i(k)| \tag{4-144}$$

式中，ρ 为分辨系数，取 0.5。

步骤 3：计算指标层的灰色关联评估结果。按照式（4-145）和式（4-146）计算指标层的灰色关联分析结果 $\boldsymbol{B}_i$。

$$\boldsymbol{B}_i = \boldsymbol{w}_i \boldsymbol{R}_i = (b_{i1}, b_{i1}, \cdots, b_{in}) \tag{4-145}$$

$$\boldsymbol{w} = (w_1, w_2, \cdots, w_q), \sum_{j=1}^{q} w_{ij} = 1, w_{ij} \geqslant 0, j=1,2,\cdots,q \tag{4-146}$$

式中，$\boldsymbol{w}$ 为指标层各因素的权重向量；$\boldsymbol{R}_i$ 为 x_i 的灰色关联系数矩阵。

步骤 4：计算准则层灰色关联综合评价结果。根据指标层灰色关联结果构造灰色关联度矩阵 $\boldsymbol{R}$，权重向量 $\boldsymbol{W} = \{W_1, W_2, \cdots, W_p\}$，得到准则层灰色关联评价结果 $\boldsymbol{B}$。充电服务网评估流程图如图 4-42 所示。

$$\boldsymbol{B} = \boldsymbol{WR} = (b_1, b_2, \cdots, b_m) \tag{4-147}$$

$$\boldsymbol{R} = \begin{bmatrix} \boldsymbol{B}_1 \\ \boldsymbol{B}_2 \\ \vdots \\ \boldsymbol{B}_m \end{bmatrix} = \begin{bmatrix} b_{11} & b_{12} & \cdots & b_{1m} \\ b_{21} & b_{22} & \cdots & b_{2m} \\ \vdots & \vdots & \vdots & \vdots \\ b_{p1} & b_{p2} & \cdots & b_{pm} \end{bmatrix} \tag{4-148}$$

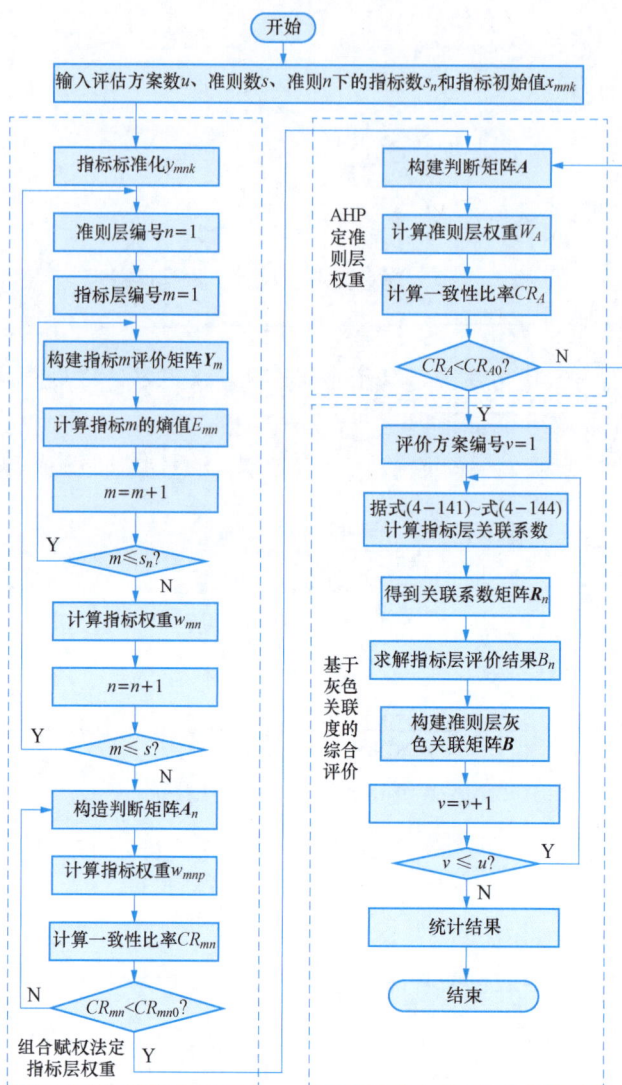

图 4-42　评估流程图

4.7.4　算例分析

1. 算例描述

拟评估 28 节点路网中五种充电站配置方案，充电机台数配置情况及该区域初始参数如表 4-8 和表 4-9 所示。

表 4-8　充电站配置情况

方案	节点 7	节点 8	节点 10	节点 11	节点 12	节点 13	节点 15	节点 16	节点 18	节点 19	节点 22
1	7	10	0	9	0	7	0	0	0	8	0
2	7	9	0	9	0	7	0	0	0	0	9

续表

方案	节点 7	节点 8	节点 10	节点 11	节点 12	节点 13	节点 15	节点 16	节点 18	节点 19	节点 22
3	7	0	0	9	0	6	0	10	0	0	9
4	0	9	0	9	0	6	0	0	0	8	9
5	0	0	0	8	0	0	0	9	10	7	8

表 4 - 9　　　　　　　　　　　　初始参数值

参数	初始值	参数	初始值
人口（人）	16581000	传统燃油车售价（元）	280000
GDP（万元）	170000000	电动汽车售价（元）	189000
传统燃油车规模（辆）	5080000	电动汽车购买补贴	100000
电动汽车规模（辆）	123000		

根据国家颁布的《道路交通信息服务交通状态描述》，道路等级 L、道路拥堵系数 α 与 TPI 的转换关系如表 4 - 10 所示。

表 4 - 10　　　　　　　　　　　转换关系表

通行速度 V_{tj}（km/h）	TPI	道路等级 L	拥堵系数 α
＞40	0.2	L_1	0
30.40	2.4	L_2	0
20.30	4.6	L_3	0
15.20	6.8	L_4	1
＜15	8.10	L_5	1

2. 仿真分析

采用问卷调查的方式邀请行业专家对准则层和指标层中的指标进行两两对比得到相对重要性，由此构造原始判断矩阵，基于 AHP 计算各层指标权重，准则层权重计算结果如表 4 - 11 所示。

表 4 - 11　　　　　　　　　　　准则层权重

准则层	充电服务网	用户	交通网	配电网
权重	0.4758	0.3174	0.0981	0.1087

基于 AHP 计算指标层各个指标权重，得到指标层主观权重结果为：

$$\begin{cases} W_{\text{AHP-B1}} = \{0.2564, 0.0818, 0.1502, 0.0279, \\ \quad 0.0418, 0.0326, 0.0425, 0.0578, 0.0279, \\ \quad 0.0369, 0.2003, 0.0439\} \\ W_{\text{AHP-B2}} = \{0.4938, 0.1298, 0.2301, 0.1463\} \\ W_{\text{AHP-B3}} = \{0.1846, 0.1989, 0.5162, 0.1003\} \\ W_{\text{AHP-B4}} = \{0.2182, 0.2434, 0.3779, 0.1605\} \end{cases} \quad (4-149)$$

基于熵权法计算指标层权重，对由 AHP 计算的指标层指标权重进行修正，求得各指标层指标的权重结果为：

$$\begin{cases} W_{\mathrm{E\text{-}B1}} = \{0.2578, 0.0823, 0.1492, 0.0229, \\ \qquad 0.0398, 0.0396, 0.0345, 0.0463, 0.0202, \\ \qquad 0.0393, 0.2283, 0.0398\} \\ W_{\mathrm{E\text{-}B2}} = \{0.4896, 0.1232, 0.2442, 0.1430\} \\ W_{\mathrm{E\text{-}B3}} = \{0.1901, 0.1899, 0.5202, 0.0998\} \\ W_{\mathrm{E\text{-}B4}} = \{0.2093, 0.2501, 0.3693, 0.1713\} \end{cases} \tag{4-150}$$

组合权重为：

$$\begin{cases} W_{\mathrm{B1}} = \{0.4334, 0.0441, 0.1469, 0.0042, \\ \qquad 0.0109, 0.0085, 0.0096, 0.0175, 0.0037, \\ \qquad 0.0097, 0.2999, 0.0115\} \\ W_{\mathrm{B2}} = \{0.7219, 0.0477, 0.1678, 0.0626\} \\ W_{\mathrm{B3}} = \{0.0999, 0.1075, 0.7642, 0.0285\} \\ W_{\mathrm{B4}} = \{0.1669, 0.2225, 0.5101, 0.1005\} \end{cases} \tag{4-151}$$

对充电服务网综合评估模型指标层各指标进行单层次灰色关联评价，计算灰色关联度结果为：

$$\boldsymbol{y}_1 = \boldsymbol{w}_1 \boldsymbol{\xi}_1 = \{0.8109, 0.4285, 0.5625, 0.6128, 0.7938\} \tag{4-152}$$

$$\boldsymbol{y}_2 = \boldsymbol{w}_2 \boldsymbol{\xi}_2 = \{0.3621, 0.7201, 0.4634, 0.2138, 0.7124\} \tag{4-153}$$

$$\boldsymbol{y}_3 = \boldsymbol{w}_3 \boldsymbol{\xi}_3 = \{0.3417, 0.5310, 0.8687, 0.4965, 0.8427\} \tag{4-154}$$

$$\boldsymbol{y}_4 = \boldsymbol{w}_4 \boldsymbol{\xi}_4 = \{0.4172, 0.9010, 0.7013, 0.6128, 0.8312\} \tag{4-155}$$

将指标层指标的关联度计算结果进行加权求取综合关联度结果为：

$$\boldsymbol{\gamma} = (0.5650, 0.5748, 0.5660, 0.4637, 0.7625) \tag{4-156}$$

图 4-43 展示了五种不同充电站建设方案在充电网运行、电动汽车用户、交通网运行和配电网运行四个维度的关联分析结果，方案的最终评分结果如式（4-156）所示。由评估结果分析，在充电网运营方面，规划方案 1 优于其他方案；在电动汽车用户体验维度，规划方案 2 和方案 5 较优；在交通运行方面，规划方案 3 更优；在配电网运行层，规划方案 2 较其他方案优势明显。由综合灰色关联度评估结果可知，充电站规划方案 5 较其他方案更优，充电站规划建设优选方案排序为：方案 5＞方案 2＞方案 3＞方案 1＞方案 4。

根据式（4-152）～式（4-155）准则层灰色关联度计算结果，规划方案 2 和方案 5 对配电网运行产生的影响较小；规划方案 1 对交通网运行产生恶劣影响，路段拥堵情况较为严重；规划方案 2 在用户体验维度评估结果高，电动汽车充电用户体验较好；规划方案 1 在充电网运行水平最优，但是综合评估结果小，这是由于方案 1 对交通运行影响较为恶劣，且带给用户的体验感较差，各层的运行评估结果都对最终关联度产生影响。

规划方案 5 在充电网运行层、电动汽车用户体验层和配电网运行层的评估结果较好，为最佳规划备选方案，但是，规划方案 5 仍会引起路段交通堵塞，在后期的充电站建设规划中，为缓解交通压力，可考虑在非拥堵路段建设充电站，同时，可对电动汽车用户实施充电引导策略，以提升充电服务网整体运行的均衡性。

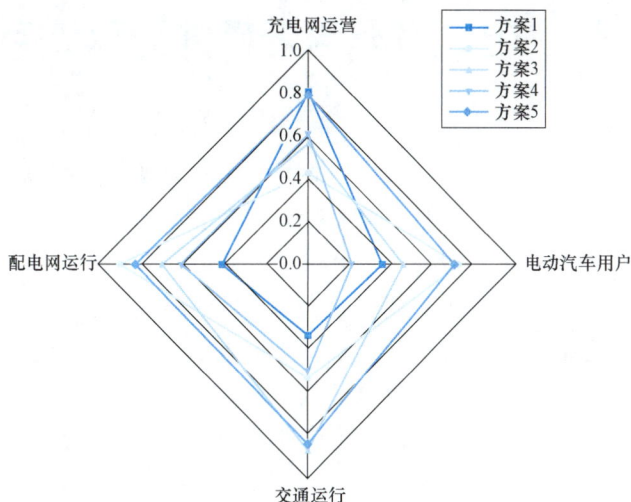

图 4 - 43　评估结果雷达图

4.8　小　　结

　　充电服务网作为电动汽车的重要配套基础设施，对推进电动汽车发展有着重要作用。电动汽车及其配套的充电基础设施是配电网与交通网的重要组成元素，电力‐交通‐信息的耦合关联程度日益紧密，无论是规划还是运营层面都需要多网协同，才能实现多方效益的最大化。本章节首先阐述了充电服务网的基本概念与发展形态，在此基础上分析了充电服务网元素及集群特性，并给出了电力交通信息融合下的评估模型与方法。路网层面，在充分满足用户充电需求的前提下，设计导航策略对用户的行驶路径和充电选择进行引导，缓解充电需求区域间的分布不均衡；充电服务耦合电网层面，对承载能力、可靠性、电压稳定性、安全域等方面进行了建模与评估，并对电动汽车入网的响应灵活性进行探索；最后建立三网融合下的综合评价指标体系，为后续电动汽车聚合参与电网互动、充电设施适应性选址定容应用提供基础。

第5章　电动汽车与低碳能源网络互动

电动汽车作为储能设备，若能有效挖掘潜力，可助力推动新型电力系统建设与低碳化转型。本章针对电动汽车与低碳能源网络互动展开分析，首先介绍 V2G 技术应用的潜在价值和经济效益以及电动汽车规模化发展带来的碳减排效益；然后提出一种消纳天然气管网压力能的电动汽车换电策略；进一步建立低碳配电系统经济优化运行基本模型，实现电动汽车主动能量管理；考虑电动汽车碳交易机制提出有序充电策略，在提高电网运行经济性和电动汽车用户效益的同时电动汽车碳减排性能也得到充分的发挥；最后针对光储充低碳能源系统的自洽调控提出深度强化学习优化算法，在提升车网互动运行效益的同时也增强计算效率。章节结构如图 5-1 所示。

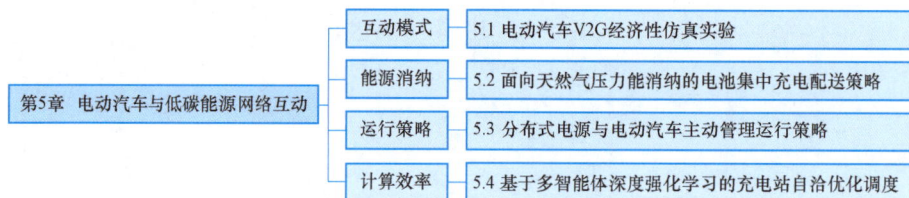

第5章　电动汽车与低碳能源网络互动	互动模式	5.1 电动汽车V2G经济性仿真实验
	能源消纳	5.2 面向天然气压力能消纳的电池集中充电配送策略
	运行策略	5.3 分布式电源与电动汽车主动管理运行策略
	计算效率	5.4 基于多智能体深度强化学习的充电站自洽优化调度

图 5-1　第 5 章章节框架

5.1　电动汽车 V2G 经济性仿真实验

考虑到大规模集群电动汽车入网的物理本质在于电储能耦合，在其接入电网后能够借助于车入网 Vehicle-to-Grid，（V2G）技术提供一定的辅助服务。2020 年，我国华北地区将 V2G 充电桩资源正式纳入部分地区的电力调峰辅助服务市场并进行结算，反映了应用 V2G 技术参与电力辅助服务的现实可行性和实际需求。通过 V2G 技术，电动汽车可以在电价低谷时段购入更多的电量，在电价高峰时段将多余的电量出售给电网，从而获取一定的价差收益。在绝大多数时段内电动汽车都处于停靠状态，集群电动汽车代理商还可以利用这一部分闲置的可调度资源参与电力辅助服务，从而进一步提高用户的经济收益。此外，电动汽车规模化发展还将会带来一定的碳减排效益。因此，本节通过设计经济性仿真实验，探讨利用 V2G 技术参与辅助服务的经济价值与碳减排效益。

5.1.1 经济性仿真实验框架

模拟集群电动汽车代理商与电网进行灵活互动。进而，电动汽车用户借助 V2G 技术可能获得的收益包括：①集群电动汽车作为储能设备通过"低价买电，高价卖电"模式获得的能源套利收益（即调峰收益）；②参与调频辅助服务获得的调频补偿收益；③在负荷低谷时段进行充电调度获得的填谷补偿收益。

这里讨论集群电动汽车利用 V2G 技术进行充放电调度的同时参与辅助服务从而使得电动汽车用户的总支出最低，以此评估 V2G 技术的经济性。集群电动汽车代理商的充放电调度仿真框图如图 5-2 所示。输入用户侧以及电网侧的相关参数，通过代理商统一进行集群电动汽车的充放电量调度，得到各时刻经济最优的充放电电量以及参与辅助服务的电量，从而反映集群电动汽车利用 V2G 技术参与辅助服务的最大潜在价值。用户侧的输入参数包括一天 24h 内各时刻处于连接状态的电动汽车数量、处于断开状态的电动汽车数量、新接入的电动汽车数量以及放电过程中的电池损耗成本；电网侧的输入参数包括一天 24h 内各时刻的充放电电价、电动汽车参与辅助服务的调频单价以及参与调峰服务的填谷补偿单价。

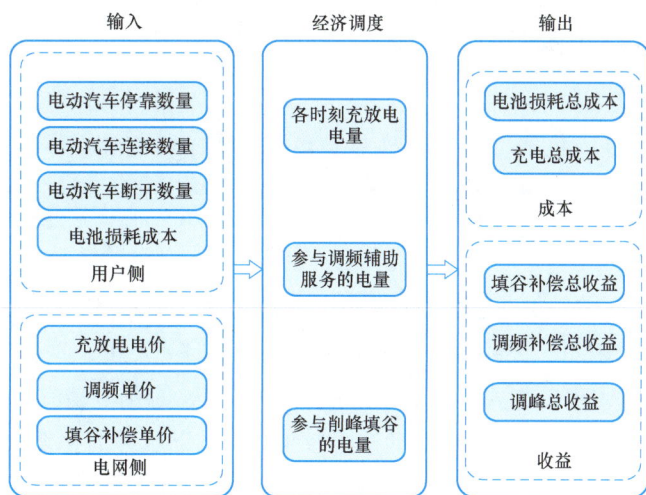

图 5-2　电动汽车充放电调度仿真框图

5.1.2 集群电动汽车参与电力辅助服务仿真模型

1. 参与辅助服务方式

集群电动汽车提供调频辅助服务的模式包括向电力系统放电的向上调频、对电动汽车充电的向下调频 2 种。电动汽车参与调频辅助服务方式如图 5-3 所示，其中电动汽车聚合调频容量，主要由代理商可调度电动汽车的容量决定。图中，$c(t)$、$d(t)$ 分别为 t 时刻的充电、放电电量；$f^{up}(t)$、$f^{down}(t)$ 分别为 t 时刻代理商可调度的最大向上调频电量、最大向下调频电量。同时，模拟仿真中，为了避免各时刻电动汽车额外向电网购电/售电而造成代理商的总电量过剩/不足的情况发生，近似认为在一天中的向上调频电量与向下调频电量保持相等，并假设实验中的电动汽车在各时刻均可以向电网提供调频辅助服务而获得收益。

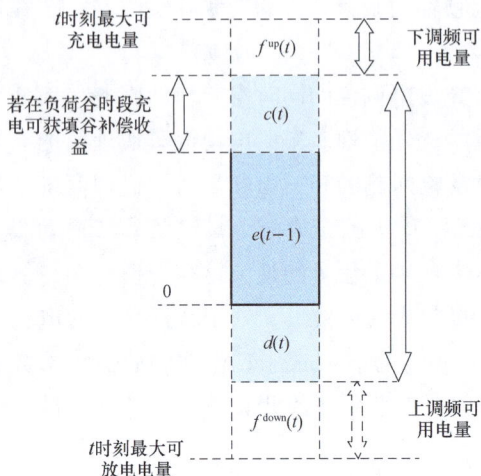

t时刻最大可充电电量
下调频可用电量
$f^{up}(t)$
$c(t)$
若在负荷谷时段充电可获填谷补偿收益
$e(t-1)$
0
$d(t)$
上调频可用电量
$f^{down}(t)$
t时刻最大可放电电量

图 5-3　电动汽车参与调频辅助服务方式

定义本节中电动汽车参与调峰辅助服务的方式为：在用电负荷高峰时段电动汽车反向放电，利用峰谷价差获得调峰收益；在用电负荷低谷时段电动汽车进行充电，获得在负荷低谷时段进行充电的额外补偿收益。

2. 参与辅助服务的数学模型

（1）目标函数。电动汽车用户可获得的收益包括电动汽车作为储能获得的反向放电收益、处于停靠状态的电动汽车参与调频辅助服务获得的补偿收益以及参与调峰辅助服务获得的补偿收益，目标函数为：

$$\min G = \sum_{t=1}^{T}\left[M_c(t) + C_b(t) - R_f(t) - R_p(t)\right]$$

$$(5-1)$$

$$M_c(t) = c(t)\phi_c^{elec}(t) \qquad (5-2)$$

$$C_b(t) = P_b\left[d(t)\eta^D + 0.5f^{up}(t)\right] \qquad (5-3)$$

$$R_f(t) = \frac{1}{2}f^{up}(t)\phi_f^{up}(t) + \frac{1}{2}f^{down}(t)\phi_f^{down}(t) \qquad (5-4)$$

$$R_p(t) = c^{through}(t)\phi^{through} + d(t)\phi_d^{elec}(t)t \in T^* \qquad (5-5)$$

式中，G 为电动汽车用户一天的总支出；T 为一天的总时间尺度，取值为 $T=24$；$M_c(t)$ 为 t 时刻的充电电量支出，如式（5-2）所示；$C_b(t)$ 为 t 时刻电动汽车的电池损耗成本，如式（5-3）所示；$R_f(t)$ 为 t 时刻电动汽车参与调频辅助服务的补偿收益，如式（5-4）所示，且假设各小时集群电动汽车均可参与调频辅助服务而获得收益；$R_p(t)$ 为 t 时刻电动汽车参与调峰辅助服务的补偿收益，如式（5-5）所示；$\varphi_c^{elec}(t)$ 为 t 时刻的充电电价；P_b 为单位功率放电过程电池损耗成本（电动汽车的放电过程常为浅度慢速放电，对电池寿命的影响小）；η^D 为电动汽车电池的放电效率；$\varphi_f^{up}(t)$、$\varphi_f^{down}(t)$ 分别为 t 时刻上调频、下调频容量电价；T^* 为一天内的负荷峰谷时段；$c^{through}(t)$ 为在负荷低谷时段 t 时刻的充电电量；$\varphi^{through}$ 为谷时段的填谷补偿单价；$\varphi_d^{elec}(t)$ 为 t 时刻的放电电价。

同时，对于集群电动汽车参与辅助服务需要设置一定的约束条件进行限制，分别有电动汽车用户的充电需求约束，集群电动汽车总容量平衡约束以及充放电功率约束如下所示。

（2）电动汽车用户的充电需求约束。定义集群电动汽车在 t 时刻的可调度容量 $E(t)$

以及充放电功率 $P(t)$ 取决于 t 时刻处于连接状态的电动汽车数量 $N^{\text{Total}}(t)$，即：

$$E(t) = B^{\text{e}} \cdot N_{\text{t}}^{\text{Total}}(t) \tag{5-6}$$

$$P(t) = B^{\text{p}} \cdot N_{\text{t}}^{\text{Total}}(t) \tag{5-7}$$

式中，B^{e} 为单辆电动汽车的电池容量；B^{p} 为单辆电动汽车的充放电功率。

为了保证满足电动汽车用户出行的能量需求，引入约束式（5-8）以确保代理商有足够的能量满足 t 时刻处于断开状态的电动汽车用户的驾车需求；同时，当电动汽车参与调频辅助服务时，t 时刻的可调度电量不能低于该时刻处于断开状态的电动汽车用户的需求电量，如式（5-9）所示。

$$E(t) \geqslant N^{\text{D}}(t) \cdot B^{\text{e}} \cdot SOC^{\text{dep}} \tag{5-8}$$

$$e(t-1) + c(t)\eta^{\text{C}} - d(t)\eta^{\text{D}} - f^{\text{up}}(t) \geqslant N^{\text{D}}(t)B^{\text{e}}S_{\text{soc}}^{\text{dep}} \tag{5-9}$$

式中，$N^{\text{D}}(t)$ 为 t 时刻处于断开状态的电动汽车数量；η^{C} 为电动汽车电池的充电效率；$S_{\text{soc}}^{\text{dep}}$ 为电动汽车断开连接时电池的荷电状态。

（3）集群电动汽车总容量平衡约束。集群电动汽车作为储能装置，其在各时刻的总容量需满足：

$$e(t) = \begin{cases} e(t-1) + c(t)\eta^{\text{C}} - d(t)\eta^{\text{D}} + \\ N^{\text{C}}(t)B^{\text{e}}S_{\text{soc}}^{\text{ini}} - N^{\text{D}}(t)B^{\text{e}}S_{\text{soc}}^{\text{dep}} \quad t \neq 1 \\ e(0) + c(t)\eta^{\text{C}} - d(t)\eta^{\text{D}} + \\ N^{\text{C}}(t)B^{\text{e}}S_{\text{soc}}^{\text{ini}} - N^{\text{D}}(t)B^{\text{e}}S_{\text{soc}}^{\text{dep}} \quad t = 1 \end{cases} \tag{5-10}$$

式中，$e(0)$ 为初始时刻处于连接状态的电动汽车总容量；$S_{\text{soc}}^{\text{ini}}$ 为电动汽车进行充电时电池的荷电状态。

（4）电动汽车充放电功率约束。电动汽车在 t 时刻参与经济最优调度以及参与辅助服务的功率传输约束为：

$$c(t) - d(t) + f^{\text{down}}(t) \leqslant P_{\text{t}}(t) \tag{5-11}$$

$$d(t) - c(t) + f^{\text{up}}(t) \leqslant P_{\text{t}}(t) \tag{5-12}$$

（5）电动汽车参与调频辅助服务的容量约束。当电动汽车参与调频时，需保证各时刻参与调频的容量（向上或向下调频容量）不超过代理商中电动汽车的总电量，即：

$$(1 - D_{\text{DOD}}^{\max})E_{\text{t}} \leqslant e(t-1) + c(t) - d(t) - f^{\text{up}}(t) \leqslant S_{\text{soc}}^{\max}E_{\text{t}} \tag{5-13}$$

$$(1 - D_{\text{DOD}}^{\max})E_{\text{t}} \leqslant e(t-1) + c(t) - d(t) + f^{\text{down}}(t) \leqslant S_{\text{soc}}^{\max}E_{\text{t}} \tag{5-14}$$

式中，$D_{\text{DOD}}^{\max}$ 为电动汽车电池的最大放电最大深度，本节中取值为 80%；$S_{\text{soc}}^{\max}$ 为电动汽车电池荷电状态的最大值，取值为 100%。

此外，由上文对 V2G 技术的探索以及国家对购买电动汽车的政策红利，未来电动汽车的规模化发展势必会带来巨大的碳减排效益。考虑地区火力发电占比，利用上文所求得的电动汽车每日消耗电量，引用《污染物排放系数及排放量计算方法》中对 CO_2 排放量的计算方法，对由火电机组生产的电动汽车用户消耗电量所排放 CO_2 与燃油汽车行驶相同距离下所排放的 CO_2 做比较，计算模型见式（5-15）～式（5-18）。

$$C_{heat} = \frac{m_{co_2}}{m_c} \cdot \omega \cdot \eta \cdot (c_t - d_t) \cdot \lambda_c \quad\quad (5-15)$$

$$C_{oil} = \frac{m_{co_2}}{m_c} \cdot \lambda \cdot B \cdot \eta_c \cdot L_d \quad\quad (5-16)$$

$$L_d = \frac{c_t - d_t}{\tau} \quad\quad (5-17)$$

$$\Delta C_{|heat-oil|} = C_{heat} - C_{oil} \quad\quad (5-18)$$

式中，C_{heat} 为火电机组排放 CO_2 的量（kg）；m_{co_2} 与 m_c 分别表示碳与二氧化碳的相对原子质量；ω 为燃煤排碳系数；η 表示为华东地区火力发电占该区域总发电量的占比；λ_c 为煤电转化系数；c_t、d_t 分别表示某段时间内的平均充电电量和平均放电电量；C_{oil} 为燃油汽车 CO_2 的排放量（kg）；λ 为燃油完全燃烧率；B 单位距离的平均油耗量（kg/km）；η_c 为燃油中碳含量占比；L_d 为 EV 的行驶总距离；τ 为电动汽车每千米的耗电量。

5.1.3　算例分析

1. 基础数据参数设置

以上海地区某断面数据为例，对电动汽车用户借助 V2G 技术参与辅助服务的经济性进行算例分析。根据上海地区某日两类电动汽车（电动私家车和电动公务车）的用户统计数据（各时刻的停靠数量以及处于连接状态、断开状态的电动汽车数量），按一定的比例扩展到上海市所有电动私家车、电动公务车在各时刻的行为参数，如表 5-1 所示。

表 5-1　　　　　　　　　　各类电动汽车的行为数据　　　　　　　　　　万辆

时刻	电动私家车			电动公务车		
	N^{Total}	N^C	N^D	N^{Total}	N^C	N^D
01:00	14.62	0	0	4.165	0	0
02:00	14.62	0	0	4.165	0	0
03:00	14.62	0	0	4.165	0	0
04:00	14.62	0	0	4.165	0	0
05:00	14.62	0	0	4.165	0	0
06:00	14.62	0.86	4.3	4.165	0	0
07:00	11.18	0.86	2.58	4.165	0	0
08:00	9.46	0.86	5.16	4.165	0.147	0.49
09:00	5.16	10.32	1.72	3.822	0.343	2.45
10:00	13.76	3.784	1.72	1.715	1.96	0.245
11:00	15.824	2.064	4.128	3.43	0.49	0.98

续表

时刻	电动私家车			电动公务车		
	N^{Total}	N^C	N^D	N^{Total}	N^C	N^D
12:00	13.76	1.72	0.86	2.94	1.225	0.49
13:00	14.62	1.72	0.86	3.675	0.98	0.49
14:00	15.48	2.58	1.72	4.165	0.735	2.45
15:00	16.34	2.58	1.72	2.45	0.735	1.47
16:00	17.2	1.72	3.44	1.715	1.225	0.49
17:00	15.48	3.44	10.32	2.45	1.96	0.735
18:00	8.6	6.88	1.72	3.675	0.98	0.49
19:00	13.76	1.72	3.44	4.165	0	0
20:00	12.04	1.72	2.58	4.165	0	0
21:00	11.18	3.44	2.58	4.165	0	0
22:00	12.04	2.58	1.72	4.165	0	0
23:00	12.9	0.86	0	4.165	0	0
24:00	13.76	0.86	0	4.165	0	0

　　考虑储能设备参与频率调节辅助服务的定价机制如下：储能参与调频辅助服务的补偿单价主要由 4 组调频效果的表征系数（响应指令的速率、响应 AGC 指令的时间延迟、响应 AGC 指令而产生的误差精度、综合指标）统一决定。电动汽车参与调频辅助服务的调频补偿单价设定具体见表 5-2；将电动汽车参与调峰辅助服务的补偿单价设定为 0.05万元/（MWh）。

表 5-2　　　　　　　　　　　　　　　　调频补偿单价

时段	调频单价（元/MWh）	时段	调频单价（元/MWh）	时段	调频单价（元/MWh）
1	35	9	84	17	240
2	35	10	105	18	210
3	35	11	140	19	168
4	35	12	161	20	126
5	50	13	168	21	112
6	63	14	190	22	105
7	50	15	200	23	84
8	70	16	220	24	50

　　此外，电动汽车的充电分时电价如表 5-3 所示；从电动汽车用户购买经济性出发，选取电动私家车（电池容量为 24kWh），电动公务车（电池容量为 30kWh）；根据现有充

电桩的充电功率调查结果，取每辆电动汽车的充放电功率为7kW；参考地区储能参与调峰辅助服务的有关政策，规定电动汽车参与调峰辅助服务时的充电行为可获得填谷补偿，时段为22:00至次日06:00；电动汽车在单位小时内可参与调频辅助服务的时长设为0.5h；新接入电动汽车的电池初始电量取 [0.1, 0.5] 范围内的随机数，断开连接状态的电动汽车电池的最终电量取 [0.9, 1] 范围内的随机数；其余相关参数见表5-4。

表5-3 分时电价

时段		电价（元/MWh）
峰时段	06:00～22:00	677
谷时段	22:00～次日06:00	337

表5-4 电动汽车相关参数

参数	取值	参数	取值	参数	取值	参数	取值
η^C	0.9	m_c	12	λ	0.95	P_h	100元
η^D	0.9	ω	0.67	B	0.063kg/km		
μ	0.5	η	74.5%	η_c	0.9		
m_{CO_2}	44	λ_c	0.32	τ	0.2		

2. V2G仿真分析

（1）集群电动汽车参与调峰辅助服务结果。根据某日负荷用电数据，进行经济性仿真实验，得到集群电动汽车参与调峰辅助服务前、后的负荷曲线如图5-4所示。

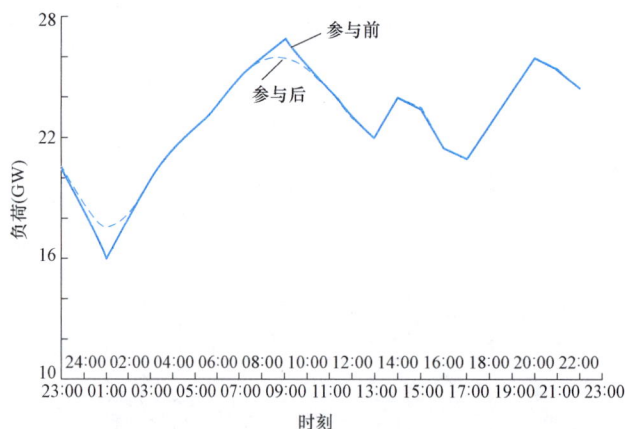

图5-4 集群电动汽车参与调峰前、后的负荷曲线

集群电动汽车参与调峰辅助服务，在22:00至次日06:00的负荷低谷时段通过控制集群电动汽车充电，可为该地区提供2100MWh左右的填谷电量；在负荷高峰时段控制集群电动汽车放电，可削减1600MWh左右的高峰负荷。可见，对集群电动汽车进行合理的充放电调度每日可降低3700MWh左右的峰谷负荷差值。随着国家对新能源汽车的

大力推广，大规模电动汽车接入电网后，集群电动汽车利用 V2G 技术参与调峰填谷的效果将更加明显。

（2）集群电动汽车参与调频辅助服务结果。根据所述参与调频辅助服务的规则，得到集群电动汽车参与调频辅助服务可提供的向上、向下调频功率，如图 5-5 所示。

由图 5-5 可知，以现阶段该区域电动汽车保有量的规模参与调频辅助服务，在 1h 内能提供的最大向上、向下调频电量分别约为 305MWh、270MWh。

（3）集群电动汽车用户的收益与支出。从用户角度来看，所提模型可为不同电动汽车用户节省的充电支出也是推进电动汽车规模化发展的重要因素。图 5-6 展示了一天内该区域电动私家车用户利用 V2G 技术参与辅助服务的收益、支出结果。由图可知，在 00:00～09:00、23:00～24:00 时段内利用集

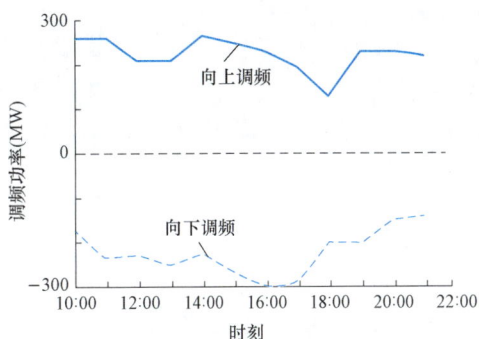

图 5-5　集群电动汽车可提供向上、向下调频功率

群电动汽车作为储能设备参与调峰辅助服务获得收益；在其他时段利用处于停靠状态电动汽车的可调度电量参与调频辅助服务获得收益。

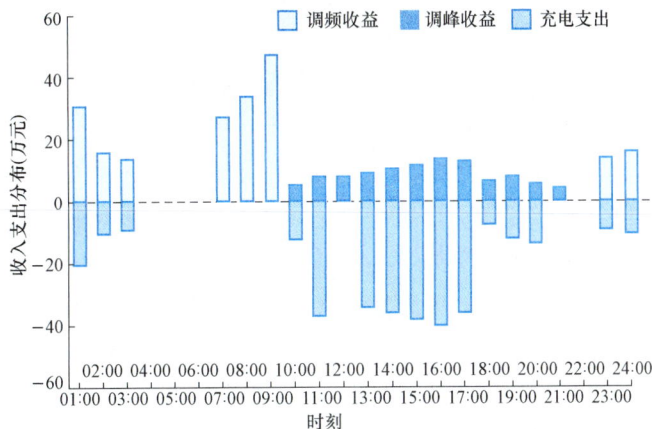

图 5-6　电动私家车用户的收益、支出结果

图 5-7 展示了一天内电动私家车用户在不同充电模式下的收益、支出结果，由图 5-7 可知，在 V2G 充电模式下，电动汽车用户的总支出相较于在无序充电模式下，根据"即连即充"的特点计算得到电动汽车用户的总支出节省了约 68%的支出；相较于有序充电节省了约 26%。

（4）集群电动汽车的碳减排效益。电动汽车规模化推广会使得该地区燃油汽车向电动汽车的转化率提升。根据现阶段国家对清洁能源优先消纳的原则，为了更实际地反映

电动汽车规模化发展带来的环境效益,推算得到 2025 年及 2030 年火电机组的发电占比,估计结果如图 5-8 所示。随着华东地区火电机组发电占比降低至 40% 能减少约 1200tCO_2 的排放量。但随着区域电动汽车的大规模推广至 2030 年的 150 万辆时,由燃油汽车转化而来的电动汽车将能够减少约 8200tCO_2 排放量。

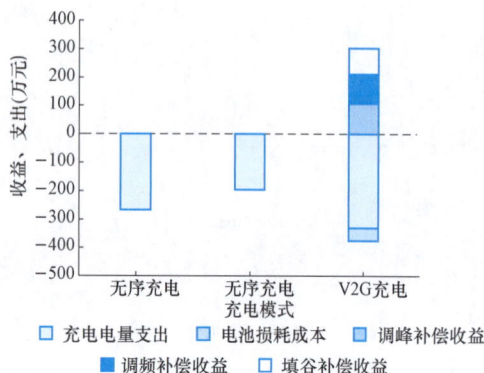

图 5-7 不同充电模式下电动私家车用户的
收益、支出结果

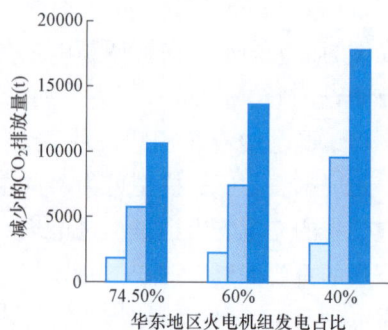

图 5-8 电动汽车规模化发展减少的
CO_2 排放量

5.2 面向天然气压力能消纳的电池集中充电配送策略

天然气作为推动碳减排的重要清洁能源,其需求量日益增长,根据国际能源署预测,在 2030 年全球天然气需求量将达到 $4.6 \times 10^{12} m^3$。为满足逐年上升的城市天然气需求,天然气运输管网朝着长距离、高气压的方向发展。天然气管网内蕴含丰富的压力能,即与温度相关联的动能和与压力相关联的势能。当高压天然气经管网输送至调压站后,传统的降压造成了大量压力损失。例如,将流量为 $5 \times 10^5 m^3$ 的 4MPa 高压燃气截流减压至 0.4MPa,将浪费约 101.7MJ/h 的压力能。大、小、微型压力能发电项目受到短时燃气流量波动的影响,城市调压站布局分散,站内天然气经多级调压,使得发电规模较小。另外,天然气调压站多位于远离市中心的地区,具有与城市居民出行关联性差但周边土地价格低的特点。因此,提出就地消纳天然气管网压力能的电动汽车电池集中充电—配送策略,实现对天然气压力能的高效利用,在缓解城市换电站的换点压力的同时,提高城市清洁能源利用水平。

5.2.1 "天然气调压站—集中充电站—换电站" 充电—配送架构

以天然气调压站、集中充电站和换电站三部分为主体的充电—配送架构如图 5-9 所示。考虑到调压站所处位置远离土地成本高昂的市中心且交通流量较低,为就地消纳调压站发电量,在调压站附近建设集中充电站。

该架构主要包含以下 3 个主体:

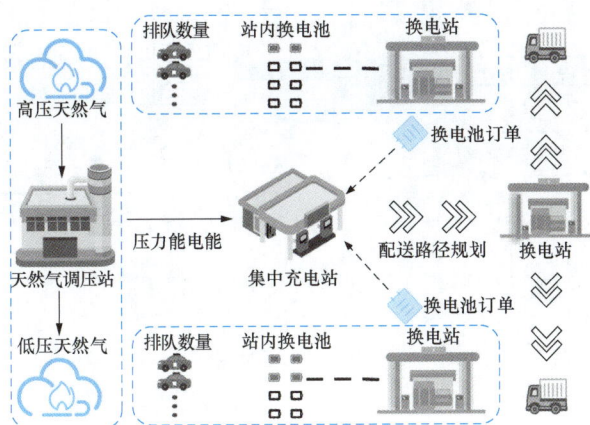

图 5-9　考虑天然气压力能发电的电池集中充电—配送架构

主体 1：天然气调压站。调压站对天然气管网中的压力能进行消纳，将高压天然气膨胀降压，调控为低压天然气并利用降压时释放的机械能进行发电。

主体 2：集中充电站。集中充电站利用天然气调压站生产的电能对站内的低电量电池（空电池）和配送车进行充电。

主体 3：换电站。换电站根据换电车辆排队情况和自身供给水平适时向集中充电站发布电池订单。

充电—配送优化策略：集中充电站根据电池和配送车充电调度规则对站内空电池和配送车进行电能分配。当集中充电站接收到电池订单后，为配送车规划合适的配送路径使得配送车能够在期望时间内向换电站交付约定数量的满电量电池。另外，配送车需要将换电站内用户卸下的空电池转运回集中充电站进行充电。

5.2.2　考虑天然气管网压力能消纳的电池充电—配送策略

1. 天然气管网压力能发电模型

天然气调压站对压力能的利用方案是：膨胀机工作轮在高压气体推动下旋转，使天然气体积膨胀从而降低气压，与其连轴的发电机发电。相较于传统的调压阀截流减压的天然气降压模式，这一工作方式将机械能转化为电能，提高了能量利用率。天然气调压站的发电流程如图 5-10 所示，高压天然气在经预加热器加热后进入膨胀机做功，天然气气压下降，温度降低。经过降压降温的天然气进入换热器与水发生热量传递，在温度升高后输出至低压管网。

采用㶲分析法建立调压站发电模型。㶲是指系统状态转变为与环境相平衡的状态的可逆过程中所做的最大有用功。天然气管网可以视作一个开口系统，在天然气调压过程中产生的比焓㶲

$$e_{\mathrm{h}} = h - h_0 - T_0 c_{\mathrm{P}} \ln \frac{T}{T_0} + T_0 R_{\mathrm{g}} \ln \frac{P}{P_0} \tag{5-19}$$

143

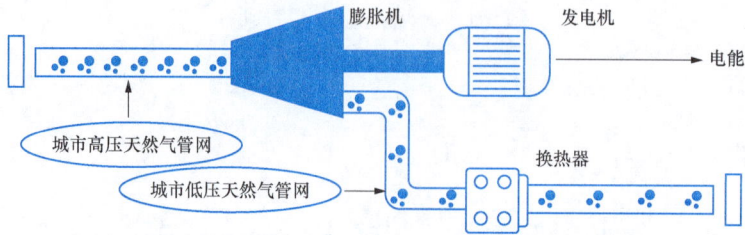

图 5-10　天然气压力能发电流程

式中，h、h_0 分别为天然气调压前、后的天然气比焓，单位为 J/kg；T、T_0 分别为天然气调压前、后的温度，单位为 K；c_P 为天然气比定压热容，单位为 J/(kg·K)；R_g 为天然气气体常数，单位为 J/(kg·K)；P、P_0 分别为天然气调压前、后的压力，单位为 MPa。

式（5-19）中的比焓㶲由比温度㶲 e_T 和比压力㶲 e_P 组成：

$$e_T = h - h_0 - T_0 c_P \ln \frac{T}{T_0} \tag{5-20}$$

$$e_P = T_0 R_g \ln \frac{P}{P_0} \tag{5-21}$$

在天然气调压过程中，比压力㶲的大小将影响调压站的发电能力，在此需要对天然气的压力㶲率进行计算：

$$P_r = e_P q_v \rho_g \tag{5-22}$$

式中，P_r 为压力㶲率，单位为 kW；q_v 为标准状态下天然气的体积流量，单位为 m³/s；ρ_g 为标准状态下的天然气密度，单位为 kg/m³。

在此可以得到天然气调压站产生的发电功率为：

$$P_e = \eta_r P_r \tag{5-23}$$

式中，P_e 为天然气调压站产生的发电功率，单位为 kW；η_r 为压力能发电㶲效率。

2. 配送车和电池充电调度规则

集中充电站的电能消纳主要由配送任务结束后的配送车和转运回的空电池两部分完成，按照进站顺序对配送车和空电池进行充电，即"先入先充"的原则。在每一轮配送计划开始前，为确定集中充电站内配送车数量和荷电状态 SOC 以及可供调度的满电量电池数量，需要对上一轮配送周期中返回集中充电站的配送车数量、SOC 和空电池数量、配送车经充电后的 SOC 结果、空电池充电后的 SOC 结果以及空电池充满数量等信息进行计算，由此制定了配送车和电池的充电调度规则。

（1）配送车充电调度规则。

在合理的 SOC 区间内控制配送车电池充放电深度，有利于降低配送车电池容量衰减率，延长配送车电池使用寿命，节约硬件成本。因此，当配送车返回集中充电站后，为其充电至限定电量后再安排配送任务，使配送车"浅充浅放"。

在第 n 轮配送计划开始前，遵循"先入先充"的原则，按照配送车进站顺序首先满足集中充电站内原有的 q_v^1 辆配送车的充电需求，然后利用有充电闲置时长的充电桩满足返回集中充电站的 q_v^2 辆配送车的充电需求。经本规则运行后，可以在第 n 轮配送计划开始前计算得到集中充电站内配送车充电顺序及其相应的 SOC 值，以供后续配送调度，具体流程如下。

对每一班次配送车在一轮配送任务结束后的驶返时间 t_v 进行记录。配送车从 t_{v_0} 时刻出发，驶返时间 t_v 为：

$$t_v = \sum_{u=1}^{U} \frac{s_u}{\overline{v}_u} + t_{v_0} \tag{5-24}$$

式中，s_u 为第 u 段配送路径，单位为 m；$\overline{v}_u$ 为第 u 段配送车平均速度，单位为 m/s；U 为总路径数量。

将集中充电站内的所有配送车按照充电时长划分为如下 2 组：一组是负责在集中充电站和订单换电站之间转运换电池的运送组 T_G，其充电时长需要根据驶返时间和配送车充电桩是否有闲置时长进行确定；另一组是没有运输任务在集中充电站充电的返休组 R_G，其充电时长为一轮配送计划时长 R_T。在此分别建立运送矩阵 $\boldsymbol{T}_G$ 和返休矩阵 $\boldsymbol{R}_G$ 为：

$$\boldsymbol{T}_G = [o_1^{tg}, o_2^{tg}, \cdots, o_k^{tg}, \cdots, o_{K_1}^{tg}] \tag{5-25}$$

$$\boldsymbol{R}_G = [o_1^{rg}, o_2^{rg}, \cdots, o_k^{rg}, \cdots, o_{K_2}^{rg}] \tag{5-26}$$

$$K_1 + K_2 = K \tag{5-27}$$

式中，o_k^{tg} 为运送组第 k 辆配送车的 SOC；o_k^{rg} 为返休组第 k 辆配送车的 SOC；K_1 为运送组配送车数量；K_2 为返休组配送车数量。

配送车在执行运输任务时，电池需要放电，放电深度 ψ_e 的计算规则为：

$$\psi_e = o[n] - o[n-1] \quad n \in (1, N) \tag{5-28}$$

式中，$o[n]$ 表示第 n 轮配送时配送车的 SOC；N 为集中充电站的配送计划总轮数。

由于配送车在一天内需要进行多次转运工作，因此电池放电次数较多。故而，这里为配送车电池设计了如下"浅充浅放"的调度规则。

①在第 n 轮配送开始前，计算返休矩阵 $\boldsymbol{R}_G$ 中所有 $o_k^{tg} < o^{li}$ 的配送车数量 q_v^1 为：

$$q_v^1 = \sum_{k=1}^{K_1} \lceil o^{li} - o_k^{tg} \rceil \tag{5-29}$$

式中：$\lceil \cdot \rceil$ 表示向上取整。

②计算规则①下配送车充满所需时间

$$\sigma^{rg} = \frac{(o^{li} - o^{rg}) b_{cap}}{p_v \eta_c} \tag{5-30}$$

式中，b_{cap} 为配送车的电池容量；p_v 为充电机功率；η_c 为充电效率。

③配送车充电桩为 q_v^1 辆配送车进行充电，并得到配送车充电结束后的充电桩闲置充电时长和数量，具体流程如图 5-11 所示。

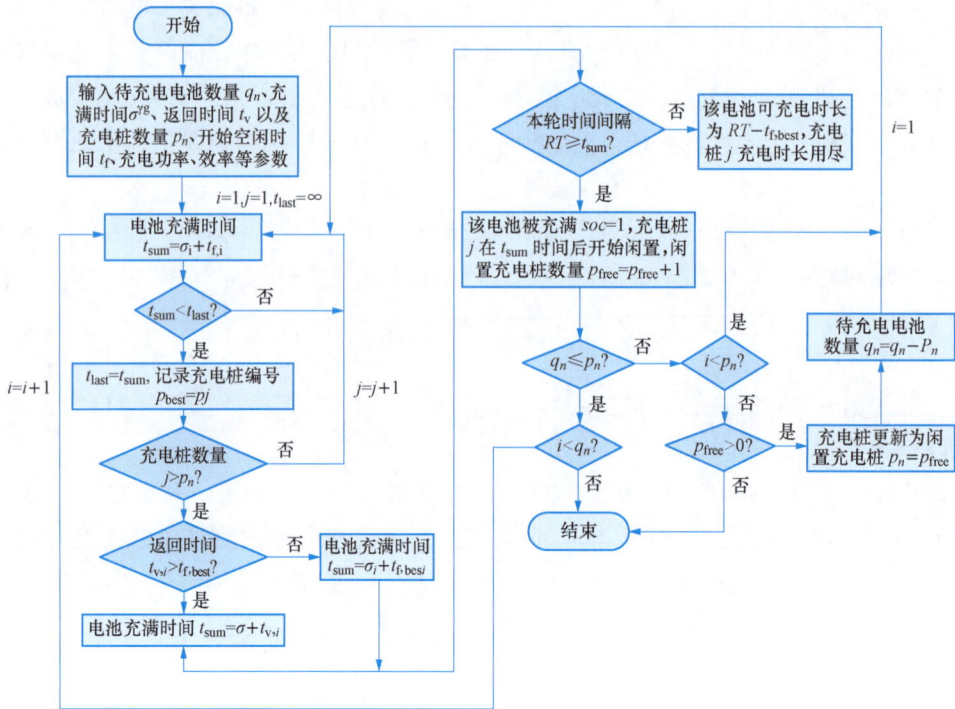

图 5-11 闲置充电桩查找流程

④通过运送组配送车的驶返时间判断配送车是否已返回集中充电站，返回条件 $\delta_{\mathrm{r},k}^{\mathrm{tg}}$ 如式（5-31）所示。当 $\delta_{\mathrm{r},k}^{\mathrm{tg}}=1$ 时表示运送组配送车 k 已返回集中充电站，$\delta_{\mathrm{r},k}^{\mathrm{tg}}=0$ 时表示运送组配送车未返回集中充电站。

$$\delta_{\mathrm{r},k}^{\mathrm{tg}} = \left\lceil o^{\mathrm{li}} - \frac{t_{\mathrm{v},k}^{\mathrm{tg}}}{R_{\mathrm{T}}n} \right\rceil \tag{5-31}$$

⑤统计已返回集中充电站的配送车数量 q_{v}^2 为：

$$q_{\mathrm{v}}^2 = \sum_{k=1}^{K_2} \delta_{\mathrm{r},k}^{\mathrm{tg}} \tag{5-32}$$

⑥利用规则③下还有闲置充电时长的充电桩对 q_{v}^2 辆配送车进行充电，具体流程如图 5-11 所示。

⑦更新运送矩阵 $\boldsymbol{T}_{\mathrm{G}}$ 中已返回集中充电站的 q_{v} 辆配送车充电后的 SOC，并将相应 SOC 信息从 $\boldsymbol{T}_{\mathrm{G}}$ 中移除并按驶返时间顺序加入到返休矩阵 $\boldsymbol{R}_{\mathrm{G}}$ 中。

⑧从返休组 $\boldsymbol{R}_{\mathrm{G}}$ 中按顺序对配送车进行调度。

（2）换电池充电调度规则。配送车的所有权属于集中换电站，而换电型电动汽车属于私人用户，其在换电时期望更换满电量电池，因此空电池的充电不能采用"浅充浅放"方案。对于换电池的充电，在第 n 轮配送计划开始前，同样按照"先入先充"的原则，首先对集中充电站内待充电的 M_1 个换电池进行充电，然后利用还有充电闲置时长的充电机对返回集中充电站的 M_{ep} 个空电池充电。经本规则运行后，可以在第 n 轮配送计划开始前计算得到集中充电站内满电量换电池数量，以供后续配送调度，具体流程如下。

集中充电站的所有换电池按照充电状态分为 3 组：第一组是在集中充电站充电的纳能组 C_B，该组共有 M_1 个换电池，其 SOC 均小于 1；第二组是从换电站转运回集中充电站的空电池组，该组共有 M_2 个换电池且剩余电量在 $0.15 \sim 0.3$ 均匀分布；最后一组是集中充电站内可供配送的满电量电池组，该组共有 M_3 个换电池。在此建立纳能矩阵 C_B 为：

$$C_B = [o_1^{cb}, o_2^{cb}, \cdots, o_m^{cb} \cdots, o_{M_1}^{cb}] \tag{5-33}$$

$$M_1 + M_2 + M_3 = M \tag{5-34}$$

式中，o_m^{cb} 为纳能组中第 m 个换电池的 SOC。

换电池调度规则如下：

①在第 n 轮配送开始前，换电池充电机为纳能组 C_B 的换电池充电，第 m 个换电池充满时间 σ_m^{rg} 由式（5-30）可以计算得到。根据图 5-11 所示流程，可得到充电机闲置充电时长和数量。

②纳能组 C_B 中的换电池充电后，统计 C_B 中已充满的换电池数量 q_f^1：

$$q_f^1 = \sum_{m=1}^{M_2} \lfloor o_m^{cb} \rfloor \tag{5-35}$$

③运送组配送车携带的空电池分为在运输途中和已返回集中充电站的换电池，第 m 个换电池返回条件 $\delta_{r,m}^{cb}$ 由式（5-31）计算得到，统计已返回集中充电站的空电池数量 M_{ep} 为：

$$M_{ep} = \sum_{m=1}^{M_2} \delta_{r,m}^{cb} \tag{5-36}$$

④利用规则①下还有闲置充电时长的充电机对 q_b^1 个空电池进行充电，具体流程如图 5-11 所示。

⑤统计空电池组中已充满的电池数量 q_f^2 为：

$$q_f^2 = \sum_{m=1}^{M_{ep}} \lfloor o_m^{ep} \rfloor \tag{5-37}$$

式中，o_m^{ep} 为空电池组中第 m 个空电池的 SOC。

⑥更新纳能组和空电池组 SOC 以及电池数量 $M_1 = M_1 - q_f^1$、$M_2 = M_2 - q_f^2$、$M_3 = M_3 + q_f^1 + q_f^2$。

3. 配送车非线性能耗模型

集中充电站对充电设施的调度规则，使得天然气压力能产生的电能被转移至配送车和换电池中，这些满电量电池需要被配送到换电站以供用户使用。本节将介绍所提策略的配送部分。

考虑到配送车行驶时的能量消耗以非线性模式进行，因此需要将滚动阻力、空气阻力和整车质量等参数纳为能耗控制因子。与传统的车辆配送相区别的是本节的配送行为不仅需要将货物（换电池）交付到站点（订单换电站），同时还需要从换电站将用户换下的低电量电池携带回集中充电站进行充电，因此配送车整车质量在行驶过程中保持不变。在此假设配送车在行驶过程中电池释放的能量与所需机械能持平，电动汽车牵引功率

$$P_a = (F_z + F_e + F_h)\overline{v} \tag{5-38}$$

$$F_z = \lambda_m g\mu\cos\theta \tag{5-39}$$

$$F_e = \lambda_m g\sin\theta \tag{5-40}$$

$$F_n = \frac{1}{2}\rho_\varepsilon C_d S_w \overline{v}^2 \tag{5-41}$$

式中，$\overline{v}$ 为配送车的平均速度，单位为 m/s；F_z 为配送车在行驶过程中受到的滚动阻力，单位为 N；λ_m 为整车质量，单位为 kg；g 为重力加速度，单位为 m/s²；μ 为滚动阻力系数；θ 为配送车行驶道路的坡度；F_e 为道路的坡道阻力，单位为 N；F_h 为配送车收到的空气阻力，单位为 N；ρ_ε 为空气密度，单位为 kg/m³；C_d 为空气阻力系数；S_w 为配送车迎风面积，单位为 m²。

通过配送车的牵引功率，可以得到配送过程中所需的机械能

$$\Delta C = E_d P_a \frac{1}{v}\sum_{u=1}^{U} s_u \tag{5-42}$$

式中，ΔC 为配送车在行驶过程中所需的机械能，单位为 J；E_d 为机械能和电能的转换系数。由于配送车本质为电动汽车，因此需要通过电能效率回归系数 η_e 和电池效率回归系数 η_b 对配送车消耗的电能进行计算：

$$\Delta E = \Delta C\eta_e\eta_b \tag{5-43}$$

式中，ΔE 为配送过程中配送车所消耗的电能，单位为 kWh。

4. 配送路径规划模型

在集中充电站服务范围内的换电站集群会根据自身供给水平，适时向集中充电站发布换电池订单，订单信息由该站点编号、换电池需求量和期望送达时间构成。因此，需要为配送车规划经济可靠的物流路径以满足换电站需求。本节以单日最小运输成本为目标，具体为：

$$\min f = \sum_{n=1}^{N}\left(\sum_{k=1}^{K}\varepsilon_d\Delta E_n^k + p_n\sum_{k=1}^{K}\Delta t_{of,n}^k\right) \tag{5-44}$$

式中，ΔE_n^k 为第 n 轮配送下第 k 辆配送车消耗的电能 ε_d 为配送车每千米的运输成本；p_n 为配送误差时长惩罚；$\Delta t_{of,n}^k$ 为第 n 轮配送下第 k 辆配送车交付换电池时与约定时间的误差时长。

软时间窗指由于配送车向换电站交付订单量的换电池后，需要将相应数量待充电换电池（空电池）转运回集中充电站进行充电。因此当配送车提前到达换电站时，换电站可能无法交返与订单量相同数量的空电池，此时将产生配送车的时间等待成本，为此设立早到惩罚。而当配送车无法在换电站要求的最晚时间内交付换电池时，将产生晚到惩罚。允许配送车提前或延后到达换电站并按照误差时长对其进行惩罚即构成了软时间窗。

本节的配送时间管理采用软时间窗。

$$\Delta t_{\mathrm{of}} = \begin{cases} t_{\mathrm{e}} - t_{\mathrm{a}} & t_{\mathrm{a}} \leqslant t_{\mathrm{e}} \\ 0 & t_{\mathrm{e}} < t_{\mathrm{a}} < t_{\mathrm{l}} \\ t_{\mathrm{a}} - t_{\mathrm{l}} & t_{\mathrm{a}} \leqslant t_{\mathrm{l}} \end{cases} \tag{5-45}$$

$$p_{\mathrm{n}} = \begin{cases} l_{\mathrm{p}} b_{\mathrm{r}} & t_{\mathrm{a}} \leqslant t_{\mathrm{e}} \\ 0 & t_{\mathrm{e}} < t_{\mathrm{a}} < t_{\mathrm{l}} \\ h_{\mathrm{p}} b_{\mathrm{r}} & t_{\mathrm{l}} \leqslant t_{\mathrm{a}} \end{cases} \tag{5-46}$$

式中，Δt_{of} 为配送车交付换电池时的误差时长，p_{n} 为配送的经济惩罚，运送组配送车按照规划路径从集中充电站出发向换电站转运换电池，最终返回集中充电站。在此构建路径决策变量，i 表示配送车从换电站行驶到换电站，0 表示配送车不从换电站行驶到换电站。运送组配送车在交通路径上满足如下约束：

$$\sum_{i=1}^{I_{\mathrm{m}}} x_{0,i} = 1 \tag{5-47}$$

$$\sum_{i=1}^{I_{\mathrm{m}}} x_{i,i_{\mathrm{s}}} = 1 \tag{5-48}$$

$$\sum_{j=0}^{I_{\mathrm{m}}} x_{j,i} - \sum_{j=1}^{I_{\mathrm{s}}} x_{i,j} = 0 \quad i \in [1, I_{\mathrm{m}}] \tag{5-49}$$

$$\sum_{j=1}^{I_{\mathrm{s}}} x_{i,j} = 1 \quad i \in [1, I_{\mathrm{m}}] \tag{5-50}$$

式中，I_{m} 为所有待服务的换电站；i_{s} 表示终点，实际上为集中充电站；I_{s} 包含 I_{m} 和 i_{s}。式（5-47）表示配送车从集中充电站出发前往首个规划路径上的换电站；式（5-48）表示配送车服务完最后一个换电站后返回集中充电站；式（5-49）表示配送车从换电站 i 进入并从换电站 i 驶离；式（5-50）表示配送车访问所有待服务换电站。

除了上述的换电池转运路径约束外，配送车需要在约定时间内访问换电站，即需满足配送时间窗约束：

$$t_{\mathrm{a},i} + \left(\sum_{u=1}^{U} \frac{s_{\mathrm{u}}}{v_{\mathrm{u}}} + t_{\mathrm{d}} \right) x_{i,j} - t_{\mathrm{a},j} - t_{\mathrm{l},\mathrm{s}} (1 - x_{i,j}) \leqslant 0 \quad i \in [0, I_{\mathrm{m}}] \tag{5-51}$$

式中，$t_{\mathrm{a},i}$ 为到达换电站 i 的时间；$t_{\mathrm{a},j}$ 为到达换电站 j 的时间；t_{d} 为配送车在换电站交付换电池所需时间；$t_{\mathrm{l},\mathrm{s}}$ 为返回集中充电站的最晚时间。式（5-51）表示当配送车在换电站 i 和换电站 j 之间转运时，到达换电站 i 的时间加上服务时间和行驶时间不应超过到达换电站 j 的时间；当配送车没有换电站 i 和换电站 j 之间的路径规划时，2 个换电站的到达时间差距加上服务时间和行驶时间不应超过从出发点到终点的时长。

其余约束条件如下：

$$\sum_{i=0}^{I_{\mathrm{m}}} \sum_{j=1}^{I_{\mathrm{s}}} b_{\mathrm{r},j}^{k_2} x_{i,j} \leqslant \delta_{\mathrm{cap}} \tag{5-52}$$

$$\sum_{k_2=1}^{K_2}\sum_{i=0}^{I_m}\sum_{j=1}^{I_s} b_{r,i}^{k_2} x_{i,j} \leqslant \bar{\omega} \tag{5-53}$$

$$\sum_{i=0}^{I_m}\sum_{j=1}^{I_s} \Delta E_{i,j} x_{i,j} + b_s - o^v \leqslant 0 \tag{5-54}$$

式中，$b_{r,j}^{k_2}$ 为配送车 k_2 向换电站 j 运输的换电池数量；$b_{r,i}^{k_2}$ 为配送车 k_2 向换电站 i 运输的换电池数量；δ_{cap} 为配送车最大换电池携带量；$\bar{\omega}$ 为集中充电站可以用于派送的满电量换电池数；$\Delta E_{i,j}$ 为配送车从换电站 i 到换电站 j 消耗的电能；b_s 为配送车返回集中充电站的最小 SOC 值；o^v 为配送车出发时的 SOC 值。式（5-52）表示配送车换电池运送量限制；式（5-53）表示可用于配送的换电池数量限制；式（5-54）表示配送车续航限制。

天然气压力能发电功率约束如下：

$$\xi_1 P_v + \xi_2 P_b \leqslant P_e \tag{5-55}$$

式中，ξ_1 为配送车充电桩数量和 ξ_2 为换电池充电机数量；P_v 为配送车充电桩充电功率；P_b 为充电机充电功率。

5.2.3 算例分析

1. 算例描述

以某城市某区域内换电站、天然气调压站为例，该区域共有换电站 10 个、天然气调压站 1 个、为天然气调压站设置附属集中充电站 1 个，该区域路网周长约为 47.16km，总面积约为 151.733km²，包含 55 个节点和 93 条主要路段，其中区域Ⅰ、Ⅱ、Ⅲ分别表示距离市中心由近及远的 3 个区域，如图 5-12 所示。

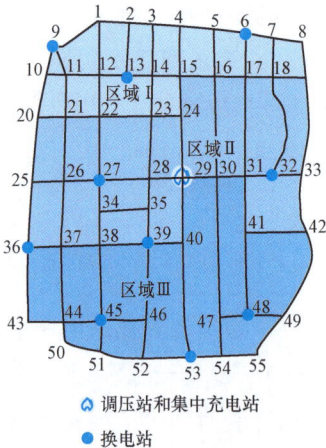

图 5-12 路网拓扑

以 1h 为一个时段进行仿真，仿真时间设为 0~24h，共计 24 个调度班次。其中，0~9 时段为休眠期，在该时段内，集中充电站为前一日积累下的空电池进行充电，不接收换电站的订单；9~24 时段为配送期，在这段时间内配送车将根据规划的运输路径为换电站转运换电池。

在本节仿真中，天然气气体密度取 0.717kg/m³，天然气气体常数取 0.519kJ/(kg·K)，环境温度取 293.15K。在 17~19 时段（晚高峰期）内，配送车平均行驶速度为 25km/h，其余配送时段内均为 30km/h。

2. 换电站订单量生成

当换电站出现用户排队现象时，认为该换电站的当前服务能力不足，需要集中充电站为其配送换电池。在此利用奥动 App 统计某地区电动汽车换电站的排队数量，将这部分数量视为换电站的换电池缺额，换电站需要向集中充电站发出换电池订单来保持自身换电池的供需平衡。

将统计日期内同时段的换电池缺额总量和发出订单的换电站总量求均值，经过换算得到各时段的订单换电站和订单换电池的数量分布，如图 5-13 所示，换电池需求总量共计 165 块。

从图 5-13 可以看出，在 9～12 时段内集中充电站接收换电订单，向换电站配送换电池。各时段内订单换电池总数与时间有明显的相关性。在 11、17 这 2 个时段，订单换电池总数出现 2 个局部高峰，这 2 个时段内换电需求量增大。这一现象的出现可能与电动汽车用户就餐、休息等因素有关。最后，基于换电池缺额数量的概率分布和各时段的订单换电站和订单换电池的数量分布，通过蒙特卡罗模拟法生成 10 个换电站在 9～24 时段内的订单换电池数量。

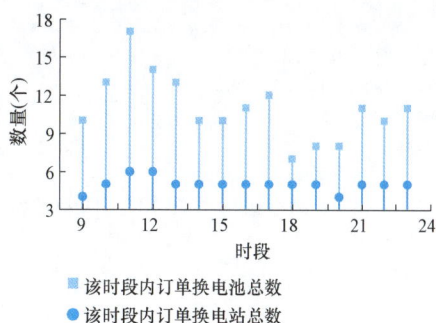

图 5-13　各时段的换电池订单量分布

3. 配送车调度结果

充电调度结果：集中充电站在 9～24 时段内向换电站配送换电池，在配送车充电调度规则下，6 辆配送车在执行运输任务后的 SOC 放电深度情况如表 5-5 所示。

表 5-5　　　　　　　　　　　　　　配送车 SOC 放电深度

车辆	配送任务次数	最大 SOC 放电深度（%）	平均 SOC 放电深度（%）
1	7	8.66	6.03
2	8	7.75	4.87
3	8	6.98	4.38
4	8	7.07	5.53
5	7	6.24	4.64
6	8	8.13	5.79

从表 5-5 可以看出，6 辆配送车执行配送任务的次数非常均衡，为 7～8 次；1 号配送车在运输过程中有最大 SOC 放电深度，达到 8.66%，小于 10%；车辆平均放电深度在 4%～7% 区间内。本节为所有车辆设置的最大 SOC 为 60%，因此配送车电池在较小的放电深度下，其 SOC 被控制在 50%～60%，有利于减小配送车充放电时的交流内阻，延缓电池容量衰减。

配送调度结果：配送车需要按照换电站订单中的交付时间向换电站配送约定数量的换电池。早到惩罚和晚到惩罚的比例 $l_p : h_p$ 将会影响配送车的换电池交付时间和配送路径，导致运输成本出现差异。在此统计了 6 辆配送车在 $l_p : h_p$ 分别为 0.1:1、0.2:1 和 0.3:1 时的交付时间误差时长以及各比例下的累计配送准时率，分别如图 5-14 和图 5-15 所示。

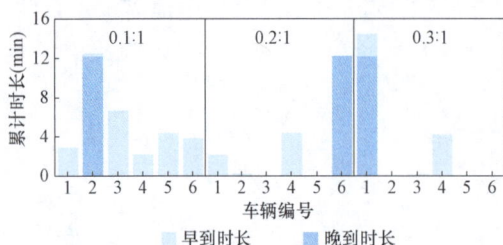

图 5-14   6 辆配送车的交付时间误差时长

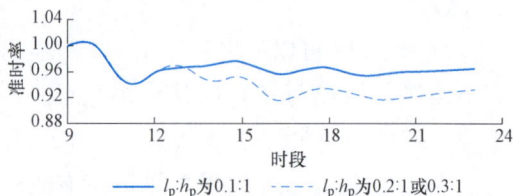

图 5-15   各时段累计配送准时率

从图 5-14 可以看出，随着 $l_p : h_p$ 比值的增大，配送车早到时长从 $l_p : h_p = 0.1 : 1$ 时的 20.61min 减小至 $l_p : h_p = 0.3 : 1$ 时的 6.7min，早到现象得到明显改善。但各比例下的配送车晚到时长均为 12.29min，未出现变化。从图 5-15 可以看出，当 $l_p : h_p = 0.1 : 1$ 时累计配送准时率较其他比例时的 0.967 相对较差，为 0.933。但经计算发现，该比例下的运输成本为 1434.99 元，低于其他比例情况下的 1450.48 元和 1460.93 元。整体而言，增大 $l_p : h_p$ 的比值可以缩短配送车交付误差时长，提高配送准时率，但运输成本也会随之增加。综合考虑下本节后续仿真将 $l_p : h_p$ 设为 0.2 : 1。准时送达的换电池数量为 161 块，可在一天内为 30kW 换电池充电机节省约 282h 的充电时间，为 161 辆电动汽车提供换电服务，提高城市换电站续航保障能力。

4. 换电池调度结果

在充电的空电池、配送中的电池和满电量电池的充电和配送调度结果分别如图 5-16 和图 5-17 所示。

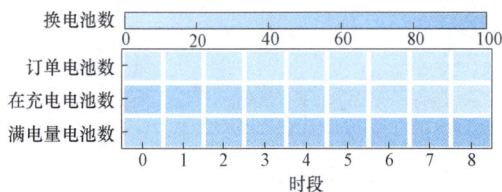

图 5-16   休眠期换电池调度结果

从图 5-16 可以看出，休眠期内停止向换电站配送换电池，前一天积攒下来的空电池在该时段得到电能补充，数量不断减少。同时，集中充电站内的满电量电池数量不断增加，在 8 时段集中充电站的 100 个换电池全部充满，集中充电站内的换电池实现可持续循环调度。从图 5-17 可以看出，可供配送的满电量电池数量不断减少，和换电站的订单需求量的最小差值出现在 23 时段，该差值为 39，此时可供配送的满电量电池数量为 50 个，是 11 时段高峰期换电需求量的 2.94 倍，在换电池调度规则下留有足够裕量的满电量电池用于配送，可以应对未来换电需求量的波动。

5. 天然气管网压力能利用结果

配送车充电桩和换电池充电机消耗天然气压力能所发电量，各时

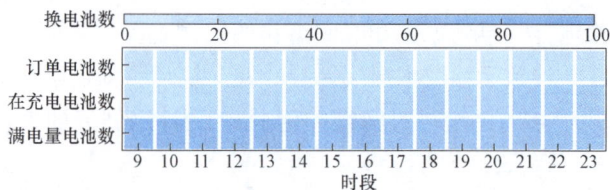

图 5-17   配送期换电池调度结果

段内的电能利用结果如图 5-18 所示，压力能发电量结果如图 5-19 所示。

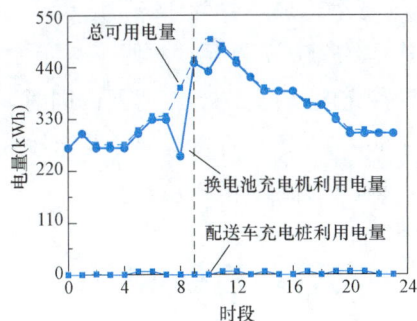

图 5-18　配送车充电桩和换电池充电机
工作结果

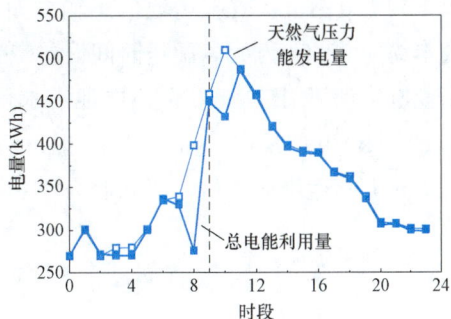

图 5-19　天然气压力能发电量利用结果

从图 5-18 可以看出，整体而言，配送车充电桩和换电池充电机对压力能发电量保持高利用水平。但换电池充电机在 8、10 这 2 个时段内对总可用电量的利用水平较低，这是由于 8 时段是休眠期的末尾，集中充电站内的空电池已全部充满，故部分充电机被闲置；在 10 时段调压站的天然气进气量增加且达到峰值，使得集中充电站总可用电量也迎来峰值，达到 510kWh。

由图 5-19 可知，集中充电站的总电能利用量由配送车充电桩和换电池充电机的实际电能利用量组成。总电能利用量曲线与图 5-18 所示的换电池充电机利用电量曲线相似，同时其消纳的电能占据了总电能利用量的 96.49%，这意味着集中充电站的空换电池是消纳压力能发电量的主体。总体而言，天然气压力能发电量的总利用率高，约为 96.83%，所提策略对天然气管网压力能的消纳水平高。

6. 经济效益分析

在所提策略下，配送时间误差带来的惩罚结果如表 5-6 所示。

表 5-6　　　　　　　　　　　　　　　配送时间误差惩罚

车辆	早到惩罚（元）	晚到惩罚（元）	车辆	早到惩罚（元）	晚到惩罚（元）
1	2.22	0	4	4.47	0
2	0.32	0	5	0	0
3	0	0	6	0	12.29

从表 5-6 可以看出，有 3 辆配送车倾向于早到换电站交付换电池，这是为了避免经济惩罚更高的晚到惩罚系数，其总计受到早到惩罚 7.01 元。虽然仅有 1 辆配送车在配送路径规划模型下选择了晚到换电站交付换电池，但此时受到的晚到经济惩罚为 12.29 元，是早到经济惩罚的 1.75 倍。因此，当某些换电订单的时间紧迫性较高时，可以提高该时段的晚到惩罚系数使得配送车能优先满足该订单需求。

在集中充电站的硬件设施成本方面，计及集中充电站基础建设成本、天然气膨胀机和充电机等设备的采购成本，总投资成本共 1230 万元，相关设备维护、人员薪酬等年运维成本共 120 万元。在换电池的运输方面，配送车每日运输成本约为 1450.48 元，年运输成本约为 52.94 万元，配送时间误差带来的惩罚成本约为 0.7 万元。按照 1.2 元/kWh 的商业电价计算，日均 165 个换电池需求量每年可节省充电费用 379.85 万元。同时，按照 1.8 元/kWh 的换电价格计算，所提策略可带来约 569.77 万元的收益。计及运输成本和集中充电站运维成本后，年利润为 416.83 万元，具有可观的经济效益。

5.3　分布式电源与电动汽车主动管理运行策略

应对多元资源广泛接入配电系统的挑战，需要从调度层次、结构调整入手，充分考虑多元资源本身的特性，构建更加灵活的调度决策架构与管理策略。本节即考虑电动汽车新型"荷"或"储"资源的参与，在获得较为准确的可再生分布式电源（distributed generation，DG）出力与负荷需求的基础上，计及网络约束，构建了包含多元分布式能源（distributed energy resource，DER）协同调度的优化运行框架与模型。从区域电力公司经济效益最大化的角度，建立聚合经济模型，通过设计 3 种不同的充放电策略，并综合优化运行模型中，实现主动能量管理。

5.3.1　主动配电系统经济运行模型

图 5-20 显示了一个含较高渗透水平可再生分布式电源的区域配电系统架构。该区域能源系统主要包括风电（wind turbine，WT）、光伏（photovoltaic，PV）、电动汽车、基本居民负荷等部分。聚合体（aggregator）等效模型用来代表连接在同一节点上的一簇相同的 DERs。通过聚合体代理商调控这一簇资源（WT、PV、EV 等），对区域调控中心而言可视为一个单元体。

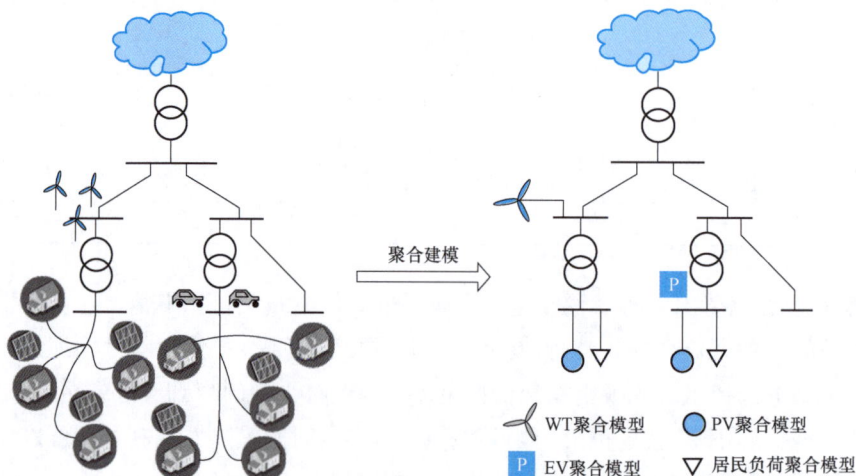

图 5-20　区域主动配电系统架构

考虑到可再生能源类 DG 发电、从上级电网购电、电动汽车的参与等，经济优化运行的目标设定为使当地电网公司经济效益最大化：

$$\max(U_{\mathrm{L}} - C_{\mathrm{DG}} - C_{\mathrm{G}} + J^{\mathrm{EV}}) \tag{5-56}$$

式中，U_{L} 是指居民用电产生的经济效益，C_{DG} 是指聚合 DG 的发电成本，C_{G} 是指从上级电网购电的成本，J^{EV} 指由 EV 带来的经济效益，U_{L}、C_{DG}、C_{G} 的数学表达式分别为：

$$U_{\mathrm{L}} = \sum_{i=1}^{N} \sum_{t=1}^{T} B_t^{\mathrm{L}} P_{i,t}^{\mathrm{L}} x_i^{\mathrm{L}} \tag{5-57}$$

$$C_{\mathrm{DG}} = \sum_{i=1}^{N} \sum_{t=1}^{T} B^{\mathrm{DG}} (P_{i,t}^{\mathrm{DG}} - \Delta P_{i,t}^{\mathrm{DG}}) x_i^{\mathrm{DG}} \tag{5-58}$$

$$C_{\mathrm{G}} = \sum_{t=1}^{T} B_t^{\mathrm{G}} P_t^{\mathrm{G}} \tag{5-59}$$

其中，N 为节点总数；T 为研究的调度总时间；B_t^{L} 是指时段 t 的电价；$P_{i,t}^{\mathrm{L}}$ 为时段 t 节点 i 处的居民有功负荷需求；x_i^{L} 为指示节点 i 处是否存在居民有功需求的 0～1 状态变量，若存在则 $x_i^{\mathrm{L}}=1$，否则 $x_i^{\mathrm{L}}=0$；B^{DG} 是 DG 的单位运行成本；$P_{i,t}^{\mathrm{DG}}$ 指节点 i 处的 DG 在时段 t 的预测出力；$\Delta P_{i,t}^{\mathrm{DG}}$ 指指节点 i 处的 DG 在时段 t 的相对于预测值的出力削减量；x_i^{DG} 为指示节点 i 处是否存在 DG 的 0～1 状态变量，若存在则 $x_i^{\mathrm{DG}}=1$，否则 $x_i^{\mathrm{DG}}=0$；B_t^{G} 为向上级电网购电的单位价格；P_t^{G} 指时段 t 向上级电网购电量。J^{EV} 的构型由具体调控策略决定，在后面小节中予以描述。

基本的配电系统运行约束如下。

电力平衡方程：

$$P_{i,t}^{\mathrm{G}} x_i^{\mathrm{G}} + (P_{i,t}^{\mathrm{DG}} - \Delta P_{i,t}^{\mathrm{DG}}) x_i^{\mathrm{DG}} - P_{i,t}^{\mathrm{L}} x_i^{\mathrm{L}} = V_{i,t} \sum_{j=1}^{N} V_{j,t} (g_{ij} \cos\theta_{ij,t} + b_{ij} \sin\theta_{ij,t}) \tag{5-60}$$

$$Q_{i,t}^{\mathrm{G}} x_i^{\mathrm{G}} - Q_{i,t}^{\mathrm{L}} x_i^{\mathrm{L}} = V_{i,t} \sum_{j=1}^{N} V_{j,t} (g_{ij} \sin\theta_{ij,t} - b_{ij} \cos\theta_{ij,t}) \tag{5-61}$$

式中，$P_{i,t}^{\mathrm{G}}$ 是节点 i 在时段 t 向上级电网购电量；x_i^{G} 为指示节点 i 是否连接区域系统与上级电网的 0～1 状态变量，若存在连接关系则 $x_i^{\mathrm{G}}=1$，否则 $x_i^{\mathrm{G}}=0$；$Q_{i,t}^{\mathrm{L}}$ 为时段 t 节点 i 处的居民无功负荷需求；$V_{i,t}$ 和 $V_{j,t}$ 分别为节点 i、j 在时段 t 的电压幅值；$Q_{i,t}^{\mathrm{G}}$ 为节点 i 在时段 t 从上级电网得到的无功功率；g_{ij} 是线路 i-j 的电导；b_{ij} 是线路 i-j 的电纳；$\theta_{ij,t}$ 为时段 t 节点 i、j 的相角差。

电压幅值与每条线路的有功潮流约束分别为：

$$\underline{V} \leqslant V_{i,t} \leqslant \overline{V} \tag{5-62}$$

$$| P_{ij,t} | \leqslant P_{ij}^{\max} \tag{5-63}$$

式中，$\underline{V}$ 为电压幅值下界；$\overline{V}$ 为电压幅值上界；$P_{ij}^{\max}$ 为支路 i-j 的功率传输极限；$P_{ij,t}$ 为支路 i-j 在时段 t 的有功功率。

向上级电网购买的功率限值设定为：

$$0 \leqslant P_{i,t}^{\mathrm{G}} \leqslant \overline{P}^{\mathrm{G}} \tag{5-64}$$

式中，$\overline{P}^{G}$ 为在各时段向上级电网最大购电量。

基于上述模型可以融合不同管控策略，针对不同的能源管理目标制定各类 DER 的调度计划。对 DG 而言，预期的出力由自然条件决定的，如风速对 WT 发电、光照强度对 PV 发电的影响。然而，实际中受综合功率平衡、网络约束条件以及调度计划的个性化需求，可再生能源类 DG 的出力不一定能达到预测量值。这样，相比于最大功率点跟踪（maximum power point tracking，MPPT）模式，类似于减少了一部分的预测出力，也就是本章提到的出力"削减"的概念。这种出力削减机制即作为 DG 的主动管理策略融入到本节的优化运行模型中。而对接入其中的电动汽车来说，首先自身到达停车充电点的充电需求能够在第二天出发前达到"理想"SOC 水平的基础上，即只有当 $\overline{P}_{m}^{\mathrm{CH}}(t_{\mathrm{dep}}^{m}-t_{\mathrm{arr}}^{m})\geqslant E_{m,t_{\mathrm{dep}}^{m}}^{\mathrm{EXP}}-E_{m,t_{\mathrm{arr}}^{m}}$ 时，充电或放电过程才有可能被代理商安排参与主动管理。其中，$\overline{P}_{m}^{\mathrm{CH}}$ 为充电功率的上限，$E_{m,t_{\mathrm{arr}}^{m}}$ 为第 m 辆电动汽车到达停车充电点时的 SOC 量；$E_{m,t_{\mathrm{dep}}^{m}}^{\mathrm{EXP}}$ 为第 m 辆电动汽车第二天出发时应具备的理想 SOC 量值。若不满足该条件，电动汽车就不能参与到灵活控制中，而且在 $[t_{\mathrm{arr}},t_{\mathrm{dep}})$ 时段内以功率上限值 $\overline{P}_{m}^{\mathrm{CH}}$ 充电。下面将具体给出三种电动汽车调度策略参与区域配电系统的主动管理。

5.3.2 电动汽车充放电优化策略

1. S1：电动汽车非可中断充电

在该策略中不考虑放电模式，因此定义电动汽车的经济效益为：

$$J^{\mathrm{EV}}=\sum_{m=1}^{M}\sum_{t=1}^{T}B^{\mathrm{CH}}P_{m,t}^{\mathrm{CH}} \qquad (5-65)$$

式中，B^{CH} 为单位充电电价；$P_{m,t}^{\mathrm{CH}}$ 为第 m 辆电动汽车在 t 时间段内的充电功率；M 为电动汽车总数。

在本策略中所有电动汽车的充电过程都从到达时刻以 $\overline{P}_{m}^{\mathrm{CH}}$ 的充电功率开始直到不插电或电池状态满足预期值时退出充电，且在满足网络约束的条件下不发生中断。此外，相关约束条件包含：

$$E_{m,t+1}=E_{m,t}+P_{m,t}^{\mathrm{CH}}\Delta t \qquad (5-66)$$

$$E_{m,t}\leqslant \overline{E}_{m} \qquad (5-67)$$

$$P_{m,t}^{\mathrm{CH}}=\begin{cases}\overline{P}_{m}^{\mathrm{CH}} & t\in[t_{\mathrm{arr}},t_{\mathrm{dep}}) \text{ 且 } E_{m,t-1}<\sigma\overline{E}_{m}\\ 0 & \text{其他情况}\end{cases} \qquad (5-68)$$

$$P_{i,t}^{\mathrm{G}}x_{i}^{\mathrm{G}}+(P_{i,t}^{\mathrm{DG}}-\Delta P_{i,t}^{\mathrm{DG}})x_{i}^{\mathrm{DG}}-P_{i,t}^{\mathrm{L}}x_{i}^{\mathrm{L}}-\sum_{m=1}^{M_{i}}P_{m,i,t}^{\mathrm{CH}}x_{i}^{\mathrm{E}}=V_{i,t}\sum_{j=1}^{N}V_{j,t}(g_{ij}\cos\theta_{ij,t}+b_{ij}\sin\theta_{ij,t})$$

$$(5-69)$$

式中，$E_{m,t}$ 是第 m 辆电动汽车在时段 t 内的 SOC 量；$\overline{E}_{m}$ 是计及电池寿命的 SOC 上限值；σ 是退出充电时预期达到的充电率；Δt 为单位调度时间；M_{i} 为节点 i 处电动汽车总数；

x_i^E 为指示节点 i 处是否存在停车充电点的 0~1 状态变量，若存在则 $x_i^E=1$，否则 $x_i^E=0$。

因此，基于策略 S1 的主动管理优化运行模型包括式（5-56）~式（5-64）和式（5-65）~式（5-69）。

2. S2：电动汽车智能充电

与 S1 相比，电动汽车在该模式下的充电过程更加灵活，可以根据式（5-56）进行优化调度，只要在不违背网络约束的情况下达到 SOC 期望值。

$$0 \leqslant P_{m,t}^{CH} \leqslant \overline{P}_m^{CH} \quad \overline{P}_m^{CH}(t_{dep}^m - t_{arr}^m) \geqslant E_{m,t_{dep}^m}^{EXP} - E_{m,t_{arr}^m} \tag{5-70}$$

$$P_{m,t}^{CH} = \overline{P}_m^{CH} \quad \overline{P}_m^{CH}(t_{dep}^m - t_{arr}^m) \leqslant E_{m,t_{dep}^m}^{EXP} - E_{m,t_{arr}^m} \tag{5-71}$$

$$P_{m,t}^{CH} = 0 \quad t \notin [t_{arr}, t_{dep}) \tag{5-72}$$

$$P_{m,t}^{CH}\Delta t \leqslant \eta^{CH}(\overline{E}_m - E_{m,t}) \tag{5-73}$$

$$E_{m,t_{dep}} = E_{m,t_{dep}^m}^{EXP} = \sigma\overline{E}_m \quad \overline{P}_m^{CH}(t_{dep}^m - t_{arr}^m) \geqslant E_{m,t_{dep}^m}^{EXP} - E_{m,t_{arr}^m} \tag{5-74}$$

其中，式（5-70）表示在 $[t_{arr},\ t_{dep}]$ 时间段内，为达到预期的 SOC，电动汽车可以进行灵活充电，充电功率介于 0 到最大充电功率值之间。若电动汽车不参与灵活控制，也就是说当电动汽车在停车时间段内本身就达不到"理想"的 SOC 量，则在 $[t_{arr},\ t_{dep}]$ 时间段内以 $\overline{P}_m^{CH}$ 的功率进行充电，即为式（5-71）所描述的情况。η^{CH} 为充电截止率。通过 S2 的智能充电，区域控制中心能够协调 DG 出力与向上级电网购电量，并有效管理、制定电动汽车聚合充电方案，使得区域配电系统整体经济收益最大化。

因此，基于策略 S2 的主动管理优化运行模型包含式（5-56）~式（5-59），式（5-61）~式（5-64），式（5-65）~式（5-67）和式（5-69）~式（5-74）。

3. S3：电动汽车智能充放电

在该策略下，电动汽车的放电模式也考虑到系统调度主动管理中，具体经济收益

$$J^{EV} = \sum_{m=1}^{M} \sum_{t=1}^{T} (B^{CH}P_{m,t}^{CH} - B^{DCH}P_{m,t}^{DCH}) \tag{5-75}$$

式中，$P_{m,t}^{DCH}$ 为第 m 辆电动汽车在时段 t 的放电功率；B^{DCH} 为单位放电补偿费用。放电深度、放电率等会造成电动汽车电池生命周期的下降，由放电造成的单位功率损失费用：

$$B^{DCH} = \frac{C_B}{L_C E_B D} \tag{5-76}$$

式中，C_B/E_B 为电池单位购置成本；L_C 为放电可循环次数；D 为 L_C 对应的放电深度。

电动汽车电池系统某时段充放电状态为充电、放电、或空置三种状态中的某一种，并满足：

$$P_{m,t}^{CH}P_{m,t}^{DCH} = 0 \tag{5-77}$$

$$0 \leqslant P_{m,t}^{DCH} \leqslant \overline{P}_m^{DCH} \quad \overline{P}_m^{CH}(t_{dep}^m - t_{arr}^m) \geqslant E_{m,t_{dep}^m}^{EXP} - E_{m,t_{arr}^m} \tag{5-78}$$

$$P_{m,t}^{DCH} = 0 \quad \overline{P}_m^{CH}(t_{dep}^m - t_{arr}^m) \leqslant E_{m,t_{dep}^m}^{EXP} - E_{m,t_{arr}^m} \tag{5-79}$$

$$P_{m,t}^{DCH} = 0 \quad t \notin [t_{arr}, t_{dep}) \tag{5-80}$$

$$P_{m,t}^{\mathrm{DCH}} \Delta t \leqslant \eta^{\mathrm{DCH}}(E_{m,t} - \underline{E}_m) \tag{5-81}$$

式中，$\overline{P}_m^{\mathrm{DCH}}$ 为放电功率的上限值；η^{DCH} 为放电截止率。

此外，其他约束条件需要更新如下：

$$E_{m,t+1} = E_{m,t} + P_{m,t}^{\mathrm{CH}} \Delta t - P_{m,t}^{\mathrm{DCH}} \Delta t \tag{5-82}$$

$$\underline{E}_m \leqslant E_{m,t} \leqslant \overline{E}_m \tag{5-83}$$

$$P_{i,t}^{\mathrm{G}} x_i^{\mathrm{G}} + (P_{i,t}^{\mathrm{DG}} - \Delta P_{i,t}^{\mathrm{DG}}) x_i^{\mathrm{DG}} - P_{i,t}^{\mathrm{L}} x_i^{\mathrm{L}} - \sum_{m=1}^{M_i} (P_{m,i,t}^{\mathrm{CH}} - P_{m,i,t}^{\mathrm{DCH}}) x_i^{\mathrm{E}}$$
$$= V_{i,t} \sum_{j=1}^{\mathrm{N}} V_{j,t} (g_{ij} \cos\theta_{ij,t} + b_{ij} \sin\theta_{ij,t}) \tag{5-84}$$

式中，$\underline{E}_m$ 为 SOC 的下限值。

因此，基于策略 S3 的主动管理优化运行模型包含式（5-56）～式（5-59），式（5-61）～式（5-64），式（5-70）～式（5-72）和式（5-75）～式（5-84）。由于将放电模式整合到了主动管理模型中，电动汽车电池系统实际达到了分布式储能系统的效果，在向区域外购电电价较高且区域内 DG 出力有限的峰值负荷时段，向区域配电系统放电，并获得补偿。在区域配电系统整合电动汽车参与能量管理的本质是利用其可中断充放电的机制提高运行的灵活性，实现分布式资源的协调优化。

5.3.3 算例分析

1. 算例描述

采用改进 UKGDS-EHV Network 1 系统作为测试系统，如图 5-21 所示。该配电系统包含 61 个节点，具有 3 个电压等级 132kV、33kV 和 11kV，其中包含了弱环网结构。虚线部分即为所研究的区域配电系统，由当地电力公司通过区域调控中心和聚合体代理商进行管控。设置节点 100 为平衡节点，其有功出力范围设置为 0～60MW，并与上级电网相连。考虑每个节点处配置有集聚的 PV，安装容量大约等于在同一节点处的总负荷需求，如表 5-7 所示。调度时段由第一天的 12:00 到第二天的 12:00。光伏发电预测时序系数曲线以及在每个时段的负荷需求比例系数时序曲线如图 5-22 所示。采用分时电价，详细信息见表 5-8。设置 $B^{\mathrm{PV}} = 0.18$ 元/kWh，$B_t^{\mathrm{G}} = 0.8 B_t^{\mathrm{L}}$，$\eta^{\mathrm{DCH}} = 0.9$，$\eta^{\mathrm{CH}} = 0.9$。

表 5-7   **PV 在各个负荷节点的安装容量**

节点	P（MW）	节点	P（MW）	节点	P（MW）
1101	2	1107	18	1113	0.8
1102	1.5	1108	2	1114	2.7
1103	0.3	1109	0.06	1115	2.85
1104	0.3	1110	0.06	1116	0.8
1105	3.3	1111	0.5	1117	0.2
1106	2	1112	0.04	1118	0.6

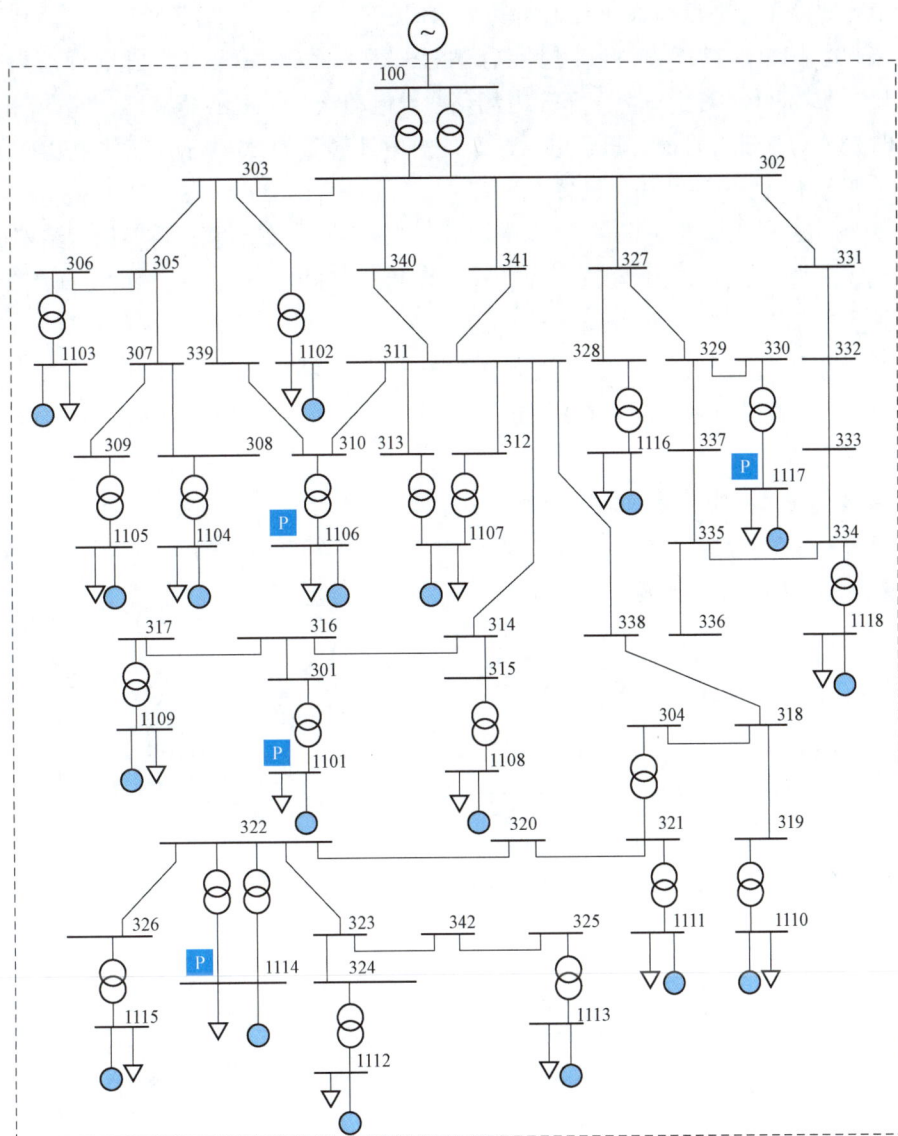

图 5 - 21 改进的 UKGDS - EHV Network 1 测试系统

表 5 - 8 分时电价

时段	电价(元/kWh)
23:00～7:00	0.27
7:00～8:00，12:00～17:00，22:00～23:00	0.49
8:00～12:00，17:00～22:00	0.83

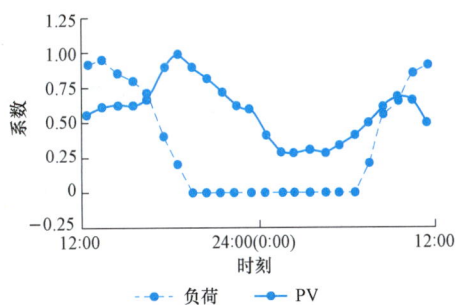

图 5 - 22 时序预测系数曲线

159

四个等效停车充电点接入到电压等级为 11kV 的节点上，如图 5-21 所示。电动汽车在节点 1106，1101，1117 和 1114 所能容纳且被对应代理商管控的数量分别为 3000，1500，1000 和 2000。对于每个停车充电场，假设电动汽车车主已经签订合同，在电动汽车插电时允许对其进行管控。每辆电动汽车的总电池容量为 20kWh，充放电功率限值为 3kW，预期 SOC 量为 19kWh。设置 $C_B/E_B=500$ 元/kWh，$D=0.8$，$L_c=1000$，可以得到 B^{DCH} 为 0.625 元/kWh。$B^{CH}=0.6$ 元/kWh。考虑电动汽车融合，将原始网络部分线路传输限值修正为：线路 330-1117，322-1114，301-1101 和 310-1106 的功率传输限值分别设置为 5，9，7 和 11MW。

为方便后面计算，对总共 7500 辆电动汽车，每 10 辆捆绑为一组，该组各电动汽车充电计划和行为性能一致。因此在后面实际编程中有 750 组的相关变量，电动汽车充电行为参数参考 3.1 节。

2. 多种调度策略下仿真对比与分析

三种场景模拟仿真优化运行结果如图 5-23～图 5-25 所示。表 5-9 展示了三种场景下区域配电系统的总经济效益。

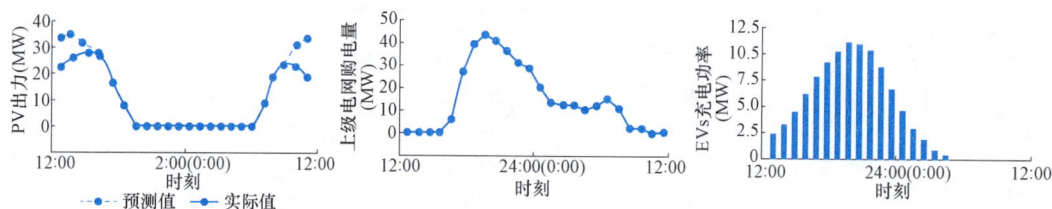

图 5-23　考虑策略 S1 下的经济运行结果

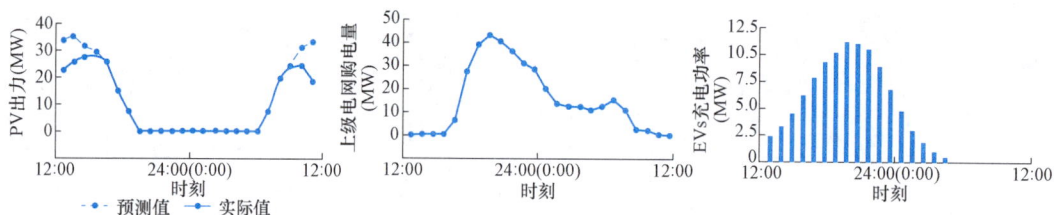

图 5-24　考虑策略 S2 下的经济运行结果

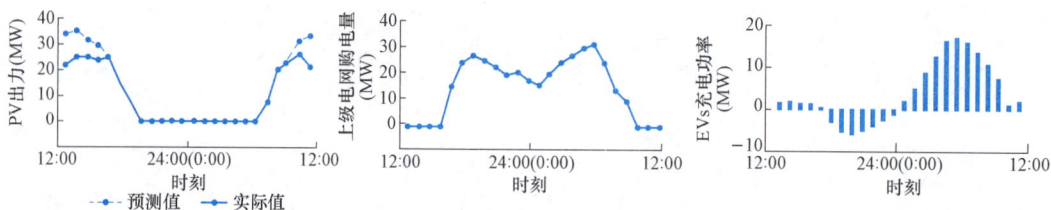

图 5-25　考虑策略 S3 下的经济运行结果

表 5 - 9　　　　　　　　　　　　　各种策略下的总的经济收益

PEV 调控策略	总的经济效益（元）
S1	160156
S2	166695
S3	183997

光伏以其较低的单位运行成本被计划优先调用。在发电过程中，主要在两种情况下可能会出现出力削减。第一，在负荷低谷时段若光伏出力超出了负荷需求，则计划值多余的出力量将被削减，因为本节认为功率不能倒送给上级电网。其次网络约束条件可能限制光伏预测发电量的全部利用，为保证配电系统的安全运行就不可避免的对光伏的计划出力进行削减。若光伏的出力不能满足所有的负荷需求，则剩余的部分由其他形式发电资源进行补偿，比如从上级电网购电。从图 5 - 23～图 5 - 25 中可以看出，预测的光伏发电功率曲线，即图中蓝色虚线，展示了在调度时间内根据自然条件下的光伏出力预测值；蓝色实线则显示了实际的光伏发电量。

图 5 - 23 显示的是在 S1 策略下主动管理优化运行的结果，在此过程中电动汽车的充电过程是不可中断的，插电即开始充电，在本算例调度时段内共有 694 辆电动汽车有充电需求。如图 5 - 23 所示，在人们下班到家后，充电需求随着越来越多电动汽车的插电而增长，直到 16:00～17:00 当负荷需求超出了计划的光伏出力值，整个过程中光伏出力都没有削减。上级电网购电量从 15:00～16:00 逐渐增加并最终成为主导电源，与此同时光伏出力会因为天黑而逐渐降为 0。第二天早上的 7:00～8:00，上级电网购电量逐渐下降而此时光伏出力逐渐增加。在智能充电模式下采用 S2 策略，电动汽车充电状态在整个调度范围内是分散的，如图 5 - 24 所示。上级电网购电量也发生了改变，与 S1 策略相比有一个较小的峰值。系统获得的总的经济收益为 166695 元，相比 S1 策略下的收益增加了 4%，如表 5 - 9 所示。图 5 - 25 为增加考虑电动汽车放电模式下的场景，共有 747 组电动汽车参与到主动管理过程中，图中可以观察到一个很明显的模式，即集群等效的充电过程转移到第一天的半夜至第二天早上，在这一时间段居民负荷与电价都比较低。在 17:00～24:00 这个时间段内，向上级电网购电的电价要高于同时段电动汽车的放电价格，因此电动汽车在不违反网络约束的条件下进行放电来补充满足负荷峰值的发电量。通过这样，当采用策略 S3 时，相比 S1 策略下的收益增加了 14.89%，配电公司能够得到较多的收益。

每组电动汽车在 S2 和 S3 策略下的 SOC 演化过程分别如图 5 - 26、图 5 - 27 所示。颜色较暗的地方说明电池 SOC 量较低。可以看到，两侧的黑色部分表示电动汽车尚未到达或是已经离开，很明显的在 21:00～3:00 这一时间段内 S2 策略下的白色区域比 S3 策略下的白色区域多，这一现象说明在 S3 策略下电动汽车在负荷高峰时段进行放电，之后充电到一定的水平。而在 S2 策略下一旦充电，电池 SOC 量会逐渐上升到一个较高的水平。

主动管理策略通过光伏主动出力削减以及电动汽车的灵活调度实现当地电力公司的

经济收益最大化。虽然用户的收益没有直接在目标中单独体现，电动汽车车主也可以通过 V2G 技术在负荷高峰时段提供电能支撑来获取收益，同时电动汽车在负荷高峰时段放电、在非高峰时段进行充电，这样的方式也可以改善负荷曲线，因此对于当地电力公司和电动汽车用户来讲，这是一个双赢的运行方案。

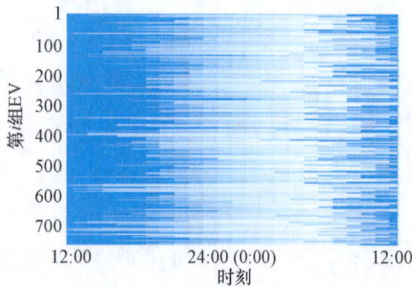

图 5-26　S2 策略下电动汽车的 SOC
变化情况

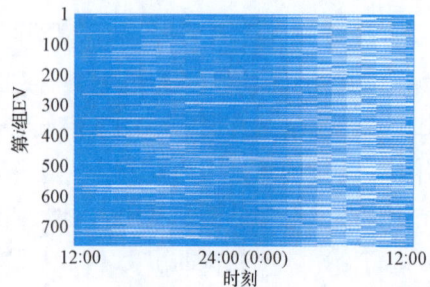

图 5-27　S3 策略下电动汽车的 SOC
变化情况

3. 扩展算例仿真和相关参数分析

考虑清洁能源的多样性，加入 WT 参与，WT 接入节点和具体容量如表 5-10 所示，风、光、负荷曲线如图 5-28 所示，设置 $B^{PV}=0.2$ 元/kWh，其他参数不变。以 S3 策略融入优化运行模型的仿真结果如图 5-29 所示。

表 5-10　部分节点 WT 的安装容量

节点	308	317	324	336
P（MW）	3	3	3	3

调度周期从第一天的 12 点到第二天的 12 点，从晚上 7 点到早上 7 点，因为光照强度不够，光伏发电的实际输出功率为 0。从图 5-29 可以看出光伏和风力发电由明显的时间特性。根据表 5-10，在下午 5 点之前，光伏和风电的单位运行低于从上级电网购电的价格。因此，这个时段内发电主要由光伏和风电承担。考虑这两种可再生能源类型 DG，由于 $B^{PV}<B^{WT}$ 且光伏发电直接连接于负荷节点，则光伏发电首先被调用满足负荷需求。另外，在这段时间内，集群电动汽车主要表现为充电状态。在下午 5 点时，居民负荷需求达到最高水平，此时即使光伏和风电满发也不能满足当地的负荷需求，何况随着光照强度的减少，光伏发电量随之减少，所需要的部分功率（包括电动汽车充电）需求必须从上级电网购买。由于在之前时段电动汽车集群主要表现为充电状态，而在这个时段因为 B^{DCH} 低于 B_t^G，如 $0.625<0.83\times0.8$，采用电动汽车放电来补充电力供给更加经济。正因为如此，区域电力公司更希望电动汽车能在负荷高峰期作为电源发电。根据表 5-9，在晚上 10 点过后，居民负荷需求减少，B_t^G 降低，从上级电网购电能更加经济。集群电动汽车在这个时段主要表现为充电。从图 5-29 可以看出来，电动汽车的集群充电时段也主要在第二天负荷需求最低也就是电价最低的凌晨时段。

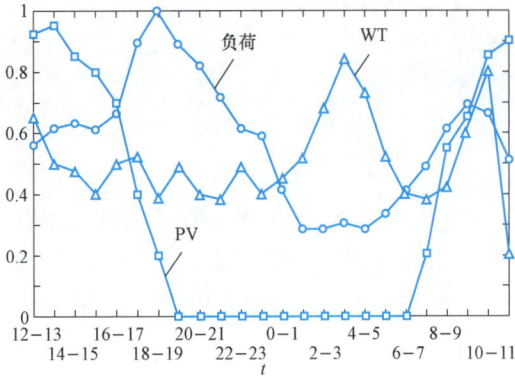

图 5-28　时序 WT、PV 出力、负荷需求
预测系数曲线

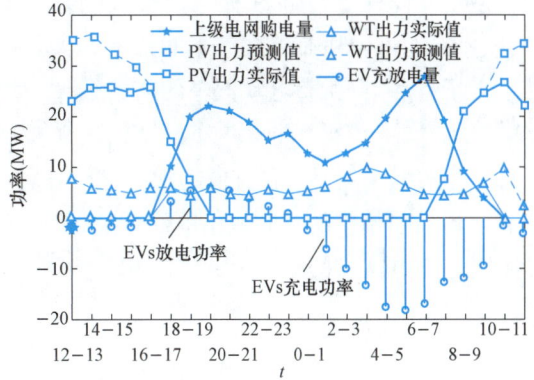

图 5-29　优化运行结果

同样，每组电动汽车在每个时段的 SOC 演变如图 5-30 所示，正如上一节说明的，矩形两边黑色的地方表示电动汽车并没有到或者已经离开了。从图 5-30 可以直观地看出 750 组电动汽车的 SOC，也就是充放电在每个时段的发展。以节点 1106 的第 100 组中每辆电动汽车为例，在第一天下午 4 点到达，初始的 SOC 为 5kW，并且在第二天早上 7 点离开，最终的 SOC 为 19kW。在期间过程中，节点 1106 的集群电动汽车通过优化目标函数安排多时段的 V2G 或者 G2V 的协调调度计划。另外，在图 5-30 中以 21 点为例，蓝色的柱状图表示在不同时段的每组电动汽车的 SOC 量。

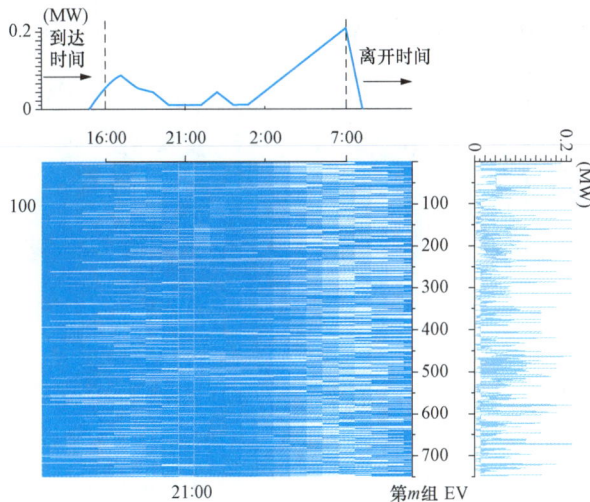

图 5-30　不同时段电动汽车组的 SOC 状态

各种参数的设置对优化结果有一定程度的影响。这里简单探讨电动汽车初始 SOC 对优化运行结果的影响。在前面的仿真中，每辆电动汽车的到达时间及其对应的初始 SOC 情况通过 MC 仿真产生。这里，考虑风电、光伏作为 DG 资源，采用策略 S3 的经济运行

模型，并设计了初始 SOC 为三种极端典型场景进行对比测试与分析：

场景♯1：所有电动汽车的初始 SOC 为 1kWh；

场景♯2：所有电动汽车的初始 SOC 为 10kWh；

场景♯3：所有电动汽车的初始 SOC 为 19kWh。

相关结果展示在图 5-31 中。比较三种场景下的结果可以看到，随着初始 SOC 的增加，场景中相应的对区域供电商的总的经济效益以及向主网购电的量会有所降低，主要原因是充电需求的减少。此外，初始 SOC 越多，即可调用的电池储能容量越大，电动汽车初始可调控的能力越强，从图 5-32 中也可以看出来。此外，初始 SOC 越少，充电负荷的需求越高，更多的较便宜的光伏发电资源会被调用，但是实际上以整体效果而言，综合其他时段的优化过程，可再生能源类 DG 一般都是尽可能优先调用，事实上总体光伏和风力发电的变化不大。初始 SOC 的不同主要影响调度中电动汽车参与的深度，直接通过 $P_{m,t}^{E}$ 与约束式 (5-76) 反映出来。因此，整体系统优化中初始 SOC 主要影响整体充电负荷增加带来的综合经济效益的变化以及电动汽车代理商内部各电动汽车的调控细节，在当前算例配置下，对于其他发电计划的影响不大。

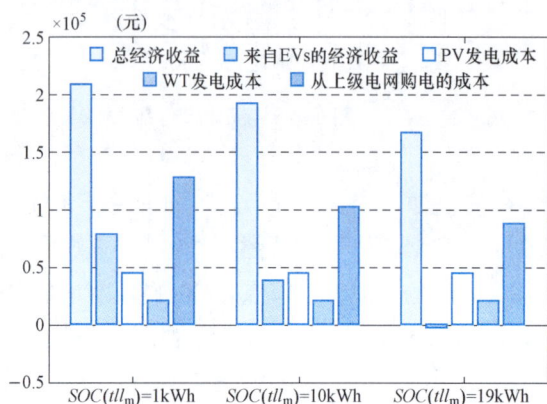

图 5-31　不同场景下经济效益与成本展示

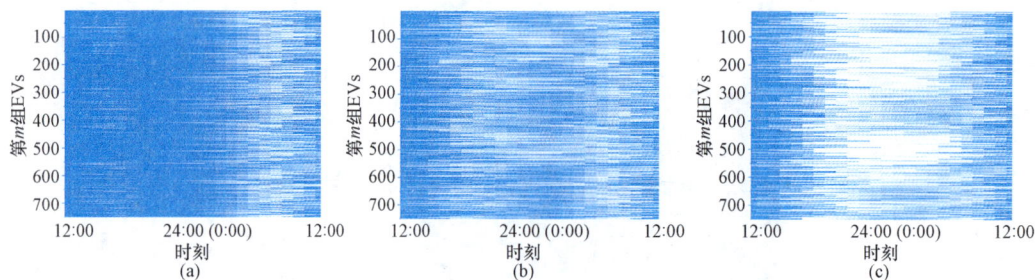

图 5-32　三种场景下电动汽车的 SOC 演化情况

(a) $SOC\ (tllm) =$ 1kWh；(b) $SOC\ (tllm) =$ 10kWh；(c) $SOC\ (tllm) =$ 19kWh

5.4　基于多智能体深度强化学习的充电站自洽优化调度

建设新能源充电站是当前应对日益新增的充电需求的重要支撑，即风电和光伏等新能源能直接给电动汽车进行充电，就地消纳，提高对清洁能源的利用。但是光伏和风力发电与天气环境密切相关，随机性大。与此同时，电动汽车进站充电不确定性也很大，特别是郊区和高速公路充电站，这给站内的调度带来了很大的影响，站内的自恰难以保证。使用传统的优化算法和启发式算法难以全面求解非线性和非凸的电动汽车充电站优化调度问题。相比之下，深度强化学习是一种无需建立环境模型的智能算法，能够与环境进行交互，寻找能够实现长期奖励并增强适应性和鲁棒性的最优控制策略，并且一个充电站是由不同充电功率等级的充电桩和储能系统组成，单个智能体难以解决不同充电功率等级充电桩和储能系统的调度问题，需要将复杂控制问题分解为多智能体的协作问题。因此，本节提出了一种基于多智能体深度强化学习的充电站自恰优化调度策略。

5.4.1　风光储充电站自恰调度模型

风光储充电站如图 5-33 所示。光伏和风力发电装置向电动汽车输送电能，储能系统（Energy Storage，ES）可储存多余电能，也可在电价高时向电网提供电能。充电站可向电网卖出和购入电能，在满足电动汽车充电需求的同时，提高充电站的总体收益。

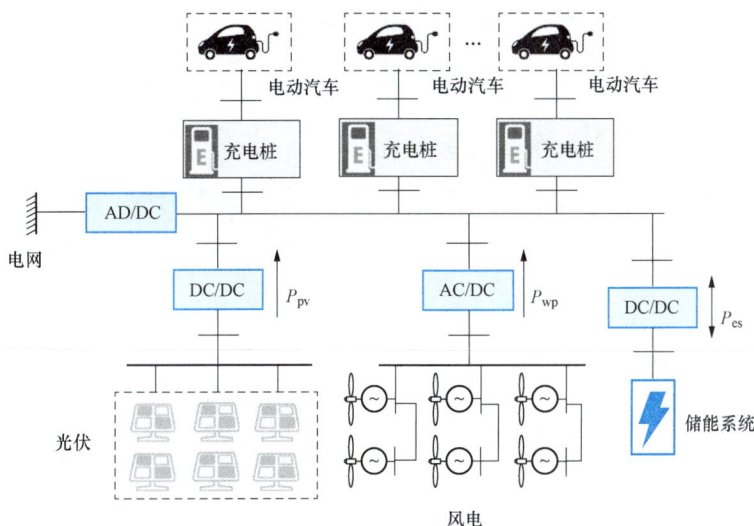

图 5-33　风光储充电站

1. 目标函数

考虑系统新能源消纳能力、电站的利益和设备损耗，可以建立电动汽车充电调度模型：

$$\max(K_e + K_{ps} + \varphi S_{pw} - \lambda E_c - C_{loss} - C_g) \tag{5-85}$$

式中，K_e 为充电站充电收益，K_{ps} 为电价交换收益；S_{pw} 为自恰率奖励费用；E_c 为碳排量；C_{loss} 为在充放电过程中电池寿命损耗成本；C_g 为充电站购电成本；φ，λ 为权系数。

（1）充电收益。光伏和风电系统给电动汽车充电而产生的收益为：

$$K_{ps} = \sum_{t=0}^{T_{sum}} \sum_{n=0}^{N_{sum}} c_{ev}(t) P_{c,n}(t) T_s \qquad (5-86)$$

式中，$c_{ev}(t)$ 为 t 时段电动汽车充电单价；$P_{c,n}(t)$ 为 t 时段第 n 台充电桩的充电功率；N_{sum} 为充电桩总数；T_s 为单位时段时长；T_{sum} 为总时长。

（2）电网交易收益。充电站卖给电网所获得的收益为：

$$K_e = \sum_{t=0}^{T_{sum}} c_{pl}(t) P_{out}(t) T_s \qquad (5-87)$$

式中，$c_{pl}(t)$ 为 t 时段卖给电网的电价；P_{out} 为在负荷高峰时段向电网售卖的功率。

（3）自洽率。自洽率为：

$$S_{pw} = \frac{\sum_{t=0}^{T_{sum}} [P_{wp}(t) + P_{pv}(t)]}{\sum_{t=0}^{T_{sum}} [P_g(t) + P_{wp}(t) + P_{pv}(t)]} \qquad (5-88)$$

式中，$P_{pv}(t)$ 为 t 时刻光伏功率；$P_{wp}(t)$ 为 t 时刻风电功率；$P_g(t)$ 为 t 时段电网向充电站输入的功率。

（4）碳排量。充电站向电网购电的碳排放量为：

$$E_c = \sum_{t=0}^{T_{sum}} M_{CO_2} [P_g(t) - P_{out}(t)] T_s \qquad (5-89)$$

式中，M_{CO_2} 为单位电量的二氧化碳排放量（以燃煤机为例）。

（5）充电站购电成本。当充电站无法满足电动汽车充电需求时，需要从电网中购电，则购电成本：

$$C_g = \sum_{t=0}^{T_{sum}} c_r(t) P_g(t) T_s \qquad (5-90)$$

式中，$c_r(t)$ 为 t 时段电价。

（6）电池消耗成本。充电站内的电池储能设备经历多次充放电循环，可能会出现过充过放现象。若考虑电池充放电的成本和过充过放对电池寿命的损耗成本，则电池损耗成本：

$$C_{loss} = \begin{cases} c_{over} \sum_{t=0}^{T_{sum}} P_{over}(t) T_s + c_{es} \sum_{t=0}^{T_{sum}} P_{es}(t) T_s, & SOC_{es}(t) < 0.2 \ or \ 0.8 < SOC_{es}(t) \\ c_{es} \sum_{t=0}^{T_{sum}} P_{es}(t) T_s, & 0.2 \leqslant SOC(t) \leqslant 0.8 \end{cases}$$

$$(5-91)$$

式中，$P_{over}(t)$ 为 t 时刻电池的过充过放功率；$P_{es}(t)$ 为 t 时刻储能系统的功率；c_{es} 为电池的单位充放电电量成本；c_{over} 为电池的单位过充过放电量惩罚成本。

2. 约束条件

（1）系统的功率平衡关系：

$$\begin{cases} P_{\mathrm{es}}(t)+P_{\mathrm{out}}(t)=P_{\mathrm{wp}}(t)+P_{\mathrm{pv}}(t)-\sum_{n=0}^{N_{\mathrm{sum}}}P_{\mathrm{c},n}(t), P_{\mathrm{wp}}(t)+P_{\mathrm{pv}}(t)-\sum_{n=0}^{N_{\mathrm{sum}}}P_{\mathrm{c},n}(t)>0\,\&\,SOC_{\mathrm{es}}(t)<0.95 \\[2ex] P_{\mathrm{out}}(t)=P_{\mathrm{wp}}(t)+P_{\mathrm{pv}}(t)-\sum_{n=0}^{N_{\mathrm{sum}}}P_{\mathrm{c},n}(t), P_{\mathrm{wp}}(t)+P_{\mathrm{pv}}(t)-\sum_{n=0}^{N_{\mathrm{sum}}}P_{\mathrm{c},n}(t)>0\,\&\,SOC_{\mathrm{es}}(t)=0.95 \\[2ex] P_{\mathrm{es}}(t)+P_{\mathrm{g}}(t)=\sum_{n=0}^{N_{\mathrm{sum}}}P_{\mathrm{c},n}(t)-[P_{\mathrm{wp}}(t)+P_{\mathrm{pv}}(t)], P_{\mathrm{wp}}(t)+P_{\mathrm{pv}}(t)-\sum_{n=0}^{N_{\mathrm{sum}}}P_{\mathrm{c},n}(t)<0\,\&\,SOC_{\mathrm{es}}(t)>0 \\[2ex] P_{\mathrm{g}}(t)=\sum_{n=0}^{N_{\mathrm{sum}}}P_{\mathrm{c},n}(t)-[P_{\mathrm{wp}}(t)+P_{\mathrm{pv}}(t)], P_{\mathrm{wp}}(t)+P_{\mathrm{pv}}(t)-\sum_{n=0}^{N_{\mathrm{sum}}}P_{\mathrm{c},n}(t)<0\,\&\,SOC_{\mathrm{es}}(t)=0 \end{cases}$$

$$(5-92)$$

（2）系统的电动汽车和储能系统的约束：

$$-P_{\mathrm{es,rated}}\leqslant P_{\mathrm{es}}(t)\leqslant P_{\mathrm{es,rated}} \qquad (5-93)$$

$$\begin{cases} P_{\mathrm{p1,min}}\leqslant P_{\mathrm{ev}\_i}(t)\leqslant P_{\mathrm{p1,rated}}, \quad i\in R_{\mathrm{p1}} \\[1ex] P_{\mathrm{p1,rated}}\leqslant P_{\mathrm{ev}\_i}(t)\leqslant P_{\mathrm{p2,rated}}, \quad i\in R_{\mathrm{p2}} \\[1ex] P_{\mathrm{p2,rated}}\leqslant P_{\mathrm{ev}\_i}(t)\leqslant P_{\mathrm{p3,rated}}, \quad i\in R_{\mathrm{p3}} \end{cases} \qquad (5-94)$$

$$\begin{cases} SOC_{\mathrm{es,min}}\leqslant SOC_{\mathrm{es}}(t)\leqslant SOC_{\mathrm{es,max}} \\[1ex] \dfrac{d_i w_i}{C_i}\leqslant SOC_{i,\mathrm{out}}(t)\leqslant 100\% \end{cases} \qquad (5-95)$$

式中，$P_{\mathrm{es,rated}}$ 为电池储能系统的额定功率；$P_{\mathrm{ev}\_i}(t)$ 为 t 时刻第 i 辆电动汽车的功率；$P_{\mathrm{p1,min}}$ 为第一种充电桩的最小充电功率；$P_{\mathrm{p1,rated}}$、$P_{\mathrm{p2,rated}}$ 和 $P_{\mathrm{p3,rated}}$ 为三种不同等级充电桩的额定功率；R_{p1}、R_{p2} 和 R_{p3} 分别为连接三种不同等级充电桩的电动汽车集合；$SOC_{\mathrm{es,min}}$ 和 $SOC_{\mathrm{es,max}}$ 分别为电池系统的 SOC 最大值和最小值；$SOC_{i,\mathrm{out}}$ 为第 i 辆电动汽车的驶出电量。C_i 为第 i 辆电动汽车的电池容量；d_i 为第 i 辆电动汽车的下一旅程预计出行里程，w_i 表示电动汽车单位千米耗电量，电动汽车的 SOC 约束表示离网时驶出电量需要完成预计出行里程。

（3）充电时间约束：

$$\frac{d_i w_i}{C_i P_{\mathrm{p3,rated}}}\leqslant t_{\mathrm{ev}\_i}\leqslant T_{\mathrm{ev,max}} \qquad (5-96)$$

式中，$t_{\mathrm{ev}\_i}(t)$ 为第 i 辆电动汽车的充电时间；$T_{\mathrm{ev,max}}$ 为电动汽车的最长等待时间。

5.4.2　基于多智能体深度强化学习的调度优化算法

1. 多智能体深度强化学习

多智能体深度强化学习（Multi‑agent Deep Reinforcement Learning，MADRL）是结合深度学习方法、强化学习方法和多智能体系统而形成的机器学习算法。MADRL 可组织多个智能体展开自主学习，并通过各智能体之间的交互实现问题的合作求解。

多智能体双延迟深度确定性策略梯度（Multi‑agent Twin Delayed Deep Deterministic Policy Gradient，MATD3）作为一种新的解决连续问题的 MADRL 算法，MATD3 在多智能

体确定性策略梯度（Multi-agent Deep Deterministic Policy Gradient，MADDPG）基础上改进。MATD3 是解决基于价值学习的 MADDPG 算法存在的 Q 值高估偏差、高方差累积、学习过程不稳定。MATD3 是以集中训练和分散执行的模式，给每个智能体设置策略（actor）网络和价值（critic）网络及相应的目标网络。在训练期间，每个 agent 的两个 critics 能够从经验池中访问所有 agents 的动作、状态、奖励和策略，从而实现每个 agent 之间的交互。每个 agent 的 actor 根据策略进行分散执行的任务，actor 只需考虑自己的状态做出相应的动作。为了解决 MADDPG 算法存在的 Q 值高估偏差问题，MATD3 算法在计算目标值 Q 时取 critics 两者中最小值。智能体 i 估计价值网络逼近的目标值

$$Q^\mu(s_t,a_t) = E\{r(s_t,a_t) + \gamma Q^\mu[s_{t+1},\mu(s_{t+1})]\} \tag{5-97}$$

式中，r 为 agent 的奖励函数；γ 为折算因子；μ 为 agent 的策略；s_t 和 a_t 分别为 t 时刻 agent 的状态和动作。

智能体中的动作价值函数进取决于它所处的环境，这意味着可以使用不同的确定策略 μ 生成的动作来拟合动作价值函数，从而完成价值评估过程。考虑参数为 θ^Q 的深度神经网络，通过最小化损失函数来训练参数：

$$L(\theta^2) = N^{-1}\sum_{t}^{N}[Y_i - Q(s_i,a_i \mid \theta^Q)]^2 \tag{5-98}$$

为了减小在更新 actor 时高方差目标值，MATD3 算法使用目标策略平滑化的正则化技术。智能体 i 的策略梯度如下：

$$\nabla_{\theta^\mu}J = N^{-1}\sum_{t}^{N}\nabla_{a^t}Q(s_i,a_i \mid \theta^Q)\nabla_{\theta^\mu}(s_t \mid \theta^\mu) \tag{5-99}$$

最后，通过软更新策略更新两个目标网络参数：

$$\begin{cases}\theta^Q = \tau\theta^Q + (1-\tau)\theta^Q \\ \theta^\mu = \tau\theta^\mu + (1-\tau)\theta^\mu\end{cases} \tag{5-100}$$

式中，τ 是可配置常系数，用于调节软更新系数。

2. 基于 MATD3 的风光储充电站优化调度

针对电动汽车充放电调度问题每一个时刻的状态仅与前一时刻状态及智能体动作有关，符合马尔科夫决策过程，因此，采用 MATD3 方法求解风光储充电站自洽优化调度模型，通过不断地探索与利用，建立状态 - 动作与 Q 值的映射关系，实现电动汽车实时调度。基于 MATD3 算法的风光储充电站自洽优化调度模型架构如图 5-34 所示。模型中对状态、动作及奖励的定义如下。

（1）状态空间。对于光伏发电与电动汽车储能联合系统，环境提供给智能体 agent 的信息为 t 时刻的电网向充电站输入的功率、充电站向电网输出的功率、光伏功率、风电功率、电动汽车和储能系统的荷电状态。因此系统的状态空间定义为：

$$S = [P_g,P_{out},P_{pv},P_{wind},SOC_{ev\_i},SOC_{es}] \tag{5-101}$$

（2）动作空间。智能体 agent 观测到环境的状态信息后，根据自身策略 π 在动作空间中选择一个动作。动作空间 A 由电动汽车的充电功率和储能系统的功率组成，其表达

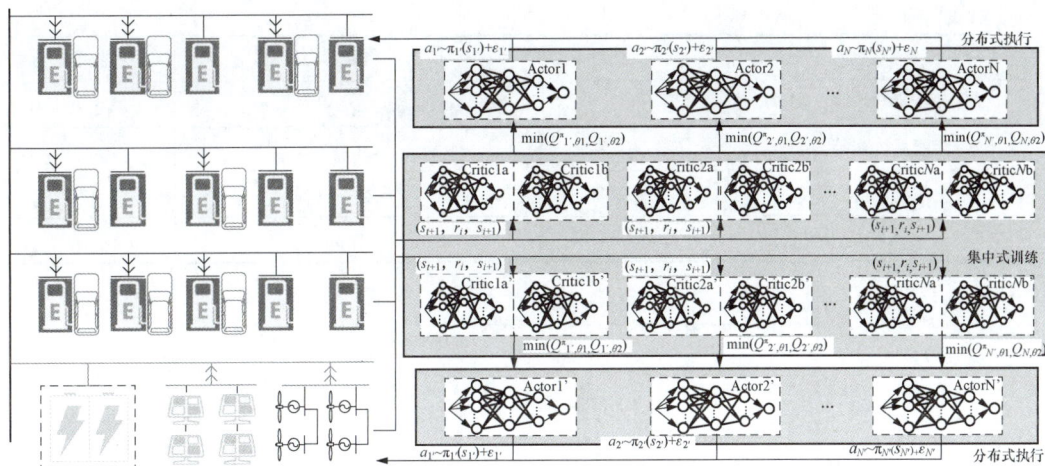

图 5 - 34　MATD3 的算法架构

式为：

$$\begin{cases} a_i = P_{c,n}(t) \\ a_{es} = P_{es}(t) \end{cases} \tag{5-102}$$

（3）奖励函数。在学习环节中，深度强化学习算法需要根据外部环境返回的奖励值来确定控制器参数的更新方向与幅度。将式（5-85）中的目标函数作为智能体的奖励函数：

$$\begin{cases} r_i = \alpha_1(K_e + K_{ps} - C_g) + \alpha_2 S_{pw} - \alpha_3 E_c \\ r_{es} = \beta_1(K_e + K_{ps} - C_g) + \beta_2 S_{pw} - \beta_3 C_{loss} \end{cases} \tag{5-103}$$

式中，α_1，α_2，α_3，β_1，β_2，β_3 为权系数。

5.4.3　算例分析

1.算例描述

考虑一个拥有 20 个充电桩的高速公路充电站服务区算例，其中包括风电场、光伏发电场和站内储能系统，并且 20 个充电桩细分为 10 个 25～75kW、5 个 75～125kW 和 5 个 125～175kW 这三类充电桩。利用某高速公路充电站的进站数据与某风电场和某光伏发电场的功率数据，验证所提策略的有效性和可行性。系统参数如表 5-11 所示，48h 光伏和风电功率如图 5-35 所示。

表 5 - 11　　　　　　　　　　　　　　系统参数

参数	数值	参数	数值
风电场额定功率（kW）	2500	M_{CO_2}（kg/kWh）	0.785
光伏系统额定功率（kW）	1000	$T_{ev,max}$（h）	2
N_{sum}	20	$P_{p1,min}/P_{p1,rated}/P_{p2,rated}/P_{p3,rated}$（kW）	25/75/125/175
$P_{es,rated}$（kW）	1500	C_i（kWh）	100

参数	数值	参数	数值
储能系统额定容量（MWh）	5	c_{es}（元/kWh）	0.1
储能系统初始 SOC	0.5	c_{over}（元/kWh）	0.15
$SOC_{es,max}$	0.95	T_{sum}（h）	48
$SOC_{es,min}$	0.05	T_s（min）	15

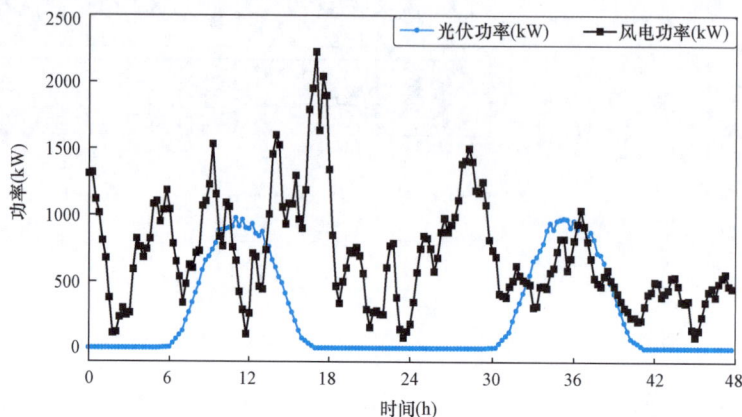

图 5-35　48h 光伏和风电功率

中国中部城市分时电价（time-of-use price，TOU）如表 5-12 所示。$c_{ev}(t)$ 和 $c_{pl}(t)$ 分别是分时电价的 1.2 倍和 0.6 倍。

表 5-12　　　　　　　　　　　　　中国中部城市分时电价

时间	取值
0:00~7:00，18:00~24:00	0.504/元
7:00~11:00，14:00~18:00	0.604/元
11:00~14:00	0.704/元

2. 训练结果分析

经过多次实验和经验确定算法训练的超参数（TD3 和 MATD3 共用这一超参数和奖励函数权重），如表 5-13 所示。

表 5-13　　　　　　　　　　　算法训练的超参数和奖励函数权值

超参数	取值	其他参数	取值	超参数	取值	其他参数	取值
训练次数	500	α_1	1	折扣系数	0.99	β_1	1
批处理数	512	α_2	10	学习率	0.01	β_2	10
经验池容量	1×10^6	α_3	1	优化器	Adam	β_3	1

算法的 Critic 网络和 Actor 网络的结构设计如图 5-36 所示。

为了保证训练效果，agent 进行 500 次试错训练。MATD3 和 TD3 算法的全局奖励值如图 5 - 37 所示。从图 5 - 37 能够看出，第 250 代之后 MATD3 算法开始收敛，并 500 代时全局奖励为 135903，明显高于 TD3 算法的 130442。这说明了 MATD3 算法的求解能力好于 TD3。

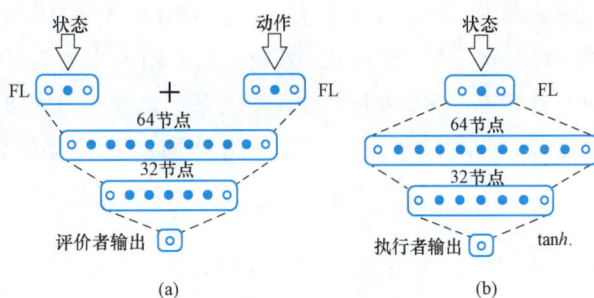

图 5 - 36　算法网络结构

（a）Critic 网络结构；（b）Actor 网络结构

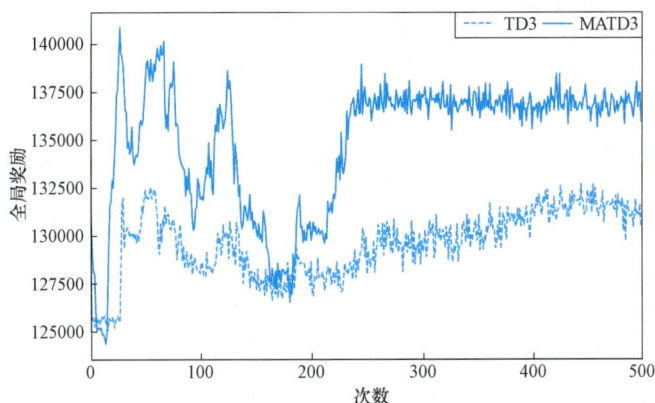

图 5 - 37　全局奖励值

3.仿真结果分析

在保证相同的环境变量中进行仿真实验。为了验证所提控制方法的可行性和有效性，将所提调度策略与在无 PV - WP - ES 下的平均分配，在 PV - WP - ES 下的平均分配、基于 TOU 的最优调度策略、基于 TD3 算法的最优调度策略（TD3）做比较。

不同调度策略下的电网侧功率和总充电功率如图 5 - 38 和图 5 - 39 所示。所提调度策略下每台充电桩的充电功率如图 5 - 40 所示。从图 5 - 38 可以看出，在 0～6h 和 30～35h 时，所提调度策略的并网侧功率为零，没有向电网购入电，而其他几种策略的并网侧功率都大于

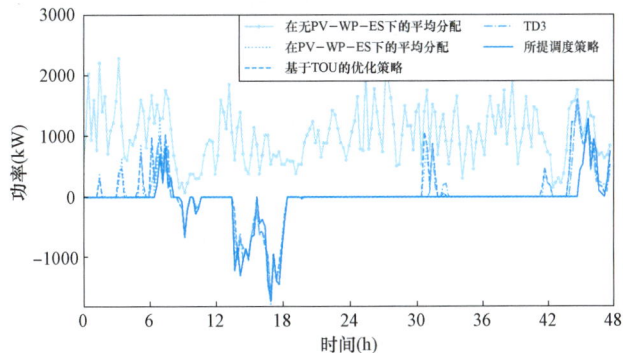

图 5 - 38　不同调度策略下的电网侧功率

零（正为购入电，负为卖出电），向电网购入电，并且在 6～8h 和 43～48h 时，所提调度策略的购入电量都要小于其他几种策略。这说明了所提调度策略能够更好地利用充电站自身产出填补自身需求，减少外接的输入。在 13～19h 时，其他几种策略的并网侧功率曲线都高于所提调度策略的并网侧功率曲线，这说明了所提调度策略能够输出更多的清洁能源给电网。

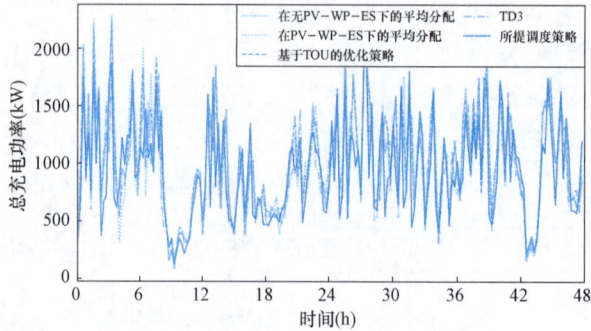

图 5-39　不同调度策略下的总充电功率

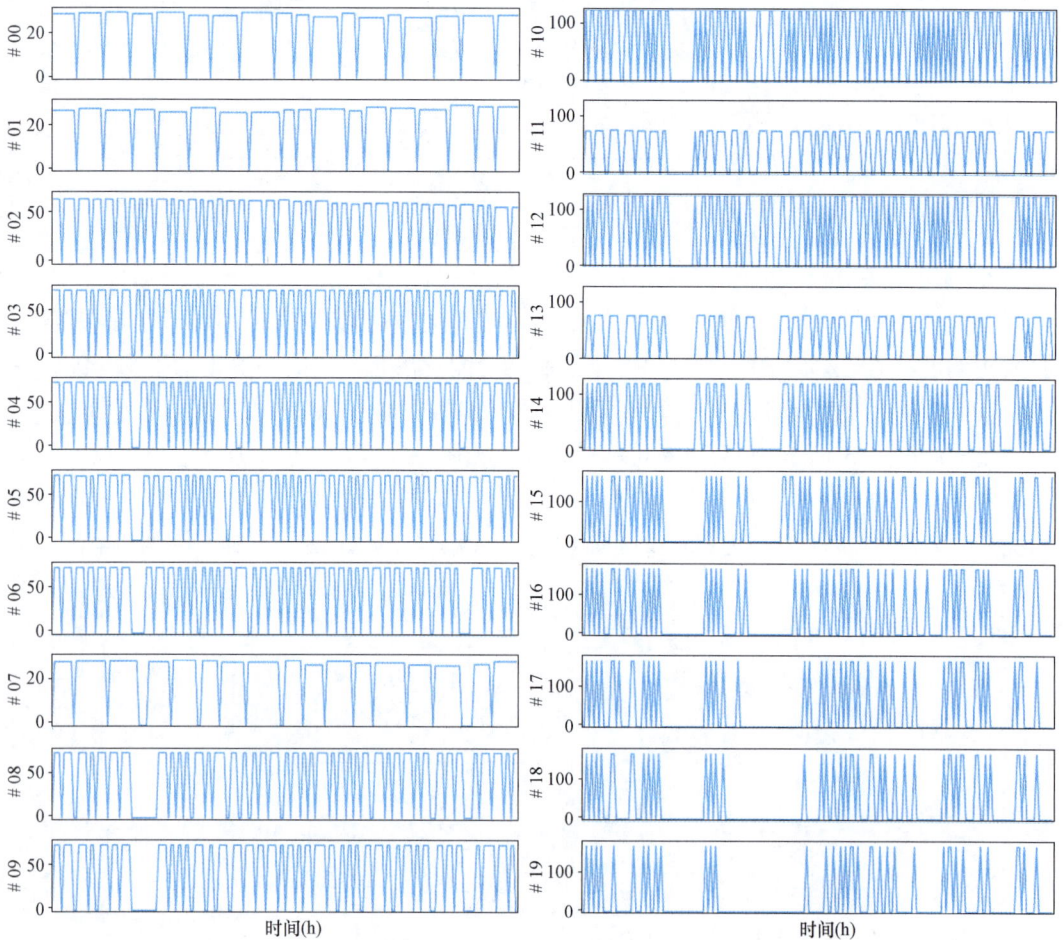

图 5-40　所提调度策略下 ♯0～♯19 号充电桩充电功率（kW）

不同调度策略下的储能系统的功率和 SOC 如图 5-41 和 5-42 所示。总体评价指标如表 5-14 所示。

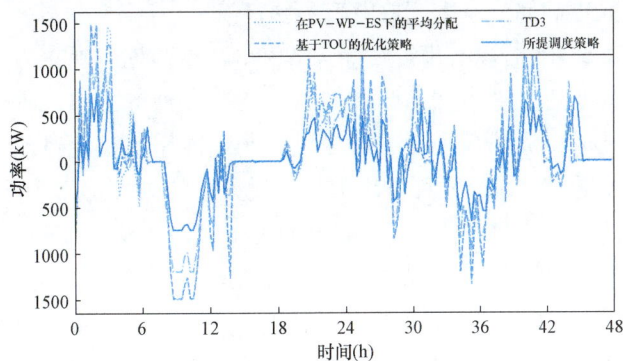

图 5-41　不同调度策略下储能系统的功率

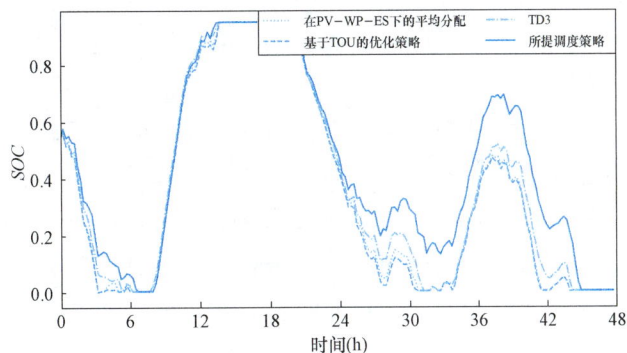

图 5-42　不同调度策略下储能系统的 SOC

表 5-14　　　　　　　　　　　　　　　评价指标

调度策略	K_{ps}(元)	K_e(元)	C_g(元)	C_{loss}(元)	总收益(元)	S_{pw}	E_c(kg)
在无 PV-WP-ES 下的平均分配	139053	0	115878	0	23175	0	16884
在 PV-WP-ES 下的平均分配	139053	8377	13779	6123	127528	89.63%	5170
基于 TOU 的优化策略	140834	8107	14843	5868	128230	89.11%	5868
TD3	134613	8543	10192	5788	127176	92.75%	−2951
所提调度策略	129075	9112	6016	5582	126589	95.22%	−7476

结合表 5-15 和图 5-38 可以看出，在无 PV-WP-ES 下的平均分配的购电费用 C_g=115878 元和卖电收益 K_e=0 元，这表明在没有 PV-WP-ES 下的传统高速公路充电站的运行全部依靠电网供电，在建设不完整的高速公路电网，这种策略的抗风险能力弱。从其他几种方法看出，在 PV-WP-ES 的高速公路充电站弥补这一缺陷。所提调度策略的购电费用 C_g=6016 元明显小于其他几种策略和卖电收益 K_e=9112 元大于其他几

种策略，这说明充电站自产自销能力更强，对电网的依赖程度更弱。与此同时，所提调度策略的自洽率 $S_{pw}=95.22\%$ 都大于其他几种方法，也证明了所提调度策略能够更好地利用调度电动汽车充电和储能系统充放电来实现自洽。

从图 5-42 和表 5-15 可以看出，在 6～9h 和 30～35h 时，所提方法的储能系统 SOC 曲线处于边界的时间小于其他方法。与此同时，在这几种方法中，所提方法的电池损耗成本 $C_{loss}=5582$ 元最小，这说明所提方法尽量控制储能系统避免过放，减少对电池的损耗。从表 5-15 可以看出，在这几种方法中，所提方法的碳排量 $E_c=-7476kg$ 最小，这说明所提方法实现了站内碳排量为 0，并为电网提供清洁能源，减少外界碳排量 7476kg。虽然其他方法的总收益都要高于所提方法的，高于的部分是来自于充电收益，但总收益相差不大，例如 TD3 与所提方法的总收益只相差 2.82%，并且碳排量和自洽率这两大指标都要优于其他几种方法。造成的原因是所提方法是牺牲小部分充电收益，来换取碳排量和自洽率的提高，减少对电网的依赖和压力。

5.5 小 结

本章围绕电动汽车与低碳能源系统互动问题，详细介绍了电动汽车充放电服务互动经济性、清洁能源消纳策略、主动管理运行、自洽低碳调度 4 个方面内容。研究发现，借助 V2G 技术电动汽车可参与调频、调峰辅助服务，可获得可观的辅助服务经济收益和低碳环境效益。电动汽车有序充放电管理策略能够以高消纳率实现对天然气管网压力能的利用，解决压力能发电上网难、并网难的问题，提高城市清洁能源利用率。在含可再生能源类型 DG 与电动汽车聚合的区域主动配电系统运行中，通过分布式发电聚合商有序互动响应，智能可中断 V2G 或者 G2V 机制能够实现智能的主动能量管理，提高配电系统弹性（灵活）运行，提升清洁能源消纳水平。为增强车网互动的计算效益，提出多智能体深度强化学习优化建模与决策方法，以含风光储高速路充电站内优化调控为应用场景进行测试仿真，在确保高效应用同时，提升了耦合系统的清洁能源消纳水平与经济自洽能力。

第6章　充电基础设施规划

电动汽车的发展普及依赖于充电基础设施的配套支撑，若充电基础设施布局不充分，电动汽车用户可能不能顺利找到充电设施进行充电，无法完成出行计划；当现有充电基础设施无力支撑电动汽车规模化充电的情况下，需要建设新的充电站或在原有充电站扩建充电桩，如何规划将对用户的充电体验产生极大影响。面向差异化投资运营主体、多类场景与应用需求，充电基础设施规划的目标、结果及优化决策过程各异，需因地制宜。

本章将从配电安全、供电辐射范围、站点排队时间、全寿命周期成本、电力交通耦合、可靠性提升等多角度提出相应的充电基础设施规划方法，章节结构如下。

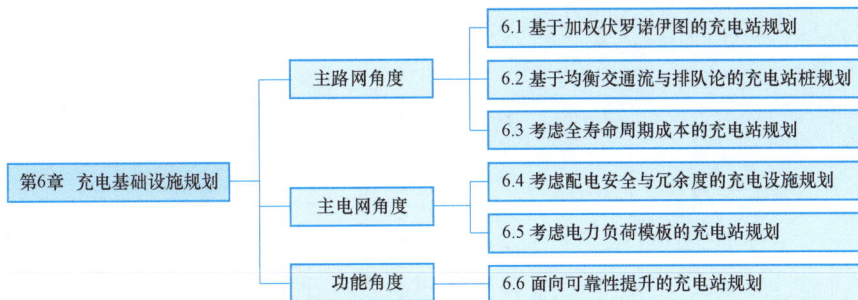

图 6-1　第 6 章章节框架

6.1　基于加权伏罗诺伊图的充电站规划

考虑城市区域的电动汽车充电站规划与以往电网变电站规划类似。然而应用于城市变电站的规划方法在供电范围划分时往往采用就近分配原则，若直接用于电动汽车充电站的规划，容易造成服务区域划分不合理和充电站负载率难控制的问题。电动汽车充电站服务区域划分应遵循电动汽车分布系数加权下的便利性原则。由于充电负荷的流动性和分布的不均匀性，服务区域的有效划分可以为电动汽车充电提供指引，这对电动汽车充电站的规划尤为重要。本节将伏罗诺伊图应用于充电站规划，以解决电动汽车分布不均匀时的服务范围划分问题，实现负载率的均衡，同时实现站点运营利润最优。

6.1.1 运营利润最大化的规划模型

1. 目标函数

以充电站的年运营利润最大化作为目标函数，在此基础上确定充电站的规划位置、容量和服务范围。电动汽车充电站优化规划问题的目标函数为：

$$\max S = \sum_{i=1}^{n}(S_i - C_i) \tag{6-1}$$

式中，S 表示规划区域内充电站每年的总运营利润；n 为充电站数量；S_i 为第 i 个充电站的年运营收入；C_i 为第 i 个充电站的年运营成本。

充电站的年运营收入即为充电站为用户提供充电服务而获得的总收入，将 S_i 的计算表示为：

$$S_i = T_{\max,i} S_i (P_c - P_g) \tag{6-2}$$

式中，$T_{\max,i}$ 为第 i 个充电站的年最大负荷利用小时数，表示将实际用电量按照一年中的最大负荷折算出的等效用电小时数，主要受充电站容量和负荷因素影响；S_i 为第 i 个充电站的最大充电功率；P_c 和 P_g 分别为充电站的平均充电价格和购电价格。

充电站的年运营成本即为充电站从建设到运营过程中所花费总成本均摊到每一年的平均成本，具体包括充电站投资运营成本、线路建设成本、道路建设成本和网损成本，将 C_i 表示为：

$$C_i = \sum_{i=1}^{n}\sum_{j=1}^{m} C_{i,j} \tag{6-3}$$

式中，m 为运营成本总数；$C_{i,j}$ 为第 i 个充电站的第 j 项运营成本。

（1）充电站投资运营成本。充电站投资运营成本 $C_{i,1}$ 主要由几部分构成，分别为充电站的投资建设成本、运营维护成本和土地使用成本等。其中投资建设成本主要包含建筑材料成本、充电设备成本和人力安装成本等，运营维护成本主要包含日常运营成本、定期检修成本和人力管理成本等，土地使用成本即为充电站所在位置的土地购买或租用成本。充电站投资运营成本为：

$$C_{i,1} = (C_{T,i} + \lambda_i C_{Z,i}) \frac{r_o (1+r_o)^{n_z}}{(1+r_o)^{n_z} - 1} + C_{Y,i} \tag{6-4}$$

式中，$C_{T,i}$ 为第 i 个充电站的投资建设成本；λ_i 为第 i 个充电站所在位置的土地使用成本系数；$C_{Z,i}$ 为第 i 个充电站的土地使用成本；r_o 为贴现率；n_z 为充电站计划使用年限；$C_{Y,i}$ 为第 i 个充电站的运营维护成本。

（2）线路建设成本。线路建设成本 $C_{i,2}$ 是指由于新建充电站而额外建设的充电站与变电站之间线路而导致的成本为：

$$C_{i,2} = \mu l_i \frac{r_o (1+r_o)^{n_z}}{(1+r_o)^{n_z} - 1} \tag{6-5}$$

式中，μ 为单位长度的线路建设成本；l_i 为第 i 个充电站与最近的变电站之间的距离。

（3）道路建设成本。道路建设成本 $C_{i,3}$ 为由于新建充电站而额外建设的充电站与现有主路之间的道路而导致的成本为：

$$C_{i,3} = 2\rho L_i \frac{r_\mathrm{o}\,(1+r_\mathrm{o})^{n_z}}{(1+r_\mathrm{o})^{n_z}-1} \tag{6-6}$$

式中，ρ 为单位长度的道路建设成本；L_i 为第 i 个充电站与现有主路之间的距离。

（4）网损成本。网损成本 $C_{i,4}$ 是指由于充电站的建设，系统中新增了大量电动汽车充电负荷，由此导致了新的网络损耗，引入该变量的目的是评估充电站的规划位置对电网的影响是如何变化的，则

$$C_{i,4} = P_\mathrm{g}\Delta C_{\mathrm{L},i}T_{\max,i} \tag{6-7}$$

式中，$\Delta C_{\mathrm{L},i}$ 为由于第 i 个充电站的建设而导致的系统网损增加量。

2. 约束条件

规划问题的约束条件包括充电站的最大服务能力约束、变电站的容量约束、电压波动范围约束和充电站的最大服务范围约束等，在确定规划目标区域的电动汽车保有量、配电网参数和交通流量等输入条件下，均可以通过数学模型表示如下。

（1）充电站最大服务能力约束。充电站能够承载电动汽车同时充电的功率称为最大服务能力：

$$\sum_{i=1}^{n} S_i \geqslant S_{\max} \tag{6-8}$$

式中，S_i 为第 i 个充电站的额定充电功率；$S_{\max}$ 为电动汽车集群同时充电的最大充电功率。

（2）变电站容量约束。与充电站连接的变电站存在最大带负荷容量约束，取决于变电站的额定容量和实际带负荷量。

$$\sum_{i=1}^{n} \lambda_{ik} S_i \leqslant S_{rk} - S_k \tag{6-9}$$

式中，λ_{ik} 为充电站 i 与变电站 k 的关联变量，当充电站 i 与变电站 k 相连接时，λ_{ik} 取值为 1，否则为 0；S_{rk} 为变电站 k 的额定容量；S_k 为变电站 k 实际所带的负荷量。

（3）电压波动范围约束。变电站由于所带负荷量的波动会出现相应的电压波动，变电站的电压幅值越限将会带来严重的后果，可能影响变电站设备安全运行，严重的情况下将无法正常向用户供电。

$$V_{k,\min} \leqslant V_k \leqslant V_{k,\max} \tag{6-10}$$

式中，V_k 为变电站 k 的电压；$V_{k,\min}$ 和 $V_{k,\max}$ 分别为变电站 k 电压波动的最小值、最大值。

（4）充电站间最大距离约束。相邻两个充电站间的地理距离不应过大，由此保障每个区域内电动汽车用户的充电需求。

$$\min_{m\neq n} \quad d_{mn} \leqslant \frac{Q}{q} \tag{6-11}$$

式中，d_{mn} 为充电站 m 和充电站 n 之间的距离；Q 表示电动汽车电池的平均容量，可根据各类电动汽车电池容量及其所占百分比加权求得；q 表示电动汽车单位里程平均耗电量。

6.1.2　基于伏罗诺伊图的规划方法

1. 充电需求预测

电动汽车的每日行驶路程和充电时刻取决于用户的出行行为特征，并受到实时电价和充电站位置等因素的影响。这里采用与 3.2.1 节相同的分析，每辆电动汽车的开始充电时刻 t 满足正态分布，其概率密度函数为

$$f_{Ts} = \begin{cases} \dfrac{1}{\sigma_s \sqrt{2\pi}} \exp\left[\dfrac{(x-\mu_s)^2}{2\sigma_s^2}\right], (\mu_s - 12) < t \leqslant 24 \\[3mm] \dfrac{1}{\sigma_s \sqrt{2\pi}} \exp\left[\dfrac{(x+24-\mu_s)^2}{2\sigma_s^2}\right], 0 < t \leqslant (\mu_s - 12) \end{cases} \tag{6-12}$$

式中，$\mu_s = 17.5$；$\sigma_s = 3.4$。

电动汽车充电时长 T 的概率密度函数为：

$$f_{Tc} = \frac{1}{1.61 \times 0.15} \int_2^3 \frac{1.61 \times 0.15}{T\sigma_d \sqrt{2\pi}} \cdot \exp\left[\frac{(\ln T - \ln 1.61 - \ln 0.15 + \ln p - \mu_d)^2}{2\sigma_d^2}\right] \mathrm{d}p, T > 0$$

$$\tag{6-13}$$

式中，$\mu_d = 3.20$；$\sigma_d = 0.88$。

设普通私家车的电池容量在 20~30kWh 范围内呈均匀分布。用蒙特卡洛仿真方法可以求出一天内每辆电动汽车充电需求的期望值，其近似分布如图 6-2 所示。

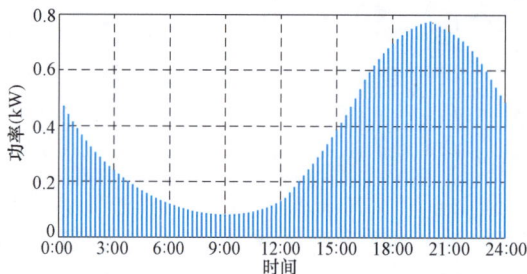

图 6-2　一天内单台电动汽车功率需求期望

根据图 6-2 所示的一天内每辆电动汽车充电需求的期望，由中心极限理论可知一天内 n 辆电动汽车总体充电需求服从以 $n\mu$ 为期望，$n\sigma^2$ 为方差的正态分布，其中 μ 和 σ 为每辆电动汽车在该时刻充电功率需求的期望和标准差。再根据规划区内需要充电的车辆数 n，从而计算出规划区的最大充电负荷 $W_{\max}$。

2. 基于伏罗诺伊图方法的服务范围划分

伏罗诺伊图（voronoi）也称"邻近多边形"，是计算几何方法的重要分支，在空间选址和电力系统中都得到了广泛的应用。设二维欧式空间上互异的 n 个点构成的点集 $P = \{P_1, P_2, \cdots, P_n\} \in R^2$（$2 < n < \infty$），$d(p, P_i)$ 表示空间内任意一点 p 与 P_i 的欧式距离，则伏罗诺伊图可以定义为：

$$V(P_i) = p \in R^2 \mid d(p, P_i) \leqslant d(p, P_j) \tag{6-14}$$

式中，$j=1$，2，$\cdots$，n，$j \neq i$。

设各点 P_i 的权重 ω_i（$i=1$，2，$\cdots$，n）为给定的正实数，则加权伏罗诺伊图的定义为：

$$V(P_i) = p \in R^2 \mid \bar{\omega}_i d(p, P_i) \leqslant \bar{\omega}_j d(p, P_j) \tag{6-15}$$

加权伏罗诺伊图使得区域分界线由原来的直线变为曲线，如图 6-3 所示。用图中各点来表示各充电站的位置，直线/曲线所围区域表示该充电站的服务区域。

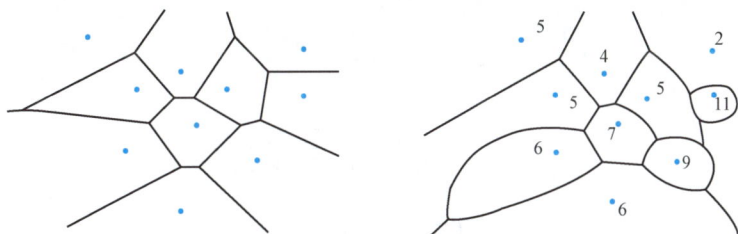

图 6-3　常规/加权伏罗诺伊图示意图

充电站的有效服务半径与充电站的容量、所处位置的交通情况以及所属区域的电动汽车分布密度相关。通过加权伏罗诺伊图所引入的权重来反映各因素对充电站有效服务半径和各充电站平均负载率的影响，具体步骤如下：

步骤 1：确定初始权重 $\bar{\omega}_{0i} = \sqrt{W_{0i}/S_i}$，其中：$W_{0i}$ 是根据各充电站的站址为顶点，构造常规伏罗诺伊图，从而计算出来的分区 i 的负荷。

步骤 2：根据各充电站权重构造加权伏罗诺伊图，确定各充电站的服务区域，计算其实际功率需求 W_i。

步骤 3：计算各充电站负载率 $\eta_i = W/S_i$。

步骤 4：判断负载率是否满足要求。若负载率小于下限值则减小权重，负载率高于上限则增加权重，然后返回步骤 2 重新计算；若负载率满足要求，则计算各充电站的最大负荷利用小时数 T_{imax} 和有效服务区域。

$$T_{imax} = \eta_i \times T_i \times 24 \tag{6-16}$$

式中，T_i 表示充电站 i 的平均一年有效运行天数。

用加权伏罗诺伊图方法计算负载率和有效服务区域的流程图如图 6-4 所示。

3. 结合粒子群优化算法的规划流程

粒子群优化算法的基本思想是随机初始化一群粒子，将每个粒子视为优化问题的一个可行解，并用一个事先设定的适应度函数来表征粒子的好坏。每个粒子在可行解空间中按照一个速度变量决定的方向和距离进行运动。粒子将追随当前的最优粒子，经过逐步搜索，得到最优解。本节利用粒子群优化算法的全局寻优能力，结合加权伏罗诺伊图，通过用表征充电站位置和容量的粒子的不断寻优过程，来模拟各种充电站规划方案的寻优选择，从而对充电站进行选址定容和服务区域划分的优化规划。

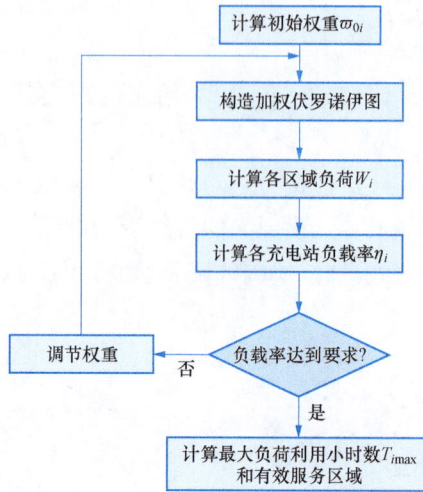

图6-4　加权伏罗诺伊图方法计算流程图

基于加权伏罗诺伊图和粒子群优化方法的电动充电站规划流程图如图6-5所示。图6-5中的可行性校验主要包括电网相关安全约束和选址地域的可行性校验。

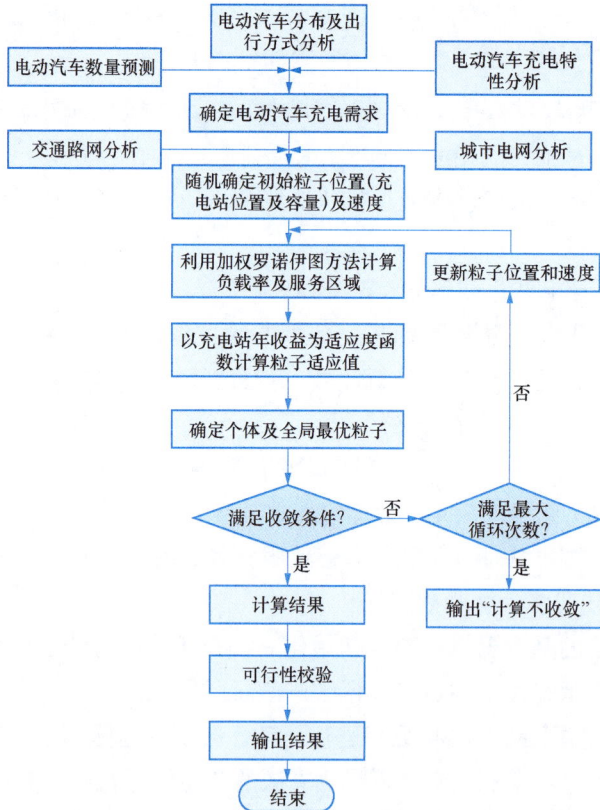

图6-5　充电站规划流程图

6.1.3　算例分析

1. 基础算例（低渗透率场景）

以面积为 400（km）^{2} 的规划区为算例，该区域有 12 条主干道，包含 5 个 110kV 变电站，且为"辐射＋环网"结构，并假设规划区每年的总基础负荷量为 239MW。将整个规划区域划分为 784 个地块进行充电功率需求预测，并且假设规划区内的机动车数量为 40 万辆，电动汽车渗透率为 5%，即 2 万辆，可计算出规划区内每天的充电功率期望值为 17.1MW。

算例相关参数见表 6-1 和表 6-2，利用加权伏罗诺伊图和粒子群优化方法对规划区进行分析得到两种规划方案，如图 6-6 所示。

表 6-1　　　　　　　　　　　　　　充电站费用表

规格	额定容量（MW）	初始投资（万元）	征地费用（万元）	年运行费用（万元）
大型	5.0	350	300	30
中型	3.0	200	170	20
小型	1.5	120	100	15

表 6-2　　　　　　　　　　　　　　规划投资参数

参数	符号	参数值	参数	符号	参数值
电池平均容量	Q	30.0kWh	线路建设费用	ω_1	40 万元/km
单位里程耗电量	q	0.15kWh/km	辅道建设费用	ξ_h	100 万元/km
充电电价	λc	0.6 元/kWh	贴现率	r_0	0.1
购电电价	λg	0.35 元/kWh	折旧年限	n_{year}	15 年
充电站功率因数	$\cos\theta$	0.92	有效运行天数	T	350 天

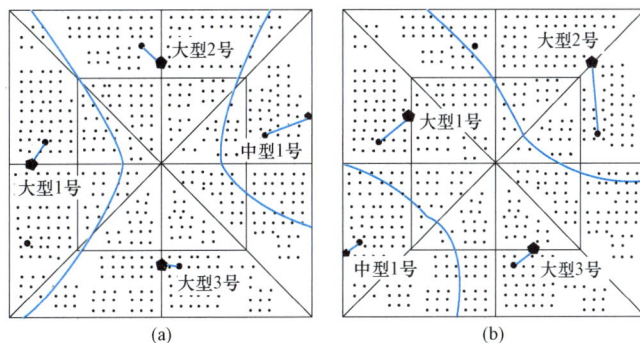

图 6-6　低渗透率场景下的规划方案

（a）方案一；（b）方案二

图 6-6 中，小圆点表示电动汽车负荷分布，大圆点表示变电站，五边形表示充电站，曲线所围区域表示该充电站的服务范围，直线表示交通道路，充电站与变电站之间的直线表示供电线路。两种规划方案的收益和负载率比较如表 6-3 所示。

表 6-3 规划方案的收益和负载率

方案一			方案二		
年收益（万元）	充电站编号	负载率	年收益（万元）	充电站编号	负载率
918.11	大型 1 号	0.8796	916.47	大型 1 号	1.0027
	大型 2 号	0.9382		大型 2 号	0.8855
	大型 3 号	1.0204		大型 3 号	0.9852
	中型 1 号	0.8716		中型 1 号	0.9011

由表 6-3 可以看出：方案一和方案二的年收益相差不足 2 万元，负载率都维持在 80%～110% 的设定范围之内；方案一的收益较高，但其负载率不如方案二均衡，可见两个方案各有优劣。虽然在两种规划方案中的充电站位置分布和服务区域划分差异很大，但是其年收益却非常接近。同时也可以看出，由于使用了加权伏罗诺伊图，各个充电站在负荷分布不均匀条件下的负载率都维持在一个很好的范围内。

2. 扩展算例（高渗透率场景）

在基础算例下，假设电动汽车占比达到 8%，即 3.2 万辆，则单日充电功率的最大期望值为 27.2MW。假设各计算参数同上，同样采用提出的方法得到两种规划方案结果，如图 6-7 所示。

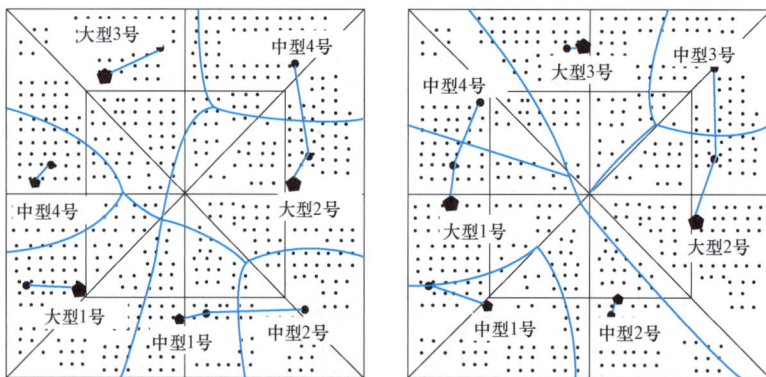

图 6-7 高渗透率场景下的规划方案

由图 6-7 可以看出：当充电负荷从 17.1MW 增加到 27.2MW 时，充电站的数量由 4 个增加到 7 个；充电站的位置和服务区域的划分也明显不同。

两种规划方案的收益和负载率比较如表 6-4 所示。

表 6 - 4   规划方案的收益和负载率

方案一			方案二		
年收益（万元）	充电站编号	负载率	年收益（万元）	充电站编号	负载率
1546.17	大型 1 号	0.9340	1547.45	大型 1 号	0.9528
	大型 2 号	0.9717		大型 2 号	1.0377
	大型 3 号	1.0660		大型 3 号	0.9906
	中型 1 号	1.0635		中型 1 号	1.0937
	中型 2 号	0.9219		中型 2 号	1.0781
	中型 3 号	1.1562		中型 3 号	0.9219
	中型 4 号	0.9063		中型 4 号	0.9844

　　高渗透率场景下的结果再次验证了规划方案差别大但目标收益非常接近，各个充电站的服务区域划分能很好地满足负载率的要求，这和低渗透率场景具有相同的结论。同时证明了所述方法在负荷量较大情况下，仍能保持其有效性。

　　对比表 6 - 3 和表 6 - 4 可知，当电动汽车的数量从 2 万辆增加到 3.2 万辆时，方案一充电站的年收益从 918.11 万元增加到 1546.17 万元，即当负荷增长 60% 时，收益可增长 68.4%，具有一定规模的经济效益。两个算例中各个充电站的负载率情况如图 6-8 所示。

　　图 6-8 中的方案 1，2，3，4 分别对应低渗透率场景下的方案一，方案二，高渗透率场景下的方案一，方案二。由图 6 - 8 可以看出，在两个算例共 4 种方案中，各个充电站的负载率都保持在 80%～110%，保证了负载的均衡性。提出的规划方法能够很好地对服务区域进行划分，使得各个充电站的负载率满足要求，且都维持在一个很好的范围内。

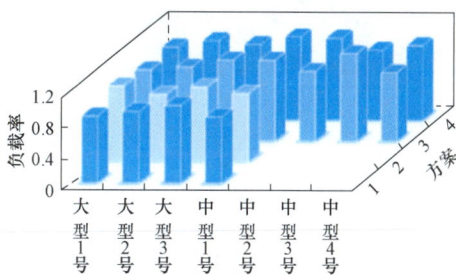

图 6 - 8 　充电站负载率

6.2 　基于均衡交通流与排队论的充电站桩规划

　　充电站是电动汽车充电行为发生的主要场所之一，由于用户出行决定于自身的行程安排以及出行意愿，具有一定的随机性，这种不确定的出行与充电需求可以通过交通流分布（"出发点—到达点"轨迹）来进行估计，尤其在部分地区前期缺乏电动汽车出行轨迹数据时，不区分类型的交通流成为近似估计用户出行与充电行为特征的可行途径。而这种不确定的充电特性可能会导致用户的充电需求无法及时得到满足，因此充电站的规划可以从对用户充电特性的分析进行。为此，本节从交通网（流）层面探究充电站桩的优化配置方法。根据交通流的时空比例信息，可以得到电动汽车到达充电站的数据信息，通过车流量密度的分布特征，可以大致推测出该区域充电需求的大小，从而为充电站的优化配置提供依据。本节引入交通流系统最优分配（System Optimization Assignment，SOA）模型，产生基于典型日起点—终点（origin destination，OD）数据的交通网道路静态交通流量，并采用排队论对充电站进行规划，考虑站内动态排队过程，描述站内充电机数量与其充电功率的关系，采用排队论方法确定充电站充电设施配置数量。

6.2.1 均衡交通流分配

电动汽车在交通网上行驶，通过交通流的分布可以在一定程度上反映电动汽车在特定交通网节点处充电站的移动充电需求，从而为充电设施的规划提供参考。那么，第一个问题，如何获取用于规划的交通流数据。交通流和电网潮流一般都是动态的数据，不能直接用于规划，在实际规划中，常常考虑选用典型运行场景的数据。类比于电网的规划，一般都是将典型运行方式下的负荷数据用于规划，同理，虽然难以获取支路交通流信息，但是一般对于典型日的 OD 数据及其城市时段典型分布情况却是现实中交通部门或调研可以收集和统计的，故而可以将已知数据用于初步规划之中。

同一套典型 OD 数据可能对应多种时段交通流方案，从系统优化的角度，以最小出行成本最低为目标，引入交通流系统最优分配模型，产生基于典型日 OD 数据的交通网每条道路的静态交通流量。SOA 模型为

$$\min \sum_{a \in N_T} fr_a t_a(fr_a) \tag{6-17}$$

$$\text{s. t.} \sum_k fp_k^{ru} = q_{ru} \quad fp_k^{ru} \geqslant 0 \tag{6-18}$$

$$fr_a = \sum_r \sum_u \sum_k fp_k^{ru} \delta_{a,k}^{ru} \tag{6-19}$$

$$t_a(fr_a) = t_a^0 \left[1 + b \left(\frac{fr_a}{c_a}\right)^v\right] \tag{6-20}$$

式中，fr_a 是在路段 a 上的交通流；fp_k^{ru} 是路径 k 中连接 OD 对 ru 上的交通流量；q_{ru} 是 OD 对 ru 之间的交通量；$\delta_{a,k}^{ru}$ 为 0~1 变量，用以指示路段 a 是否包含在路径 k 中连接 OD 对 ru 的部分：若包含 $\delta_{a,k}^{ru}=1$，否则，$\delta_{a,k}^{ru}=0$。t_a 是道路阻抗函数，采用公共道路局（Bureau of Public Roads，BPR）函数，为路段 a 上交通流的单调递增函数，其中 t_a^0 是路段 a 上自由流动的出行时间，c_a 是路段 a 上交通容量，b、v 是阻滞系数。基于该 SOA 模型所分配的交通流被定义"均衡交通流"。

6.2.2 基于排队论的充电设施配置方法

虽然实际中交通流本身和电动汽车没有直接的关系，由于电动汽车个体充电行为存在不确定性，无法准确统计和把握，这里近似通过交通流（车辆）的转移和聚集反映，以各个充电站候选节点捕获交通流的比例协助配置充电站的容量。

获得各个候选节点的均衡交通流及其时空比例之后，下一步的问题是如何有效利用这些数据，获得候选充电站方案下的容量配置情况。电动汽车到达充电站充电的过程是

动态随机的，通过交通流时空比例信息，近似获取电动汽车到达候选充电站节点的平均达到数，由此可以采用排队论分析充电站内电动汽车的移动性和随机性，并确定不同选址方案中充电站的容量，即充电机的数量。

充电站充电过程可以看作一个 M/M/S 排队系统，电动汽车代表排队系统中的客户，接收者对应于充电机，所提供服务为充电。实际上，电动汽车的充电行为是随机的，但经过调查分析发现，到达充电站的电动汽车数量随时间变化的规划一般服从参数λ的泊松分布。当电动汽车到达充电站时，如果有空闲的充电机，则可以要求进行充电服务，结束后离开充电站；若没有空闲的充电机，则需要进行排队等待，遵循先到先服务的规则。电动汽车接受充电服务的时间服从负指数分布。

泊松过程中λ即为平均到达速率，表示单位时间内到达充电站的电动汽车数量。结合所产生的均衡交通流，到达充电站的电动汽车的平均数量可定义为：

$$\lambda_{j,t} = \frac{H \omega \varepsilon_t f n_{j,t}}{\Delta t \sum_{j \in \Omega_T} f n_{j,t}} \tag{6-21}$$

式中，$f n_{j,t}$ 表示节点 j 的充电站在时段 t 所捕获的交通流，可以由同一注入方向的 $f r_a$ 累加获得。Ω_T 为交通网充电站候选节点集合，Δt 是预测时间间隔，H 是规划区内典型日电动汽车总的充电频次，可综合考虑多因素（如该区域的电动汽车规模，统计的电动汽车所占比例，每辆车的充电频率等）的方法来预测。ω 是电动汽车到充电站充电占总的充电频次的估计比例。ε_t 是每个时段的充电率，通过统计的归一化交通流系数反映。通过式（6-21）可以看出，均衡交通流以比例形式参与充电站容量的配置，反映各候选节点捕获交通流的时空占比情况。

由此，基于排队论的充电站服务系统的性能指标可以表示为：

$$\rho = \frac{\lambda}{\mu} \tag{6-22}$$

$$\beta = \frac{\lambda}{s\mu} \tag{6-23}$$

$$\rho_0 = \frac{1}{\sum_{n=0}^{s-1} \frac{\rho^n}{n!} + \frac{\rho^s}{s!(1-\beta)}} \tag{6-24}$$

$$W_q = \frac{s\rho^{s+1}\rho_0}{\lambda s!(s-\rho)^2} \tag{6-25}$$

式中，ρ 为根据λ计算的充电服务系统平均服务率；β 为单台充电机的平均服务率；s 为充电机个数；μ 为充电机的平均服务水平；ρ_0 为电动汽车可以获得充电服务的系统空闲率；W_q 为平均等待时间。

从理论上讲，越多的充电设备配置意味着越多的投资，也就意味着规划方案的不经济性。这里可以基于客户来充电站充电的平均等待时间的忍耐水平来计算最少充电机配置数量。也就是说，如果客户的等待时间超过一定标准 W_q^{max}，则客户会离开，故 $W_q \leqslant W_q^{max}$ 可用于确定充电机的数量。一般来说，很难通过直接求式（6-25）的反函数得到结果，因此可采用枚举法来实现：针对充电站候选节点 j，根据多时段中最大的平均达到率值初始化 s，计算 W_q，并将它与给定的 W_q^{max} 进行比较，然后每次 s 增加 1，直到满足 $W_q \leqslant w_q^{max}$；在满足条件下得到的 s 即为最经济的充电机配置数量。

由此，根据候选节点 j 充电站充电机配置的结果 s_j，可以估计节点 j 在时段 t 的快充负荷为：

$$\beta_{j,t}^{CS} = \beta_{j,t} s_j P_{CD} \bar{\omega} \tag{6-26}$$

式中，$\bar{\omega}$ 为充电装置的工作效率（$0 < \bar{\omega} \leqslant 1$）；$P_{CD}$ 为单台充电机的充电功率。

假设由充电桩产生的充电负荷直接集聚到各个节点里，节点 i 处的充电桩数量根据典型日节点负荷数据、典型日充电桩充电频次等信息近似估计，如式（6-27）所示，再结合节点停车需求统计信息进行慢充负荷的估计，如式（6-28）所示：

$$N_i^{CP} = \frac{H \times (1-\omega) \times \sum_{t=1}^{T} P_{Li,t}}{\kappa \times (1-\gamma) \times \sum_{i=1}^{N_D} \sum_{t=1}^{T} P_{Li,t}} \tag{6-27}$$

$$P_{i,t}^{CP} = P_{CP} x_{i,t} N_i^{CP} \tag{6-28}$$

式中，$P_{Li,t}$ 表示在时段 t 内节点 i 的有功负荷需求，P_{CP} 为单个充电桩的充电功率，κ 为充电桩（车辆/天）的服务能力，γ 为空置率（$0 \leqslant \gamma \leqslant 1$），$x_{i,t}$ 为归一化充电需求系数，主要根据城市商业区和居民区各节点各时段调研统计的停车需求曲线表示，N_D 为节点数，T 为时段数。

基于前面模型可以得到站内充电机的配置方案，在满足了用户充电需求基础上，考虑充电站之间的地理距离约束，可以得到满足用户充电需求的充电站规划方案。任意两个充电站间的地理距离约束为：

$$d_{m-n} \geqslant d^{min} \tag{6-29}$$

式中，d_{m-n} 为节点 $m-n$ 的距离，d^{min} 表示任何两个充电站之间所允许的最短距离。可以通过多种方法可以确定 d_{m-n}。如果已知区域详细的地理道路信息，d_{m-n} 可以被定义为两个位置之间的真实最短道路长度。如果信息不完整，可以用一种简单的估算方法，令 $d_{m-n} = \xi \sqrt{(X_m - X_n)^2 + (Y_m - Y_n)^2}$，其中，$X_m$、$Y_m$ 分别代表交通网节点 m 在城市地理位置上的横纵坐标，ξ 为距离修正系数，用以反映交通网中两个位置路径的弯曲度。

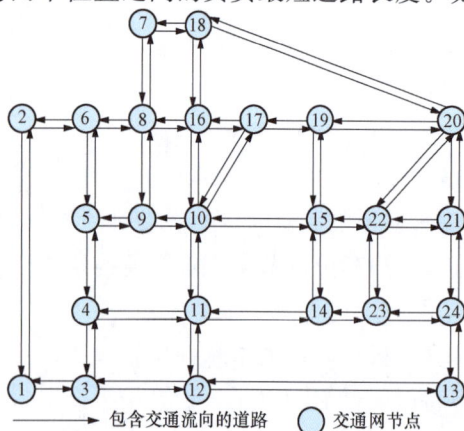

图 6-9 交通网测试系统

6.2.3 算例分析

采用 24 节点 Sioux-Falls 路网系统，连接相邻两个节点之间为双向道路，并与 54 节点配电系统耦合，如图 6-9 所示。表 6-5 列出了耦合网络的候选充电站位置节点对连接情况。根据调研和统计，各区域典型日负荷需求曲线、停车需求曲线和交通流系数曲线如图 6-10～图 6-12 所示。

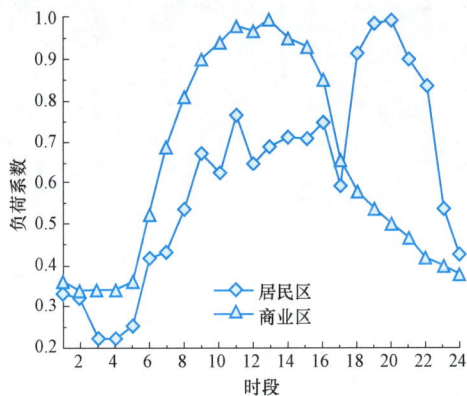

图 6-10　典型日负荷需求曲线

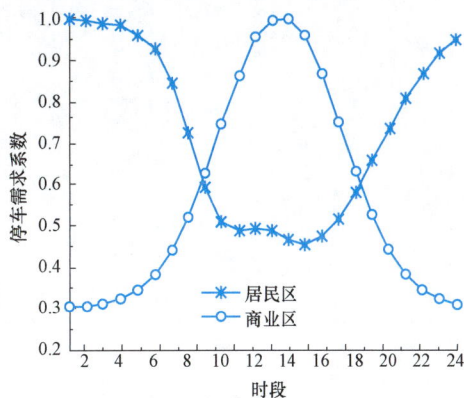

图 6-11　典型日停车需求曲线

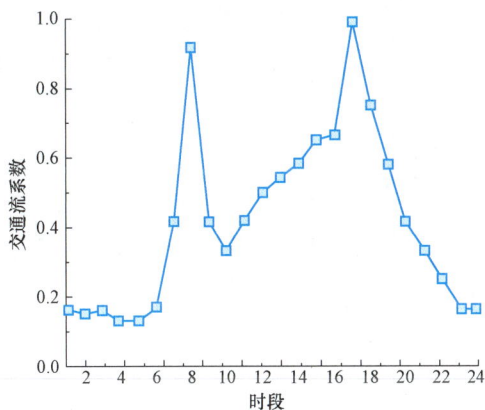

图 6-12　典型日交通流系数曲线

表 6-5　　　　　　　　　　　　　　节点对关系表

交通网节点	配电网节点	交通网节点	配电网节点	交通网节点	配电网节点
7	6	8	26	10	33
11	31	12	30	13	13
15	15	16	27	18	28
19	47	22	14		

根据 24 节点交通网络的典型交通 OD 数据，可以得到各时间段的均衡交通流分布，如图 6-13 所示，较深的颜色表示该道路上的交通流量较大。由此可以得到满足充电需求的 19 种充电站规划方案，如表 6-6 所示。

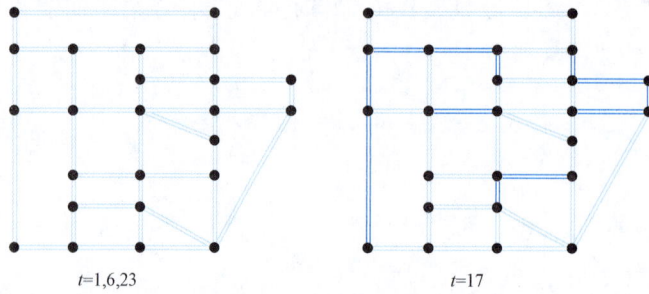

$t=1,6,23$ $t=17$

图 6-13　均衡交通流分布

表 6-6　　　　　　　　　　充电站不同选址方案下的充电机（台数）配置情况

方案	配电网节点										
	6	26	33	31	30	13	15	27	28	47	14
方案 1	7	10	0	9	0	7	0	0	0	8	0
方案 2	7	9	0	9	0	7	0	0	0	0	9
方案 3	7	9	0	9	0	0	0	0	0	8	9
方案 4	7	10	0	0	9	7	0	0	0	8	0
方案 5	7	10	0	0	9	7	0	0	0	0	9
方案 6	7	9	0	0	9	0	0	0	0	8	9
方案 7	7	10	0	0	0	7	0	0	0	8	9
方案 8	7	0	0	9	0	6	0	10	0	0	9
方案 9	7	0	0	9	0	7	0	0	0	8	10
方案 10	7	0	0	9	0	0	0	10	0	8	9
方案 11	7	0	0	0	9	6	0	10	0	0	9
方案 12	7	0	0	0	9	7	0	0	0	8	10
方案 13	7	0	0	0	8	0	0	10	0	8	9
方案 14	0	9	0	9	0	6	0	0	0	8	9
方案 15	0	9	0	0	9	6	0	0	0	8	9
方案 16	0	0	0	9	0	6	0	10	0	8	9
方案 17	0	0	0	8	0	0	0	9	10	7	8
方案 18	0	0	0	0	8	6	0	10	0	8	9
方案 19	0	0	0	0	7	0	0	9	10	7	8

从表 6-6 可以看出，根据交通流情况可以得出 19 种满足充电需求的充电站优化配置方案。根据充电站配置方案，可以估算出相应充电负荷。以方案 1 和方案 19 为例，估计得出的负荷结果如图 6-14 所示。由表 6-5 得到的充电站候选方案是根据交通网层面用

户出行与充电需求估算得到，对充电站选址最终方案确定时必不可免要考虑到配电网运行层面的因素，后续将与配电网规划一并探讨。

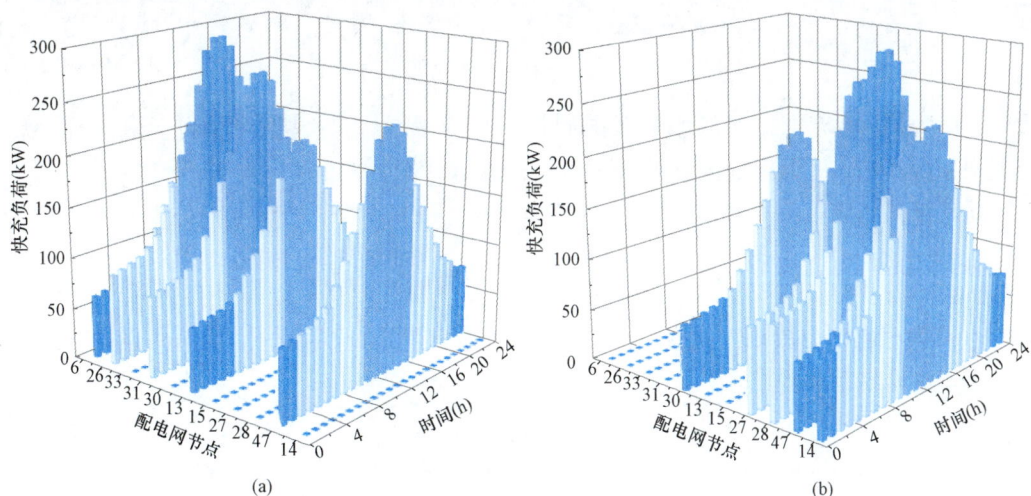

图6-14　特定充电站优化配置方案下充电负荷时空分布特性
(a) 方案1；(b) 方案19

6.3　考虑全寿命周期成本的充电站规划

成本是影响充电设施的重要因素，相比于设备的单次投资费用，充电设备运营、维护等也存在巨大开销。故而，本节从成本的阶段性组成角度探讨充电站的容量配置问题，将充电站与专用输电线路纳入规划范围，建立充电网络定容模型，引入全寿命周期成本（Life Cycle Cost，LCC）理论，以充电网络全寿命周期成本最小为目标，确定充电站容量。

6.3.1　规划目标与约束

全周期规划方案从工程全寿命周期角度考虑，将工程项目划分为：规划、施工、运营、维护、报废5个阶段。以5个阶段的成本之和作为全周期成本，选取最小全周期成本为最优方案。

1. 规划目标

目标函数设置为 LCC 最小，即：

$$\min LCC = \sum_{i=1}^{N} LCC_S(i) + \sum_{j=1}^{M} LCC_L(j) \tag{6-30}$$

式中，N 为充电站个数；$LCC_S(i)$ 为第 i 个充电站的 LCC 成本；M 为线路条数；LCC_L (j) 为第 j 条线路的 LCC 成本。

2. 规划约束

充电站容量约束：

$$\frac{\theta_{\min} L_i{}^2}{\sum\limits_{i=1}^{N_l} L_i{}^2} P_{ev\_max} \leqslant C_i \leqslant \frac{\theta_{\max} L_i{}^2}{\sum\limits_{i=1}^{N_l} L_i{}^2} P_{ev\_max} \tag{6-31}$$

式中，L_i 为第 i 个充电站所属服务区的周长；N_l 为规划区的个数；$\theta_{\min}$ 为下限系数；$\theta_{\max}$ 为上限系数；P_{ev_max} 为规划区电动汽车最大充电功率需求。

功率保证约束：

$$\sum_{i=1}^{N} C_i \geqslant P_{ev\_max} \tag{6-32}$$

式中，N 为充电站个数；C_i 为第 i 个充电站的充电容量。

充电站地理距离约束：

$$d_{m-n} \geqslant d^{\min} \tag{6-33}$$

式中，d_{m-n} 为 m、n 两点间的地理距离；$d_{\min}$ 为设定的站点最小要求距离。

6.3.2 全寿命周期成本模型

全寿命周期成本是指在整个系统的寿命周期内，设计、研制、投资、购置、运行、维护、回收等过程中发生的或可能发生的一切直接的、间接的、派生的或非派生的费用的总和。这里主要考虑充电站 LCC 和线路 LCC 两部分成本。

充电站 LCC 模型为：

$$LCC_S = CS_i + P_{v.sum}(CS_o + CS_m + CS_f) + C_d \tag{6-34}$$

式中，CS_i 为充电站初始投资成本；CS_o 为运行成本；CS_m 为维护成本；CS_f 为故障成本。C_d 为设备废弃成本。

$P_{v.sum}$ 为年度投资费用折算系数：

$$P_{v.sum} = [(1+r)^n - 1]/[r(1+r)^n] \tag{6-35}$$

式中，r 为社会折现率；n 为寿命周期。

初始投资成本 CS_i、运行成本 CS_o 与故障成本 CS_f 为：

$$CS_i = f(s) + [C_m + m\Delta C] + \int_0^{x_{max}} f_c(x)\mathrm{d}x \tag{6-36}$$

式中，$f(s)$ 为充电站的建设费用；包括充电站房屋的修建；充电设备的购置安装以及相关基础设施的建设；$C_m + m\Delta C$ 为建造变电站的土地征收费用；x_{max} 为社会补偿价格的最高值。

$$CS_o = \beta[(\rho_0 + \rho^2\rho_k)\tau_{max} + \rho_c\tau_c] + f_h(s) \tag{6-37}$$

式中，ρ_0 为充电站专变的空载损耗；ρ 为充电站专变的负载率；ρ_k 为充电站专变的负载损耗；τ_{max} 为变压器的年最大损耗小时数；ρ_c 充电设施上的损耗；τ_c 为充电设施年利用小时；β 为电价；$f_h(s)$ 为人工成本。

$$CS_f = \beta \int_{\mu-3\sigma}^{\mu+3\sigma} f(x)\mathrm{d}x(t_{cs}\lambda_s + t_c\lambda_c) \tag{6-38}$$

式中，t_{cs} 为充电站专变的故障平均修复时间；λ_s 为充电站专变的故障率；t_c 为充电设施的故障平均修复时间；λ_c 为充电设施的故障率。$f(x)$ 为电动汽车负荷的概率密度函数。

$$CS_m = \delta \cdot CS_i \tag{6-39}$$

式中，δ 为维护费用折算系数。

$$C_d = C_{bf} - C_{czh} \tag{6-40}$$

式中，C_{bf} 为充电站的处置成本，C_{czh} 为充电站的残值收入。

线路 LCC 模型为：

$$LCC_L = C_{LI} + P_{v.sum}(C_{LO} + C_{LM} + C_{LF}) \tag{6-41}$$

式中，C_{LI}、C_{LO}、C_{LM}、C_{LF} 分别为线路的初始投资成本、运行成本、维护成本、故障成本。

$$C_{LI}(j) = L_j C_L(j) \tag{6-42}$$

式中，L_j 为第 j 条线路的长度；$C_L(j)$ 为第 j 条线路单位长度输电线路的造价。

$$C_{LO}(j) = \beta L_j R_j \Delta t \int_0^{\tau_c} \frac{P_j(t)^2}{V_j(t)^2} \tag{6-43}$$

式中，$P_j(t)$ 为 t 时刻 j 条线路末端的充电功率；$V_j(t)$ 为 t 时刻 j 条线路上线电压；R_j 为线路 j 单位长度的电阻。

$$C_{LM}(j) = \delta_l C_{LI}(j) \tag{6-44}$$

式中，δ_l 为线路的运维折算系数。

$$C_{LF}(j) = \beta t_l \lambda_j L_j \int_0^{\tau_c} P_j(t) \Delta t \tag{6-45}$$

式中，t_l 为线路的故障修复时间；λ_j 为第 j 条线路的故障率。

6.3.3　算例分析

规划区域如图 6-15 所示。区域长度为 17 个单位，宽度为 12 个单位，每个单位长度代表实际距离 500m。电动汽车电池容量均为 30kWh，百千米耗电量为 15kWh。在测试日，第一次行程起始点位于规划区内且当日行驶范围不超出规划区的电动汽车数目为 1800 台，对于行驶范围不超过规划区的电动汽车，其充电负荷运用概率密度函数抽样得到。测试日内第一次行程起始点位于规划区并于当日内驶离规划区的电动汽车数目为 200 台，第一次行程起始点位于其他区域，后驶入规划区的电动汽车数目为 300 台。驶离规划区汽车的返回时刻和驶入规划区汽车的驶出时刻通过回家停车时刻概率函数进行

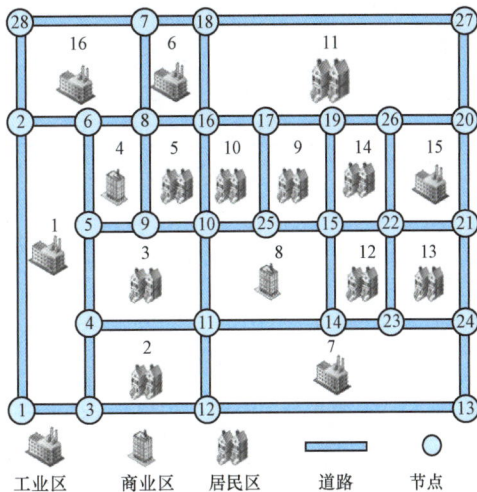

图 6-15　规划区地理信息图

抽样获得，驶离规划区汽车的返回判别因子 ε_l 和驶入规划区汽车的驻留判别因子 ε_e 则通过随机抽样生成。假定所有电动汽车在测试日行程开始之前的电池状态与预期充电完成时电池状态均服从均值为 0.78，方差为 0.1 的正态分布。

规划中涉及参数如表 6-7 所示，其中 y_1 至 y_6 为充电站容量 P_c(kW) 的因变量。

表 6-7   算例模型参数

参数	参数值
充电站造价 y_1（万元）	$7.14P_c$
充电站充电损耗 y_2（kW）	$0.1P_c$
充电站故障率 y_3（次·座$^{-1}$·a）	$1.5P_c^{-1}$
充电站故障修复时间 y_4（h）	$0.0166P_c$
充电站占地面积 y_5（m^2）	$5.5P_c$
输电线路单位长度造价 y_6（万元/km）	$5+0.05P_c$
充电站专变年最大损耗小时数（h）	3500
充电站专变负载率	0.85
充电站专变的负载损耗	0.018
充电站专变的空载损耗	0.0025
充电站专变故障率（次·台$^{-1}$·a）	0.01
充电站专变故障修复时间（h）	3
功率因数	0.9
线路故障修复时间（h）	3.5
线路故障率（次·km^{-1}·a）	0.025
线路单位长度电阻（Ω/km）	0.14
线路最大损耗小时数（h）	3980
社会贴现率	0.08
全寿命周期	20
维护费用折算系数	0.016

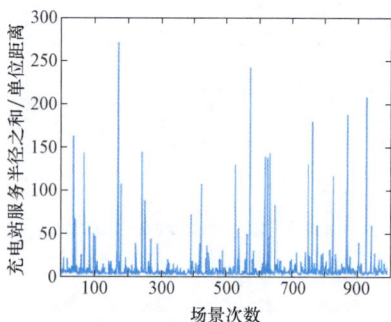

图 6-16 1000 次选址中服务半径之和

本算例中设置的充电站数目为 10，土地价格不确定系数为 0.3，社会补偿价格为 $0.25P_c$（万元），P_c 为充电站容量，单位 kW。

按照位置约束，以充电站数目为 10 作为输入量。在规划区内随机生成了 1000 次充电站选址场景，1000 次场景下各充电站服务半径之和情况如图 6-16 所示。

在 1000 次随机选址中，第 171 次随机选址情景有最大半径和 271.7835，故以该次选址作为最优选址。结果如图 6-17 所示，规划区长度为 17 个单位，宽度为 12 个单位，箭头指出了其中一个选址点。

　　根据图 6-17 确定的选址结果，以最小 LCC 值作为优化目标进行定容，通过混合搜索算法，得到了如图 6-18 所示的定容方案，LCC 结果为 41468.9 万元。定容结果中，圆形表示充电站，圆形中数字为充电站容量，圆形所在位置即为规划方案中充电站的位置，通过输电线路连接到中心变电站。具体规划信息如表 6-8 所示，各部分成本如图 6-19 所示。

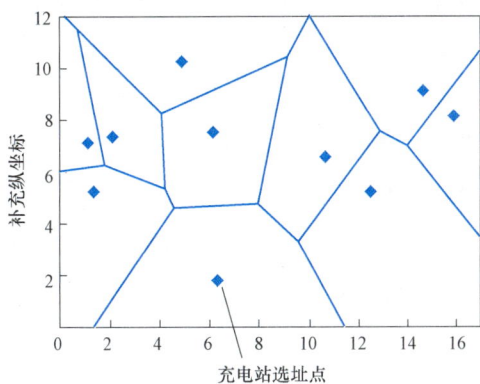

图 6-17　充电站最优选址

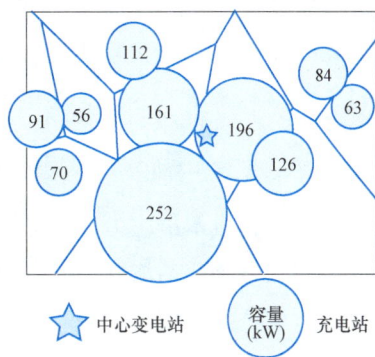

图 6-18　充电站定容方案

表 6-8　　　　　　　　　　　　　　　　　　规划方案具体信息

充电站编号	充电站容量	充电站坐标	充电站隶属区块性质	充电站隶属区块平均地价（万元/m²）	充电站便利度修正因子	充电站LCC（万元）	配套输电线路长度（km）	输电线路LCC（万元）
1	161	(6.15，7.55)	居民区	1.025	1.65	4303.1	1.40	28.2
2	112	(4.91，10.31)	工业区	0.178	2.84	3618.4	2.80	45.5
3	196	(10.70，6.62)	居民区	1.135	1.53	5047.9	1.14	26.1
4	63	(15.95，8.13)	工业区	0.161	3.28	2332.0	3.87	47.9
5	84	(14.67，9.15)	居民区	0.915	2.91	3829.9	3.46	48.5
6	56	(2.11，7.33)	商业区	1.825	2.61	3039.0	3.26	38.5
7	70	(1.32，5.20)	工业区	0.1565	3.22	2529.2	3.61	46.6
8	126	(12.52，5.23)	居民区	1.255	2.02	4488.3	2.05	35.4
9	91	(1.10，7.11)	工业区	0.1565	3.25	3322.6	3.74	54.5
10	252	(6.32，1.71)	居民区	0.79	2.27	8521.2	2.41	65.9

　　由图 6-19 可知，充电站投资成本、充电站运行成本和充电站维护成本三者占总成本的比例较大。以三者最小值为例，各充电站中，充电站投资成本最小为 4 号站 1708.4 万

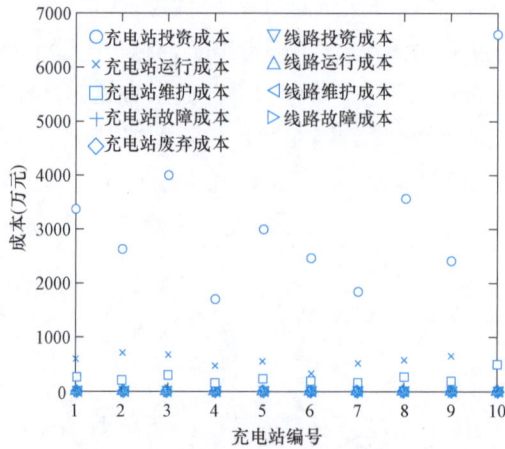

图 6-19　全周期各环节成本

元；充电站运行成本最小为 6 号站 332.8 万元；充电站维护成本最小为 4 号站 134.2 万元。输电线路各项成本均较小，输电线路成本最大为投资成本环节，10 号配套输电线路有最大投资成本 42.7 万元。

6.4　考虑配电安全与冗余度的充电设施规划

伴随电动汽车渗透率的不断提高，充电负荷可能增加电压越限、元件过载、三相不平衡等安全问题风险。因此，电动汽车接入电网充电需要与配电系统现有负荷运行特性相适应，以减小电动汽车接入电网的不利影响。随着配电信息系统建设的不断完善，系统运行方积累了大量的配电网络电力电量数据，根据已有数据运行特征，进行充电设施的科学装设与电力负荷的优化调控，可以有效提高配电系统运行的经济性与安全性。因此，本节针对电动汽车接入后三相不平衡问题，通过数据挖掘手段获取配电变压器已有负荷的功率规律，基于功率冗余度确定充电设施配置数量，并根据变压器历史相偏差度进行充电设施选相装设，避免配电变压器过载，从而保证系统安全。

6.4.1　充电设施优化配置方法

变压器三相运行状况可控程度与其供电范围内柔性充电负荷数量相关，因此需要挖掘变压器各相的运行状态，以此确定各相线路上装设的充电设施数目。定义第 i 台变压器的 p 相历史偏差度 α_i^p 来描述变压器 i 中第 p 相的历史三相偏差水平，α_i^p 越大，说明历史上该相的负荷量与其他两相相差越大，需要引入更多的电动汽车充电负荷来进行协调，即需要装设更多的充电设施。此外，充电设施的引入需要在确保设备安全运行的前提下进行。因此对变压器的历史功率冗余度进行挖掘，根据冗余情况进行充电设施的配置，避免充电负荷的接入导致变压器过载情况的发生。

$M_c(i)$ 为由第 i 台变压器供电的充电设施数。停车场充电设施供电的 10kV 变压器台数为 N。考虑采用充电设施电气从属分配规则确定充电设施数，流程如图 6 - 20 所示。

冗余度 $R^y(i)$、充电设施数 $M_c(i)$ 确定：

$$R^y_{k,s}(i) = P_r(i) - (P^A_{i,k,s} + P^B_{i,k,s} + P^C_{i,k,s}) \qquad (6 - 46)$$

$$R^y_k(i) = W \sim \{R^y_{k,s}(i) \mid s = 1, 2, \cdots, T\} \qquad (6 - 47)$$

$$R^y(i) = \frac{1}{R} \sum_{k=1}^{R} R^y_k(i) \qquad (6 - 48)$$

$$M_c(i) = P^{-1}_w R^y(i) \qquad (6 - 49)$$

式中，$R^y_{k,s}(i)$ 为第 i 台变压器 k 日 s 时序段的功率冗余量；$P^A_{i,k,s}$、$P^B_{i,k,s}$、$P^C_{i,k,s}$ 分别为第 i 台变压器 k 日中第 s 时序段的 A、B、C 相功率；$P_r(i)$ 为第 i 台变压器的额定功率；$R^y_k(i)$ 为变压器 i 第 k 日功率冗余量；T 为每日功率数据划分的时序段数量。式（6 - 47）表示在 k 日所有 s 时序段中，取 W 置信水平的 $R^y_{k,s}(i)$ 值；$R^y(i)$ 表示变压器 i 的功率冗余量；R 为历史数据天数；P_w 为初定充电功率。

相分配规则：

$$P^m_{i,k,s} = \max\{P^A_{i,k,s}, P^B_{i,k,s}, P^C_{i,k,s}\} \qquad (6 - 50)$$

$$\alpha^p_{i,k,s} = P^m_{i,k,s} - P^p_{i,k,s} \qquad (6 - 51)$$

$$\alpha^p_{i,k} = \frac{1}{T} \sum_{s=1}^{T} \alpha^p_{i,k,s} \qquad (6 - 52)$$

$$\alpha^p_i = \frac{1}{R} \sum_{k=1}^{R} \alpha^p_{i,k} \qquad (6 - 53)$$

$$M^p_c(i) = \frac{\alpha^p_i}{\alpha^A_i + \alpha^B_i + \alpha^C_i} M_c(i) \qquad (6 - 54)$$

式中，α^p_i 为第 i 台变压器的 p 相（p = A、B、C）历史偏差度；$\alpha^p_{i,k}$ 为第 i 台变压器第 k 日的 p 相偏差度；$\alpha^p_{i,k,s}$ 为第 i 台变压器 k 日中第 s 时序段的 p 相偏差度；$P^m_{i,k,s}$ 为第 i 台变压器 k 日 s 时序段三相功率中最大功率相的功率值；$M^p_c(i)$ 为由第 i 台变压器的 p 相供电的充电设施数目。

根据对变压器冗余度分析，可以设置充电设施配置目标函数：

$$\min R^y_e(i) \quad \{i \mid i \in \{1, 2, \cdots, N\}\} \qquad (6 - 55)$$

式中，$R^y_e(i)$ 为第 i 台变压器在电动汽车接入下的冗余度。充电设施的配置目标为在电动汽车各种接入模式中，在保证变压器不过载前提下，最小化变压器冗余度。由于充电设施的配置是在负荷特性下按照配置规则进行，因此不涉及约束条件。

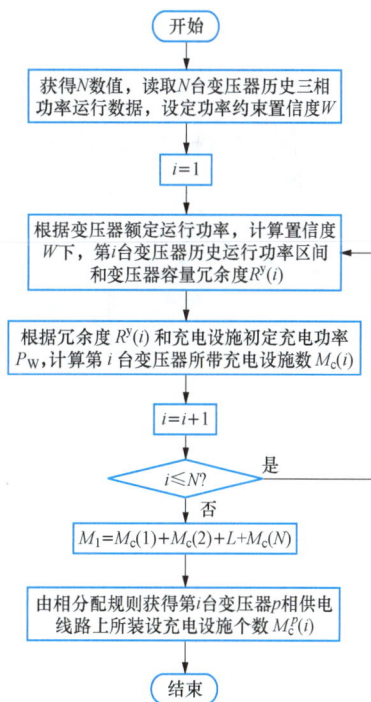

图 6 - 20　基于电气从属分配规则的充电设施配置方法

6.4.2 算例分析

集群充电区域供电的 10kV 三相配电变压器数目为 3，分别记为变压器 1、变压器 2 和变压器 3，额定容量均为 160kVA。变压器历史电量数据时间尺度为 54 天。每日功率数据划分为 96 个时序段，每个时序段时长 15min，并假定变压器常规负荷在每 15min 之内为恒定值。电动汽车电池容量为 30 kWh。充电设施有慢、中、快 3 档充电功率，分别为 5、10 和 15kW，ΔP_c 为 5kW。电动汽车进入充电区域的初定充电功率均为 10kW，功率因素为 0.9。假设常规负荷的功率因素同样为 0.9。仿真系统结构如图6-21所示。

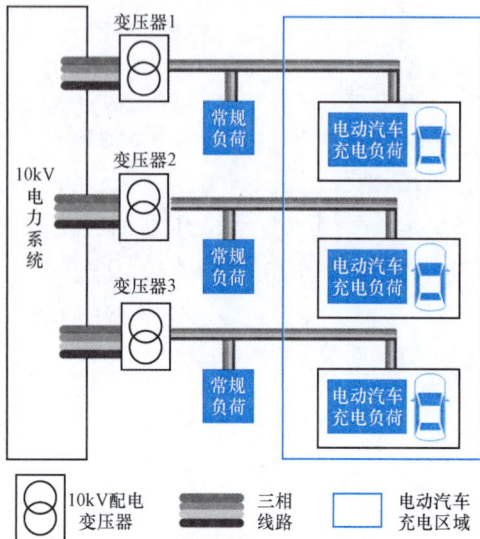

图 6-21 仿真系统结构图

变压器 1、2、3 的冗余度情况如图 6-22～图 6-24 所示。1 表示冗余 100%，-1 表示过载 100%。从颜色分布可以看出，2 号变压器冗余度最低，3 号变压器冗余度最高。在置信度 W 为 95% 水平下提取出的各变压器冗余度分别为：1 号变压器 0.8011；二号变压器 0.6084；3 号变压器 0.8351。

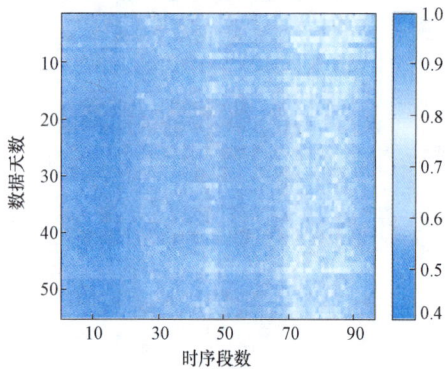

图 6-22 变压器 1 冗余度

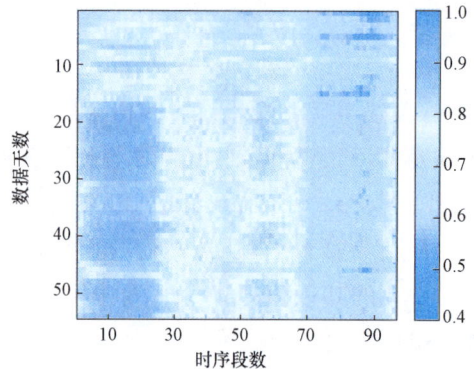

图 6-23 变压器 2 冗余度

根据各变压器冗余度，在各变压器供电线路上装设的充电桩个数分别为：1 号变压器 11 个；2 号变压器 8 个；3 号变压器 12 个。

变压器相偏差度如图 6-25 所示，由图 6-25 根据历史相偏差度提取规则，可得各变压器的历史偏差度，再根据相分配规则，可得到每台变压器每相上装设的充电桩个数，结果如表 6-9 所示。

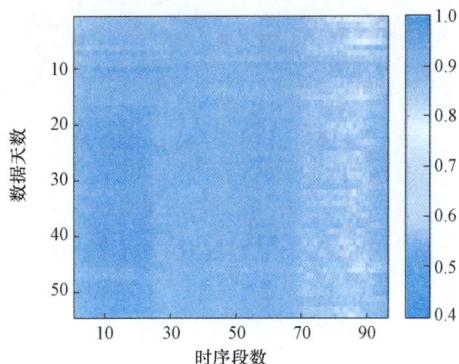

图 6-24　变压器 3 冗余度

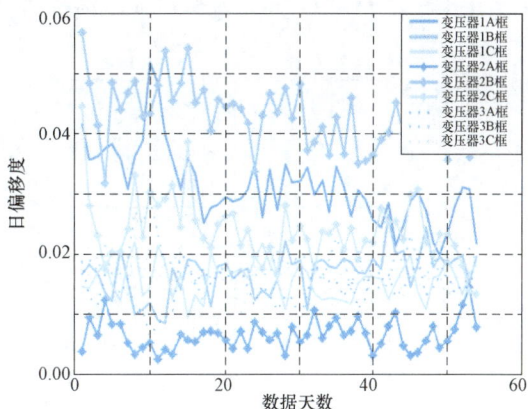

图 6-25　各变压器各相偏差度

表 6-9　　　　　　　　　　　　　　　　　　充电桩配置结果

参数	$i=1$	$i=2$	$i=3$	参数	$i=1$	$i=2$	$i=3$
α_i^{A}	0.0313	0.0066	0.0145	$M_{\mathrm{c}}^{\mathrm{A}}(i)$	5.0000	1.0000	3.0000
α_i^{B}	0.0169	0.0429	0.0186	$M_{\mathrm{c}}^{\mathrm{B}}(i)$	3.0000	4.0000	5.0000
α_i^{C}	0.0158	0.0240	0.0166	$M_{\mathrm{c}}^{\mathrm{C}}(i)$	3.0000	3.0000	4.0000

注：α_i^p 为变压器 i 的 p 相偏移度；$M_{\mathrm{c}}^p(i)$ 为变压器 i 的 p 相上装设的充电桩个数。

6.5　考虑电力负荷模板的充电站规划

不断增长的充电负荷会威胁到配电网的可靠运行，配电网的约束也将极大地影响充电站的部署。因此，充电站规划的另一个问题在于如何考虑恰当的配电网运行状态。通常的处理手段是利用确定性方法简化模型，使用某一典型的场景来检查最恶劣条件下的电网约束，但忽略了配电网运行的不确定性和变化性的影响。为了有效处理配电网不确定的运行状态问题，本节综合考虑交通和电网约束，将配电网整体负载能力纳入经济规划模型，在负载能力评估中考虑配电网运行状态的不确定性，以确定最优的充电站规划方案。

6.5.1　电力负荷模板

交通流的建模参照 5.4 节。充电站的规划需要考虑配电网不确定的运行状态。引入具有代表性的场景用于反映典型的运行状态，这些状态由电力用户的用电情况统计和归纳出来。由于用户类型的多样性，收集每个用户的用电情况是不切实际的。因此，可以通过聚类技术对具有代表性的负荷模板进行聚类，以反映用户的详细特征。例如，在英国，通过调研用户用电情况的数量和类型，得出代表大量类似用户的八个通用模板。本节采用英国这八个典型电力负荷来说明对充电站方案进行适应性优选示例。八种负荷类型（春季/夏季/秋季/冬季的工作日或周末）的典型概况如图 6-26 所示。类型 1-2 对应居民用电负荷，类型 3-5 为中小企业型负荷，类型 6-8 为工业型负荷。

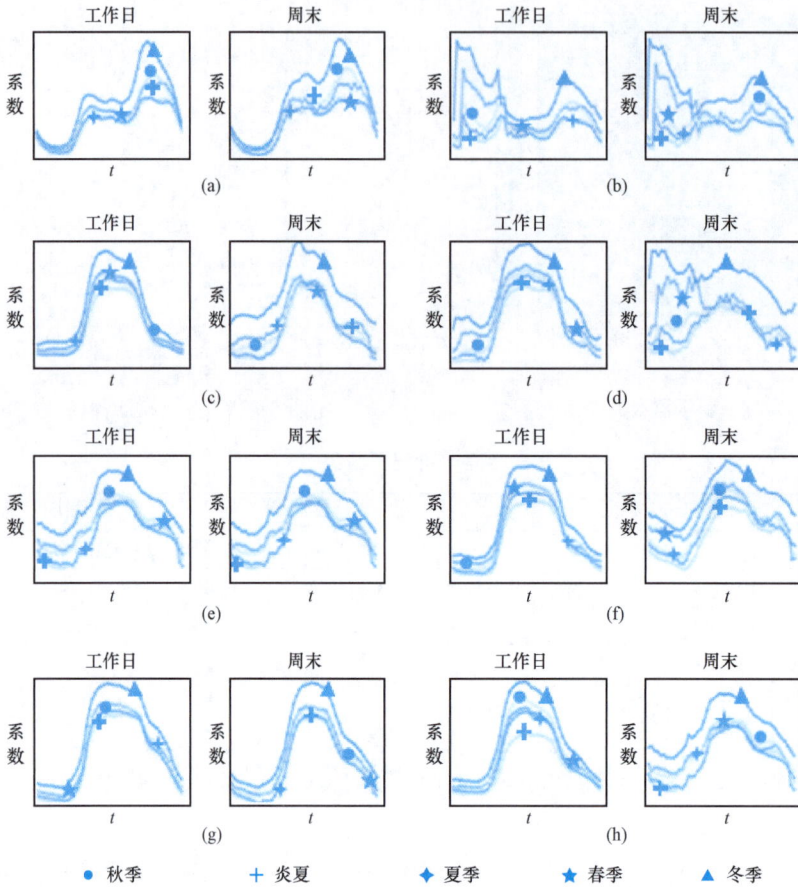

图 6-26 负荷分类和模板

（a）类型 1；（b）类型 2；（c）类型 3；（d）类型 4；（e）类型 5；（f）类型 6；（g）类型 7；（h）类型 8

6.5.2 考虑电力负荷模板的规划模型

以一个经济性模型来对目标规划问题进行求解，目标年的成本可以通过使用以下经济模型来优化，其中包括投资和运营成本：

$$F_{\mathrm{C}} = C_{\mathrm{sub}} + C_{\mathrm{CS}} + C_{\mathrm{loss}} \tag{6-56}$$

$$C_{\mathrm{CS}} = C_{\mathrm{CS\_fix}} + C_{\mathrm{CS\_var}} = \frac{r_0(1+r_0)^{m_{\mathrm{C}}}}{(1+r_0)^{m_{\mathrm{C}}}-1} \sum_{i\in\psi_{\mathrm{C}}} x_i^{\mathrm{CS}}(C_i^{\mathrm{CS-fix}} + s_i C_i^{\mathrm{CS-var}}) \tag{6-57}$$

$$
\begin{aligned}
C_{\mathrm{sub}} &= C_{\mathrm{sub\_new}} + C_{\mathrm{sub\_exp}} + C_{\mathrm{sub\_op}} \\
&= \frac{r_0(1+r_0)^{m_{\mathrm{S}}}}{(1+r_0)^{m_{\mathrm{S}}}-1} \Big(\sum_{i\in\psi_{\mathrm{S\_N}}} C_i^{\mathrm{S-N}} x_i^{\mathrm{S-N}} + \sum_{j\in\psi_{\mathrm{S\_E}}} C_j^{\mathrm{S-E}} x_j^{\mathrm{S-E}} \Big) + D\delta^{\mathrm{S}} \sum_{t\in T} \sum_{k\in\psi_{\mathrm{S}}} P_{k,t}^{\mathrm{S}} x_k^{\mathrm{S}}
\end{aligned} \tag{6-58}
$$

$$C_{\mathrm{loss}} = D\delta^{\mathrm{loss}} \sum_{t\in T} \sum_{(ij)\in\psi_{\mathrm{L}}} x_{ij}^{\mathrm{L}} g_{ij} (V_{i,t}^2 + V_{j,t}^2 - 2V_{i,t}V_{j,t}\cos\theta_{ij,t}) \tag{6-59}$$

式中，F_C 为总成本，包括三个部分：C_{CS} 为充电站的年度投资；C_{sub} 为变电站的年运行成本；C_{loss} 是电力损失的年度成本。

C_{CS} 表示充电站相关总成本，由固定投资 C_{CS_fix} 和可变投资 C_{CS_var} 组成。C_{sub} 表示变电站相关总成本，由新建投资成本 C_{sub_new}、扩建投资成本 C_{sub_exp}、运行维护成本 C_{sub_op} 组成。C_{loss} 为损耗成本。r_0 为贴现率，m_S，m_C 分别为变电站，充电站的经济使用年限。C_i^{S-N} 为在节点 i 上新建变电站的投资成本，C_j^{S-E} 为在节点 j 变电站扩建的投资成本，$C_i^{CS\_fix}$ 和 $C_i^{CS\_var}$ 分别表示在候选节点 i 上新建充电站的固定成本和可变成本。D 为目标年天数。δ^S 为变电站的单位运行与维护成本，δ^{loss} 为单位损耗成本。g_{ij} 为线路 ij 的电导。$P_{k,t}^S$ 为时段 t 节点 k 处变电站的输出功率。$V_{i,t}$ 为时段 t 节点 i 的电压幅值，$\theta_{ij,t}$ 为时段 t 节点 $i-j$ 之间的相角。ψ_{S_N}、ψ_{S_E}、ψ_S、ψ_C 分别为候选新建变电站节点、候选扩建变电站节点、所有候选变电站节点、候选充电站节点的集合。x_i^{S-N}、x_j^{S-E}、x_k^S、x_i^{CS} 分别为指示节点 i 变电站新建、节点 j 变电站扩容、节点 k 变电站、节点 i 充电站新建的二元状态决策变量。如果最终方案中节点 i 上候选变电站存在，$x_i^{S-N}=1$，否则为 0；如果最终方案中节点 j 候选扩建变电站存在，$x_j^{S-E}=1$，否则为 0；如果最终方案中节点 k 上变电站存在，$x_k^S=1$，否则为 0；因此，除了不扩建的旧的变电站，如果 $x_i^{S-N}=1$ 或 $x_i^{S-E}=1$，那么 $x_i^S=1$。如果最终方案中节点 i 上充电站存在，$x_i^{CS}=1$，否则为 0。

功率平衡方程：

$$P_{i,t}^S x_i^S - P_{Li,t} - P_{i,t}^{CP} - P_{i,t}^{CS} x_i^{CS} = V_{i,t} \sum_{j \in N_D} V_{j,t} \left[G_{ij}(x_{ij}^L) cos\theta_{ij,t} + B_{ij}(x_{ij}^L) sin\theta_{ij,t} \right]$$

$$(6-60)$$

$$Q_{i,t}^S x_i^S - Q_{Li,t} = V_{i,t} \sum_{j \in N_D} V_{j,t} \left[G_{ij}(x_{ij}^L) sin\theta_{ij,t} - B_{ij}(x_{ij}^L) cos\theta_{ij,t} \right] \qquad (6-61)$$

式中，$G_{ij}(x_{ij}^L)$ 和 $B_{ij}(x_{ij}^L)$ 分别为节点导纳矩阵的实部和虚部，其取值与 x_{ij}^L 的状态相关。$Q_{i,t}^S$、$Q_{Li,t}$ 分别为在节点 i 处时段 t 的变电站无功出力、无功负荷需求。$P_{Li,t}$、$P_{i,t}^{CS}$、$P_{i,t}^{CP}$ 分别为时段 t 节点 i 处上变电站的常规有功负荷需求、充电站充电负荷和充电桩充电负荷，可通过式（6-62）～式（6-64）计算，通过式（6-61）检查负载能力约束。

在获取了规划目标区域有效负荷模板后，如 5.6.1 节，可以利用模板信息得到不同场景下的有节点 i 上的有功负荷需求：

$$P_{Li,t} = \sum_{k=1}^K P_{Bk} \sigma_{k,t} N_{k,i} \qquad (6-62)$$

式中，P_{Bk} 为基准负荷；$N_{k,i}$ 为节点 i 上第 k 种负荷类型的数量；$\sigma_{k,t}$ 是时段 t 内该场景的第 k 种负荷类型系数。

从配电网的角度，时段 t 节点 i 处充电站的充电负荷可：

$$P_{i,t}^{CS} = s_i P_{CD} \bar{\omega} \beta_{i,t} \qquad (6-63)$$

式中，s_i 为充电站的充电设备数量；P_{CD} 是单个充电设备的充电容量；$\bar{\omega}$ 是充电设备的工作效率（$0 < \bar{\omega} \leq 1$）；$\beta_{i,t}$ 表示充电设备的平均服务速率。

充电桩主要分布在住宅和办公区域，假设每个节点都接入了一定量的充电桩，则充电桩充电负荷 $P_{i,t}^{\mathrm{CP}}$ 将通过相应节点的充电桩负荷聚合计算：

$$P_{i,t}^{\mathrm{CP}} = P_{\mathrm{CP}} \eta_{i,t} N_i^{\mathrm{CP}} \tag{6-64}$$

式中，P_{CP} 是单个充电桩的充电率；$\eta_{i,t}$ 表示归一化停车需求系数，反映时段 t 节点 i 处连接的充电桩充电需求；N_i^{CP} 是节点 i 上的充电桩估测数量。

电压幅值约束：

$$V^{\min} \leqslant V_{i,t} \leqslant V^{\max} \tag{6-65}$$

式中，$V^{\min}$，$V^{\max}$ 分别表示电压幅值的下限和上限。

线路潮流约束：

$$|P_{ij}| \leqslant P_{ij}^{\max} \tag{6-66}$$

式中 P_{ij} 是线路 ij 的潮流，$P_{ij}^{\max}$ 为其限值。

变电站的输出功率约束：

$$0 \leqslant P_{k,t}^{\mathrm{S}} \leqslant x_k^{\mathrm{S}}(P_k^{\mathrm{M}\text{-}0} x_k^{\mathrm{S}\text{-}0} + P_k^{\mathrm{M}\text{-}\mathrm{N}} x_k^{\mathrm{S}\text{-}\mathrm{N}} + P_k^{\mathrm{M}\text{-}\mathrm{E}} x_k^{\mathrm{S}\text{-}\mathrm{E}}) \tag{6-67}$$

式中，$P_k^{\mathrm{M}\text{-}0}$ 为节点 k 变电站的初始容量，$x_k^{\mathrm{S}\text{-}0}$ 用以指示节点 k 处是不是在进行扩展规划前存在变电站，如果存在 $x_k^{\mathrm{S}\text{-}0}=1$，否则 $x_k^{\mathrm{S}\text{-}0}=0$。$P_k^{\mathrm{M}\text{-}\mathrm{N}}$ 为节点 k 的新建变电站容量，$P_k^{\mathrm{M}\text{-}\mathrm{E}}$ 为节点 k 的变电站扩容容量。

辐射运行基本条件：

$$n_{\mathrm{L}} = n_{\mathrm{V}} - n_{\mathrm{S}}(x_i^{\mathrm{S}}) \tag{6-68}$$

式中，n_{L} 为线路数，n_{V} 为节点总数，n_{S} 为电源总数。

6.5.3 算例分析

采用前述 24 节点路网与 IEEE 33 节点配电耦合网络作为测试算例，示意图如图 6-27 所示，图中两个网络之间的链接指示了充电站的候选位置。

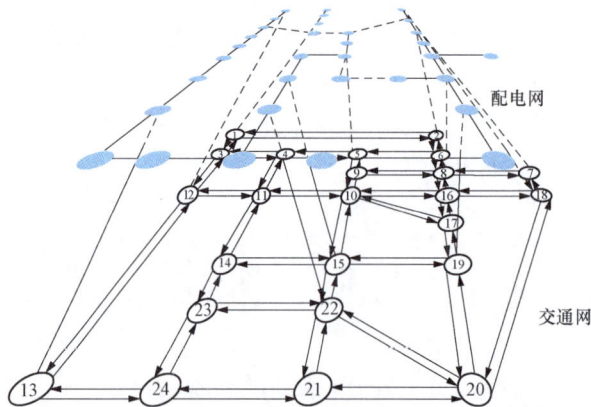

图 6-27 耦合网络示意图

充电站和相应充电装置的候选位置结果可见表 6-11。不同方案下的充电站容量对相应的配电网产生不同的充电负荷需求。为了保证运行中的辐射拓扑，生成 6 种可能的网络拓扑，指示了联络线的相应分配，如图 6-28 所示。

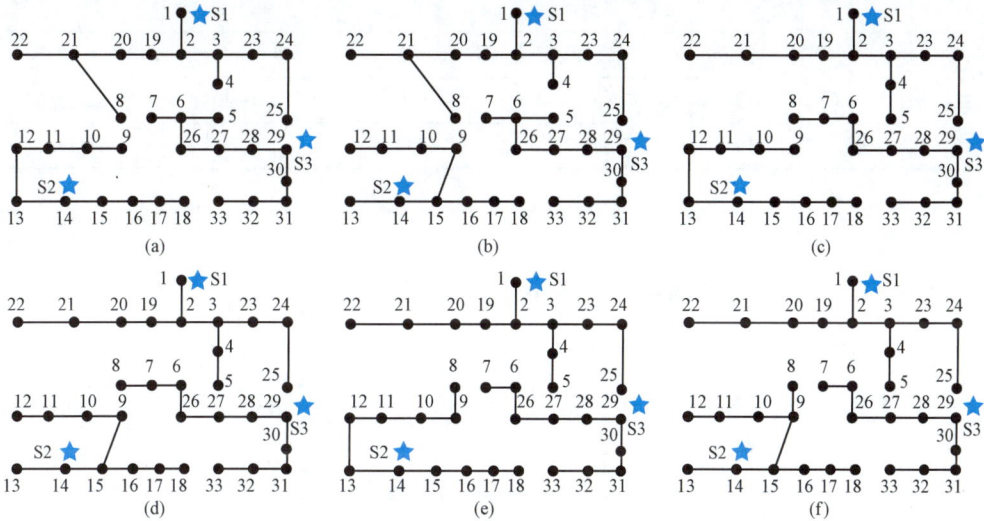

图 6-28 不同的联络线设置对应的网络拓扑

(a) 网络 1；(b) 网络 2；(c) 网络 3；(d) 网络 4；(e) 网络 5；(f) 网络 6

由于并不是所有的拓扑都适合与负载能力约束相结合的充电站规划方案，因此在每个场景中进行潮流和约束验证后，提出 12 个可用的组合方案，详细结果见表 6-10。根据经济规划模型，总成本最小的方案为方案 2，最小成本为 5.6126×10^6 USD，使用充电站方案 4 和网络 6（即线路 5-6、7-8、12-13、8-21 被确定为联络线，如图 6-28 中的蓝色虚线所示）。图 6-29 示出了详细的充电站规划结果，其中充电站的位置如蓝色方框指示，而相应的充电桩的数量在相邻的方框中表示。

表 6-10　　　　　　　　　　　　　　规划方案及相应成本

可用方案	网络	充电站方案	F_C（×10^6美元）	C_{CS}（×10^6美元）	C_{sub}（×10^6美元）	C_{loss}（×10^5美元）
1	5	7	5.6415	1.4272	4.1019	1.1245
2	6	4	5.6126	1.3979	4.1021	1.1262
3	6	5	5.6499	1.4323	4.1036	1.1414
4	6	6	5.6686	1.4507	4.1037	1.1425
5	6	7	5.6464	1.4272	4.1043	1.1489
6	6	11	5.6616	1.4443	4.1034	1.1394
7	6	12	5.6449	1.4272	4.1036	1.1414
8	6	13	5.6981	1.4802	4.1036	1.1418
9	6	15	5.6337	1.4163	4.1034	1.1398

可用方案	网络	充电站方案	F_C （×10⁶美元）	C_{CS}（×10⁶单元）	C_{sub}（×10⁶美元）	C_{loss}（×10⁵美元）
10	6	17	5.7373	1.5102	4.1082	1.1881
11	6	18	5.6636	1.4459	4.1036	1.1413
12	6	19	5.6913	1.4752	4.1028	1.1331

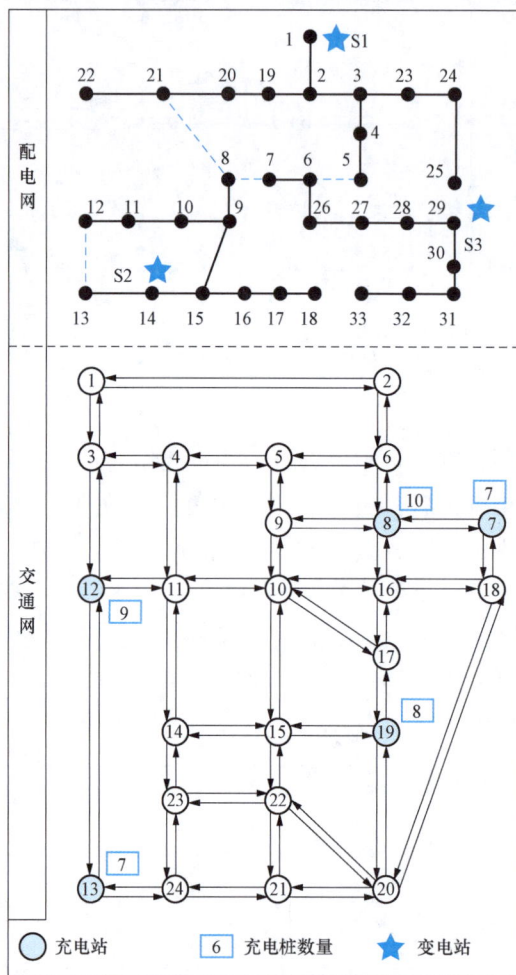

图 6-29 最优规划方案

6.6 面向可靠性提升的充电站规划

根据第 4 章的分析可以知道电动汽车充电负荷的时空不确定性特征会对电网的可靠性产生不利的影响，因此在大力发展充电基础设施的前提下，如何最大限度保证电网可靠性是亟须解决的问题。本节探讨电动汽车有序管控方法以参与电网可靠性提升服务，并据此设计面向可靠性提升的站点选址定容方案。

6.6.1 考虑充电管理策略的可靠性评估

1. 充电管理策略建模

为了保证电网安全稳定地运行，需要确保电网的发电量和负荷量总是处于动态的平衡状态，但实际上由于各种外界扰动和负荷功率的变化，功率平衡也会随之波动。为了应对紧急情形下电网可能出现的供电缺额，需要事先对其进行科学合理的建模，了解供电缺额发生的原因和可行的解决方式。

紧急情形下的供电缺额

$$\Delta P_{\mathrm{G}} = \max\left\{ P_{\mathrm{L}} + \sum_{\mathrm{EV}_i \in S_{\mathrm{CHG}}} P_{\mathrm{C},i} + P_{\mathrm{LOSS}} - P_{\mathrm{G}}, 0 \right\} \tag{6-69}$$

式中，P_{G} 为电网供电功率；P_{L} 为除电动汽车以外的总用电负荷；$P_{\mathrm{C},i}$ 为 EV_i 的充电功率；P_{LOSS} 为网损；S_{CHG} 为处于充电状态的电动汽车集合。

当出现供电缺额时，需要执行电动汽车的充电管理策略，其具体步骤为（P_{CHG} 为充电功率，P_{DSC} 为反向放电功率）：

第一步：如果 $0 < \Delta P_{\mathrm{G}} \leqslant P_{\mathrm{CHG,max}}$，则首先考虑中断充电模式，引入阈值 δ_t，暂时中断部分电动汽车充电。它能在最大限度降低电动汽车用户损失的基础上，有效缓解供电不足。

第二步：如果 $P_{\mathrm{CHG,max}} < \Delta P_{\mathrm{G}} \leqslant P_{\mathrm{CHG,max}} + P_{\mathrm{DSC,max}}$，表示中断充电模式无法解决供电不足问题，此时应开启反向放电模式加以补充，由于电池放电会对电动汽车电池造成一定的损耗，且用户出行计划也将因此延迟，因此反向放电模式应作为中断充电模式的补充措施。

第三步：如果 $\Delta P_{\mathrm{G}} > P_{\mathrm{CHG,max}} + P_{\mathrm{DSC,max}}$，表明中断充电模式与反向放电模式的响应功率都达到最大，依然无法完全弥补供电缺额，此时切负荷是保证电力系统功率平衡的必然选择。

参与中断充电模式和反向放电模式的电动汽车的总功率 P_{CS} 可由式（6-67）计算得到。

$$P_{\mathrm{CS}} = \begin{cases} \eta \sum\limits_{i=1}^{n_{\mathrm{CGG}}} B_i (S_i^{\mathrm{SOC}} - \delta_t), & 0 < \Delta P_{\mathrm{G}} \leqslant P_{\mathrm{CHG,max}} \\ \eta P_{\mathrm{CHG,max}} + \eta \sum\limits_{i=1}^{n_{\mathrm{DSC}}} B_i (S_i^{\mathrm{SOC}} - \delta_t), & P_{\mathrm{CHG,max}} < \Delta P_{\mathrm{G}} \leqslant P_{\mathrm{CHG,max}} + P_{\mathrm{DSC,max}} \\ \eta P_{\mathrm{CHG,max}} + \eta P_{\mathrm{DSC,max}}, & \Delta P_{\mathrm{G}} > P_{\mathrm{CHG,max}} + P_{\mathrm{DSC,max}} \end{cases}$$

$$\tag{6-70}$$

式中，B_i 为 EV_i 的电池容量；η 为电动汽车的充放电效率。

2. 准序贯蒙特卡洛模拟

为了了解电网供电功率的实时变化，引入了多级非聚集马尔可夫过程来描述电网元件的工作状态，其示意图见图 6-30（a），箭头表示了时间序列中整体系统与单体元件的状态变化过程，图中 γ 为状态变化率。该过程通过考虑一系列多级元件的状态表示连续的时间序列，可以由此对任意时间断面下的系统状态进行采样。双状态马尔可夫过程是一种简化的多级非聚集马尔可夫过程，示意图见图 6-30（b），可用于对仅包含工作、故障 2 种元件状态的发电机组状态空间进行建模，通过叠加元件状态即可计算得到系统的发电容量。图中 λ 和 μ 分别为故障率和修复率。

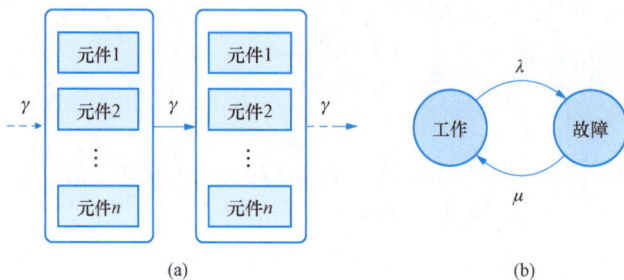

图 6-30　马尔可夫过程示意图
（a）多级非聚集马尔可夫过程；（b）双状态马尔可夫过程

以双状态马尔可夫过程为基础对发电单元在时间断面下的运行状态进行采样，通过计算每台发电机组的状态转移概率 Q，可以得到发电机组的瞬时状态。

$$Q = 1 - e^{\lambda_g \Delta t} \approx \lambda_g \Delta t \tag{6-71}$$

$$S_{g,t} = \begin{cases} S_{g,t-1} & R_g \geqslant Q \\ 1 - S_{g,t-1} & R_g \leqslant Q \end{cases} \tag{6-72}$$

式中，当发电机组 g 正常运行时，λ_g 为故障率，否则，λ_g 为修复率；R_g 为随机数，$R_g \in [0, 1]$；$S_{g,t}$、$S_{g,t-1}$ 分别为时段 t、$t-1$ 下发电机组 g 的运行状态。

因此 t 时刻电网总供电功率

$$P_{G,t} = \sum_{g=1}^{N_g} P_{G,g} S_{g,t} \tag{6-73}$$

式中，N_g 为发电机组数量，$P_{G,g}$ 为发电机组 g 的发电功率。

除发电机组故障和电动汽车充电波动性的影响因素以外，常规用电负荷的波动同样会对系统整体功率平衡造成重要影响，对此引入年负荷曲线模型模拟一年内每小时系统负荷的变化，网络损耗认为是用电负荷的 5%，加上电网实时供电功率，即可计算出电网实时的供电缺额 ΔP_G，若 $\Delta P_G > 0$，则可采用前面提出的充电管理策略弥补供电缺额，并且有必要对此时的系统状态进行可靠性评估。

准序贯蒙特卡洛模拟法是一种比较新的抽样方法，主要思想是以小时为基础跟踪负荷模型，这样就可以捕捉系统中时序变化元件的时间依赖性，用于处理负荷变化、可再生能源发电量波动和元件维护等时序相关方面的问题。准序贯模拟在抽样过程中与序贯模拟相似，首先需要抽样形成 8760h 的系统和元件状态序列，并以年为单位统计可靠性指标并储存。在状态抽样过程中，准序贯模拟又吸取了非序贯模拟的优点，在一年中的任意时段抽样系统和元件的状态，如果该时段出现故障则记录故障的状态特征，并计算故障频率和故障持续时间等指标，否则继续抽样另一个时段的状态进行判断。可以看到，准序贯模拟包含了时序状态转换的一些特征，但不具备计算与可靠性指标相关的分布函数的能力，相较于序贯模拟的步骤要简单得多，这是一种综合考虑了序贯模拟和非序贯模拟长处的方法，在考虑时序特征的基础上最大限度降低了计算量，提高了可靠性评估的效率。

6.6.2　面向可靠性提升的规划模型

1. 规划目标与约束

准序贯蒙特卡洛可靠性评估模型建立后，由于电网运行可靠性和电动汽车出行可靠性指标相互矛盾，可以通过多目标优化决策得到最优解。同时考虑电网和路网两方面的可靠性指标，建立耦合系统多目标优化模型，从而实现两个目标之间的平衡最优解。电网可靠性 R_{EN} 体现在每年的电量供应不足期望（LOEE）指标上，电动汽车出行可靠性 R_{TN} 体现在每年的总消耗时间期望（ETE）指标上。综合优化目标可表示为：

$$\begin{cases} \min R_{EN} = E_{LOEE} \\ \min R_{TN} = \sum_{i=1}^{n_{EV}} R_{EVi} = \dfrac{\sum_{i=1}^{n_{EV}} T_{ETE}}{n_{EV}} \end{cases} \qquad (6-74)$$

式中，n_{EV} 为参与充电管理策略的电动汽车数量；R_{EVi} 为 EV_i 的总消耗时间期望。

对式（6-74）所示的多目标优化问题，考虑将多目标化为单目标进行求解，采用线性加权法将需要求解的两方面可靠性指标转化为单一目标问题。

线性加权法通过分析每个目标的重要程度对目标设定相应的权重系数，接着对多目标线性规划问题进行求解，对于 m 个目标的问题 $f_1(x)$，$f_2(x)$，…，$f_m(x)$，经过线性加权即可转化为：

$$\min \sum_{k=1}^{m} w_k f_k(x), x \in X \qquad (6-75)$$

其中，$w_k \geqslant 0$（$k=1,2,…,m$）代表目标的权重，且

$$\sum_{k=1}^{m} w_k = 1 \qquad (6-76)$$

对式（6-75）所示的优化问题，由于电网运行可靠性指标和电动汽车出行可靠性指标同等重要，因此设定两个目标拥有同样的权重 $w_1 = w_2 = 0.5$。

优化规划模型需满足的约束条件如下：

（1）功率平衡约束。当系统负荷增大或减小时，发电机组的转速随之降低或升高，

将造成交流电频率与额定值产生偏差。如果频率偏差过大，工农业生产将受到影响，严重时将损坏设备。如果频率偏差继续增大，整个系统都可能会崩溃，造成严重停电事故，因此耦合系统中的实时功率输出与输入必须时刻保持平衡。平衡关系表示为：

$$P_{\mathrm{L}} + \sum_{\mathrm{EV}_i \in S_{\mathrm{CHG}}} P_{\mathrm{C},i} + P_{\mathrm{LOSS}} = P_{\mathrm{G}} + E_{\mathrm{CSEE}} + E_{\mathrm{DSEE}} + P_{\mathrm{C}} \tag{6-77}$$

式中，P_{L} 是除电动汽车以外的总常规电力负荷；S_{CHG} 为正在充电的电动汽车集合；$P_{\mathrm{C},i}$ 是 EV_i 的充电功率；P_{LOSS} 是实时的网络损耗；P_{G} 是电网供电电量；P_{C} 是切负荷量；充电集合电量期望指标 E_{CSEE} 和放电集合电量期望指标 E_{DSEE}（单位均为 MWh/a）。

（2）SOC 约束。电动汽车的 SOC 不会消耗到 0 以下，也不会充电到 100％以上，约束表示为：

$$S_{\min}^{\mathrm{SOC}} \leqslant S_i^{\mathrm{SOC}} \leqslant S_{\max}^{\mathrm{SOC}} \tag{6-78}$$

式中，$S_{\min}^{\mathrm{SOC}}$ 和 $S_{\max}^{\mathrm{SOC}}$ 分别为电动汽车电池允许的最小和最大 SOC 值。当电动汽车电池的 SOC 降低到 $S_{\min}^{\mathrm{SOC}}$ 时，电动汽车电池电量耗尽无法继续行驶，视为陷入故障状态需要等待救援。另外，当电动汽车电池的 SOC 升高到 $S_{\max}^{\mathrm{SOC}}$ 时，电动汽车电池视为已经充满电量，自动切断电源。

（3）电压幅值约束。电压幅值约束可表示为：

$$V_{\min} < V_{i,t} < V_{\max} \tag{6-79}$$

式中，$V_{i,t}$ 是时段 t 时节点 i 的电压幅值；$V_{\max}$、$V_{\min}$ 分别为节点 i 电压幅值可到达的上、下限，在潮流计算中，$V_{\max}$、$V_{\min}$ 通常由电压质量决定。

（4）充电站容量约束。每一座充电站都有其容量上限，当同时在某一充电站充电的电动汽车达到上限后，其他电动汽车用户若有充电需求可以选择在充电站排队等候，或者寻找其他空闲的充电站。研究充电站的容量约束意义重大，它体现了每一座充电站的充电桩利用率，若某充电站长时间处于容量上限状态，则表明此处充电需求非常旺盛，可以考虑新增一些充电桩来进行扩建。充电站容量约束表示为：

$$\sum_{i=1}^{N_{\mathrm{EV},j}} P_{\mathrm{C},i,j} \leqslant P_{\mathrm{CS},j} \tag{6-80}$$

式中，$N_{\mathrm{EV},j}$ 表示充电站 j 内电动汽车的数量；$P_{\mathrm{C},i,j}$ 表示 EV_j 在充电站 j 的充电功率；$P_{\mathrm{CS},j}$ 表示充电站 j 的容量。

（5）充电站间的地理距离约束。虽然目标函数设定为耦合系统可靠性最优，但不应忽视电动汽车用户的充电满意度，尽管在充电需求密集的地区建设充电基础设施是最好的选择，但如果因此导致较偏远的地区没有充电基础设施可用也并不合理。考虑设置充电站间的最大间隔，相邻两个充电站间的地理距离不应过大，由此保障每个区域电动汽车用户的充电需求。地理距离约束表示为：

$$D_{m-n} \leqslant D_{\max} \tag{6-81}$$

式中，$D_{m-n} = \zeta \sqrt{(X_m - X_n)^2 + (Y_m - Y_n)^2}$，$X_m$ 和 Y_m 分别表示充电站 m 在路网中的横纵坐标，X_n 和 Y_n 分别表示距离充电站 M 最近的充电站 n 在路网中的横纵坐标；ζ 为距

离修正系数；D_{max} 是相邻两个充电站之间最大的距离，计算方法为：$D_{max}=C_e\delta_e/2A_e$，其中 C_e 是电动汽车的额定电池容量；δ_e 为电动汽车开始寻找充电站的 SOC 阈值；A_e 是电动汽车的行驶平均耗电量。

（6）新建充电桩数量约束。在实际工程项目中，充电基础设施的规划不仅要考虑可靠性问题，也要考虑经济性是否符合要求，新建充电桩不仅涉及充电桩的购置、安装、人工费用等问题，还有土地成本、施工成本、供电成本等附加支出，因此新建充电桩的数量过多或过少都不符合经济性要求，新建充电桩数量约束表示为：

$$N_{CPmin} \leqslant N_{CP} \leqslant N_{CPmax} \tag{6-82}$$

式中，N_{CP} 为新建充电桩数量；N_{CPmin} 和 N_{CPmax} 是新建充电桩的最小和最大数量。

（7）收敛约束条件。上一节提出的准序贯蒙特卡洛仿真存在两种情况使仿真程序停止并输出结果，一种是仿真时长达到最大年限被动停止，另一种是可靠性指标达到收敛条件主动停止，判定指标收敛的约束表示为：

$$\varepsilon = \frac{S_{std}(\rho_{n_{MC}})}{M_{mean}(\rho_{n_{MC}})} \leqslant \varepsilon_c \tag{6-83}$$

式中，ε 为变异系数；S_{std} 为标准差函数；M_{mean} 为均值函数；$\rho_{n_{MC}}$ 为 n_{MC} 次仿真后的可靠性指标；ε_c 为仿真的收敛条件；n_{MC} 为蒙特卡洛 n 次仿真。

2. 关联分析

传统的规划模型中目标函数通常为建设运营投资最少、用户排队时间最短、充电桩利用率最大等，这些目标函数与规划方案的联系比较直观，通过建立线性方程即可得到其关系式。本节目标是建立耦合系统可靠性指标与规划方案之间的关系式，采用的可靠性指标参考 4.3 节内容，在大量规划方案融合的情况下，求解耦合系统可靠性指标需要计及很多潮流约束和网络安全约束等非线性条件，加上可靠性评估的仿真时间尺度通常很长，规划方案与可靠性指标间的关系很难看出直观联系，通常需要嵌入一个独立的可靠性评估程序求解可靠性指标，这使可靠性评估过程变得异常复杂，这就造成了求解可靠性指标与规划方案之间关联关系的极大困难，为了定量分析这种关联关系的数学表达，引入了关联分析方法的概念。

将独立规划方案的数据结果输入到关联分析模型中，规划方案作为多元回归的若干个自变量 X_1，X_2，$\cdots$，X_k，求解得到的可靠性指标作为与 X_i 对应的 Y 值，由此构造出了一组总体回归模型，并得到总体参数的估计值 $\hat{\beta}_0$，$\hat{\beta}_1$，$\hat{\beta}_2$，$\cdots$，$\hat{\beta}_k$，即独立规划方案与可靠性指标之间关联规则的系数。将基于多元回归的关联分析模型表示如下：

$$R_{IND} = \Phi_i(N_{EV},\delta_t,X_{Chg},Y_{Chg},Z_{Chg},N_{Chg}) \tag{6-84}$$

式中，Φ_i 表示关联规则的函数。函数的输入包括电动汽车规模 N_{EV}、电动汽车开始充电荷电状态阈值 δ_t、候选规划位置 X_{Chg}，Y_{Chg} 以及候选规划方案 Z_{Chg}，N_{Chg}。输出是在某一输入条件下耦合系统可靠性指标集 R_{IND} 的估计值。

6.6.3 算例分析

在 IEEE RTS 系统中进行测试，风力发电机安装在电网节点 3 处，拓扑结构如图 6 -

31（a）所示，测试算例对应的路网区域如图 6-31（b）所示，含有居住区、娱乐区和商业区 3 种区域类型。为了简化仿真，设定电动汽车充电站位于交叉路口（路网节点）处。此外，区域中已经有三个充电站，分别位于节点 9、20 和 24。

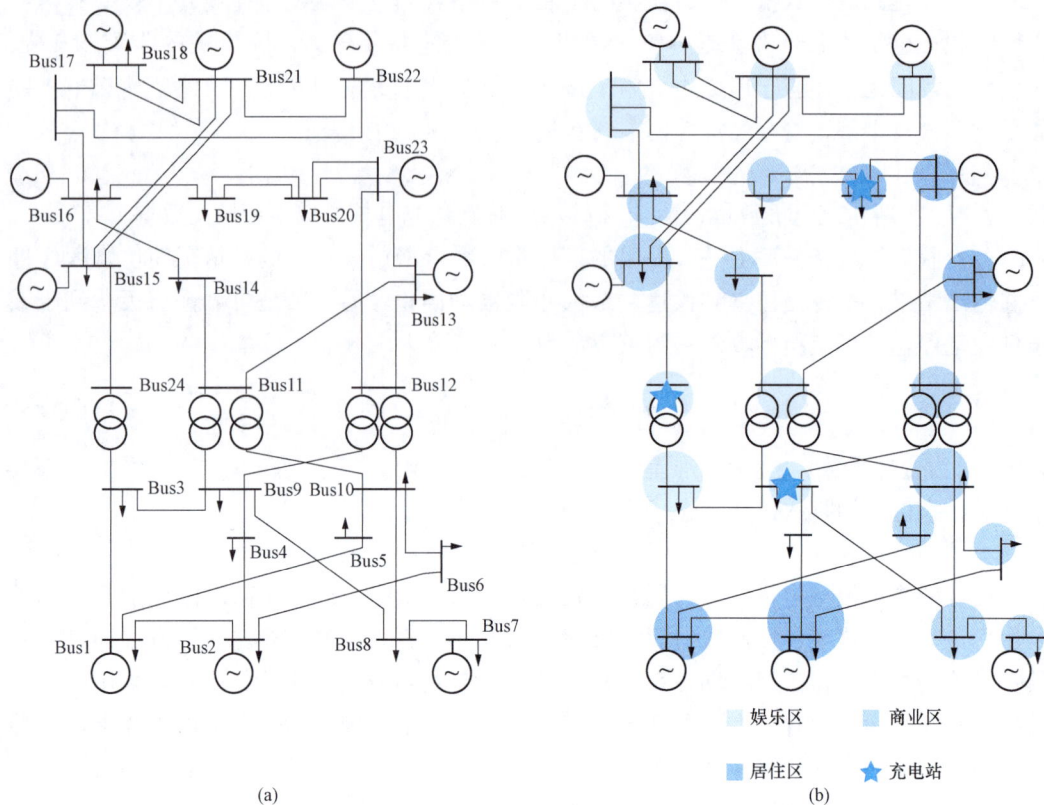

(a)

(b)

图 6-31 耦合系统示意图

（a）IEEE RTS 系统示意图；（b）路网区域示意图

为了模拟未经规划时该区域内的可靠性指标情况，通过仿真所有电动汽车的出行行为，得到了车辆因电池电量耗尽而故障的位置分布，并计算出了此时的耦合系统可靠性指标。在图 6-32 中，蓝点用于表明电动汽车电池电量耗尽的位置，蓝色区块的深度用于表明电池电量耗尽的频次。表 6-11 展示了与之相关联的可靠性评估结果。

表 6-11 初始条件下可靠性指标

可靠性指标	取值	可靠性指标	取值
E_{LOEE}（MWh/y）	1339.4	E_{CSEE}（MWh/y）	13334
T_{CTE}（h/y）	1.8027	E_{DSEE}（MWh/y）	13257
T_{BTE}（h/y）	1.8157	电池电量耗尽次数	428
T_{ETE}（h/y）	3.6184		

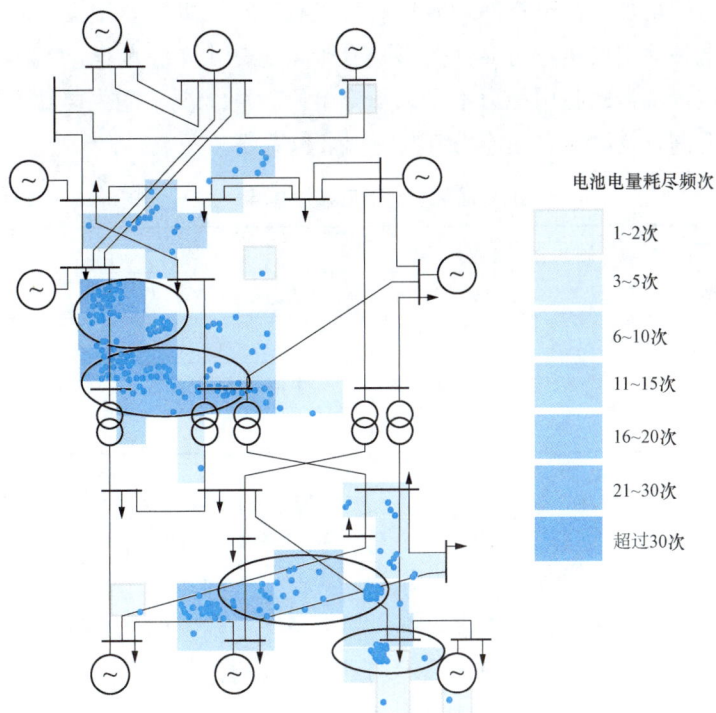

电池电量耗尽频次

1~2次

3~5次

6~10次

11~15次

16~20次

21~30次

超过30次

图 6-32 初始条件下故障位置分布

按照多目标优化规划模型对候选规划位置进行求解，以耦合系统的可靠性指标均衡最优解为目标得出的最优规划方案为：在节点 5 和 15 所在的位置新建充电站，充电桩的配置数量分别为 7 个和 18 个；扩建原本位于节点 24 的充电站，新增充电桩 10 个。通过将提出的优化规划方法应用于耦合系统中的候选规划位置，可以在图 6-33 中显示电池电量耗尽位置。可以看出，随着新建或扩建充电站规划的实施，蓝点总量显著减少，表明面临电池电量耗尽问题的电动汽车数量减少。表 6-12 给出了规划后耦合系统的可靠性指标。与表 6-11 中的结果相比，T_{BTE} 和 T_{ETE} 指标大幅下降，E_{LOEE} 和 T_{ETE} 指标分别降低 9.48% 和 33.83%，然而，T_{CTE} 指标略有升高，这是因为在最优规划方案中，电动汽车找到可

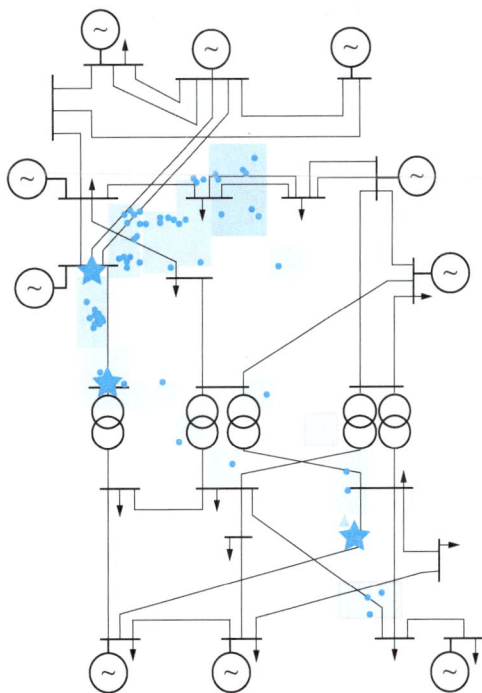

图 6-33 规划后的故障分布位置

到达充电站的概率增加了，电量不足时更容易进行充电。此外，根据 E_{LOEE} 的变化表明，新建或扩建充电站对电网运行可靠性的影响有限，这是由于目前电动汽车规模仍处于发展阶段，电动汽车集群的备用能力不足以支撑电网紧急情况下的供电缺额，随着电动汽车渗透率逐渐升高，其紧急备用能力将变得越来越重要。

表 6-12 　　　　　　　　　　　**最优规划下可靠性指标**

可靠性指标	取值	可靠性指标	取值
E_{LOEE}（MWh/y）	1212.4	E_{CSEE}（MWh/y）	12304
T_{CTE}（h/y）	2.0441	E_{DSEE}（MWh/y）	12487
T_{BTE}（h/y）	0.3502	电池电量耗尽次数	78
T_{ETE}（h/y）	2.3943		

6.7　小　　结

电动汽车充电设施选址是一个多目标、多变量、多约束的非线性数学规划问题，本章针对此类问题从交通、电力层面等多类场景，如从充电站性能（供电辐射范围、站点排队时间、全寿命周期），配电系统特性（配电系统运行特性、电力交通耦合、可靠性提升）等多角度提出相应的充电设施规划方法，证实了有效性，可为多场景下充电设施规划方案优选提供理论技术支撑。

第7章　配电系统协同规划

随着电力体制改革的不断深化，配电系统结构不仅变得更为灵活，而且大量新型负荷如电动汽车充电负荷以及多种间歇性能源接入电网，传统的配电系统规划方法难以适应现在模化分布式源荷接入不确定性的影响。作为电动汽车的充电载体，充电站将充电服务网与配电网耦合在一起，双方在地理上耦合，也同时受到市场、政策等因素的影响，形成了交互复杂、相互影响又相互制约的技术经济演进系统。充电站的选址定容不仅与用户的充电、出行有关，也将影响到配电系统的设施布局规划。根据前面章节的分析，充电负荷的接入会影响当地配电系统的正常运行，尤其是无序充电行为造成的负荷聚集效应对电网的影响更为明显。快速增长的充电负荷在进一步推高用电需求的同时，也将带动电网规划建设。此外，大规模清洁能源的接入，使得仅考虑充电需求的充电设施规划方法，会忽视配电系统层面的安全运行要求，为了更好地适应电动汽车、分布式电源和低碳配电系统的发展，对充电站和配电系统进行协同规划更具有实际意义。因此，未来低碳配电系统的规划有必要与充电站协同，在满足电动汽车充电需求的同时，可以利用电动汽车储能等资源实现光伏等清洁能源的消纳，能够保证配电系统的安全性、可靠性、经济性和资源优化配置，构建新型低碳配电系统，解决双碳目标下交通、能源领域电气化、低碳化难题。

本章将介绍低碳配电系统协同规划方法。首先考虑第4章中配电系统对电动汽车接入承载能力评估情况，提出考虑差异化电动汽车充电模式下的配电系统可放容量定义及优化规模方法；根据第6章中车网耦合下充电站的优化配置过程，扩展到配电系统的多目标协同规划过程；进一步考虑充电需求与清洁能源发电不确定性，扩展提出基于不确定性融合的配电系统鲁棒规划方法；最后考虑广域电动汽车聚合商参与多类型分布产消主体市场化交易的影响，提出包含多主体运营商端对端运营融合的充电设施与配电系统协同规划方法，并探究其经济价值和脱碳潜力，章节结构如图7-1所示。

第7章　配电系统协同规划	充电模式耦合	7.1 考虑电动汽车充电模式的配电系统可开放容量优化规划
	交通电力深度耦合	7.2 计及充电站优化配置的配电系统协同扩展规划
	源荷不确定性融合	7.3 考虑不确定性的充电站与配电系统分布鲁棒规划
	聚合交易融合	7.4 考虑电能交易的电动汽车充电站与配电系统协同规划

图 7-1　第 7 章章节框架

7.1 考虑电动汽车充电模式的配电系统可开放容量优化规划

随着电动汽车的规模接入，如何在有限的投资内使现有网格容纳尽可能多的负荷已成为亟需解决的问题。由于配电系统的可开放容量与设备容量和负荷时序特性有一定关联，而线路扩容可提升瓶颈线路的电流和功率容量上限，储能能够实现能量在时空上的平移，有效削减负荷尖峰，改变负荷时序特性，因此线路扩容与储能投资均能对可开放容量造成影响。基于此，本节计及电动汽车无序充电与有序充电模式，搭建了一种考虑线路扩容和储能投资协同的配电系统规划模型，在有限投资内通过优化线路扩容与储能投入的数量、位置及类型，实现现有网格可开放容量的最优提升。

7.1.1 电动汽车充电模式模型

1. 电动汽车无序充电负荷模型

采用 3.1.1 节蒙特卡洛方法计算电动汽车无序充电负荷，计算流程如图 7-2 所示。

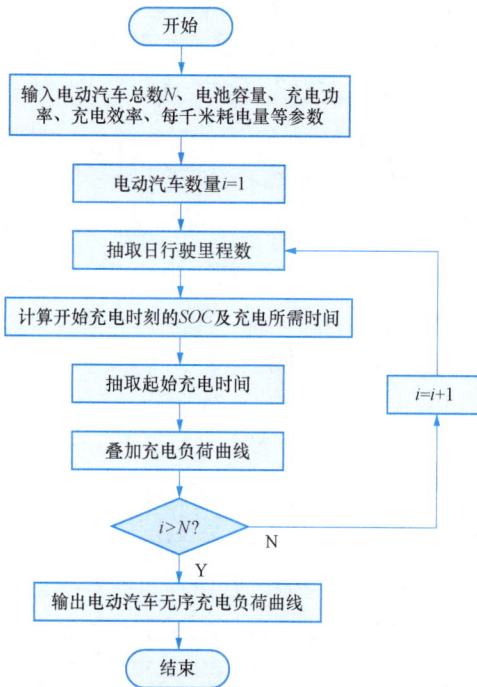

图 7-2 基于蒙特卡洛法的电动汽车无序充电流程

2. 电动汽车有序充电模型

考虑搭建了一种基于延迟充电优化的有序充电模型，可嵌入到优化规划模型中，相关约束如下。

（1）充电功率约束。

$$-P_{\text{EV,min}} \leqslant P_{\text{EV}}(i,t) \leqslant P_{\text{EV,max}} \tag{7-1}$$

式中，$P_{\text{EV,max}}$、$P_{\text{EV,min}}$ 分别为电动汽车充电功率的上下限；$P_{\text{EV}}(i,t)$ 为第 i 辆电动汽车在 t 时刻的充电功率。

（2）充电状态约束。

$$\begin{cases} \mu_{\text{EV}}(i,t) = 0, t \in [1, t_{\text{start}}] \bigcup [t_{\text{expect}}, 24], t_{\text{start}} < t_{\text{expect}} \\ \mu_{\text{EV}}(i,t) = 0, t \in [t_{\text{expect}}, t_{\text{start}}], t_{\text{start}} \geqslant t_{\text{expect}} \end{cases} \tag{7-2}$$

式中，$\mu_{\text{EV}}(i,t)$ 为二元变量，表示第 i 辆电动汽车在 t 时刻的充电状态，充电时值为 1，根据 $\mu_{\text{EV}}(i,t)$ 的值可确定电动汽车最优充电时段；t_{start} 为电动汽车起始充电时刻，可蒙特卡洛法仿真得到；t_{expect} 为车主期望出行时刻。

（3）电量平衡约束。

$$\begin{cases} S_{\text{SOC}}(i,t+1) = S_{\text{SOC}}(i,t) + \dfrac{\mu_{\text{EV}}(i,t) P_{\text{EV}}(i,t) \eta_{\text{EV}}(i) \Delta T}{E_{\text{EV}}(i)}, \\ t \in [t_{\text{start}}, t_{\text{expect}}], t_{\text{start}} < t_{\text{expect}} \\ S_{\text{SOC}}(i,t+1) = S_{\text{SOC}}(i,t) + \dfrac{\mu_{\text{EV}}(i,t) P_{\text{EV}}(i,t) \eta_{\text{EV}}(i) \Delta T}{E_{\text{EV}}(i)}, \\ S_{\text{SOC}}(i,1) = S_{\text{SOC}}(i,24) + \dfrac{\mu_{\text{EV}}(i,24) P_{\text{EV}}(i,24) \eta_{\text{EV}}(i) \Delta T}{E_{\text{EV}}(i)}, \\ t \in [1, t_{\text{expect}}] \bigcup [t_{\text{start}}, 23], t_{\text{start}} \geqslant t_{\text{expect}} \end{cases} \tag{7-3}$$

式中，$S_{\text{SOC}}(i,t)$ 为第 i 辆电动汽车在 t 时刻的 SOC，其中 $S_{\text{SOC}}(i,t_{\text{start}})$ 为电池充电初始 SOC，可基于 1.1 节所述无序充电理论，通过蒙特卡洛法仿真得到；$\eta_{\text{EV}}(i)$ 为第 i 辆电动汽车的充电效率；$E_{\text{EV}}(i)$ 表示第 i 辆电动汽车的电池容量；ΔT 为单位时间间隔。

（4）电池容量约束。

$$S_{\text{SOC,min}} \leqslant S_{\text{SOC}}(i,t) \leqslant S_{\text{SOC,max}} \tag{7-4}$$

式中，$S_{\text{SOC,max}}$、$S_{\text{SOC,min}}$ 分别为电动汽车 SOC 的上下限。

（5）车主期望 SOC 约束。

$$S_{\text{SOC,leave}} \geqslant S_{\text{SOC,expect}} \tag{7-5}$$

式中，$S_{\text{SOC,leave}}$ 为电动汽车离开时的 SOC；$S_{\text{SOC,expect}}$ 为用户期望达到的 SOC。式（7-5）保障了该有序充电方案不影响车主的正常出行。

7.1.2　配电系统可开放容量优化规划模型

1. 目标函数

该配电系统优化规划模型以网格可开放容量最大为目标：

$$\max \sum_{j \in \Psi} P_{\text{opl},j} \tag{7-6}$$

$$P_{\text{opl},j} = \min_{t \in T_{\text{opl}}} \sum_{i=1}^{N_j} \Delta p_{\text{opl},i,t} \tag{7-7}$$

$$\Delta p_{\text{opl},i} \geqslant 0 \tag{7-8}$$

式中，$P_{\text{opl},j}$ 为区域 j 内配电网总可开放容量；Ψ 为网格内所有区域的集合；$\Delta p_{\text{opl},i}$ 为 i 节点的剩余可接入负荷容量；N_j 为区域 j 内负荷节点总数；T_{opl} 为设定的时间周期，例如考虑典型日负荷曲线时，T_{opl} 为一天 24h 的集合。

2. 约束条件

(1) 线路扩容约束。

$$\sum_{L \in \text{Line}} l_{ij,L} = 1, \forall (i,j) \in B^{\text{branch}} \tag{7-9}$$

$$I_{ij,\max} = \sum_{L \in \text{Line}} I_{L,\max} l_{ij,L} \tag{7-10}$$

$$S_{ij,\max} = \sum_{L \in \text{Line}} S_{L,\max} l_{ij,L} \tag{7-11}$$

式中，$l_{ij,L}$ 为二元变量，值为 1 时表示线路 (i,j) 处导线类型为 L；Line 为导线类型集合；B^{branch} 为配电网线路集合；$I_{ij,\max}$、$S_{ij,\max}$ 分别为线路 (i,j) 的电流和功率上限；$I_{L,\max}$、$S_{L,\max}$ 为 L 型导线的电流和功率上限。式 (7-9) 表明在线路 (i,j) 上安装 L 型导线，式 (7-10) 和式 (7-11) 表明线路功率和电流的上限将随着安装导线的类型变化而变化。

(2) 储能运行约束。储能模型主要考虑了储能的选型约束、充放电状态约束、充放电功率约束和储能容量约束。

储能选型约束：

$$\sum_{E \in T_{\text{ESS}}} l_{i,E} = 1 \tag{7-12}$$

式中，$l_{i,E}$ 为二元变量，值为 1 时表示节点 i 处储能类型为 E；T_{ESS} 为储能类型集合。本文储能的选型是指选取不同的额定容量和额定功率。

储能充放电状态约束：

$$u_{i,t}^{\text{discha}} + u_{i,t}^{\text{cha}} \leqslant 1, \quad \forall i \in B^{\text{ESS}} \tag{7-13}$$

式中，二元变量 $u_{i,t}^{\text{cha}}$ 和 $u_{i,t}^{\text{discha}}$ 分别为储能的充电状态和放电状态；B^{ESS} 为含储能的节点集合。

储能功率约束：

$$u_{i,t}^{\text{discha}} P_i^{\text{discha,min}} \leqslant P_{i,t}^{\text{discha}} \leqslant u_{i,t}^{\text{discha}} P_i^{\text{discha,max}}, \forall i \in B^{\text{ESS}} \tag{7-14}$$

$$u_{i,t}^{\text{cha}} P_i^{\text{cha,min}} \leqslant P_{i,t}^{\text{cha}} \leqslant u_{i,t}^{\text{cha}} P_i^{\text{cha,max}}, \forall i \in B^{\text{ESS}} \tag{7-15}$$

式中，$P_{i,t}^{\text{cha}}$ 和 $P_{i,t}^{\text{discha}}$ 分别为储能在 t 时段的充放电功率；$P_{\max t}^{\text{cha}}$、$P_{\max i}^{\text{discha}}$、$P_{\min i}^{\text{cha}}$ 和 $P_{\min i}^{\text{discha}}$ 分别为储能充放电功率上限和下限，其大小取决于节点 i 处的储能型号。

储能容量约束：

$$E_{i,t+1}^{\text{ESS}} = E_{i,t}^{\text{ESS}} + \alpha_i^{\text{cha}} P_{i,t}^{\text{cha}} - \alpha_i^{\text{discha}} P_{i,t}^{\text{discha}}, \forall i \in B^{\text{ESS}} \tag{7-16}$$

$$E_i^{\text{ESS,min}} \leqslant E_{i,t}^{\text{ESS}} \leqslant E_i^{\text{ESS,max}}, \forall i \in B^{\text{ESS}} \tag{7-17}$$

式中，$E_{i,t}^{\text{ESS}}$ 为节点 i 处储能第 t 时段的电量；$E_{\max i}^{\text{ESS}}$ 和 $E_{\min i}^{\text{ESS}}$ 为储能电量的上下限，其大小取

决于节点 i 处的储能型号；α_i^{cha} 和 α_i^{discha} 分别为储能的充电和放电的效率系数。

（3）配网改造成本约束。为兼顾配电网的承载能力与经济性，需对网格改造成本，即线路扩容成本与储能投资成本，设定限值。

线路扩容成本：

$$C_{\text{line}} = \sum_{(i,j) \in B_{\text{branch}}} l_{ij,L} x_{ij} \beta_{\text{line},L} \frac{r_L (1+r_L)^{T_L}}{(1+r_L)^{T_L} - 1} \qquad (7-18)$$

式中，C_{line} 为线路扩容所需成本；x_{ij} 为线路 (i,j) 的长度；$\beta_{\text{line},L}$ 为 L 型导线单位长度扩容成本；r_L 为贴现率；T_L 为线路的使用寿命年限。

储能投资成本：

$$C_{\text{ESS}} = (C_1 + C_2) \frac{r_{\text{E}} (1+r_{\text{E}})^{T_{\text{E}}}}{(1+r_{\text{E}})^{T_{\text{E}}} - 1} \qquad (7-19)$$

$$C_1 = C_{1\text{p}} P_{\text{ESS}} + C_{1\text{e}} E_{\text{ESS}} \qquad (7-20)$$

$$C_2 = C_{2\text{p}} P_{\text{ESS}} + C_{2\text{e}} E_{\text{ESS}} \qquad (7-21)$$

式中，C_1、C_2 分别为储能投资建设成本和年运营维护成本；r_{E} 为贴现率；T_{E} 为储能的使用寿命年限；C_{ESS} 为储能的全寿命周期成本，是根据储能的寿命周期及贴现率，将 C_1 和 C_2 在全寿命周期内进行成本分摊得到的；$C_{1\text{p}}$、$C_{1\text{e}}$ 分别为储能投资建设的单位功率和单位容量成本；$C_{2\text{p}}$、$C_{2\text{e}}$ 分别为储能运营维护的单位功率和单位容量成本；P_{ESS}、E_{ESS} 分别为储能的额定功率和额定容量。

总投资成本约束：

$$C_{\text{line}} + C_{\text{ESS}} \leqslant C_{\text{all}} \qquad (7-22)$$

式中，C_{all} 为网格改造所投资的总成本。

（4）辐射状拓扑约束。

$$\sum_{(i,j) \in B_{\text{branch}}} Z_{ij} = n_{\text{b}} - n_{\text{s}} \qquad (7-23)$$

式中，Z_{ij} 为描述支路 (i,j) 投切状态的二元变量，值为 1 时表示支路闭合，值为 0 时表示支路断开；n_{b}、n_{s} 分别为网格的节点总数和根节点数。

（5）潮流约束。节点功率平衡约束：

$$P_{\text{g}} + P_j^{\text{discha}} - P_j^{\text{charge}} - P_{j,\text{EV}} - P_{j,\text{load}} - \Delta p_{\text{opl},j} = \sum_{k:\, j \to k} P_{jk} - \sum_{i:\, i \to j} (P_{ij} - I_{ij}^2 r_{ij}) \qquad (7-24)$$

$$Q_{\text{g}} - Q_{j,\text{load}} - \Delta q_{\text{opl},j} = \sum_{k:\, j \to k} Q_{jk} - \sum_{i:\, i \to j} (Q_{ij} - I_{ij}^2 x_{ij}) \qquad (7-25)$$

$$\Delta q_{\text{opl},j} \geqslant 0 \qquad (7-26)$$

式中，P_{g}、Q_{g} 分别为发电机的有功和无功出力；$P_{j,\text{load}}$、$Q_{j,\text{load}}$ 分别为节点 j 处的基础有功和无功负荷；$\Delta q_{\text{opl},j}$ 为节点 j 处的可开放无功容量；$P_{j,\text{EV}}$ 为节点 j 处电动汽车无序充电或有序充电时的充电负荷，由第 1 节的模型求解得到；P_{ij}、Q_{ij} 分别为线路 (i,j) 的有功和无功功率；I_{ij} 为线路 (i,j) 的电流；r_{ij}、x_{ij} 分别为线路 (i,j) 的

电阻和电导。

支路电压约束：

$$\begin{cases} U_i^2 - U_j^2 \leqslant 2(r_{ij}P_{ij} + x_{ij}Q_{ij}) - (r_{ij}^2 + x_{ij}^2)I_{ij}^2 + M(1 - Z_{ij}) \\ U_i^2 - U_j^2 \geqslant 2(r_{ij}P_{ij} + x_{ij}Q_{ij}) - (r_{ij}^2 + x_{ij}^2)I_{ij}^2 - M(1 - Z_{ij}) \end{cases} \quad (7\text{-}27)$$

式中，U_i 为节点 i 处电压；M 为一个很大的正数。

节点电压约束：

$$U_{i,\min} \leqslant U_i \leqslant U_{i,\max} \quad (7\text{-}28)$$

式中，$U_{i,\max}$、$U_{i,\min}$ 分别为电压上下限。

线路电流约束：

$$-I_{ij,\max} \leqslant I_{ij} \leqslant I_{ij,\max} \quad (7\text{-}29)$$

线路容量约束：

$$S_{ij,\min} \leqslant S_{ij} \leqslant S_{ij,\max} \quad (7\text{-}30)$$

式中，S_{ij}、$S_{ij,\min}$ 分别为线路容量及其下限。

支路首端功率约束：

$$I_{ij}^2 = \frac{P_{ij}^2 + Q_{ij}^2}{U_i^2} \quad (7\text{-}31)$$

考虑约束式（7-31）为二次等式形式，导致模型非凸，为了简化优化计算，可利用二阶锥松弛技术令 $\widetilde{I}_{ij} = I_{ij}^2$、$\widetilde{U}_i = U_i^2$，带入式（7-31），并进行松弛变换得到式（7-32）。

$$\widetilde{I}_{ij} \geqslant \frac{P_{ij}^2 + Q_{ij}^2}{\widetilde{U}_i} \quad (7\text{-}32)$$

化成标准的二阶锥形式即为：

$$\widetilde{U}_i + \widetilde{I}_{ij} \geqslant \left\| \begin{bmatrix} 2P_{ij} \\ 2Q_{ij} \\ \widetilde{I}_{ij} - \widetilde{U}_i \end{bmatrix} \right\|_2 \quad (7\text{-}33)$$

由此通过凸优化技术将模型松弛为混合整数二阶锥规划问题进行优化降维求解。

7.1.3 算例分析

1. 算例参数

将某实际 72 节点配电网划分为 A、B、C、D 4 个供电单元，其中 A 供电单元为商业区，B、C 供电单元为居民区，D 供电单元为工业区，如图 7-3 所示；典型日负荷如图 7-4（a）所示，充电负荷情况如图 7-4（b）～（c）所示。

选用 7 种类型线路为扩容改造的备选线路类型，各线路参数如表 7-1 所示，设定线路使用寿命为 10 年，贴现率为 0.07。

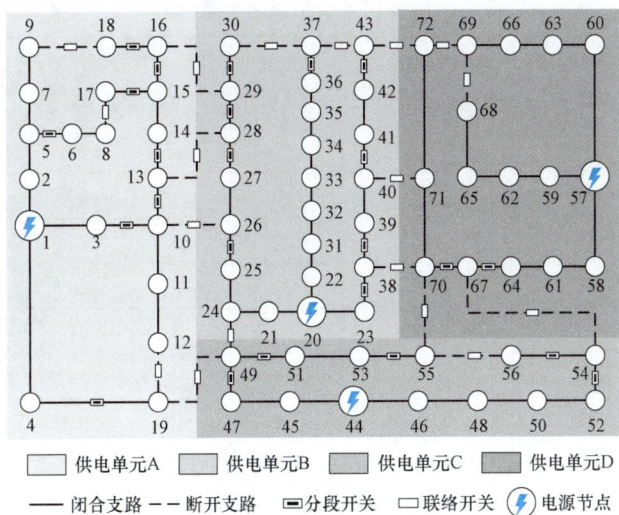

图 7 - 3　配电网网格拓扑结构

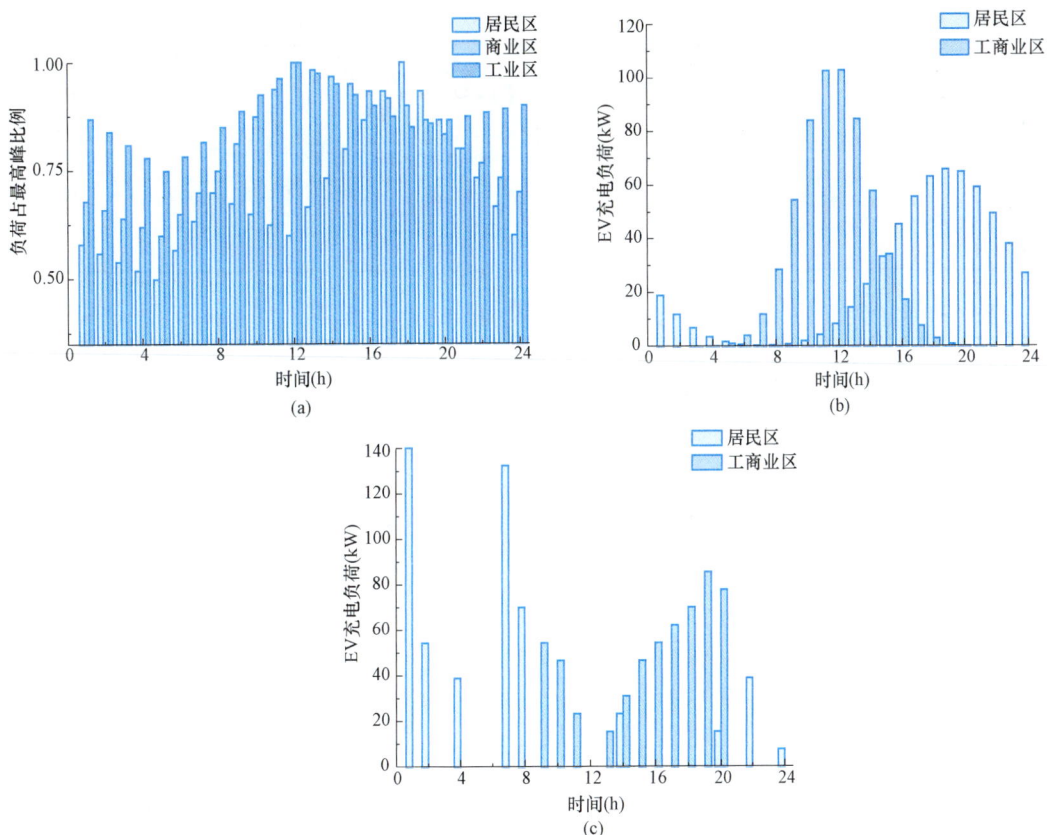

图 7 - 4　网格基础负荷与电动汽车充电负荷

（a）基础负荷典型日负荷特性；（b）电动汽车无序充电负荷；（c）电动汽车有序充电负荷

表 7 - 1 　　　　　　　　　　　　　　　线路扩容所用线路类型

线路类型	单位长度电阻（Ω）	单位长度电抗（Ω）	长期允许电流（kA）	持续极限容量（MW）	单位长度成本（万元/km）
Ⅰ：LGJ - 70	0.46	0.397	0.275	3.93	25
Ⅱ：LGJ - 95	0.33	0.386	0.335	4.62	30
Ⅲ：LGJ - 120	0.17	0.365	0.380	5.32	33
Ⅳ：LGJ - 150	0.21	0.372	0.445	6.23	37
Ⅴ：LGJ - 185	0.17	0.365	0.515	7.21	40
Ⅵ：LGJ - 240	0.13	0.362	0.610	8.54	45
Ⅶ：LGJ - 300	0.13	0.357	0.710	9.93	52

小规模储能系统有Ⅰ、Ⅱ、Ⅲ共 3 种型号可供选择，额定容量分别为 300kWh、400kWh、500kWh，额定功率分别为 300kW、400kW、500kW，相关参数如表 7 - 2 所示，使用年限设为 10 年。设计算例仿真分为 9 个场景，如表 7 - 3 所示。

表 7 - 2 　　　　　　　　　　　　　　　储能相关参数

电池类型	循环寿命（次）	SOC 上下限	单位功率成本（元/kW）	单位容量成本（元/kW）	年运行单位功率成本（元/kW）	年运行单位容量成本（元/kW）	贴现率（%）
铅碳电池	2500～3500	0.3～0.7	1200	1200	25	0.05	0.07

表 7 - 3 　　　　　　　　　　　　　　　场景设置

场景	不接入电动汽车	无序充电	有序充电	不改造配网	线路扩容	储能投资
1	√	×	×	√	×	×
2	×	√	×	√	×	×
3	×	√	×	×	√	×
4	×	√	×	×	×	√
5	×	√	×	×	√	√
6	×	×	√	√	×	×
7	×	×	√	×	√	×
8	×	×	√	×	×	√
9	×	×	√	×	√	√

2. 规划结果分析

（1）电动汽车无序充电模式。各场景规划结果如表 7 - 4 所示。

表7-4 各场景下配电网网格改造结果

场景	1	2	3	4	5	6	7	8	9
线路扩容类型及位置	—	—	线路Ⅱ: 13~14, 45~47, 59~62, 60~63; 线路Ⅲ: 2~5, 4~19, 31~32; 线路Ⅳ: 10~13, 21~38, 58~61; 线路Ⅴ: 24, 23~31; 线路Ⅵ: 3~10, 20~22, 21, 20~22; 线路Ⅶ: 1~3	—	线路Ⅱ: 10~13, 24~25, 31~32, 23~38, 58~61; 线路Ⅳ: 21~24, 22~31; 线路Ⅵ: 1~3, 3~10	—	线路Ⅱ: 13~14, 45~47, 59~62, 60~63; 线路Ⅲ: 2~5, 4~19, 31~32; 线路Ⅳ: 10~13, 21~24, 23~38, 58~61; 线路Ⅴ: 22~31; 线路Ⅵ: 3~10, 20~21, 20~22; 线路Ⅶ: 1~3	—	线路Ⅱ: 10~13, 24~25, 31~32, 23~38, 58~61; 线路Ⅳ: 21~24, 22~31; 线路Ⅵ: 1~3, 3~10
储能投资类型及位置	—	—	—	储能Ⅰ: 8, 16, 21, 22, 23, 30, 43, 45, 46, 49, 50, 51, 67; 储能Ⅱ: 35	储能Ⅰ: 29, 32, 36, 38, 42, 43, 50, 54	—	—	储能Ⅰ: 21, 22, 23, 24, 25, 38, 43, 45, 46, 47, 48, 51, 54; 储能Ⅱ: 35	储能Ⅰ: 22, 24, 26, 27, 28, 30, 45, 56
网格可开放容量/MW	22.52	17.93	24.26	20.21	25.58	22.24	29.60	24.46	30.90

场景 2 中考虑电动汽车无序充电，车辆进站后即插即充，直至达到期望电量后才与充电桩断开。无序充电时，居民区用户的充电行为集中在晚上，工商业用户的充电行为集中在中午，导致基础负荷与无序充电负荷的高峰相叠加。

后续场景以 150 万元为改造费用。从场景 3 可以看出，线路扩容对网格可开放容量提升有较好的效果，且所扩容的瓶颈线路大部分都在网架首端，即靠近电源点的位置。这是因为配电网呈辐射状运行，靠近电源端的线路通过的电流和功率更大，更易达到线路容量极限。此外，网架不同位置的线路通过的潮流不同，因此为保障有限投资内可开放容量最优，会在不同的位置选择不同的导线类型进行扩容改造。场景 4 中，投入小规模储能确实可以通过减小负荷峰值实现网格可开放容量提升，但因储能投资成本较高导致提升效果有限。现实中，仅通过线路扩容实现可开放容量提升一般不需要对网架的所有线路都进行升级，因为负荷接入容量在设备侧还受到变压器容量的制约，不会无限制增长，即使全部节点负荷都达到变压器容量上限，网架末端部分线路也不会越限。但投入储能调节的是负荷时序特性，避免负荷出现尖峰而过早达到变压器/线路容量上限，因此在任何节点投入储能均有提升可开放容量的效果。

在实际中，分别进行线路扩容与储能投资对网格可开放容量提升均有一定效果，但若未能协同规划可能会导致资源浪费且提升效果不明显。场景 5 结果可以看出，线路扩容与储能投入协同对网格进行改造时，可开放容量达到无序充电模式下的最优值，这说明本书提出的考虑线路扩容与储能投资协同的配电网改造方法切实可行，能在有限投资内有效提升网格的可开放容量。

（2）电动汽车有序充电模式。在有序充电策略下，居民区和工商业区的电动汽车都选择在基础负荷用电的低谷期进行充电，避免了负荷高峰叠加对电网的功率冲击，此时可开放容量如图 7-5 所示，可见有序充电模式下的可开放容量较无序充电模式有了很大的提升。

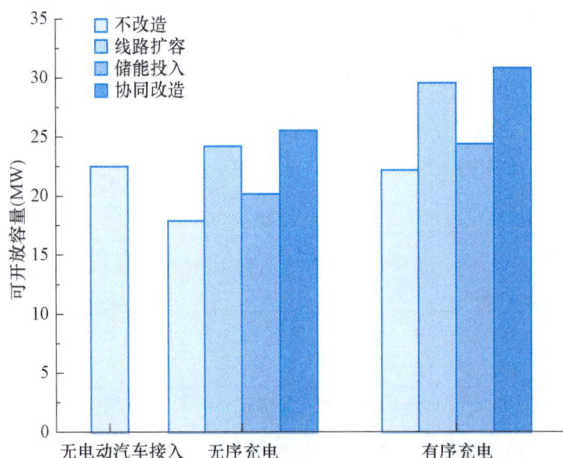

图 7-5　各场景下配网总体可开放容量

场景 7 与场景 4 线路扩容方案相同，这是因为有序充电相较于无序充电改变的仅是节点负荷的时序特性，网架性质并未发生变化，各节点处能达到的最大负荷峰值也并未改变，网格的瓶颈线路相同。场景 8 与场景 4 储能投入方案不同，这是因为无序充电与有序充电模式下节点的负荷时序曲线不同，而储能即是通过调节时序曲线实现可开放容量提升。

各场景下网格总体可开放容量如图 7-5 所示，由图 7-5 可以看出，电动汽车无序充电导致初始配电网可开放容量大幅度下降，而进行线路扩容与储能投入协同改造能最大限度地提升配电网可开放容量，且相较于无序充电模式，有序充电模式下可开放容量提升更为显著。

7.2　计及充电站优化配置的配电系统协同扩展规划

电动汽车充电站同时是配电系统和交通系统的组成元素，其服务能力受其所在电网的供电能力和路网的车流量信息等因素影响，在规划过程中理应考虑多方面因素。但在现有关于充电站的规划方法研究中，规划目标通常是诸如经济效益最大化等单一目标，只针对某一特定方向进行优化，从而容易忽略其他规划因素的重要影响。因此，本节综合交通网和配电网的耦合信息与网络约束条件，协同"源网荷"，提出包含充电站优化配置的配电系统综合扩容规划框架，同时考虑长期投资和短期运行总成本最小化、充电站利用率最大和系统综合可靠性水平最大化三个目标，构建多目标规划模型确定变电站扩容或新建、线路新建、充电站选址定容方案。

7.2.1　电力交通耦合多目标规划模型

本节简单考虑充电设施类型，将其分为慢充和快充两类。其中，慢充由居民区或商业区的充电桩实现，快充则由分布在各交通节点上的充电站中充电机实现。由于充电桩较为分散，在计算过程中将其引起的充电负荷分散融合到每一个对应的负荷节点里，重点研究充电站在城市交通网和电网中的布点，即如何进行充电站的选址和定容。虽然电网节点和交通网节点本身并不完全重合，这里认为充电站布点在交通网节点处（注：此处的交通网节点并非特指实际交通路口，事实上，充电站可以建设在路口或者道路上任意合理的一点，这样"任意合理的一点"虽然不是路口节点，也可以作为交通网的"虚拟节点"，根据实际城市规划情况，事先给出交通网上充电站候选节点位置），并通过专变或专线方式与最近的电网节点连接，即将交通网节点和电网节点在地理上耦合起来，称为"节点对"，如图 7-6 所示。

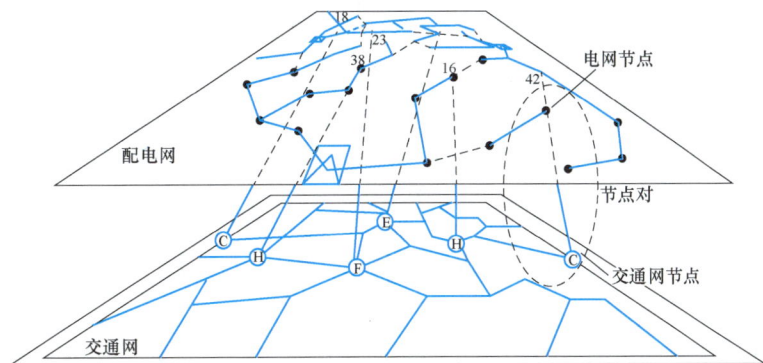

图 7-6　耦合网络结构

以 G_D（N_D, L_D）表示配电网，其中 N_D 和 L_D 分别为节点集和线路集。G_T（N_T, L_T）表示同一区域与 G_D 共享地理信息的交通网，N_T 和 L_T 分别表示交通网节点和道路的集合。在 6.2 节获得充电站的候选配置方案与之对应的充电负荷需求后，可以建立计及充电站优化配置的配电系统协同规划多目标模型，充分结合交通网和配电网的耦合信息与网络约束，以及充电负荷对配电系统规划的影响，从图 7-7 所示的三个方面进行综合决策。其中，经济性由目标年经济成本 F_C 表示，效益

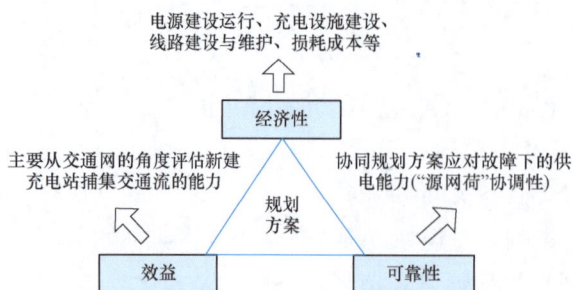

图 7-7　多目标框架

由年充电站平均交通流捕获量 F_T 表示，可靠性为年平均失负荷量 F_R 表示，由此综合三者，形成多目标优化模型：

$$\begin{cases} F_C \to \min \\ F_T \to \max \\ F_R \to \min \end{cases}$$

（7-34）

具体构型和约束如下介绍和解释。

1. 经济成本目标

目标年经济成本可以用如下模型表示，其中包括变电站、线路、充电站的长期投资和短期运行成本、损耗成本等：

$$F_C = C_{sub} + C_{line} + C_{CS} + C_{loss}$$

（7-35）

式中，F_C 为总成本，包括充电站年度投资 C_{CS}、变电站的年运行成本 C_{sub}、电力损失年度成本 C_{loss} 以及线路投资运行成本 C_{line}。C_{CS}、C_{sub} 与 C_{loss} 的计算方法可参照 6.4 节。C_{line} 由新建投资成本 C_{line_new} 与运行维修成本 C_{line_miant} 组成，则：

$$\begin{aligned} C_{line} &= C_{line\_new} + C_{line\_maint} \\ &= \frac{r_0(1+r_0)^{m_L}}{(1+r_0)^{m_L}-1} \sum_{(ij)\in\psi_{L\_N}} C^L Len_{ij} x_{ij}^{L\text{-}N} + \delta^L \sum_{(dp)\in\psi_L} Len_{dp} x_{dp}^L \end{aligned}$$

（7-36）

式中，r_0 为贴现率，m_L 为线路的经济使用年限。C^L 为新建线路的单位长度成本，δ^L 为线路的年单位长度运行与维护成本，Len_{ij} 为线路 ij 的长度。ψ_{L_N}、ψ_L 候选新建线路、所有线路的集合。$x_{ij}^{L\text{-}N}$、x_{dp}^L 表示线路 ij 新建、线路 dp 的二元状态决策变量。如果最终方案中线路 ij 上候选线路存在，$x_{ij}^{L\text{-}N}=1$，否则为 0；如果最终方案中线路 dp 存在，$x_{dp}^L=1$，否则为 0。因此，除了已经存在的线路，如果 $x_{ij}^{L\text{-}N}=1$，$x_{ij}^L=1$。

2. 充电站利用率目标

充电站利用率通过在交通网中捕获的交通流量来反映，根据典型日信息得到的年交通流捕获量：

$$F_{\mathrm{T}} = D \sum_{j \in \Omega_T} \sum_{t \in T} fn_{j,t} x_j^{\mathrm{CS\text{-}T}}(x_j^{\mathrm{CS}*}) \tag{7-37}$$

式中，$x_j^{\mathrm{CS\text{-}T}}$（$x_{j*}^{\mathrm{CS}}$）用以指示最终方案中充电站在交通网候选节点 j 的存在状态，如果 $x_j^{\mathrm{CS}} = 1$，其中 $j*$ 是交通网节点 j 在配电网中的对应的节点编号，则 $x_{j*}^{\mathrm{CS\text{-}T}} = 1$，否则为 0。充电站的利用率目标反映的是建设充电站能够提供电动汽车充电服务广泛性的程度，主要影响最终方案里的充电站选址定容结果。

3. 可靠性水平目标

可靠性水平从网架连接、时段负荷需求等角度评估了系统供电能力水平，反映了除开电力电量平衡以外，充电负荷对配电系统供电能力的影响，同时也反映了电网本身在规划过程中发电资源配置和网架建设对系统可靠性的影响程度，由年平均失负荷量为指标来表示：

$$F_{\mathrm{R}} = D \sum_{t \in T} \sum_{m \in \psi_a(x_i^{\mathrm{S}})} ENS_{m,t} \tag{7-38}$$

式中，ψ_a 表示配电系统运行时的实际分区数，由电源个数决定。具体分区情况根据不同节点连接关系的网架方案确定。$ENS_{m,t}$ 表示由元件故障率和故障修复时间等信息根据解析法得到的分区 m 在时段 t 的失负荷量。其中，分区间的转供能力由线路本身传输容量以及提供转供容量的区域在时段 t 的发电裕度决定。

可靠性水平综合反映了"源网荷"配置对配电系统综合规划和运行的影响，特别是应对故障的供电能力。

4. 约束条件

考虑多目标的配电系统协同扩展规划模型需要考虑多个约束条件，主要包括功率平衡方程、电压幅值约束、线路潮流约束、变电站输出功率约束、辐射运行条件、充电站间地理距离约束等，这些模型已在 6.3 节和 6.4 节中详细介绍。

7.2.2　多目标规划优化决策算法

针对 7.2.1 提出的多目标问题，多阶段搜索求解策略被提出来以获取最优规划方案，如图 7-8 所示。

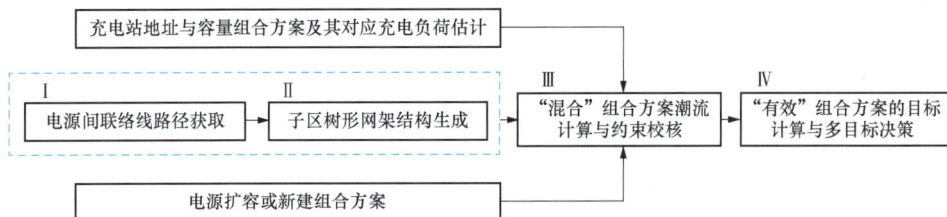

图 7-8　多阶段求解框架

搜索优化策略的核心思想在于获取网架、充电站选址定容、电源方案的可能"混合"组合方案（近枚举的方式，在各自生成过程中可以设置规则进行降维删选），再进行校核

223

搜索后得到"有效"组合方案进行目标评估与多目标决策。对于充电站优化配置候选方案与充电负荷估计可以通过 6.2 节的方法获得，电源扩容或新建组合方案可以根据本身电源可能配置情况综合负荷量信息事先列出，这里主要具体陈述步骤Ⅰ～Ⅳ的实现过程。

Ⅰ－Ⅱ属于网架方案的生成过程。联络线路径在规划中需要根据电源建设特点首先确定，如Ⅰ框里所示。此处，根据最初的拓扑结构和候选变电站信息，采用 Floyd - War-shall 算法，找到电源节点（变电站中的位置）之间线路阻抗之和最小的最短路径，将其作为联络线的路径。这样做的主要原因是，一般地来说，线路阻抗越大，投资越多，同时电流流过线路产生的功率损耗也会更大。所以，较短的路径可以有效地降低投资和功率损耗。因此，路径中的线路包含在最后方案中，设为联络线路径线路集 ψ_{FW}。

联络线路径确定后，在实际运行中，联络线为常开状态，即路径中至少有一条线路为常开状态，各个分区以电源点作为根节点，形成树形网架结构实现开环运行。Ⅱ框步骤中，为了不产生环路，随机 Prim 算法用于产生配电网可能的拓扑结构。标准的 Prim 算法主要实现两个方面的功能：产生可能的"树"结构，选择"最小代价（成本）"结构。之后很多改进算法的侧重在于如何降低生成维度，将其嵌入到以各自性能为目标的问题中去，达到快速求解问题的目的。本节在标准 Prim 算法的基础上，只保留"产生可能树结构"的功能，即以确定好的电源节点作为分区树的根节点，生成区域可能的树形结构。其算法随机生成的结果同时需要满足以下三个条件：

①需要满足辐射状运行约束；

②每个电源节点（变电站）至少与一个负荷节点相连；

③对具有多个单元（变电站）配电网进行实际操作时，ψ_{FW} 中沿每一对发电节点对之间的路径必须至少有一条线路是断开的，作为候选的联络线。

通过以上规则，重复该算法，由此生成多个候选网架方案。图 7 - 9 展示了简单的网架生成情况。其中，如图 7 - 9（a）所示，节点 1 和节点 5 是电源节点，其他的是负荷节点；图中括号里的数字为线路权重。根据最短路径算法，线路 1 - 4、4 - 5 被选为联络线路径。然后根据上述三个规则，可能的辐射状运行网架结构（粗实线）和联络线（细实线）如图 7 - 9（b）和图 7 - 9（e）所示。

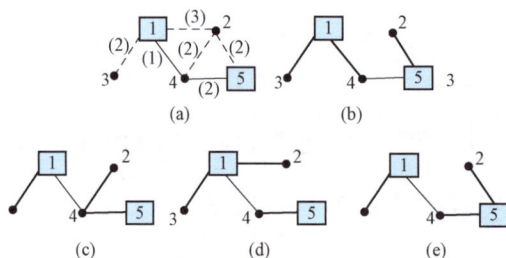

图 7 - 9　按规则生成的随机网架结构示意图

（a）网架候选结构；（b）候选网架 1；（c）候选网架 2；（d）候选网架 3；（e）候选网架 4

步骤Ⅲ中，将生成的网架方案、电源配置方案、充电站选址定容方案进行组合，生成"混合"方案，配合时段多段负荷信息，进行多时段潮流计算和约束校核。一旦约束不满足，摒弃该方案。由此最终可以筛选出满足所有条件的"有效"方案。对于"有效"方案进行目标计算。其中，对于可靠性的评估，需要通过生成的辐射状网架结构，找到每个分区包含的节点及其连接矩阵，通过深度优先算法分别针对每个区域进行节点的重新编号，同时辨识电源点之间的联络线，得到各电源区域对于某一电源区域在当前分区潮流下可以提供的转供容量，由此形成包含重新编号后的分区节点连接信息、区间转供裕度等的Feeder 矩阵用于可靠性计算。其中，可靠性以年平均失负荷量为指标，采用解析法进行计算。主要步骤如图 7 - 10所示。

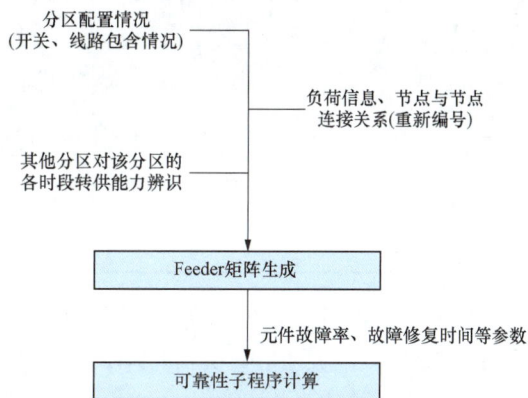

图 7 - 10 "有效"方案的可靠性水平计算

步骤Ⅳ即针对每种"有效"方案进行多目标综合决策。直接采用基于 Bargaining 函数博弈多目标决策的方法实现。由此，可以得到综合效果最优的有效组合规划方案。

7.2.3 算例分析

沿用 6.2 节所用的 Sioux - Falls 交通网与 54 节点配电系统耦合系统进行仿真分析，配电网拓扑结构如图 7 - 11 所示，实线表示已有的线路，虚线为候选线路。图 7 - 11 中，蓝色阴影部分为商业区，其他节点所属区域为居民区。该算例中考虑 4 个变电站：2 个现有变电站（节点 51 和节点 52 处的变电站的初始容量均为 15MW，其中节点 52 处的变电站可以考虑扩容）、2 个候选新建变电站，5 个充电站（11 个候选位置）待建，多条候选待建线路。

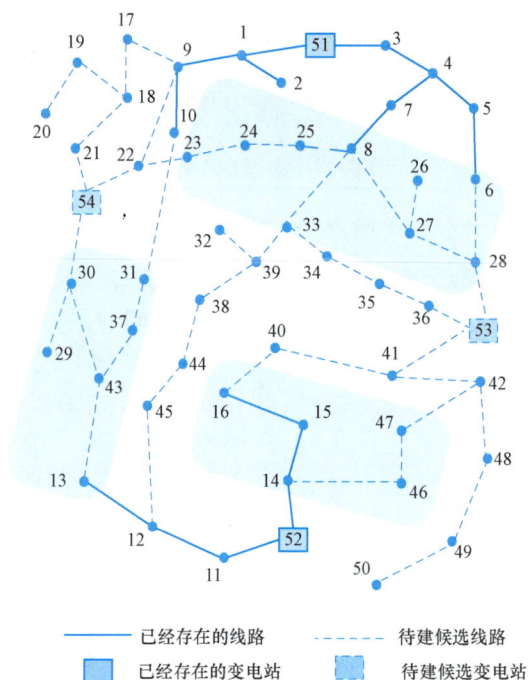

图 7 - 11 配电网测试系统及其区域分布

变电站单位成本信息如表 7 - 5 所示。

表 7-5 变电站扩容或新建方案与成本

变电站规划方案	容量可选方案（MW）	投资成本（×10⁶ 美元）
节点 52（可扩容）	0	0
	5	8
节点 53（新建）	5	7
	10	14
	15	21
节点 54（新建）	5	6
	10	12
	15	18

根据 6.2 节的方法，可以获取 19 种可能的充电站选址定容配置方案，由此，根据每个方案可以估算相应的充电负荷大小，用于协同规划。然后，采用 Floyd - Warshall 算法，首先确定连接多个电源节点（变电站）之间的联络线路径，如表 7-6 所示。

表 7-6 集合 ψ_{FW} 中的线路

电源对（节点）	联络线路径
节点 51 - 节点 53	线路 51—3，3—4，4—5，5—6，6—28，28—53
节点 51 - 节点 54	线路 51—1，1—9，9—22，22—54
节点 52 - 节点 53	线路 52—14，14—15，15—16，16—40，40—41，41—53
节点 52 - 节点 54	线路 52—11，11—12，12—13，13—43，43—30，30—54

在此之后，根据步骤 Ⅱ 所述，编制随机 Prim 算法程序生成若干满足规则的网架方案。由此，根据所述可行网架方案和充电站配置序列，形成"混合"组合方案。然后代入潮流计算和约束校验程序得到"有效"方案。"有效"方案共 244 种，其对应的多目标模型的目标空间集分布如图 7-12 所示。

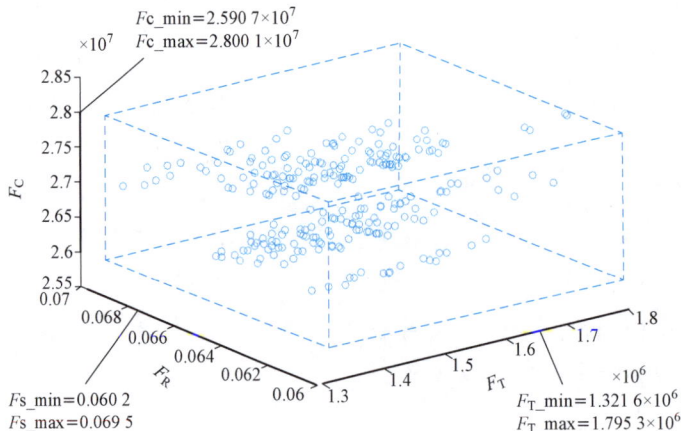

图 7-12 有效方案目标空间集

考虑三个目标权重均衡，即 $\tau_i=1$，计算各个有效方案的 Bargaining 函数值，如图 7-13所示。根据多目标博弈决策的思想，得到综合性能较大的值，即 Bargaining 函数值 0.3637 对应的方案为最终优化结果。它的三个目标并非都是单独期望的最优值，而是综合性能最好，即三个目标值离最坏值综合最远。

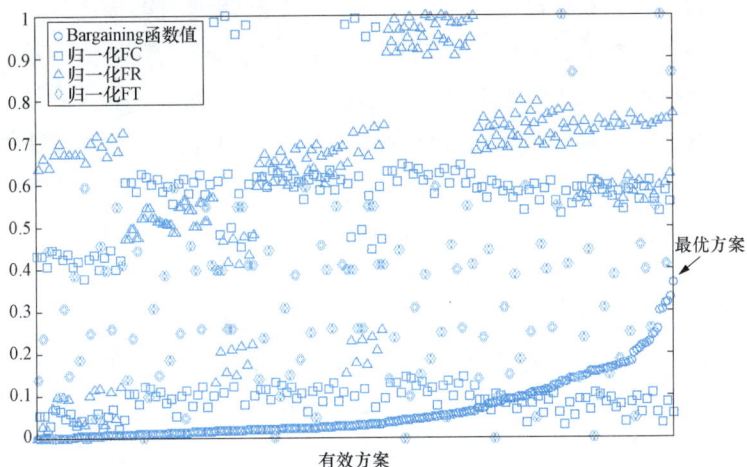

图 7-13　Bargaining 函数值与各目标归一化值

具体优化配置结果如图 7-14 所示。其中，50 条蓝色实线为常闭线路，以保证配电系统开环运行，蓝色虚线 22—54，6—28，16—40，13—43 作为电源节点对 51-54，51-53，52-53，52-54 之间的常开联络线。蓝色框中列出了对应节点处的充电站充电机配置情况。此外，最终系统电源配置情况也在图 7-14 中标注，可以看出节点 51、52 处电源（变电站）无需扩容，节点 54、54 则分别需要建设 15MW 的电源（变电站）。

考虑将本节的多目标建模思路与其他研究思路相对比，主要的性能结果对比如表 7-7 所示。本节方法的结果即为方案 6。现有规划中以经济成本考虑的最多，从方案 1

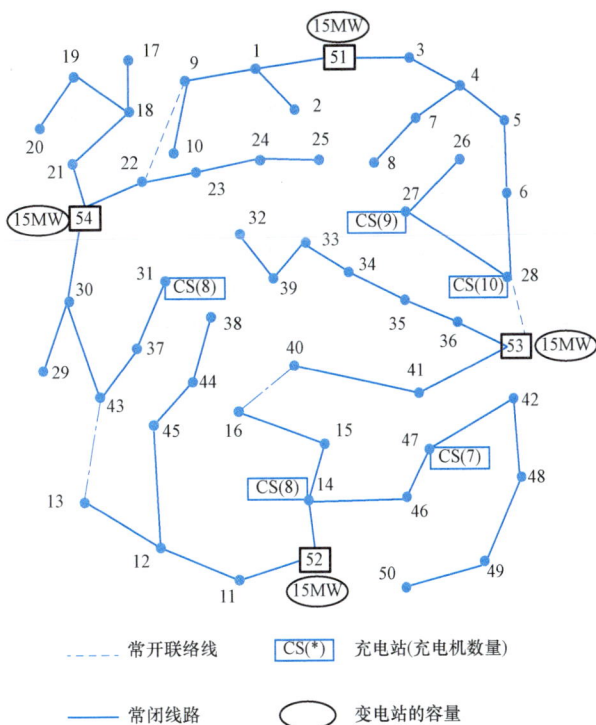

图 7-14　最优规划方案

的内容也可以看出来，F_C 函数值在有效方案中最小，从经济上来看最优，但是如果决策本身投资限制允许的情况下，该方案整体可靠性水平在其中算一个较低的水平且充电站捕获交通流的能力也不高，故而综合 Bargaining 函数值 0.0396 算比较低。方案 2 单从系统性能可靠性的角度中来考虑，充分体现了"源网荷"综合协调性，配电系统扩展规划对充电设施规划的影响，充电设施规划对配电系统扩展规划的影响，只是另外两个目标在有效方案里就差强人意了。虽然已有研究在规划框架思路上有类似的地方，以经济成本最小和交通流捕获量最大为目标，综合 Bargaining 函数值和方案 6 的结果接近，实际上，配置出来的网架、电源、充电站选址定容方案差别较大，其不论近似概念目标数学模型上的差异，更重要的原因是 F_T 单纯考虑的是充电站配置方案在交通网上的性能优化情况，F_C 虽然是综合考虑了所有需要配置的资源，但目标体现出来的还只是经济因素，这两个目标的融合看不出整体配置结果对整体性能的优化情况。而方案 6，即本节的多目标建模，除综合了上述两种目标外，引入了计及所有配置资源及其运行方式下的可靠性评估，则从性能上加深了"源网荷"统一的概念，具有真正的耦合意义。本节加入可靠性的目标并非只是建模写法上的增加，而是实质在算法和程序过程中融入了联络线状态分析、配电系统分区、分区重新编号及其转供能力计算、分区整体 ENS 计算等过程，大大加深了问题的求解的复杂度，但结果也在综合性能上更优。同理，方案 5 和方案 6 的对比也是如此。从本身求解策略和算法而言，本节提出的求解框架简单方便，无需进行复杂的智能算法般迭代，网架方案集、电源配置集、充电站配置集的融合枚举方式（其中在每个集形成中设置了规则达到降维的目的）及其提出的多目标决策方法，保证了解的最优性。虽然计算时间偏长，但由于规划本身不需要在线进行，本节在"快速"和"精确"的算法设计中更强调"精确"，因此还是能够被实际所接受的。综上，本节提出的方法能综合交通网和配电网的耦合信息与网络约束，从多目标建模和求解策略算法设计上都有一定的优越性。

表 7-7 　　　　　　　　　　多种不同优化目标下的性能对比

方案编号	目标描述	F_C（$\times 10^7$ 美元/年）	F_T（$\times 10^6$ 辆/年）	F_R（MWh/年）	在三个目标优化中对应的 Bargaining 函数值
1	$F_C \rightarrow \min$	2.5907	1.4436	0.068	0.0396
2	$F_R \rightarrow \min$	2.7781	1.5935	0.0602	0.0403
3	$\begin{cases} F_C \rightarrow \min \\ F_T \rightarrow \max \end{cases}$	2.688	1.7953	0.0639	0.3184
4	$\begin{cases} F_C \rightarrow \min \\ F_R \rightarrow \min \end{cases}$	2.6662	1.3674	0.0607	0.0585
5	$\begin{cases} F_T \rightarrow \max \\ F_R \rightarrow \min \end{cases}$	2.7932	1.7953	0.0625	0.0245

方案编号	目标描述	F_C（$\times 10^7$ 美元/年）	F_T（$\times 10^6$ 辆/年）	F_R(MWh/年)	在三个目标优化中对应的 Bargaining 函数值
6	$\begin{cases} F_C \to \min \\ F_T \to \max \\ F_R \to \min \end{cases}$	2.6891	1.7953	0.0631	0.3637

注　对于单独 $F_T \to \max$ 对应的网架、电源、充电设施规划有效组合方案有多种，同时也考虑到电网规划不可能单独考虑交通网的交通流来实施，故而也不会单独考虑这个目标来规划。

7.3　考虑不确定性的充电站与配电系统分布鲁棒规划

在现有关于配电网和充电站联合规划研究中，规划目标通常是最大化经济效益，而很少考虑到规划方案是否满足系统可靠运行要求，在对充电站和配电网进行协同规划时，有必要将可靠性因素纳入规划过程中，以适应当今多源接入下新型电力系统发展的要求。考虑到计及故障与修复信息对可靠性进行定量评估是一个非线性过程，难以嵌入线性规划模型中，因此，本节采用数据驱动方法，通过对大量样本进行训练得到线性可靠性关联规则，并协同 6.3 节所分析的基于排队论和交通流的充电站规划候选方案，一起嵌入配电网规划模型中进行优化求策，并结合"源荷"双重不确定性设计分布鲁棒求解算法。研究框架如图 7 - 15 所示。首先，对充电站候选规划方案进行优化配置，6.3 节已经详细介绍，在这一部分，充电站配置与配电网规划解耦。因为充电站候选方案的确定是在交通层面考虑交通流以及用户的行为、心理需求特性，引入交通流最优分配模型，基于排队论得到站内充电机优化配置，并在此基础上，考虑地理位置约束，得到充电站候选优化方案。然而，候选方案只考虑到交通层面特性，还需考虑配电网可靠性约束等，因此需将得到的充电站候选方案再代入配电网规划层得到最优规划方案。另外，由于可靠性的非线性优化计算嵌套求解的复杂性，配电网规划模型，提出基于数据驱动关联分析的可靠性评估快速估计算法，引入系统缺供电量期望（average energy not supplied，AENS）对系统可靠性进行定量计算，训练得到可靠性关联规则，并再将其嵌入配电网规划优化决策模型中。基于以上两部分得到的充电站候选方案以及可靠性关联规则，嵌入配电网规划模型，考虑充电需求与 DG 出力的不确定性，采用分布鲁棒对该扩展规划问题进行优化求解，求解过程分为两阶段：首先，以最小化投资、运行与可靠性成本为目标，优化产生最优的扩展规划方案；第二阶段模拟运行，采用综合范数约束不确定场景概率分布，寻求最恶劣概率分布。利用二阶锥松弛和 big - M 技术将模型转化为混合整数线性规划问题，采用列与约束生成（columns and constraints generation，CCG）算法进行求解。上下阶段反复迭代，最终得到综合经济性与可靠性的充电站与配电网最优规划方案。

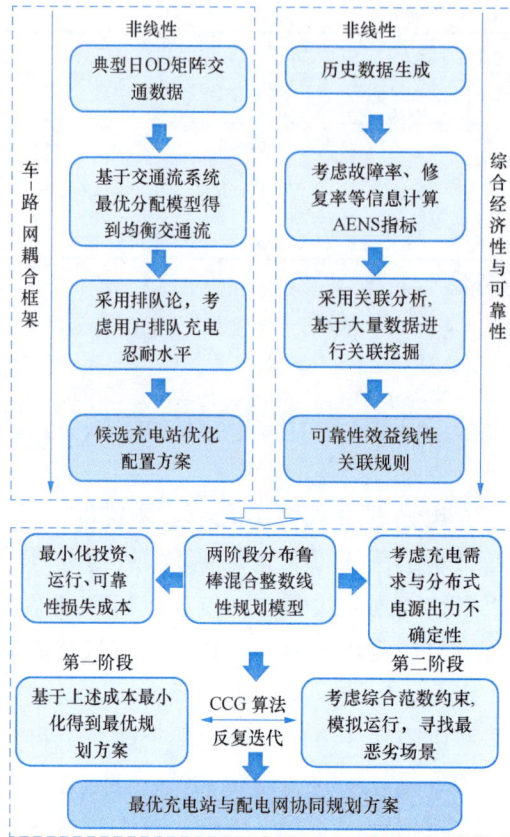

图 7-15　充电站与配电系统分布鲁棒规划框架

7.3.1　计及可靠性的充电站与配电系统协同规划模型

1. 目标函数

本节考虑经济和可靠性综合效益最高的多目标决策，经济成本包含折算到每年的投资成本 F^{inv}、年运行成本 F^{ope}。其中可靠性效益成本 F^{rel} 采用关联分析方法进行计算，具体将在下小节进行介绍。

$$\min \quad F^{\mathrm{inv}} + F^{\mathrm{ope}} + F^{\mathrm{rel}} \tag{7-39}$$

$$F^{\mathrm{inv}} = C_{\mathrm{sub}}^{\mathrm{inv}} + C_{\mathrm{line}}^{\mathrm{inv}} + C_{\mathrm{EVCS}}^{\mathrm{inv}} + C_{\mathrm{DG}}^{\mathrm{inv}} + C_{\mathrm{chargingpile}}^{\mathrm{inv}} \tag{7-40}$$

$$F^{\mathrm{ope}} = \sum_{s=1}^{N_s} p_s (C_{\mathrm{sub}}^{\mathrm{ope}} + C_{\mathrm{DGcur}}^{\mathrm{ope}} + C_{\mathrm{EVloadcur}}^{\mathrm{ope}} + C_{\mathrm{loss}}^{\mathrm{ope}}) + C_{\mathrm{line}}^{\mathrm{ope}} \tag{7-41}$$

$$C_{\mathrm{sub}}^{\mathrm{inv}} = \frac{r_0 (1+r_0)^{m_{\mathrm{sub}}}}{r_0 (1+r_0)^{m_{\mathrm{sub}}} - 1} \left(\sum_{i \in \Psi_{\mathrm{sub\_new}}} C^{\mathrm{sub\_new}} x_i^{\mathrm{sub\_new}} + \sum_{i \in \Psi_{\mathrm{sub\_ext}}} C^{\mathrm{sub\_ext}} x_i^{\mathrm{sub\_ext}} \right) \tag{7-42}$$

$$C_{\mathrm{chargingpile}}^{\mathrm{inv}} = \frac{r_0 (1+r_0)^{m_{\mathrm{pile}}}}{r_0 (1+r_0)^{m_{\mathrm{pile}}} - 1} \sum_{i \in \Psi_{\mathrm{pile}}} C^{\mathrm{pile}} x_i^{\mathrm{pile}} \tag{7-43}$$

$$C_{\text{line}}^{\text{inv}} = \frac{r_0 (1+r_0)^{m_{\text{L}}}}{r_0 (1+r_0)^{m_{\text{L}}} - 1} \sum_{ij \in \Psi_{\text{L}}} C^{\text{L}} Len_{ij} x_{ij}^{\text{L}} \tag{7-44}$$

$$C_{\text{EVCS}}^{\text{inv}} = \frac{r_0 (1+r_0)^{m_{\text{CS}}}}{r_0 (1+r_0)^{m_{\text{CS}}} - 1} \sum_{i \in \Psi_{\text{CS}}} x_i^{\text{CS}} (C_i^{\text{CS-fix}} + s_i C_i^{\text{CS-var}}) \tag{7-45}$$

$$C_{\text{DG}}^{\text{inv}} = \frac{r_0 (1+r_0)^{m_{\text{DG}}}}{r_0 (1+r_0)^{m_{\text{DG}}} - 1} \sum_{i \in \Psi_{\text{DG}}} C^{\text{DG}} x_i^{\text{DG}} \tag{7-46}$$

$$C_{\text{sub}}^{\text{ope}} = D\delta^{\text{sub}} \sum_{t \in T} \sum_{i \in \Psi_{\text{sub}}} P_{s,i,t}^{\text{sub}} x_i^{\text{sub}} \tag{7-47}$$

$$C_{\text{line}}^{\text{ope}} = \delta^{\text{L}} \sum_{ij \in \Psi_{\text{L\_N}}} Len_{ij} x_{ij}^{\text{L-N}} \tag{7-48}$$

$$C_{\text{DGcur}}^{\text{ope}} = D\delta^{\text{DGcur}} \sum_{t \in T} \sum_{i \in \Psi_{\text{DG}}} (P_{s,i,t}^{\text{DG,Pre}} - P_{s,i,t}^{\text{DG}}) \tag{7-49}$$

$$C_{\text{EVloadcur}}^{\text{ope}} = D\delta^{\text{EVloadcur}} \sum_{t \in T} \sum_{i \in \Psi_{\text{pile}}} (P_{s,i,t}^{\text{EVload,Pre}} - P_{s,i,t}^{\text{EVload}}) \tag{7-50}$$

$$C_{\text{loss}}^{\text{ope}} = D\delta^{\text{loss}} \sum_{t \in T} \sum_{ij \in \Psi_{\text{L\_N}}} (I_{s,ij,t})^2 r_{ij} \tag{7-51}$$

式中，i 表示节点；t 表示时段；s 表示场景标识，N_s 为场景总数；p_s 表示场景发生的概率；$C_{\text{sub}}^{\text{inv}}$、$C_{\text{line}}^{\text{inv}}$、$C_{\text{EVCS}}^{\text{inv}}$、$C_{\text{DG}}^{\text{inv}}$、$C_{\text{chargingpile}}^{\text{inv}}$ 分别表示变电站、线路、充电站、DG、慢充桩的投资成本；$C_{\text{sub}}^{\text{ope}}$、$C_{\text{line}}^{\text{ope}}$、$C_{\text{DGcur}}^{\text{ope}}$、$C_{\text{EVloadcur}}^{\text{ope}}$、$C_{\text{loss}}^{\text{ope}}$ 分别表示变电站、线路运行成本、弃风成本、充电负荷削减成本、网损成本；r_0 为贴现率；m_{sub}、m_{pile}、m_{L}、m_{CS}、m_{DG} 分别表示变电站、充电桩、线路、充电站、DG 的经济使用年限；$C^{\text{sub-new}}$、$C^{\text{sub-ext}}$ 表示变电站新建和扩建投资价格；C^{pile} 为充电桩单位投资价格；C^{L} 为单位长度线路投资价格；$C_i^{\text{CS-fix}}$、$C_i^{\text{CS-var}}$ 分别表示新建充电站的固定成本和可变成本；C^{DG} 表示单个 DG 投资价格；x_i^{sub}、$x_i^{\text{sub-new}}$、$x_i^{\text{sub-ext}}$、x_i^{pile}、x_{ij}^{L}、x_i^{CS}、x_i^{DG} 分别表示变电站、变电站新建、变电站扩建、充电桩、线路、充电站、DG 状态决策变量；Len_{ij} 表示线路长度；s_i 表示站内充电机数量；D 为一年内天数；δ^{sub}、δ^{L} 表示变电站、年单位长度线路运行维护成本；δ^{DGcur}、$\delta^{\text{EVloadcur}}$ 表示弃风、充电负荷削减价格；δ^{loss} 为单位损耗成本；$P_{s,i,t}^{\text{sub}}$ 为变电站输出功率；$P_{s,i,t}^{\text{DG,Pre}}$、$P_{s,i,t}^{\text{DG}}$、$P_{s,i,t}^{\text{EVload,Pre}}$、$P_{s,i,t}^{\text{EVload}}$ 分别表示 DG 预测出力、DG 实际出力、预测充电负荷、实际充电负荷；Ψ_{sub}、$\Psi_{\text{sub\_new}}$、$\Psi_{\text{sub\_ext}}$、Ψ_{pile}、Ψ_{L}、Ψ_{CS}、Ψ_{DG}、$\Psi_{\text{L\_N}}$ 分别表示所有候选变电站节点、候选新建变电站节点、候选扩建变电站节点、充电桩投资节点、候选线路、候选充电站节点、候选 DG 投资节点、所有线路集合。

2. 约束条件

（1）投资约束。

$$0 \leqslant \sum_{y \in \Gamma^{\text{sub}}} x_{i,y}^{\text{sub}} \leqslant 1 \tag{7-52}$$

$$\sum_{y \in \Gamma^{\text{CS}}} x_{i,y}^{\text{CS}} = 1 \tag{7-53}$$

$$0 \leqslant x_i^{\text{pile}} \leqslant \bar{N}_i^{\text{pile}} \tag{7-54}$$

$$0 \leqslant x_i^{\mathrm{DG}} \leqslant \bar{N}_i^{\mathrm{DG}} \tag{7-55}$$

$$0 \leqslant Cap^{\mathrm{DG}} \sum_{i \in \Psi_{\mathrm{DG}}} x_i^{\mathrm{DG}} \leqslant L^{\mathrm{DG}} \sum_{i \in \Psi_{\mathrm{B\_N}}} Load_i \tag{7-56}$$

式中，$\bar{N}_i^{\mathrm{pile}}$、$\bar{N}_i^{\mathrm{WTG}}$ 分别表示充电桩、DG 最大安装数量；Cap^{DG} 表示单个 DG 安装容量；L^{DG} 表示 DG 在电网中的渗透率限制；$Load_i$ 表示节点 i 负荷。

（2）支路潮流约束。首先对模型进行线性化处理，对支路电压和电流作等价变换，则：

$$U_{s,i,t}^* = (U_{s,i,t})^2 \tag{7-57}$$

$$I_{s,ij,t}^* = (I_{s,ij,t})^2 \tag{7-58}$$

式中，$U_{s,i,t}^*$、$I_{s,ij,t}^*$ 分别为电压 $U_{s,i,t}$ 和电流 $I_{s,ij,t}$ 的替换变量。

因此潮流方程中不存在电压电流二次方项，另外由于考虑到了线路规划，基于 Big-M 法，可将潮流约束表示为：

$$\sum_{k \in \pi(i)} (P_{s,ki,t} - r_{ki} I_{s,ki,t}^*) - \sum_{j \in \zeta(i)} P_{s,ki,t} + P_{s,i,t}^{\mathrm{sub}} + P_{s,i,t}^{\mathrm{DG}} = P_{i,t}^{\mathrm{Load}} + P_{i,t}^{\mathrm{EVCS}} + P_{s,i,t}^{\mathrm{EVload}}$$
$$\tag{7-59}$$

$$\sum_{k \in \pi(i)} (Q_{s,ki,t} - x_{ki} I_{s,ki,t}^*) - \sum_{j \in \zeta(i)} P_{s,ki,t} + Q_{s,i,t}^{\mathrm{sub}} + Q_{s,i,t}^{\mathrm{DG}} = Q_{i,t}^{\mathrm{Load}} \tag{7-60}$$

$$U_{s,j,t}^* \leqslant U_{s,i,t}^* - 2(r_{ij} P_{s,ij,t} + x_{ij} Q_{s,ij,t}) + I_{s,ij,t}^* [(r_{ij})^2 + (x_{ij})^2] + M(1 - x_{ij}^{\mathrm{L}})$$
$$\tag{7-61}$$

$$U_{s,j,t}^* \geqslant U_{s,i,t}^* - 2(r_{ij} P_{s,ij,t} + x_{ij} Q_{s,ij,t}) + I_{s,ij,t}^* [(r_{ij})^2 + (x_{ij})^2] - M(1 - x_{ij}^{\mathrm{L}})$$
$$\tag{7-62}$$

$$I_{s,ij,t}^* U_{s,i,t}^* = (P_{s,ij,t})^2 + (Q_{s,ij,t})^2 \tag{7-63}$$

式（7-63）可以进一步转换如下：

$$\left\| \begin{array}{c} 2P_{s,ij,t} \\ 2Q_{s,ij,t} \\ I_{s,ij,t}^* - U_{s,i,t}^* \end{array} \right\|_2 \leqslant I_{s,ij,t}^* + U_{s,i,t}^* \tag{7-64}$$

其中，$\zeta(i)$ 表示以节点 i 为首节点的支路末端节点集合；$\pi(i)$ 表示以节点 i 为末节点的支路首端节点集合；r_{ij}、r_{ki} 表示支路 ij 和支路 ki 的电阻；x_{ij}、x_{ki} 表示支路 ij 和支路 ki 的电抗；$I_{s,ki,t}^*$、$I_{s,ij,t}^*$ 分别为支路 ki、ij 的电流；$P_{s,ki,t}$、$P_{s,ij,t}$ 分别为支路 ki、ij 有功功率；$Q_{s,ki,t}$、$Q_{s,ij,t}$ 分别为支路 ki、ij 无功功率；$U_{s,j,t}^*$、$U_{s,i,t}^*$ 表示节点电压；$Q_{s,i,t}^{\mathrm{sub}}$、$Q_{s,i,t}^{\mathrm{DG}}$ 分别表示变电站、DG 注入无功功率；$P_{i,t}^{\mathrm{Load}}$、$P_{i,t}^{\mathrm{EVCS}}$ 表示电网负荷、快充负荷、慢充负荷有功功率；$Q_{i,t}^{\mathrm{Load}}$ 表示电网负荷无功功率。

（3）安全约束。

$$(\underline{U})^2 \leqslant U_{s,i,t}^* \leqslant (\overline{U})^2 \tag{7-65}$$

$$0 \leqslant I_{s,ij,t}^* \leqslant (\overline{I_{ij}})^2 \tag{7-66}$$

式中，$\overline{U}$、$\underline{U}$ 表示节点电压上下限；$\overline{I_{ij}}$ 表示电流上限。

（4）变电站注入功率约束。

$$\underline{P_i^{\mathrm{sub}}} \leqslant P_{s,i,t}^{\mathrm{sub}} \leqslant \overline{P_i^{\mathrm{sub}}} \tag{7-67}$$

$$\underline{Q_i^{\mathrm{sub}}} \leqslant Q_{s,i,t}^{\mathrm{sub}} \leqslant \overline{Q_i^{\mathrm{sub}}} \tag{7-68}$$

式中，$\overline{P_i^{\mathrm{sub}}}$、$\underline{P_i^{\mathrm{sub}}}$ 表示变电站注入有功功率的上下限；$\overline{Q_i^{\mathrm{sub}}}$、$\underline{Q_i^{\mathrm{sub}}}$ 表示变电站注入无功功率的上下限。

（5）线路潮流约束。

$$|P_{s,ij,t}| \leqslant P_{ij}^{\max} \tag{7-69}$$

$$|Q_{s,ij,t}| \leqslant Q_{ij}^{\max} \tag{7-70}$$

式中，$P_{ij}^{\max}$、$Q_{ij}^{\max}$ 表示支路 ij 允许流通的最大有功、无功功率。

（6）DG 注入功率约束。

$$0 \leqslant P_{s,i,t}^{\mathrm{DG}} \leqslant P_{s,i,t}^{\mathrm{DG,Pre}} \tag{7-71}$$

$$Q_{s,i,t}^{\mathrm{DG}} = \tan[\cos^{-1}(\rho^{\mathrm{DG}})]P_{s,i,t}^{\mathrm{DG}} \tag{7-72}$$

式中，ρ^{DG} 表示 DG 功率因数。

（7）电动汽车慢充负荷实际功率约束。

$$0 \leqslant P_{s,i,t}^{\mathrm{EVload}} \leqslant P_{s,i,t}^{\mathrm{EVload,Pre}} \tag{7-73}$$

（8）辐射状运行约束。

$$N_{\mathrm{L\_N}} = N_{\mathrm{B\_N}} - N_{\mathrm{sub}}(x_i^{\mathrm{sub}}) \tag{7-74}$$

式中，$N_{\mathrm{L\_N}}$ 表示线路总数；$N_{\mathrm{B\_N}}$ 表示节点总数；N_{sub} 表示变电站数目。

此外还要保证网路的连通性，可以通过在所有非变电站节点引入一个较小的负荷量 ε，并保证潮流约束来实现，如下：

$$\sum_{j\in\zeta(i)}P'_{s,ki,t} - \sum_{k\in\pi(i)}(P'_{s,ki,t}-r_{ki}I^{*'}_{s,ki,t}) = \varepsilon \tag{7-75}$$

$$\sum_{j\in\zeta(i)}Q'_{s,ki,t} - \sum_{k\in\pi(i)}(Q'_{s,ki,t}-x_{ki}I^{*'}_{s,ki,t}) = \varepsilon \tag{7-76}$$

$$U^{*'}_{s,j,t} \leqslant U^{*'}_{s,i,t} - 2(r_{ij}P'_{s,ij,t}+x_{ij}Q'_{s,ij,t}) + I^{*'}_{s,i,t}[(r_{ij})^2+(x_{ij})^2] + M(1-x_{ij}^{\mathrm{L}}) \tag{7-77}$$

$$U^{*'}_{s,j,t} \geqslant U^{*'}_{s,i,t} - 2(r_{ij}P'_{s,ij,t}+x_{ij}Q'_{s,ij,t}) + I^{*'}_{s,i,t}[(r_{ij})^2+(x_{ij})^2] - M(1-x_{ij}^{\mathrm{L}}) \tag{7-78}$$

$$\left\|\begin{array}{c}2P'_{s,ij,t}\\2Q'_{s,ij,t}\\I^{*'}_{s,ij,t}-U^{*'}_{s,j,t}\end{array}\right\|_2 \leqslant I^{*'}_{s,ij,t}+U^{*'}_{s,j,t} \tag{7-79}$$

7.3.2 应对源荷不确定性的分布式鲁棒优化决策算法

本节考虑充电需求以及分布式电源出力不确定性，计及可靠性效益对充电站和配电网进行协同规划。其中，可靠性定量评估是一个非线性计算过程，难以嵌入到充电站和配电网混合整数线性规划模型中,因此首先提出基于关联分析的可靠性评估快速估计算法,基于数据驱动训练得到可靠性线性关联规则,嵌入规划模型中。对于考虑不确定性的分布鲁棒规划模型,模型分为两阶段:第一阶段为投资阶段,确定合理的变电站、线路、充电站、慢充桩以及 DG 等投资规划方案;第二阶段在第一阶段规划方案基础上模拟运行,以运行成本最小为目标,获得最恶劣场景概率分布,该两阶段模型则可以采用CCG 算法进行求解。下文将对该两种算法进行具体介绍。

1. 基于关联分析的可靠性评估快速估计算法

在确定电网投资规划方案时,除了要考虑到规划方案的经济成本,也需要衡量其可靠性效益,以实现投资规划的长期可持续性。这里可靠性效益成本基于系统失负荷量:

$$F^{\text{rel}} = \sigma \sum_{i \in \Psi_{S\_N}} AENS_i \tag{7-80}$$

式中,σ 表示惩罚系数;Ψ_{S_N} 表示系统网络集合;$AENS_i$ 表示该网络系统缺供电量。

然而,对于上一节规划算法,无法直接嵌套式(7-47)求解。设计采用关联分析方法降维,基于多元线性回归的关联分析计算公式可表示为:

$$\Phi_i(X,Y) = 0, \quad X \in R^{(x_i^{\text{sub}}, x_{ij}^{\text{L}}, x_i^{\text{pile}}, x_i^{\text{CS}}, x_i^{\text{WTG}})} \tag{7-81}$$

式中,Φ_i 表示关联分析函数。X 表示输入数据,包括网架、负荷等信息;Y 表示输出的可靠性指标。

2. 分布鲁棒优化求解算法

(1)分布鲁棒规划模型。考虑 DG 出力以及充电负荷的不确定性,在 7.2.1 模型基础上开发两阶段分布鲁棒规划扩展模型。第一阶段为投资阶段,以最小化可靠性、投资以及运行成本为目标,优化得到投资规划方案;第二阶段在第一阶段规划方案基础上模拟运行,获得最恶劣场景概率分布并返回至第一阶段,如此反复迭代,直至获得最恶劣场景下的最优规划方案。该两阶段分布鲁棒规划模型可以用矩阵的形式表示为:

$$\min_x Ax + \max_{p_s \in \Omega^P} \sum_{s=1}^{N_s} p_s \min_{y_s \in Y(x,\xi_s)} (By_s + K\xi_s) \tag{7-82}$$

$$Cx \leqslant c \tag{7-83}$$

$$Dx = d \tag{7-84}$$

$$Ex + Fy_s = e \tag{7-85}$$

$$Gy_s \leqslant g \tag{7-86}$$

$$\| Hy_s \|_2 \leqslant h^{\text{T}} y_s \tag{7-87}$$

$$Iy_s \leqslant \xi_s \tag{7-88}$$

式中,x 为第一阶段离散型投资变量;y 为第二阶段连续型运行变量;ξ 表示不确定性DG 出力以及充电负荷的预测值;Ω^P 为 p_s 满足的集合;式(7-83)和式(7-84)表示第一阶段不等式和等式约束;式(7-85)表示第一阶段和第二阶段变量的耦合关系,如潮流约束;式(7-86)表示第二阶段不等式约束;式(7-87)表示潮流二阶锥松弛约束;式(7-88)表示不确定 DG 出力和充电负荷变量与离散场景下预测值不等式约束。

考虑到实际场景概率分布情况，以典型场景初始概率分布为基准，构建 1-范数和 ∞-范数约束，则 Ω^P 可表示为：

$$\Omega^P = \left\{ \{p_s\} \middle| \begin{array}{c} p_s \geqslant 0, s = 1, \cdots, N_s \\ \displaystyle\sum_{s=1}^{N_s} p_s = 1 \\ \displaystyle\sum_{s=1}^{N_s} | p_s - p_s^0 | \leqslant \theta_1 \\ \max_{1 \leqslant s \leqslant N_s} | p_s - p_s^0 | \leqslant \theta_\infty \end{array} \right\} \tag{7-89}$$

式中，θ_1、θ_∞ 分别表示 1-范数和 ∞-范数约束下的最大概率偏差允许值。

在该范数约束下 p_s 满足如下置信度水平：

$$P_r \left\{ \sum_{s=1}^{N_s} | p_s - p_s^0 | \leqslant \theta_1 \right\} \geqslant 1 - 2N_s \mathrm{e}^{-2M\theta_1/N_s} \tag{7-90}$$

$$P_r \left\{ \max_{1 \leqslant s \leqslant N_s} | p_s - p_s^0 | \leqslant \theta_\infty \right\} \geqslant 1 - 2N_s \mathrm{e}^{-2M\theta_\infty} \tag{7-91}$$

将式 (7-90) 和式 (7-91) 右边分别置换为 α_1 和 α_∞，则可求解 θ_1 和 θ_∞ 为：

$$\theta_1 = \frac{N_s}{2K} \ln \frac{2N_s}{1 - \alpha_1} \tag{7-92}$$

$$\theta_\infty = \frac{1}{2N_s} \ln \frac{2N_s}{1 - \alpha_\infty} \tag{7-93}$$

式中，K 表示历史数据个数。

（2）求解算法。如式 (7-82) 所示，本节提出的模型为两阶段三层分布鲁棒优化问题，可采用 CCG 算法进行求解，将原问题分为主问题（master problem，MP）和子问题（sub-problem，SP），反复迭代直至达到目标精度。

主问题 MP：

$$\min_{x, y_s^m \in Y(x, \xi_s), W} Ax + W \tag{7-94}$$

$$\mathrm{s.t.}\, W \geqslant \max_{p_s \in \Omega^P} \sum_{s=1}^{N_s} p_s^m \min_{y_s^m \in Y(x, \xi_s)} (By_s^m + K\xi_s), \quad \forall m = 1, 2, \cdots, M \tag{7-95}$$

$$Cx \leqslant c \tag{7-96}$$

$$Dx = d \tag{7-97}$$

$$Ex + Fy_s^m = e, \quad \forall m = 1, 2, \cdots, M \tag{7-98}$$

$$Gy_s^m \leqslant g, \quad \forall m = 1, 2, \cdots, M \tag{7-99}$$

$$\| Hy_s^m \|_2 \leqslant h^{\mathrm{T}} y_s^m, \quad \forall m = 1, 2, \cdots, M \tag{7-100}$$

$$Iy_s^m \leqslant \xi_s, \quad \forall m = 1, 2, \cdots, M \tag{7-101}$$

式中，M 表示迭代次数。

子问题是在已知投资方案下优化运行，即在给定第一阶段投资决策变量 x^* 后：

子问题 SP：

$$f_{SP}(x^*) = \max_{p_s \in \Omega^P} \sum_{s=1}^{N_s} p_s^m \min_{y_s^m \in Y(x, \xi_s)} (By_s^m + K\xi_s), \quad \forall m = 1, 2, \cdots, M \quad (7\text{-}102)$$

由于场景概率的置信集合 Ω^P 和单独场景下第二阶段变量的约束范围 Y 无交集关系，因此可将式（7-102）分解为两层进行求解，即先求解内层 min 问题，在此基础上再求解外层最恶劣概率分布 max 问题。

求解流程具体如下所示：

1）设置初始下界 $LB=0$，上界 $UB=+\infty$，$M=1$，并基于基准场景得到初始概率分布 p_s^0。

2）求解主问题，得到最优解 (x^*, W^*)，基于此更新下界值 $LB=Ax^*+W^*$。

3）基于第一阶段投资决策变量 x^* 求解子问题，得到最恶劣场景概率分布 p_s^* 和子问题目标函数 $f_{SP}(x^*)$，并更新上界值 min $\{UB, Ax^*+f_{SP}(x^*)\}$。

4）若 UB-LB 达到目标精度，停止迭代并获得最优解 x^*；否则，更新主问题中概率分布 $p_s^{n+1}=p_s^*$，并定义新的变量 y_s^{M+1} 和添加相应约束条件。

5）更新 $M=M+1$，重返步骤 2）。

7.3.3 算例分析

沿用 6.2 节所用测试系统，即改进的 54 节点配电网与 Sioux-Falls 交通网作为算例测试系统。考虑慢充负荷和分布式电源出力的不确定性，慢充负荷与 DG 出力预测场景如图 7-16 和图 7-17 所示。

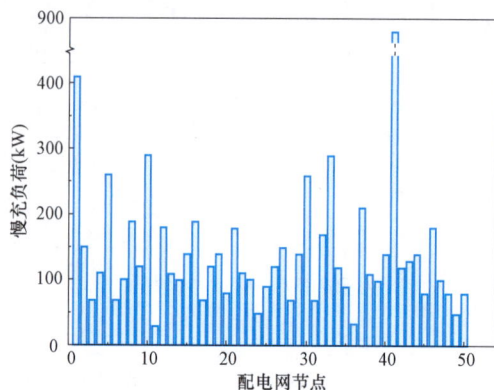

图 7-16　慢充负荷基础场景

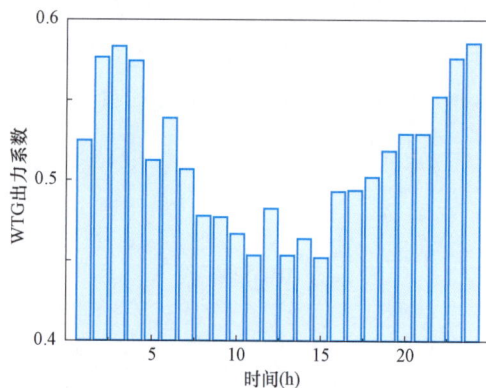

图 7-17　DG 预测出力

1. 分布鲁棒优化结果及对比分析

结合 6.2 节的分析，共有 19 种快充方案满足交通层特性要求。在此基础上，通过随机模拟得到 10000 个场景，来分别表示分布式电源出力和电动汽车充电负荷的不确定性，再通过 k-means 聚类方法得到 4 种典型场景并采用分布鲁棒优化方法进行分析。定义以下 4 个案例来验证所提规划方法的有效性。

案例 1：忽略可靠性效益基于确定性方法进行扩展规划。

案例2：忽略可靠性效益基于DRO方法进行扩展规划。

案例3：考虑可靠性效益基于确定性方法进行扩展规划。

案例4：考虑可靠性效益基于DRO方法进行扩展规划。

对案例1和案例2进行仿真分析，仿真结果如下所示。从表7-8可以看出，对比确定性规划方法，采用分布鲁棒优化所得投资方案发生了变化。线路由54—22切换到了22—23，这可能是因为线路54—22距离更短，相较而言所需投资运行成本更小，另一方面，变电站51也有足够的备用承担负荷的新增。此外，由于分布鲁棒方法考虑了充电负荷和分布式电源出力的不确定性，因此可以看到DG和充电桩投资整体都呈增长趋势。对于DG，可以看到投资数目增加的配电网节点25、39、27都分布在传输线末端，即面对负荷的不确定性，对于分布在传输线末端的负荷，投资DG比对变电站进行升级改造效益更高。其中值得注意的是对于节点25，DG投资数目有明显增加，这是因为对于最靠近该线路的DG投资节点，可以有效缓解由于线路54—22切换到线路22—23所带来的压力，相对地，节点33处的DG投资也相应减少了。另外从图7-18可以看出，对于各节点充电桩投资（变电站节点除外），采用分布鲁棒规划方法所得投资数目都增加了，其中节点41处充电桩投资变化较大，这是因为该节点

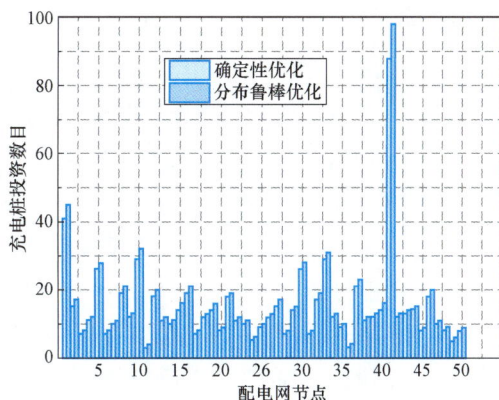

图7-18　基于确定性和分布鲁棒优化
方法的充电桩规划方案

估计所估计慢充负荷较大，在考虑了其不确定性后所需的充电桩相对来说也会更多。基于案例1和案例2的规划方案成本对比如表7-9所示。

表7-8　　　　　　　　　　基于案例1和案例2的规划方案对比

案例	投资方案							成本（×10⁸元）
	变电站	线路		充电站	DG			
案例1	52（0，0） 53（0，1） 54（0，1，0）	54—21 54—22 54—30 30—29 53—41	41—42 42—48 48—49 49—50 37—31	方案4	20（12） 25（4） 39（8） 16（14） 50（5）	42（0） 6（0） 26（6） 31（13） 30（0）	13（12） 27（4） 28（0） 47（4） 14（0）	2.0003
案例2	52（0，0） 53（0，1） 54（0，1，0）	22—23 54—21 54—30 30—29 53—41	41—42 42—48 48—49 49—50 37—31	方案4	20（11） 25（9） 39（9） 16（14） 50（5）	42（0） 6（0） 26（6） 31（13） 30（0）	13（12） 27（5） 28（0） 47（4） 14（0）	1.9714

表 7 - 9   基于案例 1 和案例 2 的规划方案成本对比

案例	成本（$\times 10^8$元）					
	投资	线路运行	发电	网损	DG 削减	电动汽车充电负荷削减
案例 1	0.4401	0.0060	1.5209	0.0178	0	0.0155
案例 2	0.4393	0.0059	1.4996	0.0181	0	0.0085

另外，结合表 7 - 8 和表 7 - 9，可以看到与确定性方法相比，基于分布鲁棒方法的规划方案充电负荷削减量更少，发电成本也更小，总运行成本更小，这是因为采用分布鲁棒对配电网和充电系统进行规划能更好地应对不确定性，而确定性方法没有考虑到充电负荷和分布式电源出力的不确定性，从而基于分布鲁棒优化方法所得的规划方案在保障负荷可靠用电和经济性方面更具优势。

考虑可靠性效益成本，对案例 3 和案例 4 进行仿真分析，得到的投资规划方案与运行对比结果如表 7 - 10、表 7 - 11 所示。由于充电桩规划方案和前面所得规划结果类似，因此这里没有列出。由表 7 - 10 可以得出，与不计可靠性相比，在纳入规划方案的可靠性成本之后，系统网架都发生了一致变化，由线路 41—42 切换到了线路 42—47，这是因为线路 42—47 上分布有分段设备标识，在系统发生故障时能减少系统响应时间更快恢复供电，从而减少系统失负荷，系统运行可靠性更高。另外相应地，由于变电站 53 的供电压力减小了，因此相比起不计可靠性规划方案，其扩容方案由方案 b 减弱到方案 a；同理，为了保证新增负荷的可靠供电，变电站 52 需进行升级改造。另外注意到，相比起案例 1，在计及可靠性后，基于确定性方法的 DG 投资规划方案发生了较大变化。这是由于基于确定性的规划方案只是针对特定的预测信息进行规划，在环境发生变化时容易造成投资方案的较大变化，相反分布鲁棒规划方案更能承受住外界运行环境的波动，这也侧面印证了本节方法的有效性。

表 7 - 10   基于案例 3 和案例 4 的规划方案对比

案例	投资方案						成本（$\times 10^8$元）
	变电站	线路		充电站	DG		
案例 3	52（1，0） 53（1，0） 54（0，1，0）	54—21 54—22 54—30 30—29 53—41	42—27 42—48 48—49 49—50 37—31	方案 4	20（11） 25（3） 39（30） 16（5） 50（6）	42（6） 13（0） 6（0） 27（4） 26（6） 28（0） 31（11） 47（0） 30（6） 14（0）	2.7389
案例 4	52（1，0） 53（1，0） 54（0，1，0）	54—21 54—22 54—30 30—29 53—41	42—27 42—48 48—49 49—50 37—31	方案 4	20（11） 25（9） 39（9） 16（14） 50（0）	42（0） 13（12） 6（0） 27（5） 26（6） 28（0） 31（13） 47（4） 30（0） 14（0）	2.7110

由表7-11可以清楚看到计及可靠性前后系统运行工况对比。由于系统可靠性主要和网架有关，并且在考虑可靠性后基于确定性和分布鲁棒优化方法的系统网架和变电站规划方案一致，因此所得可靠性成本也一致。另外可以看到，在考虑了可靠性之后，系统运行成本包括发电成本、网损成本、电动汽车负荷削减成本都发生了不同程度的下降，尤其是基于分布鲁棒的电动汽车负荷削减成本下降了将近50%，这说明考虑可靠性之后系统各方面运行效益都较之前更优。

表7-11　　　　　　　　　　　基于案例3和案例4的规划方案成本对比

案例	成本（$\times 10^8$元）						
	可靠性	投资	线路运行	发电	网损	DG削减	电动汽车充电负荷削减
案例3	0.7283	0.4572	0.0059	1.5200	0.0162	0	0.0113
案例4	0.7283	0.4582	0.0059	1.4980	0.0159	0	0.0047

2. 不同电动汽车渗透率下规划方案对比分析

将电动汽车快充渗透率从0.1增加到0.3，图7-19分别展示了不同电动汽车渗透率下投资规划方案。对于两种不同方法得到的投资方案，由于负荷的新增，变电站扩建程度都随着电动汽车渗透率的增加而加深。当电动汽车渗透率增加，不计可靠性的网架规划方案也随之变化，但是对于计及可靠性的投资规划方案，当电动汽车渗透率增加到0.2以上，网架方案才开始出现变化，这说明相较于传统规划方法，计及可靠性的投资规划方案更能应对负荷的新增，保证规划时长的有效性。对于充电站规划方案，对于基于传统方法的规划方案而言，随着电动汽车快充负荷的增加，快充站方案由方案4到方案15再到方案2，成本依次增大，虽然方案4在所有方案中成本最小，但是随着电动汽车负荷的变化，最优的充电站投资方案也会发生变化；而对于计及可靠性的投资方案而言，投资方案一直保持在方案15，可见计及可靠性规划充电站能最大程度地容纳快充负荷的增长并保持较好的经济性。

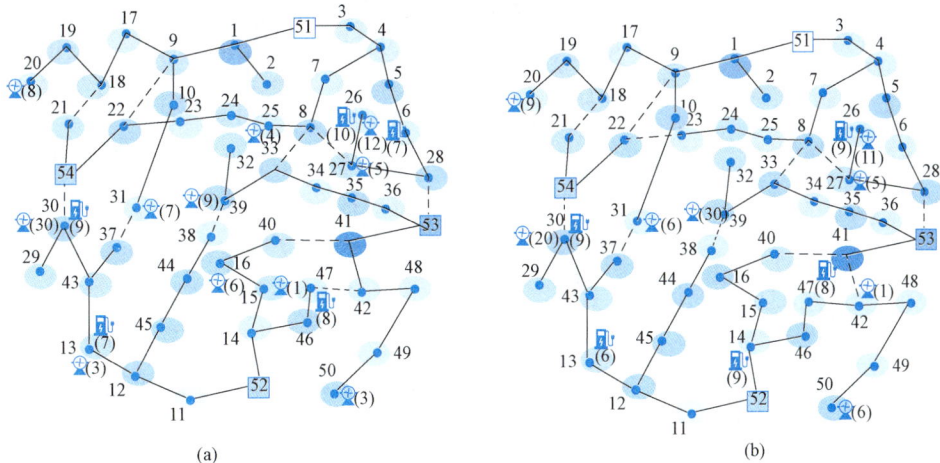

图7-19　不同电动汽车渗透率下系统规划方案（一）

（a）电动汽车渗透率0.1且不含可靠性；（b）电动汽车渗透率0.1且计及可靠性

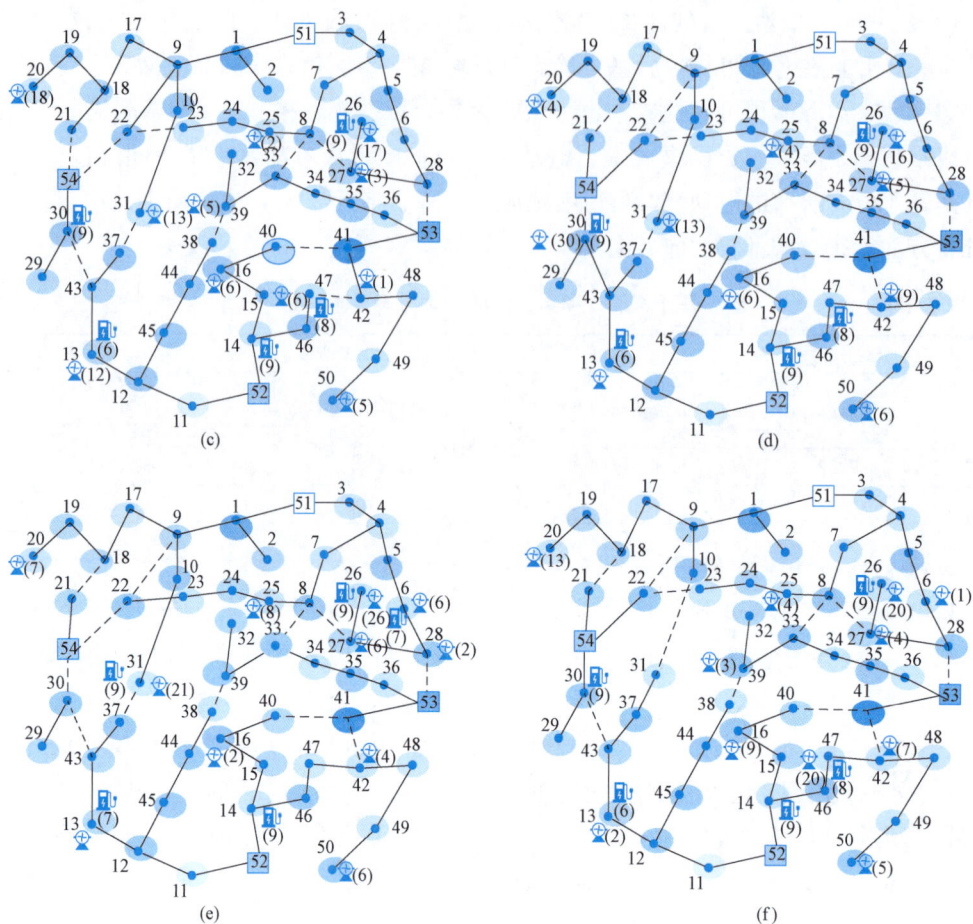

图 7-19　不同电动汽车渗透率下系统规划方案（二）

（c）电动汽车渗透率 0.2 且不含可靠性；（d）电动汽车渗透率 0.2 且计及可靠性；

（e）电动汽车渗透率 0.3 且不含可靠性；（f）电动汽车渗透率 0.3 且计及可靠性

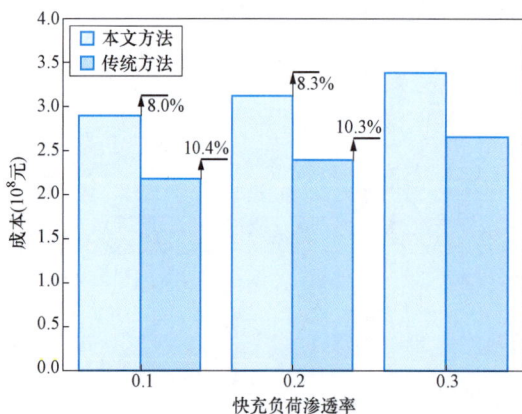

图 7-20　不同电动汽车渗透率下规划方案成本

图 7-20 为随着电动汽车渗透率增加规划方案总成本的变化图。可以看到整体上由于加入了可靠性成本这一项，计及可靠性规划方案投资成本要高于传统规划方案成本。但可以注意到，随着负荷的增长，传统规划方案成本涨幅要高于本节所提方法，进一步说明计及可靠性的投资规划方案更能适用于当今多能源接入、负荷快速增长的电力系统。

3. 不确定处理方法对比分析

为了验证分布鲁棒方法在充电站与配电网扩展规划问题上处理不确定因素的有效性，选用常规鲁棒优化与分布鲁棒优化算法进行对比分析，其中 RO 以 0.25 倍预测值为波动范围。基于此，定义以下场景并与前面案例 2 和案例 4 来进行仿真对比分析。

案例 5：忽略可靠性效益基于鲁棒优化方法进行扩展规划。

案例 6：考虑可靠性效益基于鲁棒优化方法进行扩展规划。

运行仿真案例 5 和案例 6，结果如表 7-12 和表 7-13 所示。首先忽略可靠性效益，对 RO 和 DRO 方法在考虑不确定性对充电站和配电网扩展规划上进行比较分析。对比表 7-12 和表 7-8 中案例 5 和案例 2，网架拓扑发生相应变化。将两种方法得到的规划方案进行模拟运行，结果显示基于案例 5 的系统可靠性水平要高于案例 2（$F_{\text{案例}5}^{\text{rel}}$ 为 0.7559，$F_{\text{案例}2}^{\text{rel}}$ 为 0.7691）。这是因为对于鲁棒优化来说，规划方案非常保守。然而，基于案例 5 的投资方案经济投资成本却高于案例 2，与此同时，基于案例 2 的系统可靠性水平也在合理接受范围内。这表明相对于 RO，DRO 能在经济性和保守性之间达到了较好的平衡。对于案例 6 和案例 4，如表 7-13 和表 7-10 所示，两者规划方案没有太明显区别。这是由于在规划过程中考虑可靠性效益后，规划方案能更好的容纳不确定性，这也再次验证了所提考虑可靠性效益规划方法的有效性。另外，鲁棒规划方法成本要高于 DRO 方法，充分说明了 DRO 方法良好的经济性。

表 7-12　　　　　　　　　　　　基于案例 5 的规划方案

案例	投资方案					成本（×10^8元）
	变电站	线路		EVCS	DG	
案例 5	52（0，0）53（0，1）54（0，1，0）	10—31 54—21 54—22 54—30 30—29	53—41 41—42 42—48 48—49 49—50	方案 4	20（6）25（1）39（7）16（15）50（3）13（25）28（0）14（1）	42（0）6（0）26（8）31（6）30（5）27（3）47（8）	2.0769

表 7-13　　　　　　　　　　　　基于案例 6 规划方案

案例	投资方案					成本（×10^8元）
	变电站	线路		EVCS	DG	
案例 6	52（1，0）53（1，0）54（0，1，0）	54—21 54—22 54—30 30—29 53—41	42—47 42—48 48—49 49—50 37—31	方案 4	20（9）25（3）39（31）16（5）50（6）13（0）28（0）14（0）	42（6）6（0）26（8）31（10）30（5）27（5）47（0）	2.8020

规划经济成本信息如表 7-14 和表 7-15 所示。从数据可以看出，无论有没有考虑可靠性效益，基于 RO 的系统运行成本始终要高于 DRO。这是由于 RO 是在最恶劣场景下对系统进行规划。与此同时，DRO 方法在保证经济性的同时，也能达到一定程度的可靠性水平。综上所述，DRO 方法在充电站与配电网联合规划问题上能保持着较好的经济性和保守性。

表 7-14　　　　　　　　基于案例 2 和案例 5 的规划方案成本对比

案例	成本（×10⁸元）					
	投资	线路运行	发电	网损	DG 削减	电动汽车充电负荷削减
案例 2	0.4393	0.0059	1.4996	0.0181	0	0.0085
案例 5	0.4413	0.0060	1.5896	0.0215	0	0.0185

表 7-15　　　　　　　　基于案例 4 和案例 6 的规划方案成本对比

案例	成本（×10⁸元）						
	可靠性	投资	线路运行	发电	网损	DG 削减	电动汽车充电负荷削减
案例 4	0.7283	0.4582	0.0059	1.4980	0.0159	0	0.0047
案例 6	0.7283	0.4576	0.0059	1.5851	0.0169	0	0.0082

7.4　考虑电能交易的电动汽车充电站与配电系统协同规划

随着国家双碳战略"加快规划建设新型能源体系"推进，分布式电源、储能、电动汽车等海量、分散新要素新业态的广泛接入，海量、分散、多元分布式能源个体聚合成产消者（prosumers）互联形成新型配电系统，对充电站与配电系统的规划运营是颠覆性的，分散产消者参与电力供需灵活性增强，市场交易行为也会深度影响规划方案。本节提出了一种考虑电能交易行为的配电系统与电动汽车充电站联合规划模型，通过电动汽车充电站与光伏产消者进行的电能交易，充分利用电动汽车充电负荷的灵活性能力，消纳可再生能源出力，提高系统灵活性水平，以提高配电网规划的经济性，避免出现配电网过度投资问题。

提出的考虑电动汽车，光伏产消者与配电运营者的系统结构如图 7-21 所示，涉及的决策主体包括配电系统运营商、电动汽车充电站、电动汽车用户和光伏产消者。电动汽车用户在电动汽车充电站进行充电，响应电动汽车充电站设置的充电价格，电动汽车用户积极调整其充电路线及充电计划，以将其总成本降至最低。电动汽车充电站决定电动汽车充电桩的规划，以支持电动汽车充电负荷。此外，电动汽车充电站利用电动汽车充电的灵活性，主动参与电能交易市场，最大限度地实现其收益。

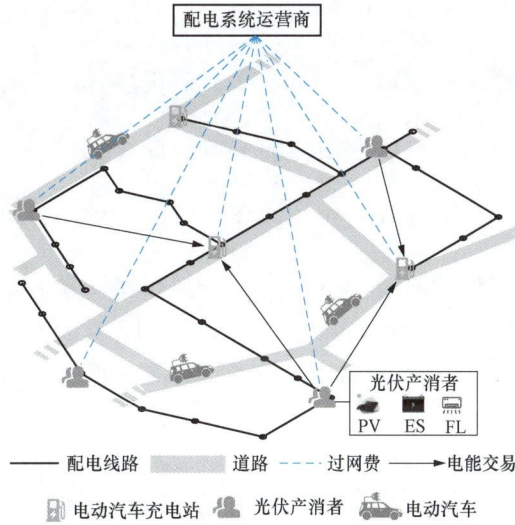

图 7-21　考虑电动汽车光伏产消者与配电运营商的系统结构图

一方面，拥有光伏发电设备、储能设备和柔性负荷的光伏产消者有权在其管辖范围内的光伏发电设备和储能设备的规划方案和运行策略进行决策，并将剩余电能在市场中出售给电动汽车充电站以获利。

另一方面，配电系统运营商拥有配电网网络资产，负责支撑光伏和电动汽车的大规模并网。配电网运营商负责配电网络的扩展规划和运营。在电动汽车充电站、光伏产消者等主体参与的电能交易市场环境下，配电网运营商不能对这些主体进行直接控制，而是应该制定适当的价格激励机制，以激励电动汽车充电站、光伏产消者在保证自身效益的前提下，不违反网络安全运行约束，延缓配电网的扩展规划进程。

7.4.1　考虑配电网运营商与分布式产消者交互的联合规划模型

该部分首先构建配电网与电动汽车充电站联合规划模型。该模型是一个三层决策过程，在第一层和第二层模型中，配电网运营商分别决策配电网扩展规划方案和优化运行策略。第三层模型则为交易市场中的电动汽车充电站与光伏产消者的自治决策过程。

在第一层模型中，配电网运营商负责确定配电网线路和变电站的扩容。配电网扩展规划模型的目标是以尽可能低的成本支撑光伏和电动汽车的大规模并网。配电网扩展规划问题是基于交互策略的确定性典型场景来描述的。相应地，配电网扩展规划模型如下所示。

$$\min C_y^{\mathrm{P}} = \Big[\underbrace{\sum_{w\in\Omega_{AL}}\sum_{l\in L}\alpha_{l,w,y}^{\mathrm{P}}C_w^{\mathrm{CL}}L_l^{\mathrm{P}}S_{l,y}^{\mathrm{I}}}_{\text{线路升级改造成本}} + \underbrace{\sum_{t\in T}\sum_{l\in L}C_{l,t}^{\mathrm{O}}\cdot P_{l,t}^{\mathrm{P}}}_{\text{线路运行维护成本}} + \underbrace{\sum_{u\in\Omega_{CS}}\sum_{b\in\Omega_{SS}}\sigma_{u,b,y}^{\mathrm{P}}C_b^{\mathrm{SS}}S_{u,y}^{\mathrm{S}}}_{\text{变电站升级改造成本}} \Big] \Big/ (1+\tau)^{t-1}$$

$$(7\text{-}103)$$

$$\mathrm{s.\,t.} \sum_{w\in\Omega_{AL}}\alpha_{l,w,y}^{\mathrm{P}}=1, \sum_{c\in\Omega_{SS}}\sigma_{u,c,y}^{\mathrm{P}}=1\ u\in\Omega_{CS}, l\in\Omega_{L} \qquad (7\text{-}104)$$

$$(P_{l,t}^{\mathrm{P}})^2 + (Q_{l,t}^{\mathrm{P}})^2 = S_{l,t}^{\mathrm{P,sqr}} \leqslant \sum_{w \in \Omega_{\mathrm{AL}}} \alpha_{l,w,y}^{\mathrm{P}} \cdot (S_{l,y}^{\mathrm{P}})^2 \tag{7-105}$$

$$P_{l,t}^{\mathrm{P}} = \sum_{w \in \Omega_{\mathrm{AL}}} \alpha_{l,w,y}^{\mathrm{P}} \cdot ((V_{i,t}^{\mathrm{P}})^2 g_{l,w} - V_{i,t}^{\mathrm{P}} V_{j,t}^{\mathrm{P}} (b_{l,w} \sin\theta_{l,t}^{\mathrm{P}} + g_{l,w} \cos\theta_{l,t}^{\mathrm{P}})) \tag{7-106}$$

$$Q_{l,t}^{\mathrm{P}} = \sum_{w \in \Omega_{\mathrm{AL}}} \alpha_{l,w,y}^{\mathrm{P}} \cdot (-(V_{i,t}^{\mathrm{P}})^2 b_{l,w} + V_{i,t}^{\mathrm{P}} V_{j,t}^{\mathrm{P}} (b_{l,w} \cos\theta_{l,t}^{\mathrm{P}} - g_{l,w} \sin\theta_{l,t}^{\mathrm{P}})) \tag{7-107}$$

$$(P_{u,t}^{\mathrm{P}})^2 + (Q_{u,t}^{\mathrm{P}})^2 = S_{u,t}^{\mathrm{P,sqr}} \leqslant \sum_{u \in \Omega_{\mathrm{CS}}} \sigma_{u,b,y}^{\mathrm{P}} \cdot (S_{u,y}^{\mathrm{P}})^2 \ b \in \Omega_{\mathrm{SS}} \tag{7-108}$$

式中，$C_{l,t}^{\mathrm{O}}$ 表示线路 l 的运行维护成本，C_w^{CL} 为采用线路备选方案 w 扩容线路单位容量单位距离下的建设成本，L_l^{P} 为线路长度，$S_{l,y}^{\mathrm{L}}$ 为线路 l 的扩展容量。$P_{l,t}^{\mathrm{P}}, Q_{l,t}^{\mathrm{P}}$ 为规划阶段流经线路 l 的有功、无功潮流。C_u^{SS} 采用变电站备选方案 b 扩容变电站单位容量下的建设成本，$S_{u,y}^{\mathrm{S}}$ 为变电站 u 的扩展容量。$\alpha_{l,w,y}^{\mathrm{P}}$ 为采用线路备选方案 w 扩容线路 l 的状态，$V_{i,t}^{\mathrm{P}}$，$V_{j,t}^{\mathrm{P}}$ 为节点 i，j 处电压幅值的平方，$b_{l,w}$，$g_{l,w}$ 是线路 l 的电导和电纳，$\sigma_{u,b,y}^{\mathrm{P}}$ 为采用变电站备选方案 b 扩容变电站 u 的状态。Ω_{CS} 和 Ω_{L} 分别为候选升级线路和候选升级变电站集合。Ω_{AL} 和 Ω_{SS} 分别为候选升级线路型号和候选升级变电站型号集合。$S_{l,t}^{\mathrm{P,sqr}}$ 表示流经线路 l 的视在功率的平方，$S_{u,t}^{\mathrm{P,sqr}}$ 表示流经变电站 u 的视在功率。$\theta_{l,t}^{\mathrm{P}}$ 表示线路 l 的电压幅值差。

式（7-104）是投资决策约束，确保每个扩建线路和变电站每年只能执行一种备选方案。所选备选方案的二进制变量从 0 更改为 1，而其他备选方案的二进制变量保持为 0。式（7-105）确保每条线路的潮流不超过升级线路容量。配电网潮流模型如式（7-106）和式（7-107）所示。式（7-108）表示从主电网购买的电力不应超过变电站容量。

在第二层配电网优化运行模型中，基于确定的配电网扩展规划方案和电能交易策略结果，配电网运营商确定该环境下的配电网最优运行策略。从配电网运营商的角度来看，配电网优化运行模型可以表示为：

$$U_t^{\mathrm{IDSO}} = \sum_{s \in S} p_s \left\{ \underbrace{\sum_{ij \in L} OC_{ij,t}^{\mathrm{L}} P_{s,ij,t}}_{\text{线路运行维护成本}} - \underbrace{\sum_{n \in \Omega} \lambda_{s,n,t}^{\mathrm{M}} P_{s,n,t}^{\mathrm{M}}}_{\text{保底交易收益}} \right\} \tag{7-109}$$

$$\lambda_0 : \sum_{k \in \pi_i} (P_{s,ki,t} - I_{s,ki,t} r_{ki}) = -P_{s,i,t}^{\mathrm{M}} + G_0 V_0 \tag{7-110}$$

$$\lambda_i : \sum_{k \in \pi_i} (P_{s,ki,t} - I_{s,ki,t} r_{ki}) = \sum_{j \in \varphi_i} P_{s,ij,t} - P_{n,t}^{\mathrm{T}} - P_{s,i,t}^{\mathrm{M}} + G_i V_i \tag{7-111}$$

$$\mu_0 : \sum_{k \in \pi_i} (Q_{s,ki,t} - I_{s,ki,t} x_{ki}) = -Q_{s,i,t}^{\mathrm{M}} - B_0 V_0 \tag{7-112}$$

$$\mu_i : \sum_{k \in \pi_i} (Q_{s,ki,t} - I_{s,ki,t} x_{ki}) = \sum_{j \in \varphi_i} (Q_{s,ij,t} - Q_{n,t}^{\mathrm{T}} - Q_{s,i,t}^{\mathrm{M}} - B_i V_i) \tag{7-113}$$

$$V_{s,i,t} - V_{s,j,t} = 2(r_{ij} P_{s,ij,t} + x_{ij} Q_{s,ij,t}) - I_{s,ij,t}[(r_{ij})^2 + (x_{ij})^2] \tag{7-114}$$

$$\frac{(P_{s,ij,t})^2 + (Q_{s,ij,t})^2}{I_{s,ij,t}} \leqslant V_{s,i,t} \tag{7-115}$$

$$\eta_l^+ : (P_{s,ij,t})^2 + (Q_{s,ij,t})^2 \leqslant (\overline{S}_{ij})^2 \tag{7-116}$$

$$\underline{\eta_l^-}:(P_{s,ij,t}-I_{s,ij,t}r_{ij})^2+(Q_{s,ij,t}-I_{s,ij,t}x_{ij})^2\leqslant(\overline{S}_{s,ij})^2 \tag{7-117}$$

$$\underline{V}\leqslant V_{s,i,t}\leqslant\overline{V},0\leqslant I_{s,ij,t}\leqslant\overline{I}_{ij} \tag{7-118}$$

$$\left(\sum_{n\in\Omega}P_{s,n,t}^{\mathrm{M}}\right)^2+\left(\sum_{n\in\Omega}Q_{s,n,t}^{\mathrm{M}}\right)^2\leqslant(\overline{S}^{\mathrm{M}})^2 \tag{7-119}$$

式中，$OC_{ij,t}^{\mathrm{L}}$ 单位潮流对应运行维护费用，π_i 为以节点 i 为末节点的支路首端节点集合，φ_i 为以节点 i 为首节点的支路末端节点集合，r_{ki}、x_{ki} 分别为支路 ki 的电阻和电抗，r_{ij}、x_{ij} 分别为支路 ij 的电阻和电抗，$I_{s,ki,t}$ 和 $I_{s,ij,t}$ 分别为支路 ki、支路 ij 的电流，$P_{s,ki,t}$、$Q_{s,ki,t}$ 分别为支路 ki 的有功和无功功率，$P_{s,ij,t}$、$Q_{s,ij,t}$ 分别为支路 ij 的有功和无功功率，$P_{s,i,t}^{\mathrm{PR}}$ 和 $Q_{s,i,t}^{\mathrm{PR}}$ 分别表示投资主体与配电网交换的有功和无功功率，$V_{s,i,t}$ 和 $V_{s,j,t}$ 表示节点电压。$P_{s,n,t}^{\mathrm{M}}$、$Q_{s,n,t}^{\mathrm{M}}$ 和 $\lambda_{s,n,t}^{\mathrm{M}}$ 分别为产消者与电网公司进行保底交易的电量搭配的无功和电价。$P_{n,t}^{\mathrm{T}}$ 和 $Q_{n,t}^{\mathrm{T}}$ 分别为产消者的有功功率交易电量和无功功率交易电量。$\underline{V}$ 和 $\overline{V}$ 分别表示节点电压上下限，$\overline{I}_{ij}$ 表示支路 ij 的电流上限。$\varphi_{s,nm,t}^{\mathrm{NC}}$ 为配电网运营商因交易 nm 向产消者 n 和产消者 m 分别收取的全成本过网费。η_l^+ 和 η_l^- 分别表示配电网线路潮流传输上下限约束的对偶拉格朗日乘子。

配电网运行过程中的有功功率和无功功率平衡如式（7-110）～式（7-113）。式（7-114）和式（7-115）为二阶锥松弛约束。约束条件（7-116）和式（7-117）为线路传输的视在功率限制。式（7-118）和式（7-119）确保网络运行变量和与主电网的交互功率符合安全约束。

电动汽车充电站负责其管辖区域内的电动汽车充电桩的规划，并负责协调站内的电动汽车充电负荷，主动参与电能交易市场以提高自身经济效益。具体来说，电动汽车充电站的决策模型如下所示。

$$\max C_{n,y}^{\mathrm{EVCS}}=\underbrace{\sum_{c\in\Omega_{EV}}\sum_{s\in S}\sum_{t=1}^{T_v^{dep}}(\eta_n^{\mathrm{EV,ch}}P_{s,n,c,t}^{\mathrm{EV,ch}}-P_{s,n,c,t}^{\mathrm{EV,dis}}/\eta_n^{\mathrm{EV,dis}})\pi_{s,n,t}^{\mathrm{EV}}}_{\text{电动汽车充电收益}}-\underbrace{\sum_{s\in S}\sum_{t\in T}(P_{s,n,t}^{\mathrm{T}}\lambda_{s,n,t}^{\mathrm{T}})}_{\text{电能交易收益}}+$$

$$\underbrace{\sum_{m\in\Xi^{-n}}\sum_{s\in S}\sum_{t\in T}(\varphi_{s,n,t}^{\mathrm{O}}+\varphi_{s,n,t}^{\mathrm{I}})}_{\text{过网费}}-\underbrace{\sum_{s\in S}\sum_{t\in T}(P_{s,n,t}^{\mathrm{M}}\lambda_{s,n,t}^{\mathrm{M}})}_{\text{保底交易收益}}-\underbrace{(\varphi_{n,y}^{\mathrm{EVCS}}C^{\mathrm{EVCS}}S_n^{\mathrm{EVCS}}+\varphi_{n,y}^{\mathrm{EV}}C^{\mathrm{EV}}S_{n,y}^{\mathrm{EV}})}_{\text{电动汽车充电桩建设成本}}$$

$$\tag{7-120}$$

$$\mathrm{s.t}\quad \varphi_{n,y}^{\mathrm{EVCS}}\geqslant\varphi_{n,y-1}^{\mathrm{EVCS}},\varphi_{n,y}^{\mathrm{EV}}\geqslant\varphi_{n,y-1}^{\mathrm{EV}} \tag{7-121}$$

$$\varphi_{n,y}^{\mathrm{EV}}S^{\mathrm{EV}}\leqslant S_n^{\mathrm{EVCS}}\varphi_{n,y}^{\mathrm{EVCS}} \tag{7-122}$$

$$0<P_{s,n,v,t}^{\mathrm{EV,ch}}<\overline{P}_{n,v}^{\mathrm{EV,ch}},\quad 0<P_{s,n,v,t}^{\mathrm{EV,dis}}<\overline{P}_{n,v}^{\mathrm{EV,dis}} \tag{7-123}$$

$$0<SOC_{s,n,v,0}^{\mathrm{EV}}+\sum_{t=1}^{T}(\eta_n^{\mathrm{EV,ch}}P_{s,n,v,t}^{\mathrm{EV,ch}}-P_{s,n,v,t}^{\mathrm{EV,dis}}/\eta_n^{\mathrm{EV,dis}})<SOC_{n,v}^{\mathrm{EV,max}} \tag{7-124}$$

$$SOC_{n,v}^{\mathrm{EV}}\leqslant SOC_{s,n,v,0}^{\mathrm{EV}}+\sum_{t=1}^{T_v^{dep}}(\eta_n^{\mathrm{EV,ch}}P_{s,n,v,t}^{\mathrm{EV,ch}}-P_{s,n,v,t}^{\mathrm{EV,dis}}/\eta_n^{\mathrm{EV,dis}}) \tag{7-125}$$

C 指线路（line）、光伏（PV）、EVCS、EV 充电桩、ES 和变电站（sub）的投资成

本，$\eta_n^{\text{ES,ch/dis}}$ 指 ES 充放电效率，$P_{s,n,t}^{\text{ES,ch/dis}}$ 是指第 n 个电动汽车充电站（EVCS）中 ES 的充放电功率，$\pi_{s,n,t}^{\text{EV}}$ 指第 n 个 EVCS 的电动汽车充电价格，$P_{s,n,t}^{\text{T}}$ 指节点 n 的交易功率，$\lambda_{s,n,t}^{\text{IT}}$ 指节点 n 的能源交互和交易价格，$\varphi_{s,n,t}^{\text{I/O}}$ 指节点 n 的投资/运营网络费用，$\varphi_{n,y}^{\text{EVCS/EV}}$ 指更新第 n 个 EVCS 的 EVCS 和 EV 充电桩的状态，$\sigma_{n,a,y}^{\text{DG}}$ 指更新备选 a 与 PV 的状态，$\gamma_{n,e,y}^{\text{ES}}$ 指更新 ES 与备选 e 的状态，$E_{s,n,0}^{\text{FL/ES}}$ 指初始能量与 ES 的弹性负荷。

式（7-121）是电动汽车充电站的投资决策约束，表明电动汽车充电站只能在规划周期内的每个候选节点上构建一次，并且电动汽车充电桩的规划是不可逆转的。式（7-122）确保在电动汽车充电站被放置在节点之前不允许建设电动汽车充电桩。式（7-123）确保电动汽车有安全的操作限制。式（7-124）电动汽车充放电时间耦合约束。式（7-125）保证电动汽车在出发时的荷电状态必须大于或等于预定的期望荷电状态，这意味着整个期间的总能量必须满足电动汽车用户的要求。

光伏产消者负责其管辖区域内的光伏发电设备和储能设备的规划，同时协调可控负荷、储能设备等灵活性资源参与需求响应以及电能交易市场。光伏产消者的优化决策问题如下所示。

$$\max \quad C_{n,y}^{\text{PR}} = \underbrace{\sum_{s\in S}\sum_{t\in T}(P_{s,n,t}^{\text{I}}\lambda_{s,n,t}^{\text{I}})}_{\text{需求响应收益}} + \underbrace{\sum_{s\in S}\sum_{t\in T}(P_{s,n,t}^{\text{T}}\lambda_{s,n,t}^{\text{T}})}_{\text{电能交易收益}} - \underbrace{\sum_{m\in\Xi^n}\sum_{s\in S}\sum_{t\in T}(\varphi_{s,n,t}^{\text{O}}+\varphi_{s,n,t}^{\text{I}})}_{\text{过网费}} -$$

$$\underbrace{\sum_{a\in\Omega_{\text{DG}}}\sigma_{n,a,y}^{\text{DG}}C_{n,a}^{\text{DG}}S_{n,y}^{\text{DG}}}_{\text{光伏建设成本}} - \underbrace{\sum_{s\in S}\sum_{t\in T}(P_{s,n}^{\text{M}}\lambda_{s,n,t}^{\text{M}})}_{\text{保底交易成本}} - \underbrace{\sum_{e\in\Omega_{\text{ES}}}\gamma_{n,e,y}^{\text{ES}}C_{n,e}^{\text{ES}}S_{n,y}^{\text{ES}}}_{\text{储能建设成本}} \qquad (7-126)$$

$$\text{s.t} \quad \sum_{a\in\Omega_{\text{DG}}}\sigma_{n,a,y}^{\text{DG}}=1,\ \sum_{e\in\Omega_{\text{ES}}}\gamma_{n,e,y}^{\text{ES}}=1 \qquad (7-127)$$

$$0<P_{s,n,t}^{\text{DG}}<\overline{P}_{s,n,t}^{\text{DG}},\ \underline{P}_{s,n,t}^{\text{FL}}<P_{s,n,t}^{\text{FL}}<\overline{P}_{s,n,t}^{\text{FL}} \qquad (7-128)$$

$$0<P_{s,n,t}^{\text{ES,ch}}<\overline{P}_n^{\text{ES,ch}},\quad 0<P_{s,n,t}^{\text{ES,dis}}<\overline{P}_n^{\text{ES,dis}} \qquad (7-129)$$

$$0<E_{s,n,0}^{\text{ES}}+\sum_{t=1}^{T}(\eta_n^{\text{ES,ch}}P_{s,n,t}^{\text{ES,ch}}-P_{s,n,t}^{\text{ES,dis}}/\eta_n^{\text{ES,dis}})<\overline{E}_n^{\text{ES}} \qquad (7-130)$$

式（7-127）为投资决策约束，表明对于光伏发电设备和储能设备来说，在每一阶段只能选择一个备选方案。式（7-128）和式（7-129）确保光伏发电设备、储能设备和可控负荷始终处在安全运行状态。式（7-130）是储能设备的时间耦合约束。

7.4.2 面向电动汽车用户和充电站的价格激励机制

电动汽车充电站和电动汽车用户在本质上在于扩大自己的经济效益，而其逐利决策行为可能会危及电力网络安全。在竞争激烈的市场环境下，利润驱动的电动汽车和电动汽车用户只有通过经济激励才能得到有效的协调。考虑到配电网、电动汽车充电站和电动汽车用户之间的交互关系，应分两个步骤建立价值激励机制：①面向电动汽车充电站设计的过网费，量化与电动汽车充电站决策相关的电网规划和运营成本；②面向电动汽车用户设计的电动汽车充电价格，量化了电动汽车用户决策与电动汽车充电站相关的规划和运营成本。

在多主体竞争场景下，价值激励设计应考虑到参与的三类主体的利益：①旨在以尽可能低的成本遵守网络安全限制的配电网运营商；②以利润最大化为目标的电动汽车充电站；③以最小化出行费用为目标的电动汽车用户（电动汽车充电成本、等待时间成本）。这三类主体追求目标之间的冲突需要通过价值激励来协调。

考虑到电网规划运行的不同阶段，面向电动汽车充电站设计的过网费由两个组成部分组成：①回收长期投资成本的投资过网费；②回收短期运行成本的运行过网费。

在扩展规划阶段，电动汽车充电站确定了特定的预先购买的网络传输容量，配电网运营商基于充电站预购的交易传输容量对配电网进行扩展规划，以确保网络安全运行。由于电动汽车充电站与光伏产消者之间的电能交易依赖于配电线路，而与配电网运营商进行的保底交易依赖于变电站，分配给每个电动汽车充电站的投资过网费应包括配电线路和变电站的投资成本。为了从每条线路的投资成本中确定每次交易所对应的部分，采用交流功率转移分布因子，基于配电网交流最优潮流模型，来跟踪由于交易 nm 而通过线路 l 的相应功率。为电动汽车充电站 n 设计的投资过网费表示为：

$$\varphi_{s,n,t}^{\mathrm{I}} = \frac{1}{2} \sum_{b \in \Omega_{\mathrm{L}}} C_w^{\mathrm{CL}} \cdot L_l^{\mathrm{P}} \cdot S_{l,y}^{\mathrm{L}} \cdot \frac{P_{nm,l,t}^{\mathrm{P}}}{P_{l,t}^{\mathrm{P}}} + \sum_{u \in \Omega_{\mathrm{CS}}} C_b^{\mathrm{CS}} \cdot S_{u,y}^{\mathrm{S}} \cdot \frac{P_{n,u,t}^{\mathrm{P}}}{P_{u,t}^{\mathrm{P}}} \qquad (7\text{-}131)$$

运行过网费受实时电能交易结果和配电网运行工况的影响。在这方面，我们利用配电网交流最优潮流模型，基于配电网节点边际电价计算得到运行过网费，来激励支撑网络运行的电能交易，并阻止危害电网安全运行的电能交易。当给定交易双方所在节点的配电网节点边际电价，电动汽车充电站 n 因电能交易 nm 而产生的运行过网费：

$$\varphi_{s,n,t}^{\mathrm{O}} = \frac{1}{2} (\lambda_{s,n,t}^{\mathrm{DLMP}} - \lambda_{s,m,t}^{\mathrm{DLMP}}) P_{s,nm,t}^{\mathrm{T}} \qquad (7\text{-}132)$$

由于投资规模扩大所带来的经济效益，支付投资过网费的主要目的是降低已产生的网络阻塞成本，即运行过网费。金融输电权是一种风险对冲工具，旨在缓解合同市场中的网络阻塞成本风险。金融输电权授予持有者基于网络拥塞导致的配电网节点边际电价差而赚取利润的权利。对于那些为电网建设支付投资过网费的主体，他们会被赋予一定水平的金融输电权。在此范围内的实时交易不被收取运行过网费。然而，在金融输电权不足的一些不利情况下，交易方别无选择，只能或者降低过度的交易电量，或者支付较高的运行过网费，考虑金融输电权的运行过网费修改为：

$$\varphi_{s,n,t}^{\mathrm{O}} = \frac{1}{2} (\lambda_{s,n,t} - \lambda_{s,m,t}) \cdot \max[(P_{s,nm,t}^{\mathrm{T}} - P_{nm,t}^{\mathrm{T}*}), 0] \qquad (7\text{-}133)$$

电动汽车充电价格是电动汽车充电站为收回充电站的规划运营成本以及产生的过网费而制定的价格机制。电动汽车充电价格量化了配电网规划和运行工况，调节电动汽车充电路径，提高电网运行的灵活性，进一步延缓配电网的长期规划。面向电动汽车用户的充电价格：

$$\pi_{s,n}^{\mathrm{I}} = \frac{(\varphi_{n,y}^{\mathrm{EVCS}} C^{\mathrm{EVCS}} S_n^{\mathrm{EVCS}} + \varphi_{n,y}^{\mathrm{EV}} C^{\mathrm{EV}} S_{n,y}^{\mathrm{EV}}) + \sum\limits_{s \in S} \sum\limits_{t \in T} \varphi_{s,n,t}^{\mathrm{I}}}{S_{n,y}^{\mathrm{EV}} \cdot T} \tag{7-134}$$

$$\pi_{s,n,t}^{\mathrm{O}} = \frac{\sum\limits_{s \in S} \sum\limits_{t \in T} \varphi_{s,n,t}^{\mathrm{O}}}{\sum\limits_{c \in \Omega_{EV}} (\eta_n^{\mathrm{EV,ch}} P_{s,n,c,t}^{\mathrm{EV,ch}} - P_{s,n,c,t}^{\mathrm{EV,dis}} / \eta_n^{\mathrm{EV,dis}})} \tag{7-135}$$

$$\pi_{s,n,t}^{\mathrm{EV}} = \pi_{s,n}^{\mathrm{I}} + \pi_{s,n,t}^{\mathrm{O}} \tag{7-136}$$

7.4.3 多主体电能交易算法

为了充分利用端对端电能交易在保护隐私和实现自主决策方面的优势，我们采用交替方向乘子法来解决终端电能分散交易市场环境下的多主体联合规划问题。基于提出的电动汽车充电站和光伏产消者决策模型，电能交易市场的出清算法如下：

$$\min \quad C_n^{\mathrm{Inv}} + C_n^{\mathrm{Ope}} + C_n^{\mathrm{EV}} - C_n^{\mathrm{Gt}} + \sum\limits_{m \in \Xi^n} \sum\limits_{s \in S} \sum\limits_{t \in T} (\varphi_{s,n,t}^{\mathrm{O}} + \varphi_{s,n,t}^{\mathrm{I}}) +$$

$$\underbrace{\sum\limits_{s \in S} \sum\limits_{t \in T} \sum\limits_{m \in \Xi_n} \left[\lambda_{s,nm,t}^{\mathrm{T}(k)} \left(\frac{P_{s,nm,t}^{\mathrm{T}(k)} - P_{s,mn,t}^{\mathrm{T}(k)}}{2} - P_{s,nm,t}^{\mathrm{T}} \right) + \frac{\rho}{2} \left(\frac{P_{s,nm,t}^{\mathrm{T}(k)} - P_{s,mn,t}^{\mathrm{T}(k)}}{2} - P_{s,nm,t}^{\mathrm{T}} \right)^2 \right]}_{\text{电能交易协商机制}} \tag{7-137}$$

$$\lambda_{s,nm,t}^{\mathrm{T}(k+1)} = \lambda_{s,nm,t}^{\mathrm{T}(k)} - \rho(P_{s,nm,t}^{\mathrm{T}(k+1)} - P_{s,mn,t}^{\mathrm{T}(k+1)})/2 \tag{7-138}$$

$$\sum\limits_{n \in N} \sum\limits_{m \in \Xi_n} \left[(P_{s,nm,t}^{\mathrm{T}(k+1)} - P_{s,nm,t}^{\mathrm{T}(k)})^2 + (P_{s,nm,t}^{\mathrm{T}(k+1)} + P_{s,mn,t}^{\mathrm{T}(k+1)})^2 \right] \leqslant \varepsilon \tag{7-139}$$

式中，Ξ 是指消费者参与到光伏 - 电网 - 电动汽车交易市场的集合，k 是迭代次数，ρ 是惩罚因子，且 $\rho > 0$；$\lambda_{s,nm,t}^{\mathrm{T}(k)}$ 为共识约束的双变量，也定义为 P2P 能源交易价格，$P_{s,nm,t}^{\mathrm{T}}$ 指 EVCS 和生产消费者与其交易同行共享交易的相关变量。

基于交替方向乘子法的分散市场出清算法的实现过程如下：①电动汽车充电站和光伏产消者并行优化自身决策问题，决策与规划和电能交易相关的决策变量；②电动汽车充电站和光伏产消者与其交易伙伴共享与交易相关的变量，如式（7-138）所示；③在收到更新的交易信息后，电动汽车充电站和光伏产消者更新并计算局部残差；④配电网运营商对电动汽车充电站和光伏产消者广播的局部残差进行收集，以检验全局残差是否满足收敛准则，即式（7-139）。重复上述迭代，直到收敛为止。

7.4.4 算例分析

利用 IEEE 33 节点配电系统和 10 节点交通系统验证所提模型的有效性，网络拓扑如图 7-22 所示。仿真时间运行间隔设置为 1h，规划的时间为 1 年。保证用户满意度的最大等待时间设为 10min。33 个节点中，10 个是光伏产消者，5 个是电动汽车充电站，其余 17 个节点只有传统负荷。

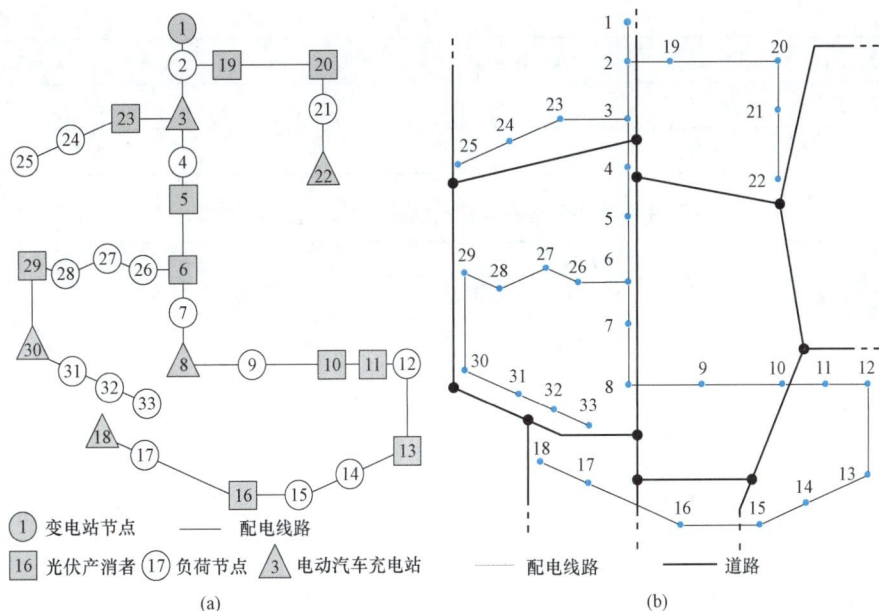

图 7-22 IEEE 33 节点配电系统和 10 节点交通系统耦合拓扑图

(a) IEEE 33 节点配电系统；(b) 10 节点交通系统

设置三种场景（表 7-16）及候选线路参数（表 7-17），计算配电网络的最佳扩展规划方案及相应的配电网运营商成本，如表 7-18 所示。表 7-19 和表 7-20 分别给出了电动汽车充电站和光伏产消者的最佳规划方案和运行结果。

表 7-16 场景设置

场景	扩展规划	电能交易	激励机制
1	√	×	×
2	√	√	×
3	√	√	√

表 7-17 候选线路参数

类型	电阻（Ω/km）	电抗（Ω/km）	容量（A）	投资成本（10^4 美元/km）
Ⅰ：LGJ-35	0.91	0.425	170	3.0
Ⅱ：LGJ-50	0.63	0.412	210	3.6
Ⅲ：LGJ-70	0.45	0.402	275	4.3
Ⅳ：LGJ-95	0.33	0.386	335	4.9
Ⅴ：LGJ-120	0.27	0.379	380	5.4
Ⅵ：LGJ-150	0.21	0.373	445	6.2

类型	电阻（Ω/km）	电抗（Ω/km）	容量（A）	投资成本（10^4美元/km）
Ⅶ：LGJ - 185	0.17	0.365	515	6.7
Ⅷ：LGJ - 240	0.13	0.362	610	7.3

表 7 - 18　　三种场景下配电网运营商的最优规划方案与成本

场景	规划方案		过网费（10^4 美元）	总成本（10^4 美元）
	线路	变电站		
1	1 - 2（Ⅷ），2 - 3（Ⅵ），3 - 4（Ⅴ）， 4 - 5（Ⅴ），5 - 6（Ⅴ），6 - 7（Ⅳ）， 7 - 8（Ⅱ），6 - 26（Ⅱ）	+4MW	—	679.42（0%）
2	1 - 2（Ⅷ），2 - 3（Ⅵ），3 - 4（Ⅴ）， 6 - 7（Ⅳ），7 - 8（Ⅱ）	+2 MW	—	580.91（−14.5%）
3	1 - 2（Ⅵ），2 - 3（Ⅴ），3 - 4（Ⅳ）， 6 - 7（Ⅲ），6 - 26（Ⅱ）	+1 MW	46.37	532.67（−21.6%）

表 7 - 19　　三种场景下电动汽车充电站的最优规划方案与收益

EVCS（节点）	场景	规划方案（充电桩数量）	平均等候时间（min）	总收益（10^4 美元）
1（3）	1	9	14.79	53.04（0%）
	2	14	13.65	60.84（+14.7%）
	3	12	11.28	66.14（+24.7%）
2（8）	1	11	16.73	64.73（0%）
	2	15	14.78	72.76（+12.4%）
	3	13	12.83	80.02（+23.6%）
3（18）	1	7	11.26	42.54（0%）
	2	10	10.58	46.62（+9.6%）
	3	10	10.17	51.69（+21.5%）
4（22）	1	7	10.15	49.93（0%）
	2	9	8.09	54.27（+8.7%）
	3	11	8.26	62.96（+26.1%）
5（30）	1	6	9.73	39.43（0%）
	2	7	7.79	43.49（+10.3%）
	3	10	8.12	49.96（+26.8%）

表 7 - 20　　　　　　　　光伏产消者在场景 2 和 3 中的最优规划方案

光伏产消者（节点）	场景	规划方案（机组数量）		每日电能交易量（MW）
		PV	ES	
1（5）	2	16	7	3.758
	3	13	5	3.237
2（6）	2	15	8	3.579
	3	13	4	2.974
3（10）	2	13	6	3.092
	3	10	5	2.578
4（11）	2	10	4	2.634
	3	9	4	2.371
5（13）	2	4	2	0.879
	3	6	3	1.472
6（16）	2	4	2	0.961
	3	7	4	1.568
7（19）	2	11	5	2.833
	3	12	4	2.972
8（20）	2	6	3	1.489
	3	11	5	2.635
9（23）	2	5	3	1.194
	3	8	4	1.926
10（29）	2	3	1	0.837
	3	6	2	1.547

表 7-18 的结果表明，与场景 1 相比，场景 3 中配电线路 4—5、5—6 和 7—8 的扩展规划被推迟，其他线路和变电站的扩展容量也有所减少，配电网运营商的总成本下降了 21.6%。此外，如表 7-19 所示，与场景 1 相比，场景 3 中电动汽车充电站的总收入均有不同程度的提高。这是因为场景 1 未考虑光伏产消者与电动汽车充电站之间的交易，电动汽车充电负荷完全由变电站和几条配电线路来满足。这种集中式的能源供应模式可能导致主线路在高峰时段出现阻塞，从而导致变电站和线路扩展规划增加不必要的额外容量。而场景 3 中考虑光伏产消者与电动汽车充电站之间的交易，电动汽车充电站可以选择从光伏产消者那里采购能源，而不是仅依赖电网公司通过变电站直接供电。这种方法减轻了变电站和主线路的负担，使得电力潮流分布更加均衡。

为了进一步验证所提方法的有效性，将所提方法应用于某城市实际配电 - 交通耦合系统，其初始拓扑图如图 7-23 所示。三个场景下的规划结果如图 7-24 和表 7-21 所示，

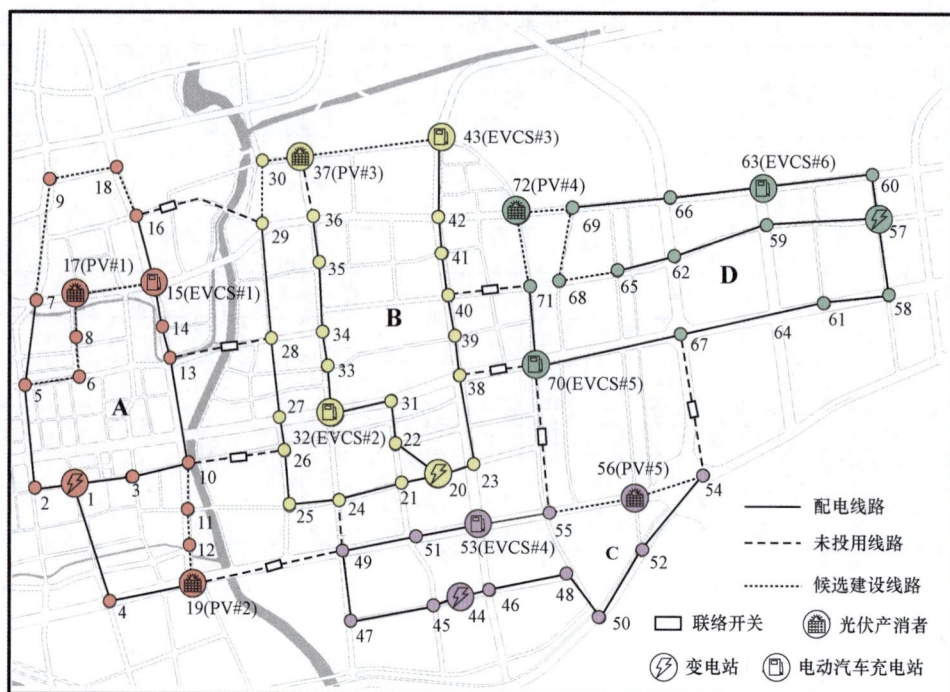

(a)

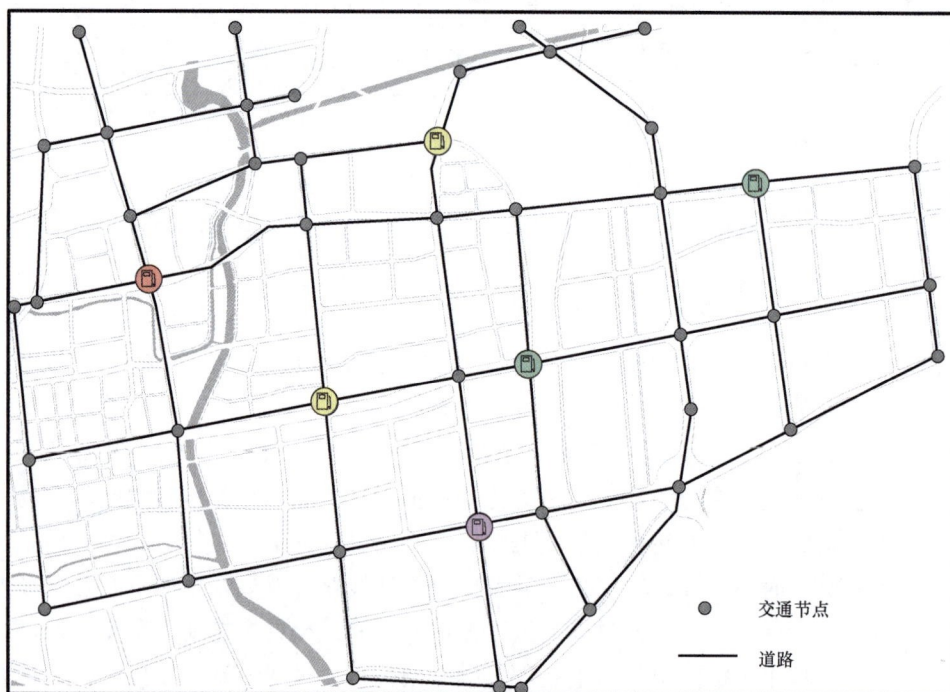

(b)

图 7-23　实际配电网-交通网耦合系统初始拓扑图

（a）电力元件与网络；（b）交通分布与网络

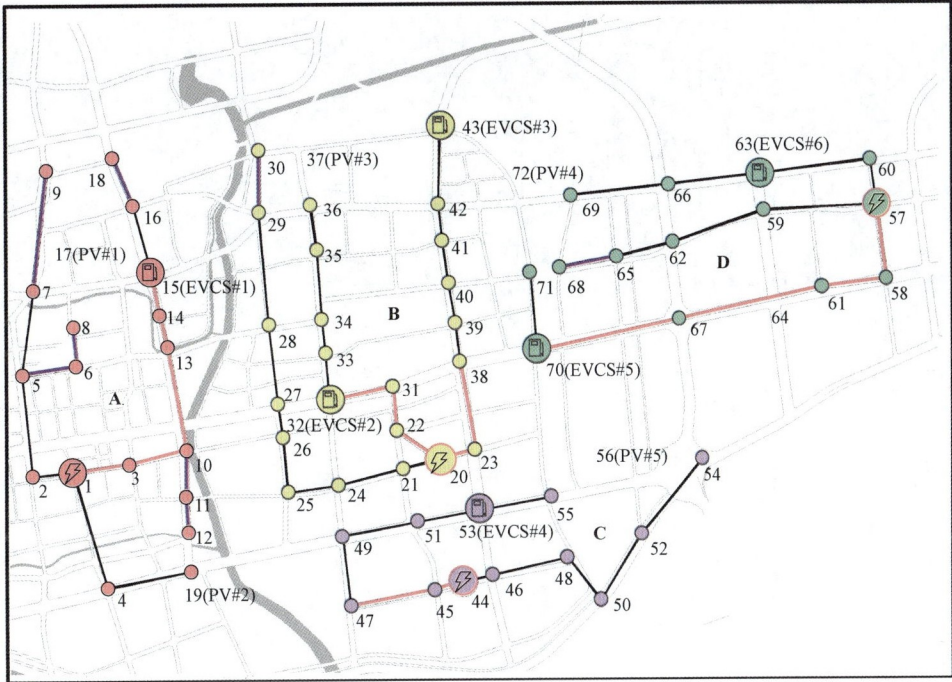

(a)

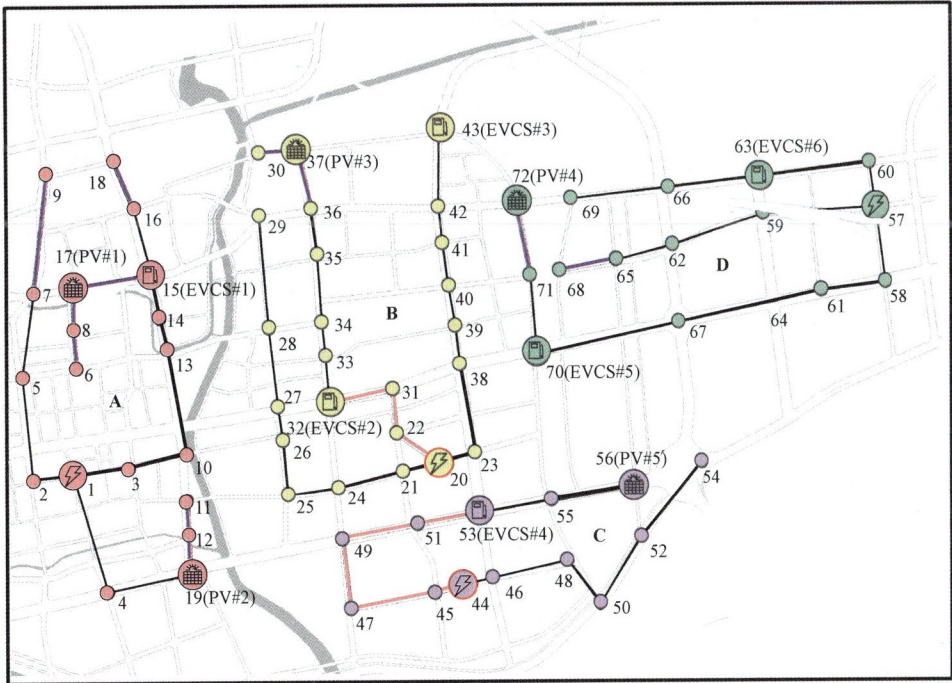

(b)

图 7-24　三个场景下配电网最终规划方案（一）

（a）场景 1；（b）场景 2

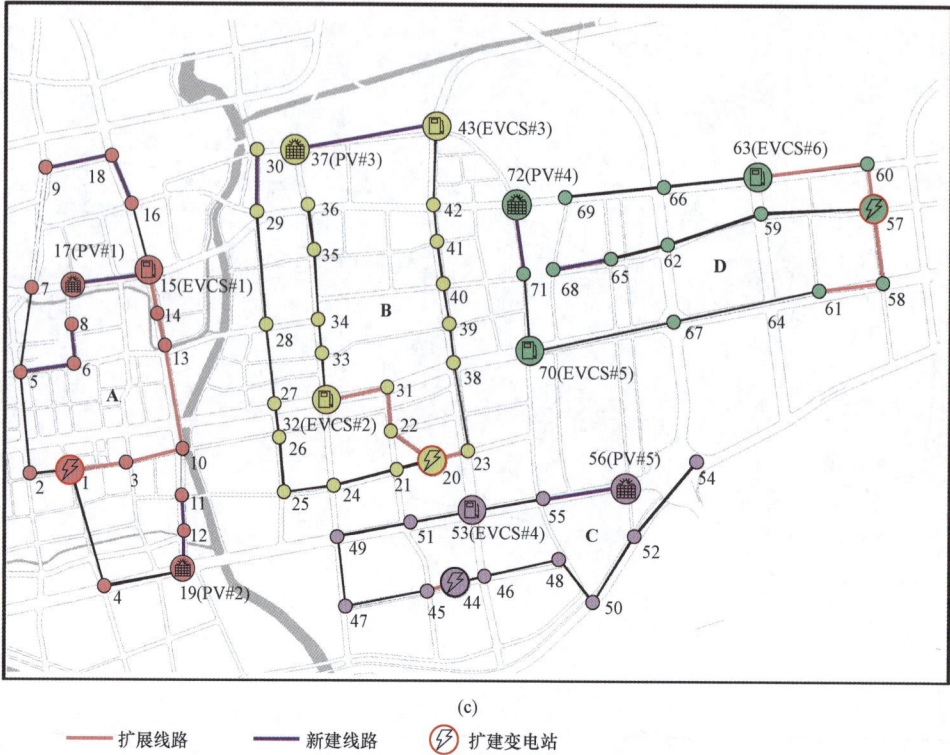

(c)

—— 扩展线路　—— 新建线路　⚡ 扩建变电站

图 7-24　三个场景下配电网最终规划方案（二）

（c）场景 3

表 7-21　　三种场景下配电网、光伏产消者、电动汽车充电站的最优规划方案与收益

场景	规划方案		配电网规划成本 （10⁴ 美元）	运行成本 （10⁴ 美元）	平均等待时间 （min）
	电动汽车充电站 （充电桩数量）	光伏产消者 （机组数量）			
1	#1（9），#2（16）， #3（7），#4（14）， #5（10），#6（9）	—	328.2（0%）	1164.89（0%）	13.78（0%）
2	#1（8），#2（20）， #3（5），#4（18）， #5（14），#6（7）	#1（12），#2（4）， #3（15），#4（16）， #5（17）	269.4（−17.9%）	982.01（−15.7%）	12.09（−12.3%）
3	#1（11），#2（18）， #3（9），#4（16）， #5（13），#6（10）	#1（9），#2（6）， #3（13），#4（14）， #5（15）	246.5（−24.5%）	891.14（−23.5%）	10.87（−21.1%）

场景 1 中配电线路和变电站的规划成本超过了场景 3 中的配电网规划成本。这种差异是因为场景 1 中没有安装光伏发电设备，所有电动汽车充电站充电负荷须通过变电站和几条主要配电线路供电。场景 3 中通过引入光伏产消者与电动汽车充电聚合商的电能交易

模式，延缓了配电网扩展规划进程并减少了配电网运营成本。与场景1相比，场景3中规划了更多的充电桩，这表明光伏与电动汽车聚合电能交易可以一定程度提升配电网对电动汽车承载能力。

此外，通过对比场景2和场景3的结果可以看出，配电网整体投资成本减少，场景3中电动汽车充电桩位置分布比场景2更加均衡。图7-24（b）和（c）分别展示了场景2和场景3下的配电网规划方案，特别是连接节点6、9、30和37的新建线路差异。这是因为场景2中没有采用电动汽车最优充电价格，所有充电站充电价格对电动汽车用户都是统一的，充电决策并未考虑配电网络的运营状态和规划方案；在此情况下，电动汽车用户倾向于选择最短的充电路线，这会导致更多的用户会前往位于中心区域的充电站（即充电站2、4和5），从而增加了中心区域充电等待时间，并加重了附近配电线路和变电站的负担。相反，场景3中通过采用电动汽车最优充电价格，可以激励电动汽车用户选择位于偏远区域的充电站以减少等待时间及充电成本。

7.5　小　　结

本章着重探讨规模化电动汽车接入后，配电系统如何升级扩容，充电设施如何科学布局需要开发能匹配充电设施与配电系统适应性发展协同的规划模型与方法。首先，以承载能力评估为基础，提出了配电系统运营规模化电动汽车接入的开放容量升级改造方法；其次，考虑以长期投资和短期运行总成本最小化、充电站利用率最大和系统综合可靠性水平为目标综合均衡在交通网和配电网上进行扩展规划，确定变电站扩容或新建、线路新建、充电站选址定容方案。所提多目标协同规划方法能从多个维度整合交通网和配电网综合效益与约束条件，为融合电动汽车出行特征与充电设施配置方案的配电系统扩展规划提供了方法论。在交通电力耦合基础上，考虑"源荷"双重不确定性，构建了计及可靠性效益的充电站和配电网分布鲁棒联合规划模型与方法，能有效适应电网复杂运行工况以及光伏-电动汽车充电需求的不确定性，提高清洁能源消纳水平与系统运行效益。最后，考虑广域电动汽车聚合商下与分布式资源运营商分散交易对规划的成本影响，探讨了考虑电能交易的充电设施与配电系统协同规划方法，支撑电动汽车接入下新型配电系统市场化规划范式创新。

参 考 文 献

[1] V. Mahajan，E. Muller. Innovation diffusion and new product growth models in marketing ［J］. International Journal of Research in Marketing，1979，43（2）：91‐106.

[2] 王其藩. 系统动力学 ［M］. 北京：清华大学出版社，1994.

[3] 陈盛. 城市道路交通流速度流量实用关系模型研究 ［D］. 东南大学，2004.

[4] 石舒娅. 基于系统动力学的电动汽车产业发展模式研究 ［D］. 武汉理工大学，2010.

[5] 李光. 影响我国电动汽车产业发展的关键因素研究 ［D］. 武汉理工大学，2011.

[6] 唐现刚，刘俊勇，刘友波，等. 基于计算几何方法的电动汽车充电站规划 ［J］. 电力系统自动化，2012，36（8）：24‐30.

[7] Shepherd S，Bonsall P，Harrison G. Factors affecting future demand for electric vehicles：A model based study ［J］. Transport Policy，2012，20：62‐74.

[8] 陆凌蓉，文福拴，薛禹胜，等. 电动汽车提供辅助服务的经济性分析 ［J］. 电力系统自动化，2013，37（14）：43‐49，58.

[9] 张晓辉，闫柯柯，卢志刚，等. 基于碳交易的含风电系统低碳经济调度 ［J］. 电网技术，2013，37（10）：2697‐2704.

[10] B. M. Al‐Alawi，T. H. Bradley. Review of hybrid，plug‐in hybrid，and electric vehicle market modeling studies ［J］. Renewable & Sustainable Energy Reviews，2013，21（5）：190‐203.

[11] 四川省统计局. 四川统计年鉴—2014 ［DB/OL］.（2015‐04‐05）［2023‐11‐30］. https：//tjj. sc. gov. cn/scstjj/c105855/2001/12/14/435ee8b3b6694c1d9a22251509644975/files/29399c5a60aa4316baa954ca2693bd95. rar.

[12] 中华人民共和国财政部. 关于公开征求 2016—2020 年新能源汽车推广应用财政支持政策意见的通知 ［EB/OL］.（2014‐12‐30）［2023‐11‐30］. https：//jjs. mof. gov. cn/tongzhigonggao/201412/t20141230_1173891. htm.

[13] 宋媛媛. 基于行驶工况的纯电动汽车能耗建模及续驶里程估算研究 ［D］. 北京交通大学，2014.

[14] 张程飞，袁越，张新松，等. 考虑碳排放配额影响的含风电系统日前调度计划模型 ［J］. 电网技术，2014，38（8）：2114‐2120.

[15] P. Plötz，T. Gnann，M. Wietschel. Modelling market diffusion of electric vehicles with real world driving data — part i：Model structure and validation ［J］. Ecological Economics，2014，107：411‐421.

[16] 国家发展和改革委员会应对气候变化司. 2015 中国区域电网基准线排放因子 ［R］. 2015.

[17] Y. Xue，J. Wu，D. Xie，et al. Multi‐agents modelling of EV purchase willingness based on questionnaires ［J］. Journal of Modern Power Systems and Clean Energy，2015，3（2）：149‐159.

[18] Y. Xiang，J. Liu，S. Tang，et al. A traffic flow based planning strategy for optimal siting and sizing of charging stations ［C］. 2015 IEEE PES Asia‐Pacific Power and Energy Engineering Conference（APPEEC），2015：1‐5.

[19] 国家发改委能源研究所. 电动汽车在上海电力系统中的应用潜力研究 ［EB/OL］.（2016‐09‐01）

[2023 - 11 - 30]．http：//www. nrdc. cn/information/informationinfo? id＝63&coo.

[20] 向月．考虑分布式电源和电动汽车的配电系统规划与运行研究［D］．四川大学，2016.

[21] 周昊，刘俊勇，刘友波，等．基于系统动力学的电动汽车规模推演［J］．四川大学学报（工程科学版），2016，48（S1）：178 - 186.

[22] 赵胜霞，刘俊勇，向月，等．考虑配电网接纳能力的电动汽车充换电服务网基础设施配置方案分析与评估［J］．电力自动化设备，2016，36（6）：94 - 101.

[23] 张程嘉，刘俊勇，刘友波，等．计及全寿命周期成本的两阶段电动汽车充电网络规划模型［J］．电网技术，2016，40（12）：3722 - 3733.

[24] Y. Xiang，J. Liu，R. Li，et al. Economic planning of electric vehicle charging stations considering traffic constraints and load profile templates［J］. Applied Energy，2016，178：647 - 659.

[25] Y. Xiang，W. Yang，J. Liu，et al. Multi - objective distribution network expansion incorporating electric vehicle charging stations［J］. Energies，2016，9（11）：909.

[26] Q. Diao，W. Sun，X. Yuan，et al. Life - cycle private - cost - based competitiveness analysis of electric vehicles in China considering the intangible cost of traffic policies［J］. Applied Energy，2016，178：567 - 578.

[27] Y. Xiang，J. Liu，Y. Liu. Optimal active distribution system management considering aggregated plug - in electric vehicles［J］. Electric Power Systems Research，2016，131：105 - 115.

[28] 中华人民共和国生态环境部．关于发布计算污染物排放量的排污系数和物料衡算方法的公告［EB/OL］．（2017 - 12 - 28）［2023 - 11 - 30］．http：//www. mee. gov. cn/gkml/hbb/bgg/201712/t20171229 _ 428887. htm.

[29] 杨威，向月，刘俊勇，等．基于多代理技术的电动汽车规模演化模型［J］．电网技术，2017，41（7）：2146 - 2154.

[30] 周昊，刘俊勇，向月，等．基于系统动力学的电动汽车规模推演分析与仿真［J］．电力系统及其自动化学报，2017，29（8）：1 - 7.

[31] Y. Xiang，H. Zhou，W. Yang，et al. Scale evolution of electric vehicles：a system dynamics approach［J］. IEEE Access，2017，5：8859 - 8868.

[32] O. Hafez，K. Bhattacharya. Queuing analysis based PEV load modeling considering battery charging behavior and their impact on distribution system operation［J］. IEEE Transactions on Smart Grid，2017，9（99）：261 - 273.

[33] J. Hong，Y. Xiang，Y. Liu，et al. Development of EV charging templates：an improved K - prototypes method［J］. IET Generation Transmission & Distribution，2017，12：4361 - 4367.

[34] 南方监督局．南方区域电化学储能电站并网运行管理及辅助服务管理实施细则［EB/OL］．（2018 -01 - 18）［2023 - 11 - 30］．http：//chuneng. bjx. com. cn/news/20180118/874999. shtml.

[35] 中商情报网．全国各区域发电装机容量分布情况［EB/OL］．（2018 - 08 - 12）［2023 - 11 - 30］．https：//baijiahao. baidu. com/s? id＝1608586408547268206&wfr＝spider&for＝pc.

[36] 杨威．电动汽车规模演化分析及其优化充电策略研究［D］．四川大学，2018.

[37] 张程嘉，刘俊勇，向月，等．基于数据挖掘的电动汽车充电设施配置与两阶段充电优化调度［J］．中国电机工程学报，2018，38（4）：1054 - 1064.

[38] Y. Xiang，Z. Liu，J，Liu，et al. Integrated traffic - power simulation framework for electric vehicle

charging stations based on cellular automaton [J]. Journal of Modern Power Systems and Clean Energy, 2018, 6: 816 - 820.

[39] W. Yang, Y. Xiang, J. Liu, et al. Agent - based modeling for scale evolution of plug - in electric vehicles and charging demand [J]. IEEE Transactions on Power Systems, 2018, 33 (2): 1915 - 1925.

[40] 蒋卓臻, 向月, 刘俊勇, 等. 集成电动汽车全轨迹空间的充电负荷建模及对配电网可靠性的影响 [J]. 电网技术, 2019, 43 (10): 3789 - 3800.

[41] 蒋卓臻. 电动汽车充电负荷建模及其对配电网可靠性的影响研究 [D]. 四川大学, 2019.

[42] Y. Xiang, Z. Jiang, C. Gu, et al. Electric vehicle charging in smart grid: a spatial - temporal simulation method [J]. Energy, 2019, 189: 116221.

[43] 杨昕然, 吕林, 向月, 等. "车 - 路 - 网" 耦合下电动汽车恶劣充电场景及其对城市配电网电压稳定性影响 [J]. 电力自动化设备, 2019, 39 (10): 102 - 108.

[44] UVIG. Variable generation and electricity markets [EB/OL]. (2020 - 05 - 30) [2023 - 11 - 30]. http://uvig.org/wpcontent/uploads/2018/05/VGinmarketstableApr2018.pdf.

[45] 刘继春, 贾琢玉, 向月, 等. 泛在电力物联网下电动汽车充电服务费定价模式 [J], 工程科学与技术, 2020, 52 (4): 33 - 41.

[46] 刘可真, 徐玥, 刘鸫翔, 等. 面向用户侧的电能替代综合效益分析模型 [J]. 昆明理工大学学报, 2020, 45 (2): 81 - 91.

[47] X. Li, Y. Xiang, L. Lyu, et al. Price incentive - based charging navigation strategy for electric vehicles [J]. IEEE Transactions on Industry Applications, 2020, 56 (5): 5762 - 5774.

[48] R. Deng, Y. Xiang, D. Huo, et al. Exploring flexibility of electric vehicle aggregators as energy reserve [J]. Electric Power Systems Research, 2020, 184: 106305.

[49] 李学成. 基于价格激励的电动汽车充电导航策略 [D]. 四川大学, 2021.

[50] 孟锦鹏. 电动汽车协同响应的 "车路网" 耦合系统可靠性评估及充电基础设施规划研究 [D]. 四川大学, 2021.

[51] 周椿奇, 向月, 张新, 等 V2G 辅助服务调节潜力与经济性分析: 以上海地区为例 [J]. 电力自动化设备, 2021, 41 (8): 135 - 141.

[52] 孟锦鹏, 向月, 顾承红, 等. 面向可靠性提升的电动汽车充电基础设施协同优化规划 [J]. 电力自动化设备, 2021, 41 (6): 36 - 50.

[53] 周椿奇, 向月, 岑炳成, 等. 清洁能源发展场景下电动汽车入网对区域碳排放的系统动力学建模与分析 [J]. 电力科学与技术学报, 2021, 36 (3): 36 - 45.

[54] 赵黄江, 向月, 刘俊勇, 等. 基于改进配电网安全域的规模化电动汽车入网影响分析 [J]. 电力自动化设备, 2021, 41 (11): 66 - 73.

[55] 邓润琦, 向月, 黄媛, 等. 交通—配电网耦合下电动汽车集群可调控裕度及优化运行策略 [J]. 电网技术, 2021, 45 (11): 4328 - 4337.

[56] 周椿奇, 向月, 张新, 等. V2G 辅助服务调节潜力与经济性分析: 以上海地区为例 [J]. 电力自动化设备, 2021, 41 (8): 135 - 141.

[57] 肖峻, 曹严, 张宝强. 配电网安全域的凹凸性: 定理、证明及判定算法 [J]. 中国电机工程学报, 2021, 41 (15): 5153 - 5167.

[58] Y. Xiang, Y. Wang, S. Xia, et al. Charging load pattern extraction for residential electric vehicles:

a training‐free nonintrusive method [J]. IEEE Transactions on Industrial Informatics, 2021, 17 (10): 7028‐7039.

[59] Y. Xiang, P. Xue, Y. Wang, et al. Distributionally robust expansion planning of electric vehicle charging system and distribution networks [J]. CSEE Journal of Power and Energy Systems, 2021.

[60] 王敏. 城市充电服务网综合评估及规划 [D]. 四川大学, 2022.

[61] 薛平. 考虑电动汽车接入可靠性影响的充电站与配电网规划 [D]. 四川大学, 2022.

[62] 周椿奇, 向月, 童话, 等. 轨迹数据驱动的电动汽车充电需求及 V2G 可调控容量估计 [J]. 电力系统自动化, 2022, 46 (12): 46‐55.

[63] Y. Xiang, J. Yang, X. Li, et al. Routing optimization of electric vehicles for charging with event‐driven pricing strategy [J]. IEEE Transactions on Automation Science and Engineering, 2022, 19 (1): 7‐20.

[64] H. Yao, Y. Xiang, S. Hu, et al. Optimal prosumers peer‐to‐peer energy trading and scheduling in distribution networks [J]. IEEE Transactions on Industry Applications, 2022, 58 (2): 1466‐1477.

[65] Y. Xiang, Y. Wang, Y. Su, et al. Charging station planning considering pressure energy utilization of natural gas pipe networks [C]. 2022 IEEE/IAS Industrial and Commercial Power System Asia (I&CPS Asia), 2022: 1703‐1707.

[66] 王敏, 向月, 周椿奇, 等. 城市充电服务网多维评估指标体系与方法 [J]. 全球能源互联网, 2022, 5 (3): 261‐270.

[67] 王晏亮, 向月, 黄媛, 等. 计及天然气管网压力能消纳的电动汽车换电池集中充电‐配送策略 [J]. 电力自动化设备, 2022, 42 (10): 167‐176.

[68] Z. Xi, Y. Xiang, Y. Huang, et al. Hosting capability assessment and enhancement of electric vehicles in electricity distribution networks [J]. Journal of Cleaner Production, 2023, 398: 136638.

[69] 李秋燕, 孙义豪, 马杰, 等. 基于可开放容量的配电网资产效率提升优化方法 [J]. 供用电, 2023, 40 (8): 65‐73.

[70] The United Kingdom Generic Distribution System. United Kingdom Generic Distribution System, UK. [DB/OL]. (2015‐04‐29) [2023‐11‐30]. https://github.com/sedg/ukgds?files=1.

[71] Transportation Networks for Research Core Team. Transportation Networks for Research [DB/OL]. (2016‐05‐01) [2023‐11‐30]. https://github.com/bstabler/TransportationNetworks.

[72] R. D. Zimmerman, C. E. Murillo‐Sanchez. IEEE bus test case. [DB/OL]. [2023‐11‐30]. https://matpower.org/docs/ref/matpower6.0/menu6.0.html.

[73] H. Ma, Y. Xinag, et al. Optimal peer‐to‐peer energy transaction of distributed prosumers in high‐penetrated renewable distribation systems [J]. IEEE Transactions on Industry Applications, 2024, 60 (3): 4622‐4632.

[74] 陈鹏, 刘友波, 袁川, 等. 考虑电动汽车充电模式的配电网可开放容量提升改造策略 [J]. 电网技术. doi: 10.13335/j1000‐3673.Pst.2023.2236.

[75] 姚昊天. 端对端分散交易驱动的配电网规划研究 [D]. 四川大学, 2023.

[76] 王晏亮. 计及天然气管网压力能消纳的电动汽车充电‐配送策略及设施规划方法 [D]. 四川大学, 2024.